Hermann Vierordt

Anatomische, physiologische und physikalische Daten und Tabellen für

Mediziner von Dr. Hermann Vierordt

Hermann Vierordt

Anatomische, physiologische und physikalische Daten und Tabellen für Mediziner von Dr. Hermann Vierordt

ISBN/EAN: 9783743361515

Hergestellt in Europa, USA, Kanada, Australien, Japan

Cover: Foto ©berggeist007 / pixelio.de

Manufactured and distributed by brebook publishing software (www.brebook.com)

Hermann Vierordt

Anatomische, physiologische und physikalische Daten und Tabellen für Mediziner von Dr. Hermann Vierordt

ANATOMISCHE, PHYSIOLOGISCHE UND PHYSIKALISCHE

DATEN UND TABELLEN

ZUM GEBRAUCHE FÜR MEDICINER

VON

Dr. HERMANN VIERORDT,
A.O. PROFESSOR AN DER UNIVERSITÄT TÜBINGEN.

JENA,
VERLAG VON GUSTAV FISCHER.
1888.

Vorrede.

Das vorliegende Buch soll nicht ohne einige erläuternde Worte in die Öffentlichkeit treten. Es bezweckt, das vorhandene ziffermässige Material zunächst in (normal) anatomischer und physiologischer Beziehung festzustellen. Ausdrücklich mag hierbei bemerkt werden, dass dies ursprünglich in rein klinischem Interesse geschehen ist. Es sollte die Aufstellung und Fixirung des ungefähr Normalen oder für normal Geltenden ein Anhaltspunkt für Beurteilung all' der Veränderungen sein, die dem klinisch Beobachtenden tagtäglich unter die Augen kommen. Verf. war der Ansicht, dass eine rationelle, mit einer gewissen Auswahl getroffene, aber doch vielleicht als leidlich vollständig zu erachtende Zusammenstellung des bisher Angesammelten nicht ohne Nutzen sein würde. Er hat dabei nicht bloss auf den eigentlich Lernenden Rücksicht genommen, sondern gibt sich der Hoffnung hin, auch den Kundigen bei Stellung spezieller und selbst speziellster Fragen nicht im Stiche zu lassen. Das, was überhaupt nicht untersucht und deshalb von mir (der Kürze halber) ohne weitere Bemerkung einfach übergangen ist, bittet man, nicht in dem Buch zu suchen; manche scheinbare Lücke mag damit entschuldigt werden. — Das Buch, so wie es sich darbietet, soll ein Nachschlagbuch sein, wo genauere Zahl und Mass aufhören, da mag Hand- und Lehrbuch in sein Recht treten.

Dem pathologischen Teil war nach dem ersten Plan des Verfassers eine grössere Ausdehnung zugedacht, ja, er sollte den Hauptteil des Ganzen bilden. Die unleugbare Schwierigkeit oder bare Unmöglichkeit, in diesem Gebiet zu auch nur halbwegs brauchbaren typischen Durchschnittswerten zu gelangen, beschränkte den Verf. auf die, wie er selbst zugeben muss, etwas dürftigen „praktisch-medicinischen Analekten". Er will aber eher den Vorwurf auf sich nehmen, zu wenig gethan zu haben, als eine für den Einzelfall doch nicht massgebende bunte Musterkarte von klinischen Einzelbeobachtungen, von Monstrositäten und Kuriositäten zu geben.

In den physikalischen Teil wurde mit Auswahl das aufgenommen, was den Mediciner unmittelbar angehen dürfte, ferner liegendes Detail mag in den Fachbüchern eingesehen werden. — Der mit der Litteratur Vertraute wird finden, dass den Quellen nach Möglichkeit nachgegangen ist, die auch für den thatsächlichen Wert des beigebrachten Materials verantwortlich zu machen sind. Dass dem Verf. nicht alle Quellen zugänglich waren, braucht bloss erwähnt zu werden, in nicht wenigen Fällen hat mir das reiche Lager des hiesigen A. Moserschen Antiquariats aus der Verlegenheit geholfen, was dankend anzuerkennen ich nicht unterlassen darf.

Möge das Buch, dem als einem ersten Versuch dieser Art, wie sich der Verf. wohl bewusst ist, mancherlei Mängel anhaften, einigermassen die Mühe verlohnen, die es gekostet. — Deswegen, weil es eine rein litterarische, oft als „unselbständig" angesehene, Arbeit darstellt, glaubt Verf. auch in unseren experimentirenden Zeiten sich nicht entschuldigen zu müssen.

Seit Abfassung dieser Vorrede und Beendigung des Buchs im Manuskript sind neun Monate verflossen. Jetzt, bei herannahender Fertigstellung des Drucks, der ein halbes Jahr in Anspruch nehmen musste, seien einige ergänzende Worte angefügt, zunächst des Danks an den Verleger, Herrn Gustav Fischer, der dem in mancher Beziehung nicht gerade traktabeln Buch stets seine ungeteilte Fürsorge zuwendete, sodann nicht zum mindesten an die Frommann'sche Buchdruckerei in Jena, welche die gewiss nicht geringen Schwierigkeiten des Satzes und Drucks in einer für den Autor höchst angenehmen und alle Anerkennung verdienenden Weise zu überwinden verstand.

Wo es anging, sind noch während des Drucks Verbesserungen und Zusätze, die neueren Publikationen entnommen sind, gemacht worden, um das Buch möglichst allen Anforderungen anzupassen. Dass dieselben billige sein möchten, ist der wohl nicht ganz unberechtigte Wunsch des Verfassers.

Tübingen, 8. Mai 1888.

Hermann Vierordt.

Inhaltsübersicht.

I. Anatomischer Teil.

	Seite		Seite
Körperlänge	1	Kindsschädel	55
Dimensionen des Körpers	3	Verdauungsapparat	56
Körpergewicht	6	Respirationsorgane	61
Wachstum	11	Harn- und Geschlechtsorgane	63
Gewicht von Körperorganen	13	Haut, Haargebilde	68
Körpervolumen und Körperoberfläche	24	Ohr	72
		Auge	74
Spezifisches Gewicht des Körpers und seiner Bestandteile	26	Nervensystem	79
		Gefässsystem	82
Schädel und Gehirn	30	Vergleich zwischen rechter und linker Körperhälfte	89
Wirbelsäule und sonstige Knochen	45	Embryo und Fötus	90
Muskeln	47	Vergleich zwischen beiden Geschlechtern	92
Brust	49		
Becken	53		

II. Physiologischer und physiologisch-chemischer Teil.

Blut und Blutbewegung	95	Stoffwechsel beim Kind	211
Atmung	117	Muskelphysiologie	218
Verdauung	128	Allgemeine Nervenphysiologie	229
Leberfunktion (ohne Gallenbildung)	147	Tastsinn	233
		Gehörsinn	241
Perspiration und Schweissbildung	148	Gesichtssinn	243
		Geschmackssinn	248
Lymphe und Chylus	153	Geruchssinn	250
Harnbereitung	157	Physiologie der Zeugung	256
Wärmebildung	176	Sterblichkeitstafel	265
Gesamtstoffwechsel	187		

III. Physikalischer Teil.

Thermometerskalen . . . 269	Wärme 276
Atmosphärische Luft . 272	Schallgeschwindigkeit . 277
Spezifisches Gewicht . . . 273	Spektrum . . . 277
Dichte und Volum des Wassers 273	Elektrische Masse . . 277
Schmelzpunkte . . . 275	Elektrischer Widerstand 278
Siedepunkte . . . 276	

Anhang.
Praktisch-medicinische Analekten.

Klimatische Kurorte . . . 281	Exsudate und Transsudate . 292
Inkubationszeit 282	Elektrisch. Leitungswiderstand des menschlichen Körpers . 293
Maximaldosen 284	
Medicinalgewicht . . . 287	Festigkeit der Knochen . . 294
Medicinalmass 288	Massstäbe für Sonden, Bougies, Katheter 295
Dosenbestimmung nach den Lebensaltern 288	
Letale Dosen differenter Stoffe 289	Druckfehler u. Berichtigungen 296
Traubenzucker im diabet. Harn 291	Alphabetisches Register . . 297

I.

Anatomischer Teil.

Mittlere Länge der Rekruten in verschiedenen Ländern[1] (cm).

1. Vereinigte Staaten, Indianer 172,5
2. „ „ Weisse 171,8
3. Norwegen 171,3
4. Schottland 170,3
5. Englisches Amerika 170,2
6. Schweden 169,9
7. Irland 169,5
8. Dänemark 169,3
9. Holland 169,2
10. Ungarn 169,1
11. England 169,1
12. Deutschland 169,0
13. Russland 168,6
14. Schweiz 168,6
15. Westindien 168,4
16. Frankreich 168,3
17. Italien 167,6
18. Südamerika 167,3
19. Spanien 166,7
20. Portugal 166,2

---

1) H. Bircher, Die Rekrutirung u. Ausmusterung der schweizerischen Armee 1885.

Körperlänge des Erwachsenen.

a) Männer.

171 cm (C. G. Carus)[1]
173 „ (Schadow)[2]   } rund 172 (Zeising)
173 „ (Zeising)[3]
173 „ (Krause)[4]

Vorstehende Zahlen gelten für besonders wohlgebaute Individuen und stellen keineswegs die „Mittelgrösse" dar.

Mittelgrösse aus grossen Zahlen ergiebt[5]):

Frankreich	154 cm
Oesterreich	155,3 „
Italien }	156 „
Spanien	
Belgien	157 „
Deutschland (Baden)	157 „
„ (Preussen)	162,1 „
Nord-Amerika }	160 „
England	
Schweden	160,8 „
Pariser Bevölkerung	166,5 (Tenon)[6])
18—24j. Hessen-Nassauer	168,47 (Beneke)[7])
20—23j. Ostfriesen	169,25 (H. Busch)[8])
20j. Württemberger	165,1 (O. Köstlin)[9])
Schweizer (?)	167,8 (C. E. E. Hoffmann)[10])
30—50j. Belgier	168,6 (Quetelet)[11])

---

1) Proportionslehre 1854 p. 9.
2) Polyclet oder von den Massen des Menschen 3. Aufl. 1877 p. 56.
3) Nov. Acta Caes. Leop.-Carol. natur. curios. Bd. 26, 2. Abteilung 1858 p. 783 ff.
4) Anatomie II. Bd. 3. Auflage p. 9.
5) Artikel „Militaire" in Dechambre's Dictionnaire encyclopédique des sciences médicales II. Ser. VII. Bd. 1877 p. 731.
6) Archives d'Hygiène publ. X 1833 p. 27.
7) Virchows Archiv 85. Bd. 1881 p. 177.
8) Grösse, Gewicht und Brustumfang von Soldaten 1878.
9) Königreich Württemberg II. Bd. I. Abteilung 1884 p. 47.
10) Lehrbuch der Anatomie I. Bd. 2. Aufl. p. 49.
11) Anthropométrie 1870 p. 177.

b) Weiber.

30—50j. Belgierinnen	158 (Quetelet)[1]	⎫
Norddeutsche	162,6 (Krause)	⎪
	166 (Zeising)	⎬ rund 160
	166 (Schadow)	⎪
Pariserinnen	150,6 (Tenon)	⎪
	156,6 (Hoffmann)	⎭

Der weibliche Körper ist 8—16 cm kürzer als der männliche.

Das Wachstum erscheint abgeschlossen mit 23 (Villermé) bis 25 (Liharžik) Jahren.

Körperlänge des Neugeborenen.

überhaupt		Knaben	Mädchen
47,1	(G. Wagner)[2] — Königsberg	47,4	46,75
48	(Zeising)		
49	(Schröder)[3] — Bonn		
	(Quetelet)[1] — Belgien	50	49,4
	(Russow)[4] — St. Petersburg	50	49,5
	(Kézmarsky)[5] — Pest	50,2	49,4
51	(Fesser)[6] — Breslau	51,5	50,5
51,2	(Hecker)[7] — München		

Mittel nicht ganz 50 cm.

Kinder Erstgebärender sind durchschnittlich um 0,43 cm kürzer, als die Mehrgebärender (Fasbender)[8]).

Ein Zwilling ist durchschnittlich 47,5 cm lang[9]).

Durchschnittliche Grösse in den einzelnen Lebensjahren.

	Quetelet[10])		Zeising[11])	Kotelmann[12])
	männlich	weiblich		
Neugeborener	50,0	49,4	48,5	
1 Jahr	69,8	69,0	75,7	
2 Jahre	79,1	78,1	86,3	
3 „	86,4	85,4	95,0	
4 „	92,7	91,5	102,5	
5 „	98,7	97,4	108,4	
6 „	104,6	103,1	115,0	
7 „	110,4	108,7	121,4	
8 „	116,2	114,2	125,4	

---

1) Anthropométrie p. 177.
2) Gewicht und Masse der Neugeborenen. Dissertat. 1884.
3) Lehrbuch der Geburtshilfe 9. Aufl. 1886 p. 60.
4) Jahrbuch f. Kinderheilkunde N. F. XVI 1881 p. 86 ff.
5) Mitteil. a. d. geburtsh.-gynäkol. Klinik in Budapest üb. d. Jahre 1874—82. 1884.
6) Gewichts- u. Längenverhältnisse der menschl. Früchte. Dissert. 1873. p. 10 u. 11.
7) Monatsschrift f. Geburtskunde und Frauenkrankheiten 27. Bd. 1866 p. 286.
8) Zeitschrift f. Geburtshülfe und Gynäkologie III 1878 p. 278.
9) Fesser, l. c. p. 15.
10) Anthropométrie p. 177. Diese Tabelle weicht von denjenigen in etwas ab, die Quetelet sonst mitteilt; s. dessen „über den Menschen und die Entwicklung seiner Fähigkeiten" übers. von Riecke. 1838 p. 363—366.
11) Anmerkung 3 auf S. 1.
12) Zeitschrift des preuss. statist. Bureaus 1877. Die Messungen sind an Hamburger Gymnasiasten angestellt.

		Quetelet		Zeising	Kotelmann
		männlich	weiblich		
9	Jahre	121,8	119,6	126,0	
					9.—10. J. 128,58
10	,,	127,3	124,9	130,5	
					130,75
11	,,	132,5	130,1	132,3	
					135,06
12	,,	137,5	135,2	136,0	
					139,91
13	,,	142,3	140,0	143,7	
					143,09
14	,,	146,9	144,6	148,6	
					148,88
15	,,	151,3	148,8	154,0	
					154,19
16	,,	155,4	152,1	161,5	
					16.—17. J. 161,65
17	,,	159,4	154,6	164,0	
18	,,	163,0	156,3	167,2	
19	,,	165,5	157,0	169,0	
20	,,	167,0	157,4	171,5	
25	,,	168,2	157,8	21 Jahre 173,1	
30	,,	168,6	158,0		
40	,,	168,6	158,0		
50	,,	168,6	158,0		
60	,,	167,6	157,1		
70	,,	166,0	155,6		
80	,,	163,6	153,4		
90	,,	161,0	151,0		

Vom 50.—90. Lebensjahre nimmt die Körpergrösse wieder ab, die Verminderung kann ca. 7 cm betragen.

Längenwachstum in den ersten Monaten.

Kinder des Oldenburg'schen Kinderhospitals in St. Petersburg (Russow)[1])

15 Tage	1 Monat	2 Monate	3	4	5	6	7	8	9	10	11	12
cm 50	54	58	60	62	64	65	66	67,5	68	69	70,5	72,0

Nach d'Espine und Picot[2]) beträgt die Zunahme bei 49,6 cm Länge der Knaben und 48,3 cm Länge der Mädchen

im 1. Monat 4 cm
,, 2. ,, 3 ,,
,, 3. ,, 2 ,, , in den folgenden je 1,0—1,5, im 1. Jahr 19,8, im 2. 9,0, im 3. 7,3, im 4. und 5. je 6,4, in den zehn folgenden Jahren je 6,0 cm.

Dimensionen des erwachsenen Körpers[3]).

Bei 130 Männern und 120 Weibern fand Hoffmann[4]) im Mittel für das 22.—80. Lebensjahr:

---

1) Anmerkg. 4 auf p. 2.
2) Grundriss der Kinderkrankheiten, deutsch von Ehrenhaus 1878 — s. auch Reitz, Grundzüge d. Physiologie, Pathologie u. Therapie des Kindesalters 1883 p. 22.
3) Ausführliche Angaben in grosser Zahl s. bei E. Harless, Lehrbuch der plastischen Anatomie, 2. Aufl., herausgegeben von R. Hartmann 1876, p. 440 ff.
4) Anatomie I p. 48 und 49.

	Männer	Weiber
Körperlänge (s. o.)	167,8	156,5
Stammlänge (Scheitel bis Damm)	98,5	93,7
Kopfhöhe (Unterkieferwinkel z. Scheitel)	18,5	17,4
Halslänge (Hinterkopf bis Dornfortsatz des 7. Halswirbels)	24,6	23,4
Rumpflänge (vom 7. Halswirbel bis zum Damm)	61,6	58,2
Beinlänge[1]) (Hüftkamm bis Fusssohle)	103,0	98,4
Armlänge[1]) (Schulterwölbung bis zur Spitze des Mittelfingers)	74,2	69,2
Schulterbreite[2]) (zwischen den Wölbungen der Schultern)	39,1	35,2
Hüftbreite (zwischen den äusseren Abteilungen der Darmbeinkämme)	30,5	31,4

Die Extremitäten ergeben in ihren einzelnen Abschnitten:

	Männer	Weiber
Oberarm	31,2 (32)[3])	29,0 (30)
Vorderarm	24,6 (27)	22,8 (24)
Hand[4])	18,4 (20)	17,4 (18)
Bein bis zum Trochanter	89,8	84,8
Oberschenkel	41,9 (43)	39,8 (37) vom Trochanter bis zum Knie
Unterschenkel	39,6 (43)	37,8 (36) bis zum Fussgelenk
Fusshöhe (unterhalb des äusseren Knöchels)	7,8	7,8

Einige andere Dimensionen nach Krause[5]):

	Männer	Weiber
[Gesamthöhe	173,4	162,6]
Vom Scheitel bis zum Nabel	69	65
Höhe des Kopfes vorn	22	20
„ „ „ hinten	14	13
Höhe des Halses (vorn)	11	10
Breite „ „	11	10
Dicke „ „	11	10
Umfang „ „	34	32

---

1) Weiteres s. u. Die Beinlänge variiert bei verschiedenen Nationen um 5,6, die Armlänge um 5,7 %.
2) Variiert bei verschiedenen Nationen um 6,3 %.
3) Die eingeklammerten Zahlen nach Krause.
4) Die Spitze des Mittelfingers bleibt bei herabhängendem Arm von der Kniescheibe 14 cm entfernt (b. Neger nur 5—8) — Krause, Anatomie III p. 16.
5) Anatomie II p. 9.

	Männer	Weiber
Brustmaasse s. u.		
Höhe der Regio sternalis	19	18
Höhe von der Herzgrube bis zum Nabel	18	18
Höhe vom Nabel zum Schamberg	14	16
Umfang des Bauchs um die Regiones iliacae	70	73
„ „ „ „ „ Hüftbeinkämme	81	84
Umfang des Oberarms	28	26
„ „ Vorderarms am oberen Ende	27	24
„ „ „ „ unteren „	19	18
Breite des Handgelenks	6	5
Umfang „ „	18	16
Breite zwischen den Trochanteren	34	35
Umfang des Oberschenkels		
an seinem oberen Ende	51	49
in der Mitte	47	41
an seinem unteren Ende	35	32
Umfang des Knies	34	32
„ „ Unterschenkels unter dem Knie	31	28
„ der Wade	37	34
Länge des Fusses	26	23
(von der Ferse bis zu den Zehen)		

Proportionen eines mittelgrossen Mannes (Schadow) [1].

(Jede Kopflänge = 8″ = 21 cm rund.)

                                                                     cm

1) Die ganze Länge eines Mannes } = 8 Kopflängen   166,5
    „ Länge der ausgebreiteten Arme

2) Einschluss der Face } = $1\frac{1}{2}$ Kopflängen   31
    „ des Profils

3) Brustwarzenbreite
    Schlüsselbeine } = 1 Kopflänge   21
    beide Knie dicht aneinander
    halbe Schulterbreite

4) Hals en face
    „ „ profil } = $\frac{4\frac{1}{2}}{8}$ Teile der Kopflänge   10,5
    Deltoides oben
    „ profil

5) Länge des Halses
    „ „ Schamteils } = $\frac{3}{8}$ Kopflänge   8
    Höhe des Fusses
    Vom äussern bis zum innern Knöchel face

6) Länge des Oberarms face } = $1\frac{5}{8}$ Kopflänge   34
    „ „ „ profil

---

[1] Polyclet p. 57.

7) Länge des Ellbogens ⎫
   Breite unter den Rippen en face ⎬ = $1\frac{1}{4}$ Kopflänge   26 cm
   Länge des Fusses profil ⎭

8) Breite beider Waden en face ⎫
   „ des Schulterblatts bis zur Brust profil ⎬ = $1\frac{1}{8}$ Kopflänge   24
   „ vom Glutaeus bis auf die Scham profil ⎭

9) Länge der Hand ⎫
   Vom Lendenwirbel bis zum Nabel profil ⎬ = $\frac{7}{8}$ Kopflänge   18,5
   Lenden oben profil ⎭

10) Länge vom Handgelenk bis zum Ansatz ⎫
    der Finger ⎪
    Breite oberhalb des Ellbogengelenks ⎬ $\frac{3\frac{1}{2}}{8}$ Kopflängen   9,2
    „ unterhalb „ „ ⎭

11) Fussbreite = $\frac{1}{2}$ Kopflänge   10,5

Körpergewicht des Erwachsenen.

a) Männer.

60—70 k (Quetelet)[1]
64 „ (Krause)[2] — Schwankungen von 42—84 (nach Knochen- und Muskelbau, Magerkeit oder Fettleibigkeit).
63,074 „ (Beneke)[3] — 18—24jährige Hessen-Nassauer
65,1 „ (H. Busch)[3] — 20—23jährige Ostfriesen
61,35 „ (C. E. E. Hoffmann)[4]

(rundes) Mittel: 65 k.

b) Weiber.

52—56 „ (Quetelet)[5]
52 „ (Krause)[2] — Schwankungen von 38—76 (s. o.)
52,7 „ (Hoffmann)[4]

(rundes) Mittel: ca. 55 k.

Körpergewicht des Neugeborenen.

überhaupt   Knaben   Mädchen
3275 g (Hecker)[6] — München (s. u.)
3179 „ (Schröder)[7] — Bonn
3128 „ (Spiegelberg)[8] — Breslau   3201   3056
3250 „ (C. Martin)[9] — Berlin

---

1) Anthropométrie p. 357.   2) Anatomie II p. 11.   3) l. p. 1 cit.
4) Anatomie I p. 53. Berechnet nach Quetelet's älteren Tabellen.
5) Anthropométrie p. 351.
6) Monatsschrift f. Geburtskunde und Frauenkrankheiten Bd. 26 1865 p. 348 und Bd. 27 1866 p. 286.
7) Lehrbuch der Geburtshilfe. 9. Aufl. 1886. p. 60.
8) Lehrbuch der Geburtshilfe, herausgegeben von Wiener. 2. Aufl. 1882. p. 84.
9) Monatsschrift f. Geburtskunde etc. Bd. 30. 1867. p. 428.

	überhaupt	Knaben	Mädchen
3214 g	(Altherr)[1] — Basel		
	(Gregory)[2] — München (s. o.)	3355	3386
3306 „	(A. Schütz)[3] — Leipzig	3399	3236
3333 „	(Ingerslev[4])	3381	3280
	(Kézmársky)[5] — Pesth	3383	3284
	(Quetelet)[6] — Brüssel	3100	3000
	(E. v. Siebold[7]) — Göttingen	—	3250
3415 „	(G. Wagner)[8] — Königsberg	3479	3339

Nach Fasbender (s. S. 2) sind Kinder Erstgebärender durchschnittlich um 189 g leichter, als die Mehrgebärender.

Im Mittel könnte in Mitteleuropa

    für Neugeborene überhaupt   3250 g

    „ Knaben   3333 „ (als Merkzahl)

    „ Mädchen   3200 „

als runde Ziffer angenommen werden.

Ritter von Rittershain stellt 4 Klassen Neugeborener auf:

    I. sehr schwache   2300 g Mittelgewicht

    II. schwache   2960 „   „

    III. mittlere   3390 „   „

    IV. kräftige   4070 „   „

Ein Zwilling[9] ist 2501 g schwer.

Durchschnittsgewicht eines männlichen Zwillings   2554 g

    „   „ weiblichen   „   2425 „

Körpergewicht in den einzelnen Lebensjahren (Quetelet)[10].

(Kilogr.)

	Männer	ältere Tabelle[11]	Weiber	ältere Tabelle
Neugeborener	3,1	3,2	3	2,9
0—1	9	9,4	8,6	8,7
2	11	11,3	11	10,7
3	12,5	12,5	12,4	11,8
4	14	14,2	13,9	13
5	15,9	15,8	15,3	14,4
6	17,8		16,7	
7	19,7		17,8	
8	21,6		19,0	
9	23,5		21,0	
10	25,2	24,5	23,1	23,5

1) Über regelmässige Wägung der Neugeborenen 1874.
2) Archiv f. Gynäkologie II 1871 p. 48.
3) Beiträge zur Geburtshülfe, Gynäkologie und Pädiatrik. Festgabe für Credé's Jubiläum 1881.
4) Obstetrical Journal III 1876 p. 705.
5) Archiv f. Gynäkologie V. Bd. 1873 p. 547.
6) Anthropométrie p. 346.
7) Monatsschrift f. Geburtskunde Bd. 15 1860 p. 337.
8) l. p. 2 cit. p. 5 Anmerkung.   9) Fesser, l. p. 2 cit.
10) Anthropométrie p. 346. — Diese Tabelle kann mit der früher (p. 2) mitgeteilten über die Körpergrösse vereinigt werden.
11) Quetelet, Vom Menschen 1838 p. 366. Die zweite Dezimale ist weggelassen und die erste dementsprechend, wenn nötig, abgerundet.

	Männer		Weiber	
		ältere Tabelle		ältere Tabelle
11	27		25,5	
12	29		29	
13	33,1		32,5	
14	37,1		36,3	
15	41,2	43,6	40	40,4
16	45,4		43,5	
17	49,7		46,8	
18	53,9		49,8	
19	57,6		52,1	
20	59,5	60,1	53,2	52,3
21	61,2		54,3	
22	62,9		54,8	
23	64,5		55,2 (!)	
25	66,2	62,9	54,8	53,3
27	65,9		55,1	
30	66,1	63,6	55,3	54,3
40		63,67		55,2
50		63,5		56,16
60		61,9		54,3
70		59,5		51,5
80		57,8		49,4
90		57,8		49,3

Für 9—15jährige Knaben findet Malling-Hansen[1]) (Kopenhagen) im Jahrescyklus 3 Perioden des Körpergewichts, eine $4^1/_2$ monatl. Maximalperiode von August bis Mitte Dezember, eine ebenso lange Mittelperiode bis Ende April, eine 3monatliche Minimalperiode bis Ende Juli. Die tägliche Gewichtsentwicklung ist in der Maximalperiode 4mal so gross wie in der Mittelperiode und beträgt pro Kopf fast $20^1/_2$ g.

Die **Kleider** sind bei Quetelet nicht abgezogen. Er berechnet sie beim männlichen Geschlecht auf $1/_{18}$, beim weiblichen auf $1/_{24}$. Kotelmann[2]) rechnet (für Gymnasiasten) $1/_{20}$ des Körpergewichts.

Nach Roberts sind im 13. Lebensjahr die englischen Mädchen durchschnittlich schwerer, als die Knaben.

Nach Bowditch (Boston) ist das Gewicht der Knaben grösser bis zum 12. Jahr, dann überwiegt vom 13.—15. das durchschnittliche Gewicht der Mädchen um 1,7 k[3]).

Verhältnis des Körpergewichts zur Körperlänge (Quetelet)[4]).

Körperlänge	Männer		Weiber	
(m)	Gewicht (k)	Gewicht : Länge	Gewicht (k)	Gewicht : Länge
0,5	3,2	6,19	2,91	6,03
0,6	6,2	10,33	—	—
0,7	9,3	13,27	9,06	12,94
0,8	11,36	14,2	11,21	14,01
0,9	13,5	15	13,42	14,91
1,0	15,9	15,9	15,82	15,82
1,1	18,5	16,82	18,30	16,64
1,2	21,72	18,10	21,51	17,82
1,3	26,63	20,04	26,83	20,64
1,4	34,48	24,63	37,28	26,63
1,5	46,29	30,86	48	32
1,6	57,15	35,72	56,73	35,45
1,7	63,28	37,22	65,2	38,35

Krause[5]) rechnet bei wohlproportionierten Körpern für 1 k Gewichtszunahme etwa 3 cm Höhenzunahme (genauer 2,9139).

1) Perioden im Gewicht der Kinder und in der Sonnenwärme 1886 p. 29.
1) Kotelmann, Zeitschrift des preussischen statistischen Bureaus. 1877.
3) s. K. Vierordt, Physiologie des Kindesalters in Gerhardt's Handbuch. I. Bd. 1. Abteilung 2. Aufl. 1881 p. 227. 4) Physique sociale II 1869 p. 94. 5) Anatomie II, p. 11.

Verhältnis von Gewicht, Körperlänge und Brustumfang.
(Bornhardt)[1]).

Bezeichnet H die Körpergrösse, C den mittleren, über die Papillen gemessenen, Brustumfang (cm), P das Körpergewicht in g, so ist das zu erwartende Gewicht:

für mittlere Konstitution $P = \dfrac{HC}{240}$.

Ist das wirkliche Gewicht grösser, als das aus Körperlänge und Brustumfang berechnete, so liegt kräftige Konstitution vor, wenn kleiner, schwächliche. — Bei kräftiger Konstitution kann $P = \dfrac{HC}{256,8}$, bei schwächlicher $= \dfrac{HC}{209,76}$ werden.

Körpergewicht in den 12 ersten Lebensmonaten.
(In runden Zahlen — Gramm)

	a) Bouchaud[2])		b) nach Fleischmann[3])		
	Gewicht	tägliche Zunahme	Gewicht	tägliche Zunahme	Mittel der täglichen Zunahme (abgerundet)
Neugeborener	3250	—	3500	—	—
1. Monat	4000	25	4550	35	30
2. "	4700	23	5500	32	27
3. "	5350	22	6350	28	25
4. "	5950	20	7000	22	21
5. "	6500	18	7550	18	18
6. "	7000	17	7970	14	15
7. "	7450	15	8330	12	13
8. "	7850	13	8630	10	11
9. "	8200	12	8930	10	11
10. "	8500	10	9200	9	9
11. "	8750	8	9450	8	8
12. "	9000	8	9600	6	7

Körpergewicht in den 52 ersten Lebenswochen[4]).

Woche	Durchschnittswerte	Rektificierte Vergleichswerte	Woche	Durchschnittswerte	Rektificierte Vergleichswerte
1	3228	1000	11	4755	1521
2	3367	1035	12	4874	1565
3	3412	1096	13	5022	1613
4	3532	1135	14	5151	1659
5	3802	1199	15	5315	1700
6	3931	1250	16	5529	1768
7	4103	1301	17	5659	1808
8	4259	1363	18	5748	1844
9	4440	1421	19	5864	1881
10	4600	1472	20	6072	1928

---

1) St. Petersburger medicinische Wochenschrift 1886 p. 108 u. 196. Die Werte sind für metrisches Mass umgerechnet.
2) De la mort par inanition et études expérimentales sur la nutrition chez le nouveau-né. 1864.
3) Über Ernährung und Körperwägungen der Neugeborenen und Säuglinge. 1877.
4) Gekürzte Tabelle nach K. Vierordt, Physiologie des Kindesalters p. 241. — Es ist das Ende der Woche gemeint. Geschlecht, Konstitution, Ernährungsweise ist im einzelnen Fall nicht berücksichtigt.

Woche	Durchschnittswerte	Rektificierte Vergleichswerte	Woche	Durchschnittswerte	Rektificierte Vergleichswerte
21	6390	1904 (!)	36	8042	2376
22	6497	1937	38	8232	2426
23	6751	1964	40	8344	2508
24	6785	1996	42	8480	2549
25	6925	2037	44	8615	2590
26	7026	2067	46	8760	2633
28	7187	2125	48	8846	2669
30	7446	2192	50	9102	2709
32	7622	2262	52	(10172)[1]	(2748)[1] = $2^3/_4$ im Vergleich zum Anfangsgewicht.
34	7842	2328			

Weitere Angaben über das Körpergewicht des wachsenden Kindes s. unten beim „Gesamtstoffwechsel".

Körpergewichtsänderungen in den 6 ersten Lebenstagen
(Gregory)[2].

		Abnahme	
0— 12 Stunden	1. Tag	81 / 58	— 139 g
12— 24 "			
24— 36 "	2. Tag	52 / 12	— 64 -
36— 48 "			
		Zunahme	
48— 60 "	3. Tag	8 / 25	33 -
60— 72 "			
72— 84 "	4. Tag	20 / 30	50 -
84— 96 "			
96—108 "	5. Tag	25 / 25	50 -
108—120 "			
120—132 "	6. Tag	20 / 16	36 -
132—144 "			

Nach Schütz[2] verliert der 3306 g schwere Neugeborene in den ersten Lebenstagen 178,1 g = 5,39 % des Anfangsgewichts und erreicht sein Anfangsgewicht am 10. Tage, indem er vom 3.—9. Tage um 160,7 g zunimmt.

---

1) Keine zuverlässige Zahl!
2) l. p. 7 cit.

Wachstumsnorm der Körperlänge nach Liharžik[1]).

„Zeit-perioden"		Ende der Zeitperiode in Monaten	Zunahme der Körperlänge während jeder Zeitperiode in cm	Länge der Knaben bei 50	Mädchen 48	Anfangslänge
Epoche I.	1	1				
	2	3				
	3	6	6⁵/₆ =	13,66 %	14,2 %	der Länge der
	4	10				Neugeborenen
	5	15		91	89	
	6	21				
Epoche II.	7	28				
	8	36				
	9	45				
	10	55				
	11	66				
	12	78	6 =	12,0 %	12,5 %	,,
	13	91				
	14	105				
	15	120				
	16	136				
	17	153		163	161	
	18	171				
Epoche III.	19	190				
	20	210				
	21	231	2 =	4 %	4,17 %	,,
	22	253				
	23	276				
	24	300		175	173	
		= 25. Jahr				

Wachstum des Ober- und Unterkörpers.

Teilt man den Körper in einen, durch den Hüftbeinkamm getrennten Oberkörper und Unterkörper ab und setzt die Gesamthöhe (Scheitel bis Fusssohle) = 1000, so ist das relative Verhältnis nach Zeising[2]):

	Oberkörper :	Unterkörper
Neugeborener	500	500
1 Jahr	478	522
2 -	457	543
3 -	439	561
5 -	415	585
8 -	397	603
13 -	382	618
60 -	369	631

Liharžik teilt in Oberlänge (Scheitel bis oberen Rand der Schossfuge) und Unterlänge (Schossfuge bis Fusssohle) ab:

	Oberlänge cm	Unterlänge cm
männlicher Neugeborener	30	20
Ende der I. Epoche	52	39
Mitte der II. ,, (bei 7½ Jahren)	63,5	63,5
Ende der II. ,,	75	88
,, ,, III. ,,	81	94

Beim weiblichen Geschlecht ist für die Ober- und Unterlänge je 1 cm abzuziehen.

---
1) Das Gesetz des Wachsthumes und der Bau des Menschen, die Proportionslehre aller menschlichen Körperteile für jedes Alter und für beide Geschlechter. 1862.
2) l. pag. 1 cit.

Absolutes Längs- und Breitenwachstum nach Zeising in
3jährigen Perioden (cm).

Längswachstum	Neugeborener	Jahre					Gesamtwachstum bis z. 15. Jahr	Weiteres Wachstum bis z. Stillstand
		0—3	3—6	6—9	9—12	12—15		
v. Scheitel bis z. Orbitalrand	6	2,6	0,9	0,1	0	0	3,6	0,1
vom Orbitalrand bis zum Kehlkopf	6	4,4	1,9	0,2	1,1	0,6	8,2	1,5
Kopfpartie (Summe der vorhergehenden)	12	7	2,8	0,3	1,1	0,6	11,8	1,6
Kehlkopf bis Achselhöhle	3,9	4,7	1,4	0,7	1,3	1,4	9,5	2,2
Achselhöhle bis Hüftkamm	8,3	6,8	1,7	0,5	1,3	2,1	12,4	4,5
Oberarm	6,6	9,3	3,3	3,6	0,6	3,4	20,2	2,2
Vorderarm	7,5	8,0	4,4	4,6	—	2,3	—	—
Hand	6,0	4,2	0,7	2,2	—	1,9	—	—
Obere Extremität (Summe der 3 vorhergehenden)	20,1	21,5	8,4	10,4	(1,3)	7,6	49,2	6,9
Oberschenkelpartie (v. Hüftbeinkamm bis z. Knie)	15,2	14,7	9,3	7,9	4,9	8,1	44,9	6,1
Unterschenkelpartie (v. Knie bis zur Fusssohle)	9,1	13,3	4,6	1,6	2,4	5,8	27,7	3,9
Fusslänge	8,1	5	3	1,5	2,5	4	16	1,9
Breitenwach'stum.					9—15 Jahr			
Kopf	9,7	2,7	1,2	0,6	0,8		5,3	1,4
Hals	6,6	0,6	0,8	0,8	0,3		2,5	2,8
Schulter	13,7	9,3	3,8	5,2	4		22,3	14,4
Brustkorb in der Höhe der Herzgrube	10,5	5,5	2,6	3,8	3,6		15,5	5,2
Hüften in der Höhe der Trochanteren	10,5	8,1	2,4	4,0	2,8		17,3	6,2
Gegend der stärksten Wadendicke	3,3	3,3	0,6	0,7	1,3		5,9	3,4
Grösste Fussbreite	3,3	2,7	1,4	0,6	1		5,7	0,6

Setzt man die Längsmasse des Neugeborenen = 1, so erhält man für den Erwachsenen [1]):

    Gesamthöhe   3,57
    Beinlänge   4,7   Brustkorb 3,2
    Armlänge   3,57   Kopflänge 1,89

Gewicht und Länge einzelner Körperteile für einen muskelkräftigen Mann nach Harless[2]).

	Gewicht		Länge	
	relativ (Hand = 1)	absolut (k)	Gesamtkörper = 1000	der Hand = 1
Ganzer Körper	118,46	64,0		8,50
Oberrumpf	42,7	23,07	225,82	1,9
Unterrumpf	12,145	6,56	81,1	0,69
Ganzer Rumpf	54,845	29,63	306,9	2,59
Oberschenkel } einfach	13,25	7,16	259,99	2,21
Unterschenkel } gerechnet	5,2	2,81	248,405	2,111
Fuss	2,17	1,17	34,74	0,29

1) Nach Angaben von Seiler, Schadow, Carus, Zeising.
2) E. Harless, Lehrbuch der plastischen Anatomie 2. Aufl. herausgegeben von

	Gewicht		Länge	
	relativ (Hand = 1)	absolut (k)	Gesamtkörper = 1000	der Hand = 1
Ganze untere Extremität	20,62	11,14	570,3	4,85
Oberarm } einfach gerechnet	3,833	2,07	211,06	1,79
Vorderarm }	2,15	1,16	173,07	1,471
Hand	1	0,54	117,62	1
Ganze obere Extremität	6,983	3,77	501,75	4,261
Kopf	8,44	4,56	122,7 (mit Hals)	1,043

Gewicht von Gehirn*), Herz*), Lungen, Leber, Milz und Nieren*).
(g)

Beobachter	Körpergewicht	Gehirn	Herz	Lungen		Leber	Milz	Nieren	
				r.	l.			r.	l.
Blosfeld [1] (Kasan) 36 Männer 8 Weiber	♂ 60,7 k ♀ 52,6 -	1346 1195	346 310	578 600	545 465	1617 1570	176 187	150 137	161 141
Dieberg [2] (Kasan)	58 k	1332	367	648	562	1692	298	161	162
E. Bischoff [3] (München)	33j. ♂ 69,6 k (eingerechnet 3,4 Blutverlust)	1370	332	247	228	1598 (mit Galle)	131,3	128,2	180,8
	22j. ♀ 55,4 k	1280	345	647 (mit Luftröhre und Kehlkopf)		1247	104	102	118
Dursy [4] (Tübingen)	42j. ♂ 62,25 k	1321	—	718	529	1981	128	130	137
Krause [5] (Göttingen)	♂ ♀	1432 1315	292	682 541	619 482	1871 [6]	248	(117 bis 175)	
Gocke [7] (München)	♂ ♀	1406 1270	340	572 360	478 326	1691 1482	161 172	273 } beide 251 } Nieren	
Rohes Mittel	60,2 k	1324	337	500	431	1609	171	131	150
								140 (eine Niere)	
Thoma [8]								299 (beide Nieren)	

*) Über diese Organe werden späterhin noch genauere Angaben folgen.

Hartmann 1876 p. 305. — Die absoluten Gewichte berechnet aus den relativen. — Der Kopf macht c. $1/17$—$1/21$, Rumpf mit Hals $1/8$, beide Arme mit den Schultern $1/8$, beide Beine mit den Hüften $3/7$ des Gesamtgewichts aus. — Absolute Längsmasse s. p. 4.

1) Organostathmologie. Henke's Zeitschrift f. Staatsarzneikunde 88. Bd. 1864. Tafel III zwischen p. 64 u. 65.
2) Casper's Vierteljahrsschr. f. gerichtl. u. öffentl. Medicin 25. Bd. 1864 p. 127—171.
3) Zeitschrift f. rationelle Medicin. 3. Reihe. XX. Bd. 1863 p. 75—118.
4) Lehrbuch d. systematischen Anatomie 1863 p. 516.
5) Anatomie II p. 958 ff.
6) Nach Frerichs, Klinik der Leberkrankheiten I 2. Aufl. 1861.
7) Über die Gewichtsverhältnisse normaler menschlicher Organe. Münchener Dissertation 1883.
8) Untersuchungen über die Grösse und das Gewicht der anatom. Bestandtheile des menschlichen Körpers 1882 p. 182. — Die Zahl berechnet nach Krause (146 g), Thoma (Virchow's Archiv 71. Bd. 1877 p. 64 u. 74) und Rayer, Krankheiten der Nieren, übers. von Krupp Lieferung I 1839 p. 6 ff. — diese beide 153,9 g, Reid (London and Edinburgh monthly Journal 1843) 158 g für Männer, 140,8 für Weiber, H. Vogel (Beiträge zur patholog. Anat. und Chemie der Nieren. Dissertat. Erlangen 1855) 148,6 g.

Gewicht der anderen als der vorgenannten Organe (g).

Beobachter	Dursy	E. Bischoff ♂	E. Bischoff ♀	Krause	G. v. Liebig[1] (Giessen)	Custor[2] (Bern)
Kutis		4 850	3 175			
Fettpolster[3]	♂ (s. o.) 7 404	12 570	15 670			
Skelettmuskeln u. Sehnen	♂ 30 574 ♀ 14 776	29 102	19 846			
Frisches Skelett	♂ 9814 ♀ 5866 (mit Zähnen, Zwischenwirbelscheiben und Rippenknorpeln)	11 080	8 390			
Zunge		94,1	—		81	
Schilddrüse		45,8	17,5	etwas mehr als 30		
Thymus			18,5	4—34		
Grosse Gefässe		361	330		254	333
Parotis	30	r. 21,9 l. 17,4(♂)		22,5—29,2		
Submaxillardrüse		r. u. l. 8,6	65,5 (♀)	7,3—11		
Sublingualdrüse	4	r. 3 l. 2,7		2,5—3,8	8	
Lymphdrüsen					25	
Speiseröhre	51					
Magen	202	183			⎫ 313	
Dünndarm	780 (bei 8,52 m Länge)	713			⎬	
Dickdarm	480 (bei 1,8 m Länge)	312 (Mastdarm 58)			⎭ 2072	
Pankreas		89,7	88	66—102		
Kehlkopf		28,5				
Nebennieren		r. 4 l. 4,6	(beide) 10	4,8—7,2		
Hoden mit Nebenhoden	r. 23 l. 26	r. 52 l. 38 (mit vas deferens u. Samenblase)		15—24,5		
Harnblase Harnleiter Penis		193				
Prostata		20,5		19		
Rückenmark		33		34—38		33
Nervenstämme		290,3	270		143	
Auge (ohne Muskeln[4]) u. Sehnen)		6,5	(beide) 13,5	6,3—7,8		
Ohren mit knorpligem Gehörgang	13	beide 32	28,5	4,8—6,6		
Eierstöcke			(beide) 9	(2,4 nach Geburten)		
Brustdrüsen (möglichst fettfrei)			222			

1) Archiv f. Anatomie u. Physiologie 1874 p. 96.
2) ibid. 1878 p. 478.
3) Über den Gesamtfettgehalt des menschl. Körpers s. u. b. Stoffwechsel.
4) Über Gewicht der Augenmuskeln s. u.

Setzt man das Gesamtgewicht des menschlichen Körpers = 1000, so entfallen auf [1]:

Bewegungsapparat	724,5 ⁰/₀₀
Allgemeine Bedeckungen	88,0 ,,
Kreislaufsorgane	74,1 ,,
Verdauungsorgane (i. w. S.)	57,7 ,,
Sinnesorgane	31,7 ,,
Respirationsorgane	9,4 ,,
Harnapparat	9,0 ,,
Blutgefässdrüsen	3,4 ,,
Geschlechtsapparat	2,0 ,, .

---

[1] Nach E. Bischoff l. p. 13 c.

Gewicht einiger Körperorgane im Kindesalter[1]).

Alter	Gehirn Bischoff[2])	Gehirn Lorey	Lungen	Herz	Leber[3])	Milz[3])	Nieren[5])	Hoden	Thymus[6])	Nebennieren
Neugeborener	380	—	58	24	118	11,1	23,6	—	3,62	—
0 — 2 Monate	417	424	65,8	24,2	127	—	32,4	0,8	3,9	5,9
2 — 4 ,	546	522	93,7	23,2	107	14,6[4])	25,6[4])	—	3,4	5,5
4 — 6 ,	640	571	100	29	164	15,5	39,9	—	2	5,5
6 — 9 ,	722	697	107	33	169	12,1	38,5	—	4	4,5
9 —12 ,	885	774	137	36	195	14,8	42,5	—	4	4
1 — 1½ Jahre	900	804	158	44,7	248	14	32,4	—	4	7
1½— 2 ,	908	1013	166	53,8	264	11,6	51,8	—	5,8	4,7
2 — 2½ ,	1155	884	167	59,4	335	25,3	56,9	—	7	6,1
2½— 3 ,	1168	1006	285	64	444	22	59	—	5,8	6,1
3 — 4 ,	1138	1119	330	—	424	24,4	62	2,7	7	5,5
4 — 5 ,	1094	—	—	—	453	25	73,2	—	3	6
5 — 6 ,	1169	1840 (!!)	—	—	480	30,4	64,1	—	—	—
6 — 7 ,	1225	—	—	—	300	46	71	—	(3)	—
7 — 8 ,	1229 (!)	—	—	—	355	46,8	90,9	—	—	—
8 — 9 ,	1231	—	—	80	581	44	99,8	—	—	—
9 —10 ,	1315	—	—	76	661	49	118,7	—	—	—
10 —11 ,	1309	—	—	152	850	44	99,6	—	—	—
11 —12 ,	1315	—	489	—	930	—	136	—	(4)	—
12 —13 ,	1309	—	—	—	1028	60	—	—	—	—
13 —14 ,	1454	—	—	—	1063	100	153	—	—	—
14 ,	1336	—	—	276	1105	101	141	—	—	—
		—	—	220	1057	102	202	—	—	—

NB! Muskeln, Pankreas, Skelett, Magen- und Darmkanal, Ovarien, Kutis, Speicheldrüsen, Rückenmark, Augen des Neugeborenen s. u.

1) Zusammengestellt aus den Tabellen XVII u. XX in Vierordt's Physiol. d. Kindesalters p. 253 u. 267. — Die meisten Zahlen stammen von Lorey, Jahrbuch f. Kinderheilkunde und physische Erziehung N. F. XII 1878 p. 260.
2) Nach den beiden Tabellen b. Th. v. Bischoff, Das Hirngewicht des Menschen 1880 p. 55 u. 57 (beide Geschlechter zusammengenommen, obwohl zumeist das männliche kindliche Gehirn etwas schwerer ist.
3) Smidt, Virchow's Archiv 82. Bd. 1880 p. 1. — Birch-Hirschfeld in Gerhardt's Handbuch Bd. IV Abteilung II p. 668.
4) Nach Lorey (Einzelwägungen).
5) Thoma, Virchow's Archiv 71. Bd. 1877 p. 64. — Rektificirte Werte des Nierengewichts s. u.
6) Friedleben, Physiologie der Thymusdrüse 1858, findet in der reifen Frucht 14 g, bis zum 9. Monat 20 g, von da bis zum 2. Jahre etwas über, vom 3.—14. Jahr etwas unter 26 g.

% Verhältnis der Einzelorgane zum Gesamtgewicht[1]) samt deren relativer Wachstumsgrösse.

	Hoden	Muskeln	Pankreas	Skelett	Lungen	Magen und Darmkanal	Milz	Leber	Ovarien	Herz	Nieren	Kutis	Speicheldrüsen	Rückenmark	Schilddrüse	(Gehirn³)	Augen	Nebennieren	Thymus
								% des Gesamtgewichts											
Neugeborener	0,037	23,4	0,12	16,7	2,16	2,53	0,41	4,39²)	0,05	0,89	0,88	11,3	0,24	0,20	0,24	14,34	0,28	0,31	0,54
Erwachsener	0,08	43,09	0,15	15,35	2,01	2,34	0,346	2,77	0,29	0,52	0,48	6,3	0,12	0,067	0,05	2,37	0,023	0,014	0,0086

Setzt man das Organgewicht des Neugeborenen = 1, so betragen die absoluten Gewichte im Erwachsenen:

	60	48	28	26	20	20	18	13,6	13	12,5	12	12	10,7	7	4,5	3,7	1,7	0,9	c. ¹/₂
										fache									

Der Gesamtkörper nimmt um etwa das 19fache zu.

unter Zugrundelegung folgender Gewichte:

	Hoden	Muskeln	Pankreas	Skelett	Lungen	Magen und Darmkanal	Milz	Leber	Ovarien	Herz	Nieren	Kutis	Speicheldrüsen	Rückenmark	Schilddrüse	(Gehirn³)	Augen	Nebennieren	Thymus
Neugeborener	0,8	625	3,2	445	58	68	11,1	118	1,3	24*)	23,6	337	6,5	5,5	6,5	385	7,5	8,5	9,4
Erwachsener⁴)	48	29880	90	11560	1172	1364	201	1612	17	304	281	4011	70	39	29,1	1397	13	8	5

*) W. Müller (l. p. 18 citand, p. 76) rechnet auf 1 Kilo reifen Embryo 6,30 g Herzmuskulatur.

1) Nach Tabelle XVIII u. XIX in Vierordt's Physiologie des Kindesalters p. 253 u. 255.
2) Weiteres über das relative Hirngewicht s. u.
3) Beim 2monatlichen Fötus verhält sich das Lebergewicht zu dem Gewicht des ganzen Körpers wie 1 : 1 bis 2.
4) Die Werte sind Mittelwerte; s. K. Vierordt, Grundriss der Physiologie des Menschen 5. Aufl. 1877 p. 291.

Gewicht des (ganzen) Herzens in verschiedenen Lebensaltern.
(g)

	Mittleres Alter	nach Thoma[1]	nach Wilh. Müller[2] Männer	Weiber
Neugeborener	—	20,6	20,79	19,24
1. Monat	—	—	16,19	14,36
2.— 6. -	—	—	20,13	20,18
7.—12. -	—	—	30,64	32,14
2. Jahr	1½	44,5	—	—
2.— 3. -	—	—	52,7	45,2
3. u. 4. -	3	60,2	—	—
4.— 5. -	—	—	65,2	69
5.— 7. -	5½	72,8	—	—
6.—10. -	—	—	103,6	82,5
8.—14. -	10½	122,6	—	—
11.—15. -	—	—	163,8	177,4
15.—20. -	17	233,7	—	—
16.—20. -	—	—	236,9	215,2
21.—30. -	24½	270	297,4	220,6
31.—40. -	35	302,9	289,6	234,7
41.—50. -		303	304,2	264,1
51.—60. -		316,6	340,8	256,9
61.—70. -		331,8	345,9	285,1
71.—80. -		320,8	335,5	294,3
über 80 -		303,5	315,7	253,0

Krause[3]) rechnet das Herzgewicht im Mittel = 292 g (205—338).

Relatives Herzgewicht[3]) (Herzgewicht : Körpergewicht).

Mittel
Männer 1 : 169 (1 : 158—178)
Weiber 1 : 162 (1 : 149—176)

Gewichtsverhältnisse der einzelnen Herzabschnitte bei beiden Geschlechtern (Wilh. Müller).

a) Vergleich zwischen beiden Herzhälften[4]).

Körpergewicht (k)	Freier Abschnitt des rechten Ventrikels	Freier Abschnitt des linken Ventrikels	Septum	Berechnete Werte für rechten Ventrikel	Berechnete Werte für linken Ventrikel	„Funktioneller Index" (rechts : links)
			Männer.			
30,1—40	40,4	75,7	54,7	58,2	114,7	0,508
40,1—50	47,1	84,5	63,2	66,0	128,8	0,517
50,1—60	55,6	103,4	73,9	76,9	155,3	0,498
60,1—70	61,6	120,7	84,1	86,9	178,8	0,495
70,1—80	66,6	131,3	90,5	94,5	194,6	0,486
					Mittel	0,508
			Weiber.			
20,1—30	28,9	52,9	40,3	41,1	78,7	0,509
30,1—40	37,7	66,8	50,4	52,9	101,2	0,522
40,1—50	41,9	79,9	57,5	59,7	120,0	0,497
50,1—60	49,7	92,7	65,9	69,7	138,8	0,509
60,1—70	56,5	97,4	75,7	76,7	158,0	0,501
					Mittel	0,506

---

1) Thoma, Untersuchungen über die Grösse und das Gewicht .... p. 270. Nach zusammen 2049 Einzelwägungen von Casper, Liman, Boyd, Reid, Peacock, Blosfeld. Eine ausführliche Tabelle mit interpolierten Werten ibid. p. 172.
2) Die Massenverhältnisse des menschlichen Herzens 1883 p. 56 und 57.
3) Anatomie II p. 963.   4) l. c. p. 214.

b) **Vergleich zwischen Vorhöfen und Ventrikeln**[1]).

Körper-gewicht (k)	Männer			Weiber		
	Vorhöfe	Ventrikel	„Atrioventri-cularindex" (Vorhof : Ventrikel)	Vorhöfe	Ventrikel	„Atrioventri-cularindex" (Vorhof : Ventrikel)
30,1—40	35,1	171,5	0,2088	31,5	154,5	0,2077
40,1—50	39,4	195,8	0,2038	36,9	183,6	0,2026
50,1—60	44,0	233,3	0,1921	41,1	210,5	0,1913
60,1—70	50,4	264,2	0,1934	44,9	224,3	0,2057
Alter (Jahre)						
21—30	34,2	200,3	0,1561	28,4	179,3	0,1605
31—40	36,2	210,9	0,1740	31,2	181,4	0,1742
41—50	38,5	212,3	0,1866	39,5	198,0	0,2021
51—60	43,8	196,9	0,2015	38,2	180,2	0,2120
61—70	49,5	224,6	0,2286	45,3	205,0	0,2307
71—80	51,0	206,7	0,2503	49,0	215,6	0,2355

Beim Neugeborenen übertrifft das Gewicht des rechten **Vorhofes** das des linken, im Beginn des 2. Monats sind sie gleich und bleiben es im 1. Lebensjahr. Vom 2. Jahr ab überwiegt die Masse des rechten Vorhofs, die Differenz beträgt von der Zeit der Geschlechtsreife an das ganze spätere Leben hindurch ca. 5,5 % (W. Müller)[2]).

Die Masse sämtlicher Klappen beträgt im Mittel[3])

0,020 der gesamten Muskelmasse des Herzens
0,024 „ Muskelmasse der Kammern.

Vom **Septum** rechnet Müller[4]) 0,3021 für die rechte Herzkammer
0,6979 „ „ linke „ .

Einige Dimensionen des Herzens und der grossen Gefässe[5]) (cm).

	Männer	Weiber	insgesamt
Höhe des linken Ventrikels[6])	9,4	9,5	9,5
Muskeldicke „ „ „ (Mitte der Ventrikelhöhle)	1,7	1,6	1,6
Höhe des rechten „	9,6	9,1	9,4
Muskeldicke „ „ „	0,6	0,4	0,5
Umfang der Aorta	7,6	7,2	7,4
„ „ Arteria pulmonalis	8,2	7,2	8
Mittlere Körperhöhe	162,7	149,3	157
Höhe des Herzens (linker Ventrikel) : Körperhöhe	1 : 17,3[7])	1 : 15,7[7])	1 : 16,5[7])

---

1) Müller l. c. p. 165.
2) l. c. p. 171. — Vergl. nächste Seite.
3) l. c. p. 45. — Über den Flächeninhalt der Klappen s. nächste Seite.
4) l. c. p. 54.
5) Buhl, Mittheilungen aus dem patholog. Institute zu München 1878 p. 28 u. 29. — 62 Männer, 38 Weiber, hauptsächlich zw. 21.—30. Lebensjahr.
6) Ältere Angaben über Dimensionen des Herzens bei Bizot, Mémoires de la société médicale de l'observation I 1837 p. 262—411; vgl. Schmidt's Jahrbücher 24. Bd. p. 254. — Weiteres bei Merbach, De sani cordis dimensionibus. Dissertat. Lipsiens. 1844.
7) Die Buhl'schen Zahlen sind nicht richtig berechnet.

2*

Mündungen der Ventrikel[1]).	Umfang in cm		Flächeninhalt[2]) in cm²	
	Männer	Weiber	Männer	Weiber
Linkes Ostium venosum	10,9	10,4	9,67	8,7
„ „ „	11,2 (Wulff[3])			
„ „ arteriosum	8,0	7,7	5,16	4,52
Rechtes „ venosum	12,7	12,0	12,9	11,29
„ „ „	12,2 (Wulff)			
„ „ arteriosum	9,2	8,9	6,45	6,45

Flächeninhalt der Mitralklappe   20,3 cm²
  „   „ Tricuspidalklappe   21,6 „
Muskelmasse des linken Ventrikels
: der des rechten (s. p. 18)   ca. 1 : 2 [4])
Muskelmasse des rechten Vorhofes
: der des linken (s. p. 19)   1 : 1,53

Krause (l. c.) rechnet:
                                                                           cm
  Höhe des linken Ventrikels   9,5
  Grösster Durchmesser unterhalb der Basis   6,7
  Wanddicke   1,1—1,4
  Länge des rechten Ventrikels
      vorn   10,8
      hinten   8,5
  Durchmesser an der Basis   8,8
  Wanddicke   0,5—0,7
  Höhe des linken Vorhofes
      hinten   6,1
      vorn   4,7
  Die übrigen Durchmesser   4,7
  Länge des linken Herzohrs   4,1
  Hohlvenensinus (rechter Vorhof)   5,4

	Entleert und mässig zusammengezogen cm	Mässig und gleichförmig ausgedehnt cm
Länge des Herzens (von der oberen Wand des linken Vorhofes bis zur Spitze)	12,9	14,9
Grösste Breite (unterhalb des Sinus circularis)	9,5	10,8
(Gewöhnliche Breite		8,1)
Dicke (von der vordern z. hintern Fläche unterhalb des Sinus circularis)	6,8	8,8
Umfang daselbst		24,4

    1) Mittel aus Bestimmungen von Peacock (London and Edinburgh Journal of medical science 1846) und Reid, ibid. 1843, die Werte nach unten abgerundet.
    2) Es sind die Radien für die den Umfängen entsprechenden Kreise u. deren Areal berechnet.
    3) Nonnulla de cordis pondere ac dimensionibus. Dorpat. Dissertation 1856.
    4) Valentin, Zeitschrift f. ration. Medicin I. Bd. 1844 p. 317.

Volumen des Herzens

a) im ganzen.

	Beneke[1])	Krause[2])
Männer	290—310 cm³	268 (218—358) cm³
Weiber	260—280 „	

Auf 100 cm Körperlänge ergeben sich 150—190 cm³ Volum.

b) seiner einzelnen Abteilungen (Beneke)[3]).

	Linker Ventrikel	Rechter Ventrikel	Vorhöfe	Summe
Männer	155	72	51	278
Weiber	128	62	42	232
	143—212 [4])	160—230	linker 100—130 rechter 110—185	
Neugeborener	8— 10 [4])	6—7		

Dimensionen (mm), Gewicht und Volum der Lungen[5]).

	Männer		Weiber	
	rechts	links	rechts	links
Höhe an der äussern Fläche	271	298	216	230
„ „ „ innern „	162	176	135	156
Durchmesser von vorn nach hinten	203	176	176	162
Querdurchmesser an der Lungenwurzel	95	81	88	74
„ „ „ Basis	135	129	122	108

Gewicht der Lunge (bei mässigem Blutgehalt)
- Männer 1300 g (rechts 682, links 619)
- Weiber 1023 „ („ 541, „ 482)
- 22j. Soldat: „ 517,5 „ 494 g (Toldt)[6])

Volum der luftleeren Lunge (b. 1023—1300 absolutem u. 1,056 spezif. Gewicht)
793—1230 cm³ (rechts 516—624, links 456—585)

mässig luftgefüllte Kadaverlunge
etwa 3mal so viel (r. 1577—1990, l. 1408—1805)

bei stärkster Füllung
„ 5157, „ 4364.

Über Vitalkapacität u. s. w. s. u. bei Physiologie.

---

1) Anatom. Grundlagen der Constitutionsanomalien d. Menschen 1878 p. 24.
2) Anatomie II p. 963.
3) Über das Volumen des Herzens 1879 p. 36.
4) Hiffelsheim und Robin, Journal de l'anatomie et de la physiologie 1864 p. 413. Die Bestimmungen sind durch Ausgiessen der Höhlungen mit Wachsmasse gemacht.
5) Krause, Anatomie II p. 958.
6) Studien über die Anatomie der menschlichen Brustgegend 1875 p. 66.

Relatives Verhältnis des Lungenvolums zum Herzvolum und zur Körperlänge (Beneke)[1]).

	Herzvolum resp. Körperlänge		
0—11 Tage	3,5—4 : 1 :	1,4—1,6
11 Tage—3 Monate	4 —5 : 1 :	2,2—2,7
Schluss des 1. Lebensjahrs	5 —6 : 1 :	3,0—3,7
2. ,,	5 —6 : 1 :	3,1—3,7
3. ,,	5 —7 : 1 :	3,5—4,0
4. ,,	6 : 1 :	4,2—4,7
5. ,,	6,6 : 1 :	5,0—6,0
7. ,,	7,1 : 1 :	5,3—6,2
13.—14. ,,	7,3 : 1 :	6,2—6,9
bei vollendeter Entwicklung	6,2 : 1 :	8,2—9,9
im reifen Mannesalter	5,5 : 1 :	8,2—9,9

Volumen, Länge und Kapacität einiger Körperorgane in verschiedenen Lebensaltern [2]).

Alter	Durchschnittl. Körperlänge (cm)	Volum (cm³)					Länge (cm)		Kapacität (cm³)		
		des Herzens	beider Lungen	der Leber	der Milz	beider Nieren	Jejunum u. Ileum	d. Dickdarms	des Magens	Jejunum u. Ileum	d. Dickdarms
Neugeborener	49	22,5	43,5	128	12,5	20,5	274	50	35	174	—
1½— 2 Jahre	77	42,5	231	320,5	38,8	72	460	—	—	—	—
6 — 6¾ ,,	109,25	81,5	497	561	50	104	548	115	1090	2490	1725
14¼—15 ,,	150	161,6	958	1079	91	207	—	—	—	—	—
19—21 ,,	164	259	1333	1195	109,5	252	655	141	—	7610	7010
24 u. 31 ,,	161,25	300	1542	1463	—	268	—	—	—	—	—
47—71 ,,	171,5	281	1686	1591	137	205	718	174	2980	6202	4858

Über Magen- und Darmkanal s. a. u. bei „Magen" und „Verdauungskanal".

---

1) Grundlagen der Constitutionsanomalien p. 112 u. 113.

2) Beneke, Constitution und constitutionelles Kranksein 1881 p. 24 u. 25. Die auf 24 Individuen, worunter 10 weibliche, sich beziehende Tabelle ist vereinfacht, die obigen Zahlen sind Durchschnittswerte der einzelnen Gruppen. Die [ ] Zahlen bei Beneke sind nicht mit eingerechnet.

Volum der Lungen und der Leber beider Geschlechter in verschiedenen Lebensaltern[1]) (cm³).

Alter	männlich					weiblich				
	Körperlänge (cm)	Volum beider Lungen		Volum der Leber		Körperlänge (cm)	Volum beider Lungen		Volum der Leber	
		absolut	auf 100 cm Körperlänge	absolut	auf 100 cm Körperlänge		absolut	auf 100 cm Körperlänge	absolut	auf 100 cm Körperlänge
Reife Totgeborene	50,1	52,5	101,3	137,3	272,5	—	—	—	—	—
Erste 11 Lebenstage	—	—	—	—	—	50,2	64	127,0	127,5	256,0
11. Tag bis Ende des 3. Monats	53,8	109,5	200,5	133,2	242,5	55,1	118,8	214,2	159,8	288,8
4. Monat bis Ende des 1. Jahrs	65	210	319,7	254,3	389,2	62,2	157,9	251,5	215,5	340,8
2. Lebensjahr	73,7	261	354,7	344,5	470	76,6	262,5	340,6	308,1	401,2
3. "	81,7	324,7	395,3	368,8	451,2	82,4	317,3	382,7	400,3	485,6
4. "	93,5	449	491,1	511,2	549,1	—	—	—	—	—
5. "	—	—	—	—	—	96,2	439	451,5	499	509
6. "	102,1	480,5	471	564,3	534,8	—	—	—	—	—
7. "	116,1	659,6	566,9	669,5	575,1	—	—	—	—	—
7.—9. "	122,5	719,3	589,2	759	636,2	—	—	—	—	—
9.—11. "	122,2	596,2	487,1	852,5	701,6	—	—	—	—	—
15. "	145,2	771,3	530,6	1034,7	709,9	—	—	—	—	—
16. "	159,8	1362,2	847,8	1115,6	703,4	—	—	—	—	—
17. "	159,8	1001,2	615	1181,4	723,7	152,2	1062,3	687,5	1013,7	666,8
18. "	165,7	1148,2	697,2	1194	727,6	160,5	1154,3	728,9	1546	970,9
19. "	170,2	1193,7	701,6	1391,7	818,1	—	—	—	—	—
20. "	171,6	1804,2	1058,1	1761,2	1019	162,5	1229,5	760,6	1482,5	911,3
21. "	170,8	1621	932,9	1578	924,5	160	1290	805,3	1261	819,6
22.—25. "	168,7	1655,5	987,9	1509,2	892,8	158,7	1304,6	819,8	1431,6	896,7
25.—30. "	168,9	1702,6	1019,4	1490,8	880,6	157,7	1464,6	925,7	1417,1	897,7
30.—40. "	169,5	1788,6	1063,9	1582,1	931,9	157,7	1379,3	870,2	1373,4	884
40.—50. "	167,7	1648,2	988,9	1569,1	933,3	158,2	1326	834,6	1362,1	852,4
50.—60. "	169,8	1610,3	955,8	1475	868,8	158,3	1315	824,7	1089	690,9
60.—70. "	169	1764	1046,4	1340,8	795,4	159,6	—	—	—	—
70.—80. "	167,2	1555,2	922,1	1280,5	758,4	—	—	—	—	—

Das Gewicht beider Nieren in verschiedenen Lebensaltern[2]) (g).

	männlich	weiblich
Reifer Neugeborener	24,7	19,3
0— 3 Monate	28,1	26,6
3— 6 "	36,8	30,9
6—12 "	68,9	52,4
1— 2 Jahre	72,3	68,0
2— 4 "	94,4	89,0
4— 7 "	114,8	120,7
7—14 "	186,5	163,0
14—20 "	265	258
20—30 "	328	288
30—40 "	322	293
40—50 "	309	249
50—60 "	258	242
60—70 "	250	235
70—80 "	303	216
über 80 "	234	194

1) Wesener, Über d. Volumverhältnisse d. Leber u. d. Lungen. Marb. Diss. 1879 p. 28.
2) Thoma, Untersuchungen über die Grösse und das Gewicht der anatom. Bestandteile des menschlichen Körpers 1882 p. 183, nach Boyd aus 1855 Einzelbeobachtungen.

Körpervolumen und Körperoberfläche.

Volumen:

Krause[1]) bei 64 k Körpergewicht 57 110 cm³
„ 52 „ „ nicht ganz $1/20$ m³
E. Hermann[2]) „ 64,83 „ „ 69 415 cm³
(21—40 Jahre)
„ 54,75 „ „ 60 160 „
(11—20 Jahre)
Quetelet[3]) 71 900 „
Meeh[4])
bei 20—45j. Männern
stärkste Exspiration tiefste Inspiration
59 028 cm³ 61 856 cm³
insgesamt bei 9—49j. männl. Individuen
49 023,3 cm³ 51 350,7 „

Körperoberfläche:

C. Krause[5]) ca. 15 843 cm² (15 ☐Fuss par. Mass)
Fubini und Ronchi[6])
(1,62 m grosser, 50 k schwerer Mann) 16 066,85 „
Funke[7]) 16 517 „ ($15^2/_3$ „ „ „
(Valentin[8]), 3tägiges, 44 cm
langes, 1,77 k schweres Mädchen 1 219 „)
Die genauesten Angaben rühren von Meeh[9]) her:

Alter	Körperlänge (cm)	Körpergewicht (g)	Gesamtoberfläche (cm²)	auf 1 k Körpergewicht kommen cm² Oberfläche (abgerundete Zahlen)
6 Tage	50	3 020	2 504,8 [15])	829
6½ Monate	66	6 766	4 221,6	624
1 Jahr 2½ Mon.	74	9 514	5 345	562
2³/₄ Jahre	82	13 594	6 278,5	462
6 Jahre 8½ Mon.	102	17 500	8 018,2	458
9 Jahre 1,8 Mon.	112	18 750	8 546,7	456
9 Jahre 10 Mon.	114,5	19 313	8 795,9 (8 854,7)	456
13½ Jahre	137,5	28 300	11 883,1	420
15 J. 9²/₃ Mon.	152	35 375	14 988,5	421
17³/₄ Jahre [10])	169	55 750	19 205,5	344
20 Jahre 7 Mon. [11])	170	59 500	18 695,3 [15])	314
26 J. 3½ M. [12])	162	62 250	18 859,6 (19 204,3)	303
beinahe 36 J. [13])	171	78 250	22 434,9 [15])	287
36 J. 3²/₃ M. [14])	158	50 000	17 587,4 (17 414,7)	352
45 Jahre 7½ Mon.	160	51 750	17 993,5 (18 157,6)	348
66 Jahre	172	65 500	20 281,5 (20 171,7)	310
(sämtlich männliche Individuen)				

Die eingeklammerten Zahlen sind aus der Summe der Werte der einzeln bestimmten rechten u. linken Seite erhalten, die anderen aus Verdoppelung des Werts der rechten Seite.

1) Anatomie II p. 12. 2) Mittheilgn. a. d. pathol. Institut zu München 1878 p. 4.
3) Citiert b. Hermann l. c. 4) Zeitschrift f. Biologie XV 1879 p. 448.
5) Wagner's Handwörterbuch der Physiologie II Bd. 1844 p. 131.
6) Moleschott's Untersuch. zur Naturlehre XII 1881 p. 26. 7) ibid. IV 1858 p. 36.
8) Lehrbuch der Physiologie des Menschen 2. Aufl. 1851 Nachtrag p. 88.
9) Zeitschrift f. Biologie l. c. p. 425. 10) Sehr kräftig. 11) Gut proportionirt.
12) Kräftig. 13) Korpulent. 14) Sehr mager.
15) Von diesen Fällen ist in der übernächsten Tabelle genaueres Detail angegeben.

Berechnetes Verhältnis der Körperoberfläche zum Körpergewicht [1]).

	Gewicht (k) [2])	Körperoberfläche (cm²)	Oberfläche (cm²) pro 1 k Gewicht
1. Tag	3,2	2 599	812
6. Monat	7	4 381	626
1 Jahr	9	5 181	575
2 Jahre	11,3	6 028	533
4 ,,	14,2	7 020	495
7 ,,	19,1	8 552	450
10 ,,	24,5	10 095	412
12 ,,	29,8	11 505	386
14 ,,	38,6	13 670	354
Erwachsener (25 Jahre)	62,9	18 936	301

Oberfläche einzelner Körperabteilungen (Meeh) [3]).
(cm²)

	Neugeborener	20½ j. Mann (s. o.)	36j. Mann (s. o.)	Erwachsener [4])
Kopf	227,4	719	803,8	989
Hals	62,3	297,7	456,6	—
Brust, Bauch, Hals	—	—	—	1238
Nacken, Rücken, Gesäss	—	—	—	1278
Rumpf	334,8	2115,4	2941,6	—
Oberarm	110,9	625,0	781,5	664
Vorderarm	77,6	549,9	678,6	561
Hand	67,7	465,4	538,5	425
Obere Extremität	256,2	1640,3	1998,6	—
Oberschenkel	120,8	1643,5	2012,5	1321
Unterschenkel	107,3	1477,5	1269,2	1092
Fuss	82,5	668,5	669,3	660
Untere Extremität (samt „Beckengegend")	371,7	4585,2	5016,8	—

Die Messungen beziehen sich auf die rechte Körperseite.

Die oberen Gliedmassen samt dem oberen Rumpfteil (nach oben vom Schwertfortsatz, unt. Rippenbogenrand, 1. Lendenwirbel) machen $1/3$ der Gesamtoberfläche aus, die übrigen $2/3$ entfallen auf Kopf, Hals, unteren Rumpfteil und untere Gliedmassen.

Berechnung der Körperoberfläche aus dem Körpergewicht.

Man findet die Oberfläche (in cm²) nach Meeh für alle Lebensalter ziemlich genau nach der Formel $12,312 \times \sqrt[3]{G^2}$, wobei G das gefundene Gewicht in g ausdrückt. (Für Kinder und Knaben ist die Konstante genauer mit 11,97 anzusetzen.) Für die Rechnung bequemer ist die Formel $12,312 \times G^{0,6666} \ldots$

---

1) Tabelle nach Vierordt, Physiologie des Kindesalters p. 386. Die Berechnung nach Meeh s. diese Seite unten.
2) Gewicht nach Quetelet, Vom Menschen p. 366. Ein Auszug dieser Tabelle ist oben p. 7 mitgeteilt.
3) l. c. Tabelle IV und V. Es sind nur 3 der 16 Meeh'schen Fälle und zwar unter Abrundung der ersten Dezimale im Auszug mitgeteilt, entsprechend etwa den Körperabteilungen auf p. 12 vorliegender Schrift.
4) Die Werte dieser Kolumne sind von Funke (l. c.).

Spezifisches Gewicht des menschlichen Körpers und seiner Bestandteile [1]).

a) Gesamtkörper.

Krause[2]):
bei ruhiger Respiration nach mässigem Ausatmen   1,0551 (hohe Zahlen!)
bei gänzlicher Luftleere der Lungen und des Darmkanals   1,1291 "

Hermann[3]):
an normalen Leichen   im Mittel 0,9213
und zwar für 11—20jährige   0,9021
„ 21—40 „   0,9345

Meeh[4]):
4 Kinder im Alter von 6⅔—13⅛ Jahren in willkürlicher Atmungsstellung   im Mittel 1,01241 (Grenzen 0,97750 bis 1,07933

7 Männer von 16—45 Jahren bei stärkster Exspiration   im Mittel 1,02802 (Grenzen 1,01313 bis 1,05727

dto. bei vorausgesetzter tiefster Inspiration (unter Zurechnung der Vitalkapacität zur stärksten Exspiration)   im Mittel 0,96702 (Grenzen 0,94457 bis 0,9846)

b) Die einzelnen Organe und Gewebe.

		Autor
Knöcherner Schädel	1,717	
Röhrenknochen: Spongiosa	1,2429	(*W. Krause* u. *G. Fischer*)[5]
Rindensubstanz	1,9304	
Fibrocartilago intervertebralis der Lendenwirbel	1,092—1,104	
Ligamentum nuchae (elastisches Gewebe)	1,1219	(*W. Krause* u. *G. Fischer*
Nucleus gelatinosus der Wirbel	1,062	(*Davy*)[6]
Gelenkknorpel	1,0951	(*W. Krause* u. *G. Fischer*
Muskulatur		
quergestreift[7])	1,0414 (1,0382—1,0555)	
glatt[8])	1,0582 (1,0573—1,0591)	
Sehnengewebe	1,1165	(*W. Krause* u. *G. Fischer*
Fascia cruralis	1,0767	„ „ „

---

1) Das spezifische Gewicht der Körpersäfte (Blut, Harn etc.) ist im physiologischen Teil zu suchen Nachstehende Tabelle betrifft vorwiegend die „festen" Gewebebestandteile.
2) Anatomie II p. 12.   3) Mittheilungen aus dem patholog. Institute zu München.
4) Zeitschrift f. Biologie XV p. 449. Es sind hier nur Mittelwerte berechnet.
5) Zumeist nach Krause's Anatomie II p. 950 ff., wo meist das ganze Organ (mit Bindegeweb Fett, Blutgefässen) bestimmt ist. — Vergl. auch W. Krause und G. Fischer, Zeitschrift f. ratio Medicin 3. Reihe 26. Bd. 1866 p. 306 ff.), wobei das (blutleere) eigentliche Parenchym, in folgend Tabelle als „Substanz" bezeichnet, gemeint ist.
6) Transactions of the medico-chirurgical Society of Edinburgh 1829 Vol. III p. 436 ff.
7) Krause, Anatomie I p. 80, s. a. u. bei „Elasticität der Muskeln".   8) ibid. p. 98.

		Autor
Epidermis der Fussohle	1,190	(*Davy*)
„ „ Dorsalhaut des Daumens	1,100	
Leder vom Rücken eines Mannes	1,394	(*Kapff*) [1]
[Schafleder	1,254]	
Panniculus adiposus vom Menschen	0,971	
Haar (Frau)	1,280—1,293	(*Davy*)
„ weiss (von einem Greis)	1,290	„
„ (Hottentottin)	1,345	„
Daumennagel	1,197	„
Ohrknorpel	1,097	
Glandula lacrymalis (Substanz)	1,0583	
Auge:		
Augapfel	1,022 —1,0302	(*Huschke*) [2]
„	1,0212—1,0216	(*Fricke*) [2]
„	1,091	(*Davy*)
Cornea	1,076	„
Linse	1,079	(*Chenevix*) [3]
„	1,100	(*Davy*)
„	1,121	(*Nunnely*) [4]
Humor aqueus	1,0053	
Glaskörper	1,0089	(*Giacosa*) [5]
Schneidezähne	2,240	(*Davy*)
Wurzel	1,950	„
Krone	2,380	„
Parotis	1,0551	
	1,0455 (Substanz)	
Glandula submaxillaris	1,0487	
	1,0408 (Substanz)	
„ sublingualis	1,0481	
Schilddrüse	1,0655	
	1,0453 (Substanz)	
Lungensubstanz [6]) (luftleer, Gefässe mässig gefüllt)	1,0450—1,0560	
„ (möglichst ohne Bronchialästchen)	1,041	(*Toldt*) [7]
Kehlkopf: Schildknorpel	1,103	(*E. Harless*) [8]
Ringknorpel	1,06	

---

1) P. Kapff, Untersuchungen über das specif. Gewicht thierischer Substanzen. Dissertation Tübingen 1832.
2) Huschke in Sömmerring's Lehre von den Eingeweiden 5. Bd. 1844 p. 656.
3) Transactions of the Americain Pharmaceutical Society held at Philadelphia. 1803 p. 195. — Annales de Chimie XLVIII p. 74.
4) Quarterly Journal of microscopical science 1858 p. 138.
5) Archivio per le scienze mediche VI. 1882 p. 29.
6) Eine hepatisierte Lunge 1,0345 (Kapff), eine durch Pleuraexsudat vollständig komprimierte 1,054 (Toldt).   7) l. p. 21 cit. p. 66.
8) Wagner's Handwörterbuch der Physiologie IV. Bd. 1853 p. 512.

		Autor
Thymus	1,0299—1,0352	
Verdauungskanal:		
Speiseröhre (unt. Teil)	1,040	(*Davy*)
Magenwand		
an der Cardia	1,048	(*Davy*)
am Pylorus	1,052	,,
Dünndarm		
Duodenum	1,047	(*Davy*)
Jejunum	1,042	,,
Ileum	1,041—1,044	,,
Dickdarm (Flexura sigmoidea)	1,042	,,
Leber	1,0721	
	1,0572 (Substanz)	
	1,056	(*Smidt*) [1]
Pankreas	1,0462	
	1,0470 (Substanz)	
Milz	1,0579 (Substanz)	
,, bei Kindern	1,059—1,066	(*Smidt*)
Nieren	1,0520	
Rindensubstanz	1,0489	
Marksubstanz	1,0439	
Nebennieren	1,0163	
	1,0538 (Substanz)	
Hoden	1,0435	
	1,0448 (Substanz)	
Tunica albuginea	1,088	(*Davy*)
Prostata	1,0452	
Ovarium	1,0515	
	1,0446 (Substanz)	
Uterus	1,052	
Brustdrüse (weibl.)	1,0455	
Herz:		
linker Ventrikel	1,049	(*Davy*)
Pericardium	1,014	
Arterien:		
Aorta descendens }		
Art. hypogastrica }	1,060—1,086	
,, cruralis etc. }		
Anfang der Aorta thoracica	1,086	
nach Entfernung der Adventitia	1,077	

---

[1] Virchow's Archiv 82. Bd. 1880 p. 11.

		Autor
Venen:		
Vena cava infer.		
„ renalis	1,061—1,071	(*Davy*)
„ crural.		
„ saphena magna		
Lymphdrüsen	1,0139	
Gehirn:		
ganzes Gehirn (b. Mann)	1,0386	(*Bischoff*) [1]
„ „	1,0415	(*Danilewsky*) [2]
Subencephalon (Unterhirn), d. h. verlängertes Mark, Brücke, Vierhügel	1,0387	
Grosshirn (als ganzes)	1,0361	
graue Substanz	1,0313 [3]	
weisse „	1,0363	
(Vorderlappen der) Hypophyse	1,0657	
Zirbeldrüse	1,047—1,050	(*Engel*) [4]
Kleinhirn	1,0321	
Dura mater	1,090	(*Davy*)
Rückenmark	1,0343	
graue Substanz	1,0382	
weisse „	1,0231	
Ganglion cervicale supremum	1,0377	(*W. Krause* u. *G. Fischer*)
Nervus ischiadicus	1,046	
„ „ (mit Binde- gewebe)	1,028	(*Kapff*) (*Krause*) [5]
Nerven überhaupt	1,034—1,038	„
Placenta	1,0475	(*Kapff*)
Nabelschnur	1,058	„

Schwerpunkt des Körpers.

W. und Ed. Weber[6] fanden ihn bei einem 166,92 cm langen Mann:

8,77 cm über der beide Schenkelköpfe verbindenden Drehungsachse
0,87 „ in vertikaler Entfernung (kopfwärts) vom Promontorium
94,77 „ „   „   „   von der Ferse
72,15 „ „   „   „   vom Scheitel =
0,432 „ relative Entfernung   „   „
0,426 „   „   „   „   „   beim Erwachsenen ⎫ Harless[7]
0,422 „   „   „   „   „   b. 6³/₄j. Mädchen ⎭

Nach Abnahme beider Beine liegt der Schwerpunkt ungefähr in der Höhe des Schwertfortsatzes oder des unteren Endes des Brustbeins.

---

1) Sitzungsberichte d. K. bayer. Akad. der Wissensch. zu München 1864 Bd. II p. 347.
2) Centralbl. f. die medic. Wissensch. 1880 p. 241, wo weiteres Detail nachzusehen ist.
3) Die graue Substanz der Stammganglien, etwa des Corpus striatum, ist nach Danilewsky (l. c.) höher im spezif. Gewicht als die Grosshirntheile, wegen Beimischung von weisser Substanz. D. findet häufig einen Unterschied im spezif. Gewicht beider Hemisphären.   4) Wiener medicin. Wochenschrift XV 1865 p. 886.
5) Krause, Anatomie I p. 363.   6) Mechanik der menschl. Gehwerkzeuge 1836 p. 116.
7) Abhandlungen der mathemat.-physikal. Classe d. K. bayr. Akademie der Wissenschaften 8. Bd. 1. Abtheilung 1857 p. 75 u. 273.

Schädel und Gehirn.

Gewicht des knöchernen Schädels.

Krause[1]):
Männer: Mittel 731 g ⎫
Weiber: „ 555 „ ⎬ samt Unterkiefer. Grenzen 468—1081 g
Unterkiefer allein:
Männer 88 g
Weiber 58 „

Sonstige Angaben [2]) (ohne Unterkiefer):
Männer: Mittel c. 600 g
Grenzen 450—800 „
Weiber: Mittel c. 500 „
(Das spezif. Gewicht 1,717)

Dicke der Schädelkapsel.

Krause[1]):
an der Protuberantia occipitalis externa 15 mm
am Schädeldach 5—7 „
an der Schläfenschuppe 2 „
an Stellen mittlerer Stärke (nach Henle) 3—4 „

Oberfläche des Schädels[2])

wird taxiert (s. a. ob. pag. 25)
Erwachsener c. 670 cm^2
Neugeborener c. 245 „
6—8monatliches Kind [3]) 315 „
1 Jahr altes „ 389 „
1½ „ „ „ 443 „

Äussere Durchmesser des Schädels[1]) (cm).

	Männer	Weiber
Längendurchmesser zwischen Glabella und Protuberantia occipitalis externa	20	18
Vorderer (temporaler) Querdurchmesser zwischen den Spitzen der Alae magnae des Keilbeins	12	11
Hinterer (parietaler) Querdurchmesser zwischen den Tubera parietalia	16	14
Höhendurchmesser zwischen foramen occipitale magnum und Scheitel	13,5	13

---
1) Krause, Anatomie II p. 55.
2) Artikel Schädelmessung in Eulenburg's Real-Encyclopädie der gesammten Heilkunde 1. Aufl. XII. Bd 1882 p. 7.
3) Huschke, Schädel, Hirn und Seele nach Alter, Geschlecht u. Rasse 1854 p. 29. Die Zahl erscheint etwas hoch. Daselbst auch das Areal der einzelnen Kopfknochen.

	Männer	Weiber	
Höhe oder Länge des Gesichts von der Nasenwurzel bis zum Kinn	12	11	
Breite zwischen den Wangenbeinen	11	10	
„ „ „ Jochbogen	14	13	
„ „ „ Unterkieferästen	10	9	
Mentoparietal-Durchmesser zwischen Kinn und Scheitel	24	22	

Weitere absolute Maasse nach Benedikt's[1] Zusammenstellung:

		Männer	Weiber	
Länge des Schädels (s. o.)		17,5—18,5	c. 0,5	kürzer
„ „ „ (Neugeborener, beide Geschlechter)		12		
„Grösste Breite" des Schädels[2]	Mittel	14,0—15,5		
		14,2	(*Weisbach, Aby*)[3]	
		14,0	(*Zuckerkandl*)[4]	
Grösste Stirnbreite		10,5—12,5		
Kleinste „ (hinter der linea semicircularis des Stirnbeins)		9,0—10,5		
Warzenbreite (zwischen dem processus mastoidei)		10,4—10,7		
Hinterhauptsbreite		11 (10—12,5)		
Länge der Schädelbasis („vordere Schädellänge") vom vorderen medianen Punkt des Hinterhauptlochs, vord. Basalpunkt, bis zur Nasenwurzel		9—11	9—10	
Höhe des Schädels vom Zusammenfluss der Kranz- und Pfeilnaht (sog. „vorderem Bregma"), der nahezu den höchsten Scheitelpunkt darstellt, bis zum vorderen Basalpunkt		13,5	0,6—1 niedriger als der männliche	
dto. Neugeborener		8,1		
Grösste Gesichtslinie von der Nasenwurzel bis zum untersten medianen Punkt des Unterkiefers		10,5—14,0		
Nasenlinie von der Nasenwurzel bis zum Nasenstachel (*Mittel*)		5,8		
Obere mediane Gesichtslinie von der Nasenwurzel bis zum untersten medianen Punkt des Zahnfortsatzes des Oberkiefers		c. 7		

---

[1] Eulenburg's Realencyclopädie l. c. p. 13 ff. Viele der Werte nach Weisbach (Beiträge zur Kenntniss der Schädelformen österreichischer Völker), Wiener medic. Jahrbücher 1864 u. 1867.
[2] „Über den „Längenbreitenindex" s. u.
[3] Weisbach, l. c. — Áby, Die Schädelformen der Menschen und Affen 1867.
[4] Zur Morphologie des Gesichtsschädels 1877.

	Männer	Weiber
Mundlinie vom Nasenstachel zum untersten medianen Punkt des Unterkiefers *im allgemeinen grösser als die Nasenlinie*		
Grösste Gesichts- oder Jochbreite, zwischen den entferntesten Punkten beider Jochbögen	13,1—13,3	10,0
Obere Gesichtsbreite zwischen beiden Stirn-Jochbeinnähten	10,5	10,0
Oberkieferbreite zwischen den untersten Punkten der Naht zwischen Jochbein und Oberkiefer	9,1—9,4	8,6
Orbitalbreite [1])	3,9	3,9
Orbitalhöhe	3,3	3,4
Orbitalindex s. u.		
Nasenbreite, grösste Breite der Nasenöffnung (Broca) [2]) Mittel	2,5	
Nasenlänge von der Nasenwurzel bis zur Spitze des Nasenstachels (Broca) Mittel	5	
Nasalindex s. u.		
Grösste Breite des Unterkiefers zwischen den entferntesten Punkten der Unterkieferwinkel	9,8—10,3	9,1
Höhe des Unterkieferastes vom tiefsten Punkt des halbmondförmigen Ausschnitts am hintern Rand bis zum Winkel Mittel	4,7—5,1	4,4
Unterkieferwinkel	115°	123°
Länge des horizontalen Unterkieferastes	20,7—21,3	19,5
Bogenmasse:		
Horizontaler Schädelumfang (hervorragendster Punkt des Hinterhaupts, von Stirnhöcker od. Glabella frontis oder Arcus superciliaris)		
Erwachsener	51—52	—
Neugeborener	34	34
Ende des 1. Jahrs	42	—
1½ *Jahre*	—	42
10 „	49	47

---

1) Weiteres über die Orbita, über Stirn-, Nasenhöhle etc. s. u.
2) Dictionnaire encyclopédique des sciences médicales par Dechambre. I. Série Bd. XXII 1879 Art. Craniologie p. 660.

	Männer	Weiber
Ohr- oder Querumfang (von einer Jochbeinwurzel oder vom oberen Ende eines Ohres zum andern)	(29—33)	
Erwachsener	31	30
Neugeborener	20	20
Ende des 1. Jahrs	25,5	—
1—1½ *Jahre*	—	25
Ende des 3. Jahrs	28,0	—
7 *Jahre*	—	27
12 „	30	

Längsumfang (von der Nasenwurzel bis zum Hinterhauptsloch)
bei *typischem Schädel sich zusammensetzend aus 2 gleich langen und einem c. 1 cm kürzeren Segment, nämlich:*

	Männer	Weiber
a) Mediane Bogenlänge des Stirnbeins = Stirnbogen (Nasenwurzel bis zum vorderen Bregma)[1]	12,5	12,0
Neugeborener	7,7	
Ende des 10. Monats	10	—
„ „ 12. „	—	10
„ „ 3. *Jahres*	—	11,5
„ „ 5. „	11,5	—
„ „ 8. „	12	—
„ „ 9. „	—	12
b) Mediane Bogenlänge des Scheitelbeins = Scheitelbogen (vom vorderen Bregma zum hinteren Bregma = kleine Fontanelle, Zusammenfluss von Pfeil- und Lambdanaht)	12,5	11,9
Neugeborener	9	
8. *Monat*	10	—
10. „	—	10
1½ *Jahre*	11	—
4 „	—	11
8 „	12	—
20 „	—	11,9
c) Mediane Bogenlänge des Hinterhauptsbeins = Hinterhauptsbogen (vom hintern Bregma zum hintern medianen Punkt des Hinterhauptlochs)	11,5	11,1

---

[1] Stelle der früheren grossen Fontanelle s. a. p. 31.

	Männer	Weiber
Interparietalbogen = Bogen von der Nasenwurzel zur Protuberantia occipitalis externa [1]) minus der Summe von Stirn- und Scheitelbogen (25 cm)	6,6	
Bogen des Occiput (von der Protuberantia occipit. ext. bis zum hintern Basalpunkt)	4,9	4,5
Bogen der Hinterhauptsbreite (querer Hinterhauptsbogen)	13,1—13,9	(0,5 weniger)

Innere Durchmesser des Schädels [2]).

Unterer Längsdurchmesser zwischen Foramen coccum und Protuberantia occipital. ext.	15	13,5
Oberer Längsdurchmesser zwischen den Mitten der Crista frontalis int. und der Linea cruciata super. oss. occipitis	17	15
Querdurchmesser zwischen den Vereinigungen der Partes petrosae und squamosae der Schläfenbeine	11,5	11
Höhe	12,1	11,9
Länge des Hinterhauptlochs [3])	3,5—3,6	
Breite „ „	2,9—3,0	

Schädelformen und Schädelindices.

Längenbreitenindex oder Breitenindex („L.Br.I") $= \dfrac{100\,Q}{L}$, wo L die Länge des Schädels (p. 31) und Q die Breite zwischen 2 je am weitesten von der Medianlinie entfernten Punkten.

Internationale Bezeichnung der Schädelindices [4]).

	Gruppe	Index	
Dolichocephale Hauptgruppe	1	55,5—59,5	(Extreme Dolichocephalie)
	2	60,0—64,9	Ultra-Dolichocephalie
	3	65,0—69,9	Hyper-Dolichocephalie
	4	70,0—74,9	Dolichocephalie
Mesocephale Hauptgruppe	5	75,0—79,9 [5])	Mesocephalie, Mesaticephalie
Brachycephale Hauptgruppe	6	80,0—84,9	Brachycephalie
	7	85,0—89,9	Hyper-Brachycephalie
	8	90,0—94,9	Ultra-Brachycephalie
	9	95,0—99,9	(Extreme Brachycephalie)

---

1) Er misst für Männer 31,0—31,6 (letztere Zahl für Deutsche), für Weiber 28—31.
2) Krause, Anatomie II p. 55.
3) Dally im Dictionnaire encyclopédique. Art. Craniologie p. 657.
4) Korrespondenzblatt der deutschen Gesellschaft für Anthropologie, Ethnologie und Urgeschichte XVII. Jahrgang 1886 Nr. 3. — Naturforscher XIX p. 271.
5) Früher zählte man bis 75 die Dolichocephalen, 75—80 Mesocephalen (dabei auch wohl 75—77 subdolichocephal, 78—79 subbrachycephal), über 80 Brachycephalen; bei Eurycephalie übertrifft die Breite die Länge.

Beim „Kopf" ist, verglichen mit dem Schädel, der L.Br.l. um 2(—3) höher zu rechnen.

Längenbreitenindex für den menschlichen Schädel im allgemeinen c. 80. Weisbach findet für die in der Hauptsache brachycephalen (jetzigen) Deutschen [1]) 81
(für Czechen 82,6)
den weiblichen Schädel mehr brachycephal   83,1
Hölder's dolichocephaler (Reihengräbertypus) Typus
sarmatischer (brachycephaler) „
turanischer (extrem brachycephaler) „

$$\text{Längenhöhenindex oder Höhenindex} = \frac{100\, H}{L}, \text{ wo } L \text{ die Höhe bezeichnet.}$$

	Index
Hypsicephalen	über 75
Orthocephalen	70—75
Platycephalen (Chamaecephalen)	unter 70.

$$\text{Orbitalindex}[2]) = \frac{100\, Ho}{B}, \text{ wo } Ho \text{ den vertikalen (Höhen-), } B \text{ den}$$

horizontalen (Breiten-) Durchmesser des Eingangs der Augenhöhle bezeichnet.

	Index
Hypsiconchen	über 85 (gelbe Rassen)
Mesoconchen	80—85
Platyconchen	unter 80 (schwarze Rassen)

Weisbach findet den „Augenindex" = 84,6
Zuckerkandl bei Männern = 82,5
„ Weibern = 87,8
beim Kind ist er = 100.

$$\text{Nasalindex oder Nasenindex}[3]) \text{ (Broca)} = \frac{100\, Bn}{Hn}, \text{ wo } Bn \text{ die Breite der}$$

Nasenöffnung, H deren Höhe oder Länge (s. p. 32) bezeichnet.

Platyrhinen — schwarze Rasse 58—53
Mesorhinen — mongolische u. meiste
amerikanische Rassen 52—48
Leptorhinen — weisse Rassen (und
Eskimos) 47—42 — Indo-Europäer Europas
46—47 (Broca)

$$\text{Scapularindex (Broca)} = \frac{100\, Bs}{L}, \text{ wo } L \text{ die Länge, } Bs \text{ die grösste Breite des Schulterblattes bezeichnet.}$$

Europäer 65,2 (Flower) — 65,9 (Broca)
Neger 68,2 (Broca) — 71,7 (Flower)

---

1) Über deutsche Schädel bei Krause, Anatomie III p. 6.
2) Dictionnaire encyclopédique. Craniologie p. 685.   3) Ebendas. p. 679.

Infraspinalindex (Broca) $= \dfrac{100\ Bs}{L_i}$, wo Bs wie eben, L_i die Länge der Fossa infraspinata bedeutet.

Europäer 87,8 (Broca) — 89,4 (Flower)
Neger 93,9 „ — 100,9 „

Schädelwinkel[1]).

Camper'scher Gesichtswinkel, eingeschlossen von einer den Boden der Nasenhöhle und äussern Gehörgang einerseits und den hervorragendsten Teil der Stirn über der Nase und das vorderste Jugum alveolare des Oberkiefers berührenden Linie andererseits.

Orthognathie	80° und darüber — Europäer 80°
Prognathie	weniger als 80° — Neger 70° (bis herab zu 65)

v. Jhering's Profilwinkel, die eine Linie vom Mittelpunkt des äussern Gehörgangs zum unteren Rand der knöchernen Augenhöhle derselben Seite, die zweite von der Stirnnasennaht zum hervorragendsten Punkt des Zahnfortsatzes des Oberkiefers derselben Seite.

Orthognathie	89—91° Deutsche im Mittel 90°
Prognathie	76° u. mehr
Opisthognathie	91° u. mehr

Broca'scher (ophryo-spinaler) *Gesichtswinkel*, die senkrechte Linie vom Mittelpunkt des unteren Stirndurchmessers zum Nasenstachel

c. 75—77,67° bei Weissen
74,86° bei ozeanischen Negern

Daubenton'scher Occipitalwinkel[2]), gebildet von einer vom hinteren Rand des Hinterhauptlochs zum unteren Rand der Orbita gezogenen Linie einer- uud der Ebene des Hinterhauptlochs andererseits

3° (Daubenton)
weisse Rassen: negativ bis 6 (Broca)

---

1) s. Bessel-Hagen, Zur Kritik und Verbesserung der Winkelmessungen am Kopfe. Archiv f. Anthropologie Bd. XIII Heft 3, auch Königsberger Dissertat. von 1881.
2) s. Topinard, Éléments d'Anthropologie générale 1885 p. 812 ff.

Sphenoidalwinkel (Welcker), gebildet von Linien,
die vom Hinterhauptloch (Vorderrand) und von der
Sutura naso- frontalis zum Ephippium gezogen sind.   Deutsche   134⁰
                                                     Neger   144⁰

	Männer	Weiber
*Gesichtswinkel*¹) (Weisbach)	73⁰	76⁰
*Nasalwinkel*¹) (Weisbach, Welcker)	67⁰	66⁰
*Basalwinkel*²)	44⁰	43⁰

Kopfmasse ³)
(vergl. die Schädelmasse p. 32 ff.).

	Männer cm	Weiber cm
Horizontalumfang	55	53
(fast 3 cm mehr, als am Schädel)		
Breite und Länge mindestens 1 cm mehr als am Schädel		
Ohrumfang	32,8—33	reichlich 1 weniger
Neugeborener	22	
1 Jahr alter	26	
7—12jähriger	30 —31	
Längsbogen am Kopf	33	34
(bis zur Protuberantia occipit. externa)		
Medianer Stirn- und Scheitelbogen	etwas über 13 (12—15)	12,5
Interparietalbogen	6	5,6
Hinterhauptsquerbogen	14 —14,5	13,5—14

Liharzik's Wachstumsnorm für den Kopf.

In den 6 Zeitperioden der I. Epoche (s. p. 11)
              je c. $2^3/_7$ cm,
also bei 33 cm Horizontalumfang des Kopfes eines Neugeborenen am Ende des 21. Monats 13   cm mehr   = 46   cm
In den 12 Perioden der II. Epoche   je c. $^1/_4$ „
   also am Ende des 171. Monats (12½ Jahr) 3,5 „ mehr   = 49,5 „
In den 6 Perioden der III. Epoche   je c. $^1/_2$ „
   also am Ende des 300. Monats (25. Jahr) 2,75 „ mehr   = 52,25 „

---

1) Die Winkel sind gebildet von den Verbindungslinien der Nasenwurzel, zum Alveolarfortsatz des Oberkiefers zwischen den innern Schneidezähnen und von da zum Vorderrand des Foramen occipitale magnum. Die Summe der Seiten dieses Profildreiecks beträgt beim Mann 263, beim Weib 245 mm. Archiv f. Anthropologie III 1868 p. 78.
2) s. Topinard, Eléments d'Anthropologie générale 1885 p. 812 ff.
3) Die Werte wieder nach Benedikt, Eulenburg's Real-Encyclodädie 1. Aufl. Artikel Schädelmessung.

Im 1. Jahr Wachstum in die Länge und Breite 3 cm
vom 1.—8. Jahr: Längenwachstum 2,0 „
                    Breitenwachstum 2,5 „
„ 8.—etwa 20. Jahr: Länge und Breite 1 „

Rauminhalt des Schädels (cm^3).

	Männer	Weiber
Mitteleuropäische Rasse [1]) im Mittel	1500	1300
obere Grenze	1750	1550
untere „	1200	1100
Weisbach [2]) rechnet	1521,6	1336,6
Welcker [3]) (Hallenser Schädel) Mittel	1450	1300
Huschke [4]) (Jenenser Schädel) Mittel	1550	1300
Ferner ergiebt sich		
für neugeborenen Knaben	385— 450	
Ende des 1. Lebensjahrs	700—1000	
ungefähr im zehnten Jahr	ca. 1300	
J. Ranke [5]):		
Münchener Stadtbevölkerung	1523	1361
nach dem Geschlecht gemischt	1442	
Altbayrische Landbevölkerung	1503	1335
nach dem Geschlecht gemischt	1419	

Man bezeichnet als

naunocephal	Schädel unter	1300 cm^3 Rauminhalt
emmetrocephal	„ von 1300—1499	„ „
encephal	„ „ 1500—1699	„ „
megalocephal	„ „ 1700 u. mehr	„ „

(Kephalone von Virchow)

Unter 1100 cm^3 Inhalt und 43 cm Umfang ist ein europäischer Schädel als semi-mikrokephal anzusehen. — Bei Mikrokephalen sind 419—433—440 cm^3 gemessen [6]), weniger als beim männlichen Gorilla mit 531.

Hirngewichte verschiedener Nationen [7]) und Rassen (g).

Deutsche	Engländer	Franzosen	Litauer	Schotten	Hindus
1424	1422	1322—1333	1319	1309	1006—1176

Weisbach [8]) (österreichische Soldaten):

Deutsche	Norditaliener	Slaven	Ungarn
1324	1365	1321	1296

---

1) Artikel „Schädelmessung" in Eulenburg's Real-Encyclopädie p. 5.
2) l. c.
3) Untersuchungen über Bau und Wachsthum des menschlichen Schädels 1862.
4) Schädel, Hirn und Seele des Menschen und der Thiere 1854 p. 47.
5) In „Beiträge zur Biologie" 1882 p. 301.
6) Artikel „Craniologie" im Dictionnaire encyclopédique I. Série Bd. XXII p. 675.
7) Krause, Anatomie II p. 862.
8) Archiv f. Anthropologie II 1867.

Nach Davis[1]):

		Männer	Weiber
Europäische	Rasse	1367	1204
Ozeanische	„	1319	1219
Amerikanische	„	1308	1187
Asiatische	„	1304	1194
Afrikanische	„	1293	1211
Australische	„	1214	1111

Das im Gehirn circulierende Blut beträgt etwa $1/15$ seines Volumens.

Absolute Mittelgewichte des Gehirns[2]) bei 20—80jährigen Individuen.

Beobachter	Volksstamm	Männer	Weiber
Krause[3])	Hannoveraner	1461	1341
F. Arnold[4])	Badener	1431	1312
Reid[5])	Schotten	1424	1262
Peacock[5])		1423	1273
Sims[6])	Engländer	1412	1292
Tiedemann[7])	Badener	1412	1246
Quain[8])	Engländer	1400	1250
Bergmann[9])	Hannoveraner	1372	1272
R. Wagner[10])	(Verschiedene)	1362	1242
Bischoff[11])	Bayern	1362	1219
Sappey[12])	Franzosen	1358	1256
Huschke[13])	Sachsen	1358	1230
Hoffmann[14])	Schweizer	1350	1250
Blosfeld[15])	Russen	1346	1195

---

1) Philosoph. Transactions Vol. 158 Part II 1869. — vergl. Bischoff, Das Hirngewicht des Menschen 1880 p. 85 und 67.
2) Die Tabelle nach Bischoff, Hirngewicht p. 19, die Zahlen sind nach dem Gewicht des Männergehirns umgestellt — s. übrigens auch oben p. 13, Über das Gewicht der, wie es scheint, von einzelnen Beobachtern, z. B. Sims, Boyd, mitgewogenen Arachnoidea und Pia mater s. u. p. 41.
3) C. F. Th. Krause, Anatomie 1844 — die 3. Auflage gibt II p. 964 1432 resp. 1315 g an.
4) Handbuch der Anatomie des Menschen 2. Bd. 2. Abtheilung 1851 p. 693.
5) Monthly Journal of medical Society 1843 u. 1846.
6) Med. Chirurg. Transactions of the Royal med. and chirurg. Society of London 1835 Vol. XIX p. 353 ff.
7) Über das Gehirn des Negers, verglichen mit dem des Europäers und des Orang-Utang 1837.
8) Hoffmanns Anatomie IV. Bd. 1. Auflage.
9) Archiv und Corresp.-Blatt der deutschen Gesellschaft f. Psychiatrie und gerichtliche Psychologie.
10) Vorstudien zur Morphologie und Physiologie d. menschlichen Gehirns als Seelenorgan 1860 Abhandlung I.
11) Hirngewicht, Tabelle I.
12) Traité d'Anatomie descriptive T. III p. 42 2ème édit. 1871.
13) Schädel, Hirn und Seele p. 157 ff.
14) Anatomie 1. Auflage.
15) Henke's Zeitschrift f. Staatsarzneikunde 88. Bd. 1864.

Beobachter	Volksstamm	Männer	Weiber
Clendinning [1])	Engländer	1333	1197
Dieberg [2])	Russen	1328 [2])	1238
Boyd [3])	Engländer	1325	1183
Parchappe [4])	Franzosen	1323	1210
Lelut [5])		1320	?
Hamilton [6])	Schotten	1309	1190
Meynert [7])	Österreicher	1296	1170
Parisot [8])	Franzosen	1287	1217
Weisbach [9])	Deutsch-Österreicher	1265	1112
Gesamtmittel		1358	1235
Differenz		123	

also das männliche Gehirn um 9 % schwerer.

Über das spezifische Gewicht des Gehirns s. o. p. 29.

Über das Hirngewicht im kindlichen Alter s. o. p. 16, wo augenscheinlich für den Durchschnitt teilweise viel zu hohe Zahlen angegeben sind.

Einfluss des Alters (von 14—90 Jahren) auf das Hirngewicht nach Boyd [10]) (g).

Alter	Männer	Weiber
14—20	1376	1246
20—30	1358	1239
30—40	1366	1222
40—50	1348	1214
50—60	1345	1225
60—70	1315	1210
70—80	1290	1170
80—90	1284	1127

Hirngewicht und Körpergewicht [11]).

Körpergewicht	Hirngewicht	
	Männer	Weiber
20 kg	—	4,47 %
30 „	3,7 %	3,37 „
40 „	2,98 „	2,70 „
50 „	2,5 „	2,29 „
60 „	2,16 „	1,99 „
70 „	1,99 „	—
80 „	1,59 „	—

---

1) Medico-chirurgical Transactions of the Royal medical and chirurgical Society of London 1838 Vol. XXI p. 33.
2) Casper's Vierteljahrsschrift 25. Bd. 1864 p. 127. — Bischoff (Hirngewicht p. 12 möchte aus den Dieberg'schen Tabellen 1352 statt 1328 für das Männergehirn berechnen.
3) Philosophical Transactions of the Royal Society of London for 1861 Vol. 152 p. 24.
4) Recherches sur l'encephale, 1er Mém. 1836 u. Traité de la folie 1841.
5) Gazette méd. de Paris V 1837 p. 146.
6) A. Monro, The anatomy of the brain etc. 1831 p. 4.
7) Vierteljahrsschrift f. Psychintrie 1867 Heft II p. 125.
8) Citiert bei Sappey s. o.
9) Archiv f. Anthropologie I. Bd. 1866 p. 191 (die Gehirnhäute sind nicht mitgewogen).
10) Citiert b. Bischoff, Hirngewicht p. 53.   11) Bischoff, Hirngewicht p. 32.

Calori[1]) rechnet Hirngewicht : Körpergewicht bei Männern 1 : 46—50, bei Frauen 1 : 44—48, Reid[2]) vom 25.—55. Lebensjahr bei Männern 1 : 37,5, bei Frauen 1 : 35.

Hirngewicht und Körpergrösse.

Marshall[3]) rechnet für (englische) Männer auf 1 cm Statur-Unterschied 4,4, für Weiber 2,3 g Hirngewicht.

Gewichtsverlust des Gehirns im Alkohol

schlägt Bischoff[4]) nach längerem Liegen in 30—50gradigem Weingeist auf rund 42 % des noch vorhandenen Gewichts an. (Bei vorher ganz Gesunden ist übrigens bloss c. 30 % anzunehmen.) — S. a. u. p. 43 Anmerkung 4.

Gewicht der Gehirnhäute und Gehirnflüssigkeit[5]).

	g
Die im Schädel und in den Hirnhöhlen befindliche Flüssigkeit bei Gesunden schwankt (nach Bischoff)	41—103
Pia mater und Arachnoidea allein (Bischoff)	25—40
Arachnoidea, Pia mater, Plexus chorioidei und ablaufendes Blut	50—60 (Huschke)
	32—72 (Weisbach)
	38 (Hagen[6]), wovon 29 auf das grosse, 9 auf das kleine Gehirn)
	22 (Marshall)
Liquor cerebrospinalis	125—156 (Cotugno)[7])
	62—372 (Magendie[8]) und Longet)
	73 (Luschka).

---

1) Memorie dell' Accademia delle scienze di Bologna T. X 1871 p. 35.
2) London and Edinburgh monthly Journal of medical science 1843.
3) Proceedings of the royal society of London 1875 p. 564.
4) l. c. p. 79 Anmerkung.
5) Bischoff, l. c. p. 17.
6) Hagen, F. W., Der goldene Schnitt in seiner Anwendung auf Kopf- und Gehirnbau, Psychologie und Pathologie 1857 p. 67.
7) De ischiade nervosa commentarius Neap. 1764.
8) Recherches physiologiques et cliniques sur le liquide cephalo-rachidien 1842.

Gewicht, Dimensionen, Volumen einzelner Gehirnteile[1]).

	Gewicht g	Länge mm	Breite mm	Dicke mm	Volumen cm³
Grosshirn		162—172	123—142	102—108 (Höhe)	1185 (Mann) 1072 (Weib)
Mittelhirn [2]) allein	26				—
Unterhirn [3])	mehr als 26				24
Brücke mit verlängertem Mark (und Vierhügeln?)					
nach Reid	28,2 [3])				
nach Hoffmann	27,9 [3])				
Vierhügel	3,7	16	25	9	—
Verlängertes Mark	6,1	23	27 (oben) 18 (unten)	16 (sagittal gemessen)	6
Brücke	17	29	36	25	16
dto. nach Weisbach	16,6			54 (Höhe neben d. Mittellinie)	
Kleinhirn	169	41 (in der Mittellinie) 68 (neben der Mittellinie)	115	14 (Höhe an den Rändern)	162
Pedunculus cerebri		c. 23	16 (hinten) 23 (vorn)	c. 20	
Infundibulum		7		1,7—3,4	
Hypophyse	0,5	7	14	6—7	
Sehnervenkreuzung		7	9—11	5	
Bulbus olfactorius		7—9	5	—	
Dritter Ventrikel		c. 27	4—5	14	
Sehhügel		41	14 (vorn) 18 (hinten)	18 (vorn) 23 (hinten)	
Streifenhügel		68	11 (Kopf) 5 (Schwanz)	25—29 (Kopf) 5 (Schwanz)	
Zirbeldrüse (Huschke)	0,218	9—11	5—7	5	
Commissura mollis		7		4	
Fornix		27	9—11	4	
Balken		81 (vom Knie bis zum Wulst)	34—41 (vorn) 54 (hinten)	5—7 (am Körper) 9 (am Knie) 14 (am Wulst)	
Seitenventrikel		41	18 (vorn) 27 (hinten)	2—5	
Ammonshorn					
oberes Ende der Klaue			9	—	
unteres „ „			16—18	7	
Breite der Hirnwindungen			5—17		

Für die Dura mater rechnet Bischoff[4]) bei 1455 cm³ Schädelinnenraum 122,5 cm³ = 8,42 % des gesamten Raums.

1) Krause, Anatomie II p. 965.   2) Mittelhirn = verlängertes Mark mit Brücke und Vierhügel.   3) Subencephalon = das Hinterhirn ohne Kleinhirn u. das Mittelhirn.   3) Beide Geschlechter gemeint (Mittelzahl).   4) Hirngewicht p. 73. Es liegen 4 Re-

%Verteilung der einzelnen Hirnteile auf die Masse des Gesamthirns.

	für Deutsche[1] im Mittel	Männer	Weiber	von Bischoff untersuchte Franzosen
Grosshirn	1370	1233		1381
Kleinhirn	176	156		176

d. h. ein relatives Kleinhirngewicht

von $\quad 12,9\ \%\ \left(\frac{1}{7,7}\right) \quad 12,8\ \%\ \left(\frac{1}{7,8}\right) \quad 12,8\ \%\ \left(\frac{1}{7,8}\right)$

Ferner beträgt vom Gewicht des Gesamthirns [2]

Stirnlappen	28,81 %
Scheitellappen	36,75 „
Hinterhauptslappen	10,05 „
Schläfenlappen	13,63 „
Stammlappen mit Insel	9,73 „
	(98,97)
Brücke	1,5 %

(bei Deutschen nach Weisbach)

Oberfläche des Gehirns (H. Wagner)[3].

	Gewicht des frischen Gehirns g	Oberfläche in cm² insgesamt (beide Hemisphären)	freiliegend	in den Furchen verborgen	Oberflächenentwicklung[4]
Kliniker Fuchs	1499	2210	721	1489	2,47
Mathematiker Gauss	1492	2196	726	1470	2,29
Ein Handarbeiter	1273	1877	628	1249	2,36
29jährige Frau	1185	2041	689	1352	2,43
Junger Orang-Utang	79,7	534			3,34
Kaninchen	4,39	19,5			4,44

Danilewsky[5] berechnet für 2 Fälle bloss 1588 und 1692 cm²; Baillarger nimmt 1700 cm² an.

Demnach beträgt der in den Furchen verborgene Teil der Hirnoberfläche etwa das Doppelte des frei liegenden.

Desmoulins schlägt die Vergrösserung des menschlichen Gehirns durch die Windungen (gegenüber einem glatten, nicht gefurchten Gehirn) auf das 12fache an.

Verteilung der grauen und weissen Substanz im Gehirn.

	graue Substanz	weisse Substanz
Bourgoin[6]	57,7 %	42,3 %
Forster[7] (Mittel aus 5 Bestimmungen)	59,1 „	40,9 „
Danilewsky[8] (Mittel aus 4 Bestimmungen)	61,6 „	38,4 „
9tägiges Mädchen (Forster)	90,4 „	9,6 „
Rundes Mittel für den Erwachsenen	$59\frac{1}{2}$ %	$40\frac{1}{2}$ %

1) Bischoff, Hirngewicht p. 98. Daselbst noch weitere Angaben.
2) ibid. p 102.
3) Massbestimmungen der Oberfläche des grossen Gehirns 1864. Göttinger Dissertation.
4) Bedeutet die in cm² ausgedrückte Fläche, welche auf 1 g Gehirn kommt. Die 4 Menschengehirne, in Alkohol aufbewahrt, waren auf 895, 957, 771, 864 g reduciert, im Mittel also um 38 % (s. a. p. 41).
5) Centralblatt f. die mediciuischen Wissenschaften XVIII 1880 p. 244.
6) Recherches cliniques sur le cerveau 1866.
7) In Beiträge zur Biologie. Festgabe für Bischoff p. 23.
8) l. c. p. 243.

Grösste Tiefe der Hirnfurchen nach Pansch[1] (mm).

a) Totalfurchen.

Fissura (Fossa) Sylvii ramus posterior	23	(bei dem Sulcus Rolando)
„ „ „ anterior	20	(5—20 lang)
Fissura occipitalis	23	
„ calcarina	12	
„ hippocampi	?	

b) Rindenfurchen.

Sulcus Rolando s. centralis	(16—)23	
„ parietalis	23	
„ frontalis	16— 18	
„ temporalis	22	
„ olfactorius	13	
„ occipito-temporalis infer.	?	
„ calloso-marginalis (s. medialis fronto-parietalis)	(10—)16	
„ frontalis superior links	(11—)15	
rechts	8— 19	

Grosshirnwindungen.

Breite der Gyri [2]	5—17 mm	(4—23)
bei jugendlichen Individuen	8—10 „	
„ alten Männern	8 „	
„ „ Frauen	7 „	
Graue Rindensubstanz der Gyri	4— 5 „	dick
	2,5 „	(Danilewsky)[3].

Zahl der Ganglienzellen.

Tetraëderförmige   in der Grosshirnrinde   c. 2000 Millionen
(etwa 1 Million auf 1 cm²).

Meynert u. a. rechnen etwa 1200 Millionen Ganglienzellen in der Grosshirnrinde und 4800 Millionen mit denselben zusammenhängende Fasern, grosse multipolare Ganglienzellen in der Kleinhirnrinde etwa 10 Millionen.

Topographie der Hirnlappen
a) im Verhältnis zum Schädel.

Stirnlappen	geht 42 mm über die Sutura coronalis nach hinten.
Schläfenlappen	„ 12 „ „ „ „ squamosa nach vorn.
Hinterhauptslappen	„ 15 „ „ „ „ lambdoidea nach vorn.

---

1) Modell des menschlichen Grosshirns 1878 Tafel I u. II — Die Furchen und Wülste am Grosshirn des Menschen 1879 Tafel I u. II.
2) Engel, Wiener medic. Wochenschrift XV 1865 p. 549.
3) Centralblatt f. d. medicin. Wissenschaften 1880 l. c.

b) zum Sulcus Rolando.

Das mediale Ende des Sulcus Rolando liegt 111 mm, das laterale 71 hinter dem vorderen Ende des Stirnlappens und 49 resp. 89 mm vom hintern Ende des Hinterhauptlappens entfernt.

Wirbelsäule (cm).

Höhe = $^2/_5$ der ganzen Körperlänge.

Mann	Weib
69—70	66—69

Den Biegungen folgend erhält man für die einzelnen Abteilungen:

Halsteil	11—12
Rückenteil	27—30
Lendenteil	19
Kreuzteil	15—16

Hiervon entfällt auf die Zwischenwirbelscheiben [1] $^1/_5$, am Halsteil 3 cm, Rückenteil 6, Lendenteil 5 cm.

Die Höhe der Wirbelkörper nimmt vom 3. Halswirbel bis 5. Lendenwirbel von 14 auf 29 mm zu, der Sagittaldurchmesser von 14 auf 35, der Querdurchmesser von 21 auf 55 mm (Henle). Die Körper der Brustwirbel sind hinten durchschnittlich 2 mm höher als vorn.

Gewicht der Wirbel (g).

	Frisches Skelett (Dursy [2])			Trockenes Skelett (Bardeleben [3])	
		schwerster	leichtester	schwerster	leichtester
7 Halswirbel	144	7ter (28)	3ter (16)	52,2	9ter (9,9)	1ster (5,7)
12 Brustwirbel	623	11ter u. 12ter (81)	2ter u. 3ter (34)	176,2	12ter (21,4)	3ter (10,7)
5 Lendenwirbel	526	3ter (112)	5ter (100)	154,1	3ter (33)	1ster (26,4)
Mittel	54			16,8		

Querschnitt des Wirbelkanals (Aby)

am 2. Halswirbel	3,8 cm²
„ 7. „	2,9 „
in der Mitte der Brustwirbelsäule	2,3 „
am 5. Lendenwirbel	3,2 „
„ 3. Kreuzbeinwirbel	0,8 „

Durchmesser des Wirbelkanals

von vorn nach hinten		
	im Halsteil	14 mm
	„ Rücken- und Lendenteil	16 „
quer	an den Halswirbeln	20 „
	bei den übrigen	16 „

---

[1] Durch Druck auf die Zwischenwirbelscheiben, im Verein mit Abflachung des Fussgewölbes und Zunahme der Krümmungen der Wirbelsäule, tritt bei länger andauernder aufrechter Haltung eine Verkleinerung der Gesamthöhe (des Körpers) ein, die bis zu 4 (—5) cm soll betragen können. — Malling-Hansen giebt für 13—16jährige Knaben die im Schlaf sich wiederum ausgleichende Differenz auf c. 1 cm an. Der bleibende Höhenzuwachs ist hier nicht mitgerechnet (l. p. 8 cit. p. 60).
[2] Anatomie p. 507 u. 508 (42j. 172 cm grosser Mann).
[3] Beiträge zur Anatomie d. Wirbelsäule 1874 p. 32 (Mittel aus 4 männl. Wirbelsäulen).

Rückenmark.

a) Dimensionen[1] (cm).

Länge	Männer	Weiber
im Halsteil	9,9	10,0
„ Rückenteil	26,2	22,9
„ Lendenteil	5,1	5,7
„ Kreuzbeinteil	3,6	3,1
	44,8	41,7

Dicke von vorn nach hinten   0,9
Breite   1,0—1,1
   an der Halsanschwellung   1,4
   „ „ Lendenanschwellung   1,2
Fissura longitudinalis anterior 2—4 mm tief
     „   „ posterior 4—6 „ „
Centralkanal 0,022—0,22 mm weit; im Dorsalteil 0,045 in sagittaler, 0,1 in transversaler Richtung (Stilling).
Ventriculus terminalis 8—10 mm lang, 0,6—1 mm breit, 0,4—1,1 mm tief.
     „   Volum 33 cm³.

b) Gewicht

33—38 g (s. a. o. p. 14).
Spezif. Gewicht s. p. 29.

Anzahl der Knochen im menschlichen Körper[2].

Schädel	7
Gehörorgan	6
Gesicht	15
(Zungenbein einfach gezählt)[3]	
Wirbelsäule	26
(Steissbein einfach gezählt)	
Brustkorb	25
(Brustbein einfach gezählt)	
Schultergürtel	4
Oberarme	2
Vorderarme	4
Handwurzeln	16
Mittelhände	10
Finger mit 10 Sesambeinen	38
Hüften	2
Oberschenkel	2
Unterschenkel	6
Fusswurzeln mit 2 Sesambeinen	16
Mittelfüsse	10
Zehen mit 6 Sesambeinen	34
Sa.	223 Knochen

---

[1] Ravenel, Zeitschrift f. Anatomie und Entwicklungsgeschichte Bd. II 1877 p. 347.
[2] Krause, Anatomie II p. 15. Die paarigen sind doppelt gezählt.
[3] Zählt man die einzelnen Stücke des Zungen-, Steiss- und Brustbeins, so erhält man für das Skelett 232 statt 223 Knochen.

Anzahl der Muskeln[1]
(unter Einrechnung der besondere Namen führenden Muskelköpfe)

	paarige	unpaar
am Kopf	26	1
„ Hals	16	
an Nacken und Rücken	90	
„ der Brust	27	
„ „ oberen Extremität	49	
am Bauch	6	1
„ Becken	1	
an der unteren Extremität	62	
Hierzu Eingeweidemuskeln		
Mann	39	5
Weib	38	6
Gesamtsumme: Mann	316	7
Weib	315	8

Gewicht der Muskeln (g).

Skelettmuskeln rund	20 000	
42j. kräftiger Mann	30 574	(Dursy)[3]
Frau	14 776	„ (s. a. p. 14)

Die linke Körperhälfte durchschnittlich um 5 %[2] schwächer und zwar:
  am Kopf und Rumpf   1 %
  „ Arm   6 %
  „ Bein   7 %.

Es wiegen die einzelnen Skelettmuskeln[3] bei einem 42j. Mann — Gesamtmuskulatur 30 574 g.

Kaumuskeln	166	
Halsmuskeln incl. Levator scapulae	392	Kopf- und Rumpfmuskeln = 3876
Rückenmuskeln	1708	
Brustmuskeln	536	
Bauchmuskeln	1074	
Sacro-spinalis (Extensor dorsi communis)	437	
Pectoralis major	347	
Deltoides	411	
Arm- u. Rumpfarmmuskeln (beider Seiten)	8016	
Triceps brachii und Anconaeus	428	
Strecker des Vorderarms u. d. Hand zus.	637	Verhältnis 42 : 58
Beuger „ „ „ „ „	877	
Beinmuskeln (beider Seiten)	18682	

---
1) Krause, Anatomie II p. 155.
2) Ed. Weber, Berichte über die Verhandlungen der k. sächs. Gesellschaft der Wissenschaften zu Leipzig, mathematisch-physische Classe 1. Bd. 1849 p. 79.
3) Dursy, Anatomie p. 512 ff Für schwach gebaute Weiber wäre etwa die Hälfte zu setzen.

Ileo-psoas	580	
Glutaeus maximus	1230	
„ medius	472	
Rectus femoris	324	Unterschenkelstrecker
Beide Vasti	1952	2276
Adductor magnus	747	
Semitendinosus	177	Unterschenkelbeuger (samt
Semimembranosus	307	Gracilis und Sartorius)
Biceps femoris	415	= 1317 [1])
Gracilis	281	Verhältnis der Strecker zu
Sartorius	137	den Beugern 63 : 37
Tibialis anticus	162	
Triceps surae et Plantaris	828	
Tibialis posticus	118	
Dorsalbeuger eines Fusses	272	Verhältnis 18 : 81
Plantarbeuger „ „	1218	oder 1 : 4,5.

Von den Skelettmuskeln dienen (nach Ed. Weber)
  zur Bewegung des Kopfes und Rumpfes   16 %
    „   „   der oberen Extremitäten   28 „
    „   „   „ unteren   „   56 „

Die schwersten Muskeln sind der Reihe nach:

Beide Vasti (ext. et int.)   Sacro-spinalis
Glutaeus maximus   Triceps brachii
Triceps surae   Biceps femoris
Adductor magnus   Deltoides
Glutaeus medius   Pectoralis major

Dimensionen der Muskelfaser.

a) Quergestreifte:
Primäre Muskelbündel   0,5—1 dick
Muskelfaser   20—40 lang
                              0,06 breit (Musc. biceps brachii)
                              (0,048—0,072)
                              0,021—0,07 breit (Krause)
Muskelkästchen   0,0026 lang, 0,0019 breit (Krause)
Sarkolemkern   0,006—0,011 lang (Kölliker)
Anzahl derselben pro mm³   10 000—18 000 [2])

b) Glatte:
Muskelfaser   0,045—0,225 lang (Kölliker)
                              0,004—0,007 breit   „
Muskelkästchen (im Oesophagus) 0,015—0,038 lang, 0,0019—0,0038 breit (Krause)
Kerne   0,002 lang, 0,002—0,003 breit (Arnold).

---

1) D. hat hier falsch gerechnet, indem er nur 1257 g zählt (die 3 eigentlichen Beuger zu 839 statt 899). Hiernach ist auch die Verhältniszahl korrigiert.
2) Auerbach, Virchow's Archiv 53. Bd. 1871 p. 262.

Dimensionen und Gewicht der Skelettknochen [1]).

	Männer cm	Weiber cm	Gewicht des betr. Knochens g
Ganzes Skelett — Höhe	162—172	151—162	9814 [2])
Höhe des Kopfs (Hinterseite)	14	13	1115 [3])
Senkrechte Länge der Wirbelsäule (vergl. p. 45)	70	68	1556 [4])
Länge des Brustbeins (s. u.)	18	16	80
„ „ Schlüsselbeins	14,2	13,6	41
„ „ Schulterblatts (Basis)	16	14	134
Breite „ „ (oben)	12	10	—
Länge des Acromion	6	5	—
„ „ Humerus	32	30	308
„ der Ulna	26	23	99
„ des Radius	24	22	90
„ der Hand	20	18	126
Höhe des Hüftbeins	22	19	958 [5])
Breite der cristae ossis ilium	28	30	—
Länge des Femur	55	43	940
„ der Kniescheibe	4	4	39
„ „ Tibia	39	34	530
„ „ Fibula	37	33	78
„ des Fusses	24	22	325
„ „ „	7	6	—
Winkel des Collum femoris mit der Diaphyse	127—135°	112—125°	

(Gewicht der Wirbel p. 45. der Rippen p. 50).

Brustkasten [6]) (cm).

Brustbein: Höhe (Länge) 18—20 (Mann), 16—17 (Weib).

	Länge	Breite	Dicke
Manubrium	4,6	bis 6	1,5
Körper	11 (Mann) 9 (Weib)	wechselnd	0,8
Schwertfortsatz	wechselnd	wechselnd	0,2

Nach Strauch [7]) verhält sich das Manubrium zum Corpus des Brustbeins bei Männern = 1 : 2,65, bei Weibern = 1 : 1,4.
In etwa $1/5$ der Fälle ist der Schwertfortsatz sehr kurz, zugleich auch das Sternum überhaupt wenig entwickelt (Matterstock).

---

1) Die Dimensionen nach Krause, Anatomie p. 947. Das Gewicht nach Dursy, Anatomie p. 507 ff., wo das frische Skelett eines 42j. kräftigen, 172 cm grossen Mannes gemeint ist.
2) Mit Zähnen, Zwischenwirbelscheiben, Rippenknorpeln.
3) Mit Zähnen.
4) Mit Zwischenwirbelscheiben.
5) Das ganze Becken (ohne Kreuzbein).
6) Krause, Anatomie II p. 34.
7) Anatomische Untersuchung über das Brustbein des Menschen. Dorpater Dissertation 1881.

Rippen: Gewicht [1]) (die Knorpel mitgerechnet):
14 wahre Rippen 472 g
10 falsche „ 202 „
die schwerste ist die 7te mit 52 g (wovon 23 auf den Knorpel), die leichteste die 12te mit 4 g.

Vorderwand (nach mässiger Exspiration) 16—19 [2])
Hinterwand 27—30
Seitenwand 32

a) Innere Dimensionen

zwischen Incisura sternalis des Brustbeins und 1. Brustwirbel	5— 6
„ der Mitte des Brustbeins und 6. Brustwirbel	12—15
„ Schwertfortsatz und 12. Brustwirbel	15—19
„ Knorpel der 4. und Winkel der 7. Rippe	16—20
Querdurchmesser zwischen dem 1. Rippenpaar	9—11
„ „ „ 6. „	20—23
„ „ „ 12. „	18—20
Horizontaler Umfang in der Mitte der Höhe	65—76

b) Brustumfang.

Exspirationsumfang (cm):
Mittel: 82 (Fröhlich) [3]) Arme wagrecht, unter den Brustwarzen
und dicht unter dem Schulterblattwinkel
„ 82,2 (Krug)
„ 81,8 (Fetzer) [4]) über die Brustwarzen und den Schulterblattwinkel (Hangarm-Stellung)
Mittelwerte 76—85 —. Extreme 70—95
Hauptmittel: 82 — für Weiber kann 76 gerechnet werden.

Bei Fröhlich sind 20jährige Soldaten, bei Krug 30—40j. Männer, bei Fetzer ebenfalls Soldaten gemeint.

Der untere Exspirationsumfang (Höhe des Schwertknorpels und der 6. Rippe) beträgt 76, bei Weibern 70.

Nach Wintrich [5]) übertrifft bis zum 25. Jahr der obere Brustumfang zunehmend (von 0,6—7,6 cm) den unteren, vom 63.—87. Jahr wird der untere grösser als der obere, steigend von 0,1—4,7 cm. — Der mittlere Umfang ist bis zum 15. Jahr nur um etwas geringer als der obere, vom 25. an nimmt er (beim Mann) ab bis zu 3 cm, um im Alter im Verhältnis zum oberen wieder zu steigen. — Bei Weibern sind die Unterschiede zwischen oberem und mittlerem Umfang geringer.

1) Dursy, Anatomie p. 509, vergl. p. 49 Anmerkung 1.
2) Krause, Anatomie II p. 90.
3) Virchow's Archiv 54. Bd. 1872 p. 352.
4) Über den Einfluss des Militärdienstes auf die Körperentwicklung 1879.
5) Krankheiten der Respirationsorgane 1854 p. 79 ff. — in Virchow's Handbuch der Pathologie und Therapie V. Bd. 1. Abtheilung.

Inspirationsumfang:

Mittel: 90 (Fröhlich)
       90,7 (Krug)
       89 (Fetzer) — mittlere Werte 86—95 — Extreme 76—100.

Bei Rechtshändigen ist die Peripherie der rechten Seite um 1—2 cm grösser als die der linken, bei Linkshändigen ist die linke der rechten gleich oder nur wenig grösser.

Brustspielraum.

Mittel: 7 (Fröhlich)
       8,5 (Krug)
       8 (Fetzer) — mittlere Werte 8—10 — Extreme 4—12.

Breite des Thorax (Costal- oder Querdurchmesser):
                Männer 25—26
                Weiber 23—24

oben (i. e. höchste zugängliche Stelle der Achselhöhle)	25,8
mitten (Höhe der Brustwarzen)	26,1
unten (Schwertfortsatz und Knorpel der 6. Rippen)	25,8

---

1) Wintrich l. c. p. 80.

Tabelle verschiedener Brustmasse nach Fetzer[1]).

	Körpergrösse cm	Körpergewicht kg	Brustumfang		Brustspielraum	Sagittaldurchmesser (Sterno-vertebraldurchmesser)			Frontaldistanzen			Summe der Frontaldistanzen	Respirationsgrösse cm³
			Exspiration	Inspiration		oberer[2])	mittlerer[2])	unterer[2])	obere[3])	mittlere[4])	untere[5])		
Niedere Werte	157—165	45—60	70—75	76—85	4—7	10—11,5	13—15,5	15—17,5	23—25	30—34	17—18		2000—3500
Mittlere Werte	165—175	60,5—75	76—85	86—95	8—10	13—15,5	16—18,5	18—20,5	26—30	35—39	19—22		3550—4500
Hohe Werte	175 u.mehr	75,5 u. m.	86 u. m.	96 u. m.	11 u. m.	15 u. m.	19 u. m.	21 u. m.	31 u. m.	40 u. m.	23 u. m.		4600 u. m.
Durchschnitt	—	65,0	81,8	89,0	8,0	13,5	17,5	18,5	27,6	35,9	20,8	84,3	3800

Über das Verhältnis von Brustumfang und Körpergrösse zum Körpergewicht s. o. p. 9.

---

1) l. c. p. 198.
2) Es sind die 3 Durchmesser gemeint in der Höhe a) der Mitte der oberen Incisur des Brustbeins, b) der Mitte des Brustbeinkörpers, c) der Verbindung zwischen Körper und Schwertfortsatz des Brustbeins.
3) obere Frontaldistanz = Entfernung zwischen den beiden Rabenschnabelfortsätzen.
4) mittlere „ „ „ „ „ des unteren Endes der beiden vorderen Achselfalten.
5) untere „ „ „ „ „ der beiden Brustwarzen.

Für eine (zum Militärdienst) sufficiente Brust verlangt Fetzer als Minimum:

	cm
Exspirationsumfang	75—76
Inspirationsumfang	85
Brustspielraum	5
Oberer Sagittaldurchmesser	12
Mittlerer „	16
Unterer „	18
Summe [1]) der 3 Sagittaldurchmesser	46
Oberer Frontaldurchmesser	26
Mittlerer „	35
Unterer „	19
Summe [1]) der 3 Frontaldurchmesser	80

Weiteres s. u. „Respiratorische Bewegungen des Brustkorbs".

Beckenmasse (cm).

a) Äussere Dimensionen.

	Männlich[2])	Weiblich[2])	Abgerundete[3]) Masse (für geburtshilfliche Zwecke)
Querdurchmesser zw. d. Labia int. d. Cristae oss. ilium	25,7	25,7	29 (äussere Ränder der Cristae)
„ „ „ *Spinae anter. super. d. Cristae oss. ilium*	24,4	24,4	26 (nach aussen vom Ansatz der Sehne des Sartorius)
[*Baudelocque'scher Durchmesser* = *Conjugata externa*, Grube unter dem Dorn des letzten Lendenwirbels bis zur Vorderseite der Schamfuge	17,6	18,3	20¼ (19—20 *Sp*) [4])]

b) Beckeneingang.

Conjugata vera, gerader Durchmesser vom Promontorium z. oberen Rand der Symphyse	10,8	11,6	11
Conjugata diagonalis, Promontorium bis Ligam. arcuat. inferius	12,2	12,9	— (12,5 *Sp*)
Querer Durchmesser zwischen den Lineae arcuat. infer. oss. ilium	12,8	13,5	13½

---

1) Unter diese Summe soll das Mass für einen sufficienten Thorax in keinem Falle herabsinken, wenn auch der einzelne Durchmesser unter das zu fordernde Minimum hinabgeht.
2) Die auf das knöcherne Becken sich beziehenden Zahlen nach Krause, Anatomie II p. 122 „wohlgestaltete Körper norddeutscher Abstammung". Für zartgebaute weibliche Körper von 150 cm und weniger Länge sind von obigen (weiblichen) Massen 5—9 mm abzuziehen.
3) Nach Schröder's Geburtshilfe 9. Auflage 1886 p. 1 ff und p. 524 ff.
4) Die mit *Sp* bezeichneten Werte nach Spiegelberg's Geburtshilfe 2. Auflage 1882 p. 9 ff.

	Männlich	Weiblich	Abgerundete Masse (für geburtshilfliche Zwecke)

Schräger Durchmesser vom Tuberculum iliopectineum z. Amphiarthrosis sacro-iliaca der anderen Seite   12,2   12,6 $12^3/_4$ ($12^1/_2$ *Sp*)

Distantia sacro-cotyloidea, vom Promontorium bis zur Gegend über der Pfanne   9

Umfang des Eingangs   40,6   44,7   — (c. 40 *Sp*)

c) Beckenweite oder Beckenhöhle.

Gerader Durchmesser von der Mitte der hintern Fläche der Symphyse bis zur Vereinigung zwischen 2. und 3. Kreuzbeinwirbel   10,8   12,2 $12^3/_4$

Querer Durchmesser zwischen den in aufrechter Stellung höchstgelegenen Punkten der Acetabula $12^1/_2$ (12 *Sp*)

Schräger Durchmesser zwischen Incisura ischiad. maj. zum obern Umfang des Sulcus obturatorius des Schambeins   — (13,5 *Sp*)

d) Beckenenge.

Gerader Durchmesser von der Spitze des Kreuzbeins bis zum Scheitel des Arcus pubis $11^1/_2$

Querer Durchmesser zwischen beiden Spinae ossis ischii   8,1   9,9 $10^1/_2$ (10 *Sp*)

Umfang   36,5   42

e) Beckenausgang.

Gerader Durchmesser von der Spitze des Steissbeins bis zum Ligament. arcuat. infer.   7,4   9 $9-9^1/_2$ (9,5—11,5 *Sp*)

Querer Durchmesser zwischen den Tubera ischii   81   108   11

Schräger Durchmesser von der Mitte des Ligament. sacro-tuberosum bis zur gegenüberstehenden Synostois pubo-ischiadica   — (11 *Sp*)

Umfang   28,4   32,5

dto. bei zurückgedrängtem Steissbein   32,5   36,5

Länge des Kreuzbeins nach der Biegung seiner vordern Fläche   10,8   10,8

Breite des Kreuzbeins oben   10,8   10,8

Länge des Steissbeins   3,2   2,7

Höhe des Beckens (vom Tuber ossis ischii bis zur Crista ossis ilium)   21,7   19,6

f) Neigung des Beckens.

60° (55—65) beträgt der Winkel, den der gerade Durchmesser des Beckeneingangs mit der Horizontalen bildet (Inclinatio pelvis).

Beim weiblichen Becken steht das Promontorium 9,5—9,9 cm höher als der obere Rand der Symphysis pubis, die Spitze des Steissbeins 1,4—1,8 cm höher als der untere Rand des Ligament. arcuatum inferius.

Die Achse des Beckeneingangs, rechtwinklig auf die Conjugata, welche auf das Ende des Steissbeins trifft, bildet mit der senkrechten Mittellinie einen Winkel von 60° (55—65), mit der Horizontalebene von 30° (25—35).

Die Normalconjugata, von der vorderen Fläche des 3. Kreuzbeinwirbels bis zum oberen Rand der Schambeinfuge, bildet mit der Horizontalebene einen sehr konstanten Winkel von 30°.

Masse des Kindesschädels[1] (cm)
(abgerundete Masse für geburtshilfliche Zwecke).

Gerader (fronto-occipitaler) Durchmesser von Glabella frontis bis zum vorspringendsten Punkt des Hinterhaupts	11 3/4
Grösster querer (biparietaler) Durchmesser	9 1/4
Kleiner querer (bitemporaler) „	8
Grosser schräger (mento-occipitaler) Durchmesser, vom Kinn bis zur Nähe der kleinen Fontanelle	13 1/2
Kleiner schräger Durchmesser (Diametros suboccipito-bregmatica) vom Kinn bis zur Nähe der kleinen Fontanelle	9 1/2
Senkrechter Durchmesser (Diametros trachelo-bregmatica), vom Scheitel bis zur Schädelbasis	9 1/2—10
Schädelumfang	34 1/2

Durchschnittsmasse[2] der grossen Fontanelle (cm).

Alter	C. L. Elsässer[3]	M. Rohde[4]
1— 3. Monat	2,51	2,21
4— 6. „	3,12	2,46
7— 9. „	3,63	2,35
10—12. „	3,11	2,87
(13—15. „	2,03	2,2)[5]

Lind[6] rechnet für den Neugeborenen 1,95 cm.
Fehling[7] findet im Durchschnitt 1,99 cm, und zwar
 für Knaben 2,0 cm
 „ Mädchen 1,98 „
 „ Kinder Erstgebärender 2,07 „
 „ „ Mehrgebärender 1,88 „

---

1) Schröder, Geburtshilfe 9. Aufl. p. 62.
2) Es ist je die Entfernung zwischen der Mitte zweier paralleler Seiten gemessen und aus beiden Bestimmungen das Mittel genommen. Die Zahlen sind umgerechnet und abgerundet. Im übrigen ist es schwer, wegen der bedeutend differirenden Angaben der einzelnen Beobachter, korrekte Mittelzahlen aufzustellen.
3) Der weiche Hinterkopf 1843.
4) Die grosse Fontanelle in physiolog. u. patholog. Beziehung. Dissertat. Halle 1885.
5) In diesem Zeitraum ist bei einzelnen Individuen die Fontanelle schon geschlossen, was vom 30. Monat ab allgemein ist.
6) Die Fontanellen und Maasse des Schädels. Berliner Dissertation 1876 p. 23.
7) Archiv für Gynaekologie VII 1875 p. 515.

Dimensionen (mm), Gewichte (g) etc. verschiedener Organe und Organsysteme und deren Einzelbestandteile [1]).

Mundhöhle.

Gewicht der 32 Zähne   40, wovon 23 auf die oberen,
(Spezif. Gewicht p. 27)   und 17 auf die unteren.
Zahnfleisch   1—3,4 dick

Tabelle des Zahnwechsels nach Welcker [2]).

Zahndurchbruch Monate	Bezeichnung der Zähne	Zahnwechsel Jahre
—	erster Molarzahn	7
6—8 (Unterkiefer zuerst)	innere Schneidezähne	8
7—9 ,, ,,	äussere ,,	9
12—15	vorderer Prämolarzahn	10
16—20	Eckzahn	11—13
20—24	hinterer Prämolarzahn	11—15
	zweiter Molarzahn	13—16
	dritter ,, (Weisheitszahn)	18—30

Ausführungsgänge der Glandulae labiales an der Mündung   0,28 weit

	Schleimhaut	Epithel
Mundhöhle	0,3	0,06
Harter Gaumen	0,4	0,4
Zunge	—	bis 0,9 (Zungenrücken)

Tonsillen: 20—25 lang, 10 dick, 15 breit.
Drüsenschicht des weichen Gaumens   7—9 dick.

Speicheldrüsen	Höhe	Breite	Dicke	Volumen (cm^3)	Ausführungsgang Länge	Dicke	Lumen
Parotis	65 vorne 47 hinten 34	35	25 (Luschka) vorn 7—9 hinten 27	20,8—27,8	68	2	0,9
Glandula submaxillaris	20	16	41 (Länge von vorn n. hinten)	6.6—9.9	54		1.4
Glandula sublingualis	7	18	41 (dto.)	2.2	3.3 Ductus Bartholinianus 25 die stärkeren Ductus Riviniani 4—5		1 0.5

Gewicht s. p. 14, spezif. Gewicht p. 27.

Glandulae linguales anteriores 5—7 Durchmesser, Ausführungsgänge 5—7 (Blandin'sche Drüse)

Papillae filiformes	0,6 lang	0,2 dick (vorne 4—6 auf 1 mm^2)
,, fungiformes	0,7 ,,	0,6—0,7 ,, (am Kopf)
,, lenticulares	0,5 hoch	1,0 breit
,, circumvallatae	der Stiel	1,3—2,3 Durchmesser 1,8—2,8 breit.
Foramen coecum	8 tief.	

---

[1]) Das Folgende vielfach nach Krause, Anatomie II p. 952 ff. und Nachträge zur allgemeinen und mikroskopischen Anatomie 1881 p. 145 ff. Viele der Daten sind von Henle, Kölliker, Frey; nicht wenige sind durch Umrechnung aus dem Linienmass gewonnen, woraus sich die scheinbar irrationellen Zahlen erklären.

[2]) Archiv f. Anthropologie I. Bd. 1866 p. 114.

Schlundkopf[1].

Länge (von der Pars basilaris des Hinterhaupts bis zum 5. Halswirbel)		140
Breite der Hinterwand am oberen Ende		44
Tiefe des Schlundkopfs „ „ „ (vom Tubercul. pharyngeum bis zur hinteren Grenze des Vomer)	beim Mann	20
Dicke der Schlundkopfwand		$2^{1}/_{2}$
Musc. constrictor infer. in der Mittellinie	hoch	70—80
Acinöse Schleimdrüschen	gross	1— 2

Speiseröhre.

Gewicht p. 14, spezif. Gewicht p. 28.

Länge	216—244, rund 250, wovon:	
	auf den Halsteil	50
	„ „ Brustteil	170
	„ „ Bauchteil	30
Entfernung von der Zahnreihe bis zur Cardia	400	
„ vom Zahnfleischrand bis z. Magen beim Neugeborenen	170[2])	
Anfang der Speiseröhre von den Schneidezähnen entfernt beim Erwachsenen	150	
Breite	18	
Tiefe von vorn nach hinten	9 (mit Ausdehnung bis zu 25)	

	dilatirt	nicht dilatirt
Mit Gips ausgegossen[2]) an der weitesten Stelle, Kreuzungsstelle mit dem linken Bronchus	35	17
4 cm höher	19	14
4 cm tiefer	35	21
am untersten Ende (Anfang d. Cardia)	25	14
beim Neugeborenen	—	4
Muscularis zusammengezogen	dick 1,8	
Acinöse Drüsen	breit 0,4—1	

Magen.

Gewicht p. 14   Spezif. Gewicht p. 28.

Länge vom Fundus bis zum Pylorus	270—320
Distanz von der kleinen zur grossen Kurvatur	
im mittleren Teil	90—110
am Fundus	120
„ Antrum pylori	40—50
Weite von Cardia und Pylorus	30

---

1) Nach Luschka, Der Schlundkopf des Menschen 1868. — Anatomie des menschlichen Kopfes 1867 p. 192.
2) Mouton, Du calibre de l'oesophage et du cathéterisme oesophagien. Thèse de Paris 1874.

Länge des Magens beim Neugeborenen   80   (Allix)[1]
                                      40—50 (Güntz)[1]
Höhe von einer Kurvatur zur andern   14—22 [1]
Durchmesser von vorn nach hinten   7—20 [1]
Entfernung beider Magenöffnungen von einander 18—14
    (Die zweite Zahl gilt nach erfolgter Nahrungsaufnahme.)
Areal der Innenfläche des Magens c. 3000 cm² (s. u.)
Kapacität des Magens (vergl. p. 22)
Durchschnitt etwa   2 l[2])
    Männer c. $2^1/_2$—$2^3/_4$ „ (Luschka)[3]; fast 3 l (Beneke)[4]
    Weiber über $1^1/_2$ „   „
Kindlicher Magen (cm³)

	Woche								Ende des	im
	1.	2.	3.	4.	8.	12.	16.	20.	40.	1. Jahrs	2. Jahr
Frolowsky[5]	50	70	105	112	158	167	178	180	253		
Fleischmann[6]	46	72		80	140					400	
Beneke	35	160 (14. Tag)									740

Muscularis 1
Zottenfalten der Schleimhaut 0,07—0,1 hoch, 0,05—0,7 breit.
Epithel 0,02 dick.
Drüsen 0,6 lang.
Mündungen derselben 0,02—0,01 von einander entfernt.

Verdauungskanal.

Nahrungsschlauch im Mittel   8 m lang.
  (im Verhältnis zur Körperlänge 5 : 1)
    Erwachsener   10—11,5 m (Schwann)[7]
    Neugeborener   4,5 „
    dto. Dünndarm   3,5 „   (Güntz)[1]
    „   Processus vermiformis 4 cm
    „   Dickdarm   44   „
Oberfläche des Verdauungskanals (Custor)[8]
    Mittel (aus 2 Bestimmungen) 15 076 cm² [9]
davon entfallen: auf den Magen   20,05 % = 3000 cm²
                 „   „ Dünndarm 56,75 „ = 8500 „
                 „   „ Dickdarm 23,2   „ = 3500 „

---

  1) Der Leichnam des Neugeborenen in seinen physischen Verwandlungen (Leichnam des Menschen 1. Theil) 1827 p. 80.
  2) Schüren, Über Lage, Grösse und Gestalt des gesunden und kranken Magens. Dissertat. München 1876 p. 22.
  3) Anatomie des Bauches 1863 p. 182 (umgerechnet aus Medicinalpfunden à 350 g rund).
  4) S. a. o. p. 22.
  5) Russische Dissertation 1876: Zur Anatomie des Verdauungsapparates der Säuglinge, citirt bei Reitz, Physiologie etc. des Kindesalters p. 43.
  6) Klinik der Pädiatrik 1875 Abschnitt I.
  7) Citiert bei Vierordt, Physiologie des Kindesalters p. 319.
  8) Archiv f. Anatomie und Physiologie 1873 p. 478. Diese Werte weichen von den Sappey'schen stark ab.
  9) Also nur wenig kleiner als die Körperoberfläche (s. p. 24).

Oberfläche des Dünndarms
 ohne Zotten und Falten   0,5 m² (Sappey 1857)
 mit entfalteten Valvulae conniventes   1,1 „
 (Die Falten mögen etwa $1/3$ ausmachen.)
Über Darmkapacität s. p. 22.
 Es kommen (nach Beneke) auf
  100 g Kind   5—9 l Darmkapacität
  „ „ Erwachsener   3,7—4,4 „   „
  „ „ Körpergewicht   c. 30 cm² Verdauungskanal

Länge des Duodenum (12″)   32 cm
(convexe Seite)
Länge des Jejunum ($2/5$) ⎫
 „   „ Ileum   ($3/5$) ⎬ 5,5—6,2 m [4,2—8,5 m] s. a. p. 22.
Länge des Dickdarms   130—162 cm
        (114—228) s. a. p. 22
 „   „ Coecum   6—8 cm
 „   „ Rectum   16 cm

Verhältnis der Länge des Dickdarms zu der des Dünndarms
      (Frolowsky)

		Dünndarm	Dickdarm
Neugeborener	1 : 6	2770	420
Säugling	1 : 5	3480	610
Erwachsener	1 : 4	6000	1500

             ausdehnbar bis
Durchmesser des Duodenum   34 mm   47 mm
 „   „ Jejunum   27 „   38 „
 „   „ Ileum   23—25 „   34 „
 „   „ Rectum   40 „   60 „

Serosa: dick   0,09—0,14 ⎫
Muscularis: Längsfaserschicht   0,19   ⎬ Darmwand des Dünndarms
    Ringfaserschicht   0,38   1 mm dick
Submucosa   0,45—0,9 ⎪
Schleimhaut   0,11—0,14 ⎭

    im Duodenum und Jejunum   im Ileum
Zotten: 0,6—0,8 lang   0,5—0,6 lang
    0,4   breit   0,3   breit
    0,1   dick   0,09 dick

Im Duodenum und Jejunum   10—18 ⎫ Zotten auf 1 mm² Schleimhaut,
 „ Ileum   8—14 ⎭
in ersteren mehr als 2, im Ileum fast 2 Millionen Zotten, wodurch die Vergrösserung der Darmfläche auf das 5fache erzielt wird. Die einzelne Zotte hat eine Oberfläche von 0,3—0,7 mm² (Krause, Anatomie II p. 455).

Lieberkühn'sche Drüsen   lang 0,2—0,3
Brunner'sche   „   0,3—1

Peyer'sche Haufen	lang	7 bis 80—130
(bes. im unteren Ileum)	breit	7—20
Solitärfollikel (im Jejunum)	gross	0,6—3
Bauhin'sche Klappe		14
Wurmfortsatz	breit	54—81 (20—150)
	weit	5— 7
Wandung des Dickdarms	dick	1— 1,5
Muscularis mucosae		0,03
Schleimhaut des Rectum		0,8
Muskelschicht „ „		mehr als 2
Muscularis mucosae		1—1,5

Leber.

Gewicht p. 13.	Spezifisches Gewicht p. 28.
Volumen im Mittel	1692 [1]) (1504—1944) cm²
Länge	320 mm
Breite (vom stumpfen zum scharfen Rand)	190—210
Grösste Dicke (näher dem stumpfen Rand)	65— 75
Incisura interlobularis	40 tief
Porta hepatis	50 lang
Venae intralobulares	0,027—0,07 (Krause)
„ interlobulares	0,018—0,036 „
Leberläppchen	1,1—2,3 lang, 0,8—1,5 breit
Leberzellen	0,022 „ 0,017 „
Interlobuläre Gallengänge	0,035—0,064 Durchmesser
Ligamentum teres	9 breit 6 dick
„ ductus venosi [2])	c. 3 „ 30—40 lang
Ductus hepaticus (i. e. S.)	25 lang (Luschka) 4,5—5,6 dick ⎫
„ cysticus	35 „ „ 2,3 weit ⎬ (Krause)
„ choledochus	68 „ (Krause) 5,6—7,5 „ ⎭

Gallenblase.

Länge		80—110
Weite	am Fundus	34
	in der Mitte	23
Kapacität		33—35 cm³ (entsprechend 33,5—37,5 g Galle)
Wandung		1— 2 dick
Drüsen		1 mm Durchmesser

---

1) Krause, Anatomie II p. 959; s. a. o. p. 22 und 23.
2) Beim ausgetragenen Kind ist der Ductus venosus Arantii 3 dick, 12 lang (Luschka, Anatomie des menschlichen Bauches 1863 p. 343).

Pankreas.

Gewicht p. 14.	Spezif. Gewicht p. 28.
Volumen	66—103 cm³
Länge	190—220
Dicke (in der Mitte)	15
Breite	40 (am Kopf etwas mehr)
Durchmesser des Ductus pancreaticus im Kopf	2,3

Milz.

Gewicht p. 13.	Spezif. Gewicht p. 28.
Volumen	238 (193—296) s. a. p. 22.
Länge	120—130 [1])
Breite	70— 80 [1])
Dicke	30
Milzfollikel	0,35 gross.

Kehlkopf.

Gewicht: 28,5 g (E. Bischoff)

	Männer	Weiber
Höhe: vom tiefstliegenden Punkt des Ringknorpels bis zur höchsten Stelle des Schildknorpels (ohne Cornu super.)	45	30
bei aufgerichtetem Kehldeckel in der Mittellinie	70	48 (Luschka)[2])
Breite:	40 (Luschka)	35 ,,
Tiefe: grösste Tiefe	40	37
am unteren Rand des Schildknorpels	30	24 (Hoffmann)
Stimmbänder[3]): Ruhelage	18,5	12,6 (Joh. Müller)
im gespannten Zustand	23,2	15,6 ,,
(Gesamte) Glottis	c. 24	
Ringknorpel: Höhe in der Mitte	5–7	(Luschka)
,, hinten	21	18 ,,
gerader Durchmesser	18	
Dicke der Platte	5	
Schildknorpel: grösste Höhe	27	
Breite	37	
oberes Horn	15 lang	
Giessbeckenknorpel: Höhe	16	12 ,,
Breite (an der Basis)	9	
Santorini'sche Knorpel	5	
Wrisberg'sche Knorpel	7—9 lang, 2 breit, 1 dick	
Sesamknorpel	3 lang, 1 breit	,,
Cartilago epiglottica	27—36 lang, 16—25 breit, 1½ dick	
Weizenknorpel im Ligamentum thyreo-hyoideum laterale	5 lang	
Ventriculus laryngis:		
Mündung in den Kehlkopf	20	13 lang
Blindsack ragt nach oben	10(—17)	viel weniger als beim Mann
Breite bis zu	8	
Acinöse Drüsen	0,2—1 (Acini selbst 0,068—0,09)	

---

1) Krause giebt höhere Werte (14—15 cm für die Länge, 8—10 cm für d. Breite).
2) Der Kehlkopf des Menschen 1871 p. 58.
3) S. auch unten bei Physiologie der Stimme „Stimmritze in ihrer Verschiedenheit nach den Lebensaltern und dem Geschlecht".

Luftröhre und Hauptbronchien.

		Länge[1]	Breite	Tiefe
Luftröhre	rund	120 (95—122)	20—27	16—20
Rechter Bronchus		25—34	18	16
Linker „		41—47	16	14

Wände der Luftröhre   2 dick
Querschnitt „ „   1,5—2,5 cm^2
Querschnitt des rechten Bronchus : dem
des linken (beide an der Bifurkation
gemessen)   = 100 : 78,4 [2])
Knorpelringe   3,4—4,5 hoch, 11 dick
Knorpelfreie hintere Wand
  an der Luftröhre   12 breit
  am rechten Bronchus   18 „
  „ linken „   16 „
Schleimhaut aller 3 Röhren   0,5 dick
Glandulae tracheales   1,1—1,7 im Durchmesser

Lungen.

Gewicht der Lungen p. 13 und p. 21.
Spezif. Gewicht der Lungen p. 27.
Volumen p. 21, 22, 23.
Dimensionen p. 21.
Lumen der kleinsten Bronchien   0,18— 0,22
Kleinste Lungenläppchen   1 im Durchmesser
Mehrere solcher = einem sekundären
  Läppchen von   c. 10 „ „
Alveolen [3])   0,12— 0,38 „ „
  bei mittlerer Füllung   etwa 0,2 mm
Zahl der Lungenbläschen [3])   1700—1800 Millionen (Huschke)
Areal der atmenden Lunge   gegen 200 m^2 [3]) (2000 $\square'$)
  wovon auf die Blutkapillaren   c. 150 „ (Küss) kommen.

Schilddrüse.

Gewicht p. 14.   Spezif. Gewicht p. 27.   Volumen 25—30 cm^3.
Isthmus   18 breit und hoch, 9 dick
Seitenlappen   54—68 lang
  in der Mitte breit   27—31 (der rechte oft mehr)
               dick   14—18
Läppchen   0,5—1
Follikel   0,045—0,1

---

1) Vom 5. Hals- bis zum 4. Brustwirbel.
2) Braune und Stahel, Über das Verhältnis der Lunge .... zu den Bronchien. Sitzungsberichte d. K. sächs. Gesellschaft d. Wissenschaften. Math.-physik. Klasse 1885 p. 326—332.
3) Zuntz, in Hermann's Handbuch der Physiologie IV, 2 p. 90, berechnet den Inhalt

Thymus.

Gewicht p. 14 und 16. Spezif. Gewicht p. 28. Volumen 4—23 cm³.

Länge		54—83 (Krause)
von der Geburt bis zum 9. Monat		59,1 [1])
vom 9. Monat „ „ 2. Jahr		69,6
„ 3. Jahr „ „ 14. „		84,4
Breite in der Mitte		27—41
oben und unten		7— 9

Im 25.—35. Lebensjahr pflegt sich der Thymus vollständig zu involviren; ausnahmsweise persistirt sie noch bis ins Greisenalter.

Nieren.

Gewicht p. 13.
  „ in verschiedenen Lebensaltern p. 23.
  „ im Kindesalter p. 16.
Spezif. Gewicht p. 28.

Volumen einer Niere	149 (112—183) — s. a. p. 22.
Länge	108—114 (nach Luschka[2]) 103)
Breite	54— 63, am oberen Teil oft 72
Dicke	34— 45
Tunica albuginea	0,1—0,2 dick
Rindensubstanz	9 (Toldt)[3])—10 dick
Marksubstanz	16 „ „
beim Neugeborenen	Rinde 1,8 Mark 8,31 dick
3monatl. Kind	„ 2,8 „ 10,2 „
Gewundene Harnkanälchen	0,05 Durchmesser
Gerade „	0,045 „
Glomeruli	0,2
Pyramidenfortsätze	0,4 dick
Harnporen der Papillen	0,7 tief
Nierenbecken	140—180 weit
Ureteren	320—340 lang (Luschka 270)[4]), 5—6 weit
Spaltförmige Mündung in der Blase	2 lang, 14 von einander und 180 vom Orificium intern. urethrae abstehend.

---

eines Alveolus zu 0,00414 mm³, seine Oberfläche zu 0,126 mm²; die Zahl der Alveolen zu 725 Millionen und ihre Gesamtoberfläche zu 90 m². Letztere beide Werte dürften wohl zu klein sein.

1) Friedleben, Die Physiologie der Thymusdrüse 1858.
2) Lage der Bauchorgane des Menschen 1873 (Text) p. 31.
3) 22j. Mann. Sitzungsberichte der K. Akademie zu Wien. Mathematisch-naturwissenschaftliche Classe LXIX. Bd. III. Abtheilung 1874 p. 145. — Daselbst noch andere Masse, auch fötale.
4) l. c. p. 32.

Harnblase.

Gewicht (mit andern Organen) p. 14.		
Höhe (vom Grund zum Scheitel)	50—100	
Breite	40— 90	
Dicke von vorn nach hinten	40— 70	
Natürliche Kapacität (beim Lebenden)	200—400 cm^3	
	Männer	Weiber
bei absichtlicher Urinretention	710	650 ⎫ Mittelwerte
nach Untersuchungen an der Leiche	735	680 ⎭ (Hoffmann)[1]
Wandung im kontrahirten Zustand	15 (Luschka[2]) 12) dick	
„ in mässig ausgedehntem „	3—4, am Trigonum 6	
Schleimhaut	0,1	
Epithel	0,06—0,1	
Acinöse Drüsen	0,09—0,54 gross.	

Männliche und weibliche Harnröhre s. u.

Nebennieren.

Gewicht p. 14.	
Höhe	20—34
Breite	41—54
Dicke (von vorn nach hinten)	3— 6, an der Basis 9 (linke meist etwas schmäler und höher als die rechte)
Rinde	0,28—1,12.

Männliche Geschlechtsorgane.

Hoden:
  Gewicht p. 14. Spezif. Gewicht p. 28.
  Volumen 14—24 cm^3.
  Corpus Highmori von oben nach unten 18—27 lang
                               hinten 7 ⎱ breit
                               vorn   2 ⎰
  Samenkanälchen   0,2 Durchmesser
  Anzahl der von diesen gebildeten Läpp-
    chen des Hodens   100—200[3]
  Gesamte Länge der Samenkanälchen   276—341 m
  Innere Fläche   „   „   867—2142 cm^2 [Henle[3]) 1867 cm^2]
  Coni vasculosi   9—14 lang
  Vasa efferentia
    an der Spitze des Conus   0,4—0,6 dick
    in der Basis   0,2
  Samenfäden[4]) 0,052—0,062 lang
    Kopf   0,0045   „   0,002—0,003 breit, 0,001—0,002 dick
    Mittelstück   0,006   „   0,0007—0,001 „
    Schwanz   0,041—0,052   „   feiner als das Mittelstück.
  Nebenhoden (gestreckt)   68—81 lang
    Kopf   10 breit, 6,8 hoch
    mittlerer Teil und Schwanz   5,6—6,8 breit
    Dicke (von vorn nach hinten)   2,3—3,4
  Canalis epididymidis   6,5—10 m lang, 0,2—0,4 dick

---

1) Anatomie 2. Auflage I p. 619.
2) l. c. p. 32.
3) b. Krause, Anatomie II p. 961 Anmerkung.
4) Krause, Anatomie I p. 259.

Vas deferens (Samenleiter)   c. 300 lang (gestreckt 400—450)
Mittelstück   2,5—3 Durchmesser, Lumen 0,6—0,8.
Männliche Harnröhre: 150—170 lang, und zwar pars prostatica   23—27
    „ membranacea   18—23
    „ cavernosa   110—120

am Orificium internum   5 weit
in der Mitte der pars prostatica   11 „
pars membranacea   5—7 „
   „ cavernosa (oberhalb des Bulbus) 14, dann 7—9, schliesslich wieder etwas mehr.
Orificium externum   5 weit (6—7 lange Spalte)
Littre'sche Drüsen   0,7—1

Samenbläschen: 41—45 lang, 16—18 breit, 9 dick.
   Der die Samenblase darstellende Schlauch ist 110—140 lang, 5—7 weit.
   Ductus ejaculatorii 20 lang, am Anfang über 2, an der Mündung 0,8 breit.
   Colliculus semiualis 9—11 lang, am oberen Ende 2—3 hoch und breit.
Prostata: Gewicht p. 14. Spezif. Gewicht p. 28. Volumen 15 cm³.
     im Mittel 27 lang (23—34)
           45 breit (32—47)
           20 dick (14—23) — sagittal gemessen
Drüsenläppchen (Lobuli)   1,1—1,7 lang, 0,8 dick
Durchmesser der Acini   0,21—0,25
Mündung der grösseren Ductus prostatici (auf dem Samenhügel) 0,15 Durchmesser
Vesicula prostatica   11—14 lang, 0,6 breit, 2,2 hoch
Cowper'sche Drüse   5—9 im Durchmesser
Hauptausführungsgang   4,5—6,8 lang, anfangs 1,5, an der Mündung 0,5 weit
Acini   0,07—0,09
Penis: Gewicht (mit andern Organen) pag. 14.

                                     im erigirten Zustande
Volumen   60 cm³   278 cm³
Länge   90—110   210
Breite und Dicke   27   40—45
Glandulae praeputiales   0,3—0,7

Weibliche Geschlechtsorgane.

Eierstock:
Gewicht p. 14, nach Puech[1]) im Mittel 7,0 (5¼—10). — Spezif. Gewicht p. 28.

	Länge	Breite	Dicke	Volum
bei Jungfrauen[2])	41—52	20—27	10—11	4—5
„ Frauen von 35—40 Jahren, die geboren haben	27—41	14—16	7—9	2,5

Tunica albuginea   0,1—0,5 dick
Menge der Follikel
   bei 3jährigem Kind   400 000 (Sappey)
   „ 18jährigem Mädchen   36 000 (Henle)
Primärfollikel   0,03—0,04
(Primärei   0,025)
Sekundärfollikel   0,5—0,6
Graaf'sche Follikel   bis 10—12 (also c. 400mal so gross, als die Primärfollikel)
Reifes (menschliches) Ei   0,1—0,3 Durchmesser
Dessen Zona pellucida   0,014—0,028—0,04 dick
   Keimbläschen   0,028—0,04 Durchmesser
   Keimfleck   0,007   „
   (Keimkern   0,0023   „)

---

1) Montpellier médical Tome XXVIII 1872 p. 505 — weitere Angaben anderer Autoren p. 504.
2) Krause, Anatomie II p. 961.

Dimensionen der Ovarien (mm)
(Mittelwerte nach Puech[1])
a) in verschiedenen Lebensaltern.

	rechts			links		
	Länge	Höhe	Dicke	Länge	Höhe	Dicke
Neugeborene	19,8			18,2		
6.—11. Jahr	26,7	9	4,4	24	8,4	4,5
13.—15. ,,	29,6	15	10	25	14	9,3
19.—35. ,, (22 Fälle, meist an akuten Krankheiten gestorbene)	36,5	18	13,7	35	16,7	13,1
Mittel aus beiden Ovarien[2])	35,7 Länge		17,3 Höhe		13,4 Dicke	

b) vor und während der Menstruation.

	rechts			links		
	Länge	Höhe	Dicke	Länge	Höhe	Dicke
4 Tage vor der zu erwartenden Menstruation[3])	50	23	—	50	38	—
Unmittelbar (1 Tag?) vor der Menstruation[3])	43	38	—	41	16	—
Während der Menstruation						
I. 2. Tag	45	36	26	41	24	12
II. 3. ,,	38	18	28	38	29	22
III. Ende der Menstruation (u. zugleich Tag d. Todes)	47	30	24	42	20	12

Parovarium höchstens 20 breit
Tuba Falloppiae 119 lang (84—180) — die beiden Seiten oft ungleich
uterines Ende 0,5—0.6 (innerer) Durchmesser
Ostium uterinum 1
,, abdominale 4
grössere Fimbriae bis zu 15.

Gebärmutter.

Gewicht 33—41, nach Geburten 102—117. Spezif. Gewicht p. 28. Volum 35—50 cm³,
nach Geburten 86—102 (in der Schwangerschaft s. u.)

	bei Jungfrauen	nach Geburten
Länge vom Fundus zum Orificium uteri externum	74—81	87—94
,, beim Neugeborenen	25 (Symington)	
Breite am Fundus	34—45	54—61
Dicke (grösste) unterhalb des Fundus	18—27	32—36
Cervix: lang	29—34	etwas mehr, wie nebenstehend
breit	25	27—32
dick	16—20	18,25
(an der dünnsten Stelle, Grenze zwischen Corpus und Cervix [Cervikalkanal s. u.]	2 weniger)	
Wanddicke		
vorn und hinten am Corpus und in der Mitte des Fundus	9—11	14—16
an der Cervix	7—8	8—9
Höhle des Uterus		
am Fundus	23 breit	27 breit
in der Mitte des Corpus	8 ,,	11 ,,
von vorn nach hinten	2,3 tief	2—5 tief
Länge	52 (Schnepf)[5])	57 [5])
dto. (nach dem Climacterium)	56 [5])	62 [5])
Orificium internum	2,3 Durchmesser	
Cervikalkanal	7 breit	9 breit
[Cervix s. o.]	5 tief	6 tief
Orificium externum		
in querer Richtung	9 lang	16—18 lang
von vorn nach hinten	2 breit	5 breit

1) l. c. p. 493. 2) Weitere Angaben anderer Autoren s. Puech, l c. p. 505.
3) Raciborski, Traité de la menstruation 1868 p 64 und 62. Die Werte des
2. Falls umgerechnet und abgerundet. 4) Edinburgh medical Journal 1880 July.
5) Archives générales de médecine 1854 Vol. I p. 579.

Ende der Schwangerschaft: Gewicht 700 g
Volum 5960—6160, wovon 1000 auf die Substanz des Uterus selbst kommen.
Höhe 320
Breite 270
Dicke 140
Wanddicke am Corpus und Fundus bis zu 27
Ligamentum uteri rotundum 11 dick
„ „ latum oben 9 } breit, in der Beckenachse 5 hoch
            unten 5
Schleimhaut im Fundus und Corpus 1—2 dick bei jugendlichen Individuen, vor Eintritt einer Menstruation 5—7
    in der Cervix 2—3
Uterindrüsen 0,9 lang, 0,1 dick.

Vagina.

Länge an der hinteren Wand (vom Hymen
  bis zum oberen Punkt des Fornix) 70—80
  an der vorderen Wand 55—60
Breite c. 30
Wanddicke 2
Epithel der Schleimhaut 0,15—0,2
Papillen 0,13—0,18 lang, 0,056—0,076 breit.

Schamlippen.

Grosse Talgdrüsen 0,5—2 gross
Kleine „ 0,2—0,25
  auf der äusseren Fläche c. 100   auf 1 cm²
  „ „ inneren „ c. 120—150 „ „

Clitoris¹).

		im erigirten Zustande
Länge des Corpus	18	29
Dicke „ „	5	9
Länge der Crura	40	45
Dicke „ „	5	8
Durchmesser der Glans	4—7	6—9
Gesamtvolum	2 cm³	6 cm³

(Corpus allein vergrössert sich auf das Fünffache)

Weibliche Harnröhre.

Länge 34 (27—40)
Weite 7
Wanddicke 5
Dicke der glatten Längsmuskelschicht 0,7
  „ „ Ringmuskelschicht 0,5
  „ „ Schleimhaut 0,13
Bulbi vestibuli (im injicirten Zustand der Venen) 30—35 lang
  in der hintern Hälfte 11—19 breit, 9—16 dick
Bartholin'sche Drüsen — Gewicht 1—1,3
  Länge 14—16
  Breite 9—11
  Dicke 5—7
  Ausführungsgang 15—18 lang

Brüste.

Gewicht: p. 14   Spezif. Gewicht: p. 28   Volum 223 cm³.
Grösste Länge (entlang den Rand des Musc. pectoralis) 128
Senkrechte Höhe 111
Dicke (in sagittaler Richtung) 54
Sinus lactiferi 5—7 Durchmesser
Ductus „ 1,7—2,3
Mündung der Ductus 0,6 weit
Acini 0,12 (0,08—0,16)

---
1) Krause. II p. 524.

Männliche Brustdrüse und -warze.

Die Papille sitzt etwa 12 cm von der Mittellinie entfernt meist hart am unteren Rand der 4. Rippe (im 4. Interkostalraum), sehr häufig auf dieser selbst, bisweilen auf der 5.

Gewicht	1—137 (Gruber)
Durchmesser	7,7 (3—21)
Höhe der Papille	2—5
Dicke „ „	3
Drüsenkörper	11—16 breit
	5 dick
Die einzelnen Läppchen	0,6—1 Durchmesser

Bauchfell.

Parietales Blatt	0,09 —0,13 dick
Viscerales „	0,045—0,067 „

Oberfläche wird gleichgeschätzt der der äussern Haut = c. 1,6 m^2 (s. p. 24).

Haut[1]).

Gewicht: p. 14. Spezif. Gewicht p. 27. Oberfläche p. 24.

Dicke der Haut.

Fettloses Unterhautbindegewebe:

an den Augenlidern	} 0,6
am oberen und äusseren Teil des Ohrs	
am Penis	0,7
Panniculus am Schädelgewölbe, an Stirn und Nase	2
Im übrigen	4—9, bei Fettleibigen bis zu 30

Dicke der ganzen Bauchwand[2]):

vorne und seitlich	15— 30
hinten (Medianebene)	90—110
in der Lendengegend	60— 70

Corium:

an den Augenlidern, dem Praeputium, der innern Seite der Labia majora	} 0,6
Glans penis	0,3
Gesicht, Ohren, Penis, Hodensack, Warzenhof	0,7—1
Stirn	1,5
Im übrigen gewöhnlich	1,7—2
Rücken, Gesäss, Fusssohle (Handteller)	2—3

---

1) Krause, Anatomie II p. 300 ff.
2) Krause, II p. 529.

Hautpapillen[1]): über „Tastkörperchen u. s. w. s. u. b. „Tastsinn"

Basis und Höhe	0,07
Grössere Papillen an der Volarfläche von Hand, Fuss und Fusssohle	0,1 —0,2
Hand- und Fussrücken	0,09
Gesicht, Hals, an den meisten Gegenden des Rumpfes und der Extremitäten	0,07—0,05
Glans penis	0,06—0,1
Auf 1 mm² an der Volarfläche der Finger	80 Papillen
am Handteller	40 „

Epidermis:

Tiefe und mittlere Schicht	0,03—1
Äussere oder Hornschicht	0,03—2
Ganze Dicke der Epidermis an den meisten Körperstellen	0,07—0,17
An Gesicht, Augenlidern, Hand- und Fussrücken, Hodensack	0,1 —0,17
Vorderseite des Halses, der Brust, des Bauches, der Beugeseite von Arm und Schenkel, Warzenhof, Praeputium, Glans penis	0,07—0,1
Volarfläche der Hand	0,6 —1,2
Fusssohle	0,4 —1,8
Unter der Ferse und am vorderen Ende des Mittelfusses, unter den Köpfen der Mittelfussknochen	2
Gewicht der Epidermis	488,5 g[2])
Tägliche Abschuppung der Epidermis	{ 14 g[3]) (Moleschott) { 6 g (mit 0,71 g Stickstoff — Funke)
Verlust an sonstigen Haargebilden (Haare und Nägel)	0,26 mit 0,0287 g Stickstoff.

Schweissdrüsen:

Drüsenkörper	0,17—0,35 Durchmesser
in der Achselhöhle	0,75—1,25 bis selbst 3,9
Gesamtzahl der Drüsen	c. 2 Millionen (Krause)
ihr Volumen	etwa 80 cm³ „
Gesamtquerschnitt der Mündungen	38 cm² „

Auf 1 cm² kommen:

Hand (Volarfläche)	373
Fuss (Plantarfläche)	366
Hand (Rücken)	203
Hals	178
Stirn	172
Vorderarm (Beugeseite)	157
Brust und Bauch	155
Vorderarm (Streckseite)	149
Fuss (Rücken)	126
Ober- und Unterschenkel (mediale Seite)	79
Wangen	75
Nacken, Rücken, Gesäss	57

---

1) Krause l. c. p. 299.
2) Moleschott, Untersuchungen zur Naturlehre des Menschen. XII. Bd. 1881 p. 26.
3) Diese unter ungewöhnlichen Verhältnissen gewonnene Zahl ist sicherlich viel zu hoch; dies gilt nach Bischoff und Voit auch für die Funke'sche Zahl.

Haar[1]).

Haarschaft 0,6 mm—1,5 m lang
 0,007—0,17 im Querdurchmesser

Das einzelne Haar kann ein Gewicht von 60 g tragen, lässt sich um etwa $^1/_3$ der Länge dehnen, die bleibende Verlängerung bei 20 %, Ausdehnung beträgt c. 6 %.

		breit	dick
Haarwurzeln	bei den feinsten Haaren	0,4 lang	
	„ dickeren „	2—4 „	
Haupthaar		0,05—0,09	0,04—0,06
Bart		0,1 —0,2	0,07—0,09
Cilien	6—12 lang	0,1	0,09
Vibrissae		0,13	0,09
Lanugo		0,0016	0,0012

(Über die Augenbrauen s. p. 74.)

Verhältnis der Wurzelscheide zu der Haardicke (Wertheim)[2]).

Kopfhaar	1,7 : 1
Backenbart	0,8 : 1
Schnurrbart und Augenbrauen	0,7 : 1

Gesamtzahl der Haare auf der behaarten Kopfhaut 80 000, am übrigen Körper 20 000.

Das Kopfhaar der Frauen wiegt c. 300 g.

Auf 1 cm² rechnet man Haare (Krause):

Scheitel	171
Hinterhaupt	132
Vorderhaupt	123
Kinn	23
Schamberg	20
Unterer Teil des Vorderarms	13 (Wollhaare auf der Volarfläche c. 50)
Rücken des fünften Mittelhandknochens	11
Vorderfläche des Oberschenkels	8

Auf gleicher Fläche zählt man 86 schwarze, 95 braune, 107 blonde Kopfhaare.

Lebensdauer der Haare
 an der Kopfhaut 2—4 Jahre
 „ den Randpartien derselben 4—9 „
 Cilien   100—150 Tage (Moll)[3])

---

1) Krause, Anatomie II p. 303 ff.
2) Sitzungsberichte der K. K. Akademie der Wissenschaften. Math.-phys. Klasse L. 1. Bd. 1865 p. 302.
3) Bijdragen tot de anatomie en physiologie der oogleden. Utrechter Dissertation 1857.

Tägliches Wachstum der Kopfhaare 0,2—0,3 mm
bei monatlichem Haarschneiden 0,2 „ (Moleschott)[1])
„ 2monatlichem „ 14 % weniger,
im Frühling und Sommer 27 % mehr als im Herbst und Winter.
Täglicher Ausfall bei Männern und Weibern 38—103 Haare.

Der frei vorragende Teil der Cilie wird
in 3 Wochen 4½ mm
„ 4 „ 5¾ „
„ 5½ „ 7 „
„ 7½ „ 8¾ „
„ 20 „ 11 „ lang[2])
(Weiteres über die Cilien s. p. 75.)

Blonder und brünetter Typus in Mitteleuropa (Virchow)[3]).
Eine mehr als 10 Millionen Schulkinder umfassende Statistik ergibt:
von den reinen Typen:

	blond[4])	brünett
Deutschland	31,80 %	14,05 %
Österreich	19,79	23,17
Schweiz	11,10	25,70
Belgien	—	27,50

Mehr als die Hälfte aller Schulkinder in Mitteleuropa gehört den Mischtypen an.

In Deutschland findet sich im speciellen:

	blond		brünett
Schleswig-Holstein	43,35 %		
Oldenburg	42,75		
Pommern	42,64		
Mecklenburg-Strelitz	42,63	Norddeutschland	12—7 %
Mecklenburg-Schwerin	42,03		
Braunschweig	41,03		
Hannover	41,00		
Lippe-Detmold	33,5		
Reuss j. L.	32,5	Mitteldeutschland	18—13
Reuss ä. L.	25,29		
Württemberg	24,46	Süddeutschland	25—19
Elsass-Lothringen	18,44		

Talgdrüsen:
Die grösseren a. d. äussern Nasenhaut 2 lang, 1,1—1,5 breit mit 16—20 Acinis
„ kleineren Drüsen 0,6—0,8 Durchmesser „ 5—6 „

Nägel.

Dicke	0,03—0,4
am freien Ende	0,67—0,9
im Nagelfalz	0,14—0,27
Papillen im Nagelfalz	0,16—0,22 lang

---

1) Chapuis u. M. in Untersuchungen zur Naturlehre VII. Band 1860 p. 325.
2) Donders, Gräfe's Archiv f. Ophthalmologie IV. Bd. 1. Abtheilung 1858 p. 2.
3) Sitzungsberichte der K. preussischen Akademie der Wissenschaften zu Berlin. Jahrgang 1885. Erster Halbband p. 39
4) Unter „blond" sind mit Ausnahme der belgischen Statistik, wo bloss „helle", also auch graue Augen zugelassen waren, verstanden: blonde Haare, blaue Augen, weisse Haut.

Tägliches Wachstum an den Fingern 0,086
„   „   „   „ Zehen 0,04
„   „   „ der grossen Zehe 0,06   (W. Krause)
Von der Lunula bis zum freien Rand erneuert sich der Nagel:
am kleinen Finger   in   121   Tagen
an den 3 mittleren Fingern   „   120—132   „   (108 Berthold)[1])
am Daumen   „   138   „   (161   „   )
an den Zehen   „   180—300   „
„ der grossen Zehe   über 1 Jahr.
Die Nägel wachsen im Sommer schneller, als im Winter   1,3 : 1
„   „   „   a. d. rechten Hand schneller, als an der linken   1,07 : 1
„   „   „   am Daumen schneller, als am kleinen Finger 1,4 : 1

Ohr.

Gewicht p. 14.   Spezif. Gewicht des Ohrknorpels p. 27.
Auricula: Länge 56   Breite 30
Concha 23 hoch, 19 breit, in der Mitte 12 tief
Schweissdrüsen 0,14   Talgdrüsen 0,2—2,2
Äusserer Gehörgang (vom Eingang bis zum Trommelfell) 27,
    und zwar   9—11 knorpliger Teil ($1/3$)
                16—18 knöcherner „ ($2/3$)
Eingang 9 hoch 5 breit
Weite[2]):   knorpliger Teil 8 Höhe   5 Breite
             knöcherner „   10   „   6   „
Ohrenschmalzdrüsen (Drüsenknäuel) c. 1
Länge der oberen Wand   23
  „   „ unteren   „   29
  „   „ hinteren „   24
  „   „ vorderen „   28
An der unteren Wand beträgt der Knorpel c. $2/5$ der ganzen Länge, an den übrigen Wänden $1/3$.
Durchschnittliche Kapacität des äusseren Gehörgangs
          rechts 1,07 cm³ (Hummel)[3])
          links   1,05 „
Paukenhöhle: Höhe (von oben nach unten)   14,5
              Breite („ vorn „ hinten) 10
              Tiefe (in transversaler Richtung) 4—4,5
Trommelfell: 0,1 dick, 10 hoch, 9 breit — Areal c. 50 mm²
der untere Rand um 7 medianwärts gelegen gegenüber dem oberen
  „ vordere „   „ 4,5   „   „   „   „ hinteren
Winkel mit der Achse des äussern Gehörgangs 55°.

---

[1] Archiv f. Anatomie und Physiologie 1850 p. 156.
[2] Nach Luschka, Anatomie des menschlichen Kopfes 1867 p. 443.
[3] Archiv für Ohrenheilkunde XXIV 1887 p. 263. — Untersuchung an 100 20—24jäh-

Sinus tympani 2 tief
Fenestra ovalis Länge 3, Breite 1,5
„ rotunda 1,5—2 Durchmesser
(mit Membrana tympani secundaria)
Tuba Eustachii 32—38(—45) lang, hiervon
                                       9—11 auf den knöchernen Teil
                                       23—27 „ „ knorpligen „
        Weite des knöchernen Teils   2
         „ an der Verbindung des knöchernen
            und knorpligen Teils   1
Ostium tympanicum   5 hoch, 3 breit
    „ pharyngeum   7 „ 5 „

Gehörknöchelchen (Zuckerkandl)[1])
   Hammer   7 —9,2 lang
     Processus brevis   1,6
        „ longus   2,5—2,8
     Manubrium   5
   Amboss: Crus breve   4,8—5,3
         „ longum   3 —5,2
   Steigbügel: 3,2—4,5 lang   1,8—3,5 breit
       Länge der Basis   2,6—5,3
       Breite des Crus rectilineum (vorderer Schenkel)   0,5—1
         „ „ „ curvilineum (hinterer „)   0,5—1,2

Labyrinth: Rauminhalt c. 210 mm^3, wovon $^3/_5$ auf die Schnecke.
   Vorhof: sagittaler Durchmesser   5—7
          vertikaler   „   4—5
          transversaler „   3—4
  a) Knöchernes Labyrinth:
    Canalis semicircularis superior (osseus)   14 lang   1,4 hoch   0,9 breit
       „   „   inferior   16 „   1,1 „   0,9 „
       „   „   lateralis   9 „   1,5 „   über 0,9 „
    Die Ampullen der genannten Kanäle   2,7 „   1,6 tief   2,3 „
    Aquaeductus vestibuli osseus }
        „   cochleae   „   }   4— 7 lang
    Meatus auditorius internus   9—11 lang, enger als der externus.
  b) Häutiges Labyrinth:
    Sacculus ellipticus   3,8 lang, 2 im Durchmesser
    Canales semicirculares membranacei   0,6 hoch oder breit, 0,4 dick
      (cf. oben die Canales semicirculares ossei, die 4mal so weit sind)
                ihre Ampullen   1,7 Durchmesser

---

rigen Soldaten. — Gleichheit der Kapacität bestand in 60 %, Minimum 0,7, Maximum 1,6 cm^3. Die Kapacität wächst im allgemeinen mit der Körperlänge.
1) Archiv der Ohrenheilkunde XI. Bd. 1876 p. 1.

Sacculus rotundus   1,5 grösster Durchmesser, 1 dick
Canalis reuniens   0,7 lang, 0,22 weit, Wandung 0,015
Otolithen   0,01 lang, 0,006 breit und dick (auch weniger)
Aquaeductus vestibuli membranaceus   0,15 Lumen (die einzelnen Schenkel 0,1)
       Wand 0,03 dick
Cavitas aquaeductus vestibuli membranacei   10 lang, 5 breit
Schnecke: Durchmesser der Basis   9
   „ „ Cupula   1,8
  Achse der Schnecke (von der Mitte
   der Basis bis zur Cupula) 5,6 lang
Ductus cochlearis   28—31 lang
 in I. Windung 0,8 breit 0,5 hoch
 „ II. „ 0,7 „ 0,5 „
 Der Inhalt des Querschnitts des Ductus cochlearis vermindert sich nach oben im Verhältnis von 3 : 2.

Lamina spiralis in der I. Windung 1,2 breit 0,3 dick
 „ „ „ „ III. „ 0,5 „ 0,15 „
Crista   „ „ I. „ 0,3 „
 „   „ „ III. „ 0,2—0,25 „
Membrana vestibularis „ „ I. „ 0,9 „
s. Reissneri   „ „ II. „ 0,7 „
Gehörzähne in der   I. Windung 0,045 lang 0,009—0,011 breit 0,0067 dick
 „ „ „ III. „ 0,033 „ 0,012 „
Sulcus spiralis   0,06—0,07 hoch
Ganglion spirale cochleae bis 0,22 dick
Membrana tectoria   0,2—0,23 breit
Zahl der Fäden in der Zona pectinata (bei 33,5 Länge der
 Membrana basilaris)   13 400
          lang
Zahl der Gehörzähne [1]) (s. o.) 2700
 „ „ Innenpfeiler 6600 0,05
 „ „ Aussenpfeiler 4950 0,066
 „ „ inneren Haarzellen 3630 0,018 ⎫ Haare der Haarzellen
 „ „ äusseren „ 19800 0,048 ⎭ 0,004 lang
 „ „ Foramina nervina 3300

Waldeyer[2]) rechnet 20 000 Corti'sche Zellen
Hensen[3]) „ 16 400 „ „

      A u g e.
  a) Augenhöhle und Adnexa des Auges.
Kubikinhalt   30 cm³ (27—33) [4])
Höhe und Breite 33—36 (an der weitesten Stelle 7 von der vorderen
      Öffnung entfernt)
Tiefe von vorn nach hinten   47
Vorderer Endpunkt der Achse beider Orbitae etwa 62 von einander entfernt.
 („Orbitaldistanz" = Entfernung der äussern Orbitalwände s. u. b. „Gesichtssinn")
Haare der Augenbrauen   7—16 lang   0,1 breit   0,9 dick.

---

1) Krause, Anatomie I p. 135.
2) W. in Stricker's Handbuch der Lehre von den Geweben II 1872 p. 959.
3) Archiv für Ohrenheilkunde VI. Bd. 1873 p. 17 und 31.
4) Gayat, Annales d'oculistique 70. Bd. 1873 p. 5.

Augenlider:
Länge der Augenlidspalte bei Männern 30 (bei Weibern etwas weniger)
Haut der Augenlider: Dicke der einzelnen Schichten s. p. 68 u. 69.
Tarsus des oberen Lids 1 dick, 20 lang, in der Mitte 9 breit
„ „ unteren „ (dünner u. weicher) dto. „ „ „ 5 „
Abstand des lateralen Augenwinkels vom Rand der Orbita 5—7
Meibom'sche Drüsen 0,07—0,9 dick,
          Ausführungsgang 0,11—0,28, Acini 0,1—0,4 Durchmesser
Der Cilien tragende Saum der Augenlider am oberen Lid 2 hoch
                „ unteren „ 1 „
Cilien: am oberen Lid 8—12 ⎫
      „ unteren „ 6— 8 ⎭ 7—9 lang 0,1 breit 0,09 dick
      „ oberen „ 11 lang (Mähly)[2])
      „ unteren „ 7 „ „
Zahl der Cilien:
  am oberen Lid 140—150 (Donders)[1]), zuweilen über 200 (Mähly)[2])
  „ unteren „ 50— 75 „ gegen 200 „
              (ihre Lebensdauer und Wachstum s. p. 70 u. 71)
Conjunctiva: Abstand des Fornix von der Lidspalte am oberen Lid 22—25
                                    „ unteren „ 11—13

    Acinöse Drüsen 0,3 —0,5
    Acini 0,04—0,06 Durchmesser
    Ausführungsgänge 0,3 —0,6 lang
    Dicke des Tarsalteils 0,26—0,35.
Glandula lacrymalis superior 20 lang 11 breit (in sagitt. 6 dick 0,72 g schwer
   „ „ inferior 9—11 „ 8 „ Richtung) 2 „ 0,22 „ „
Acini 0,035—0,05 Durchmesser Spezif. Gewicht p. 27
Thränenkanälchen 9 lang, 0,6—1 im Durchmesser (engste Stelle 0,1)
Thränenpunkte der obere 0,25 weit, der untere etwas weiter.
Thränensack 11 lang, 5—6 breit, Wand 0,75 dick, Schleimhaut
                0,15 dick, Flimmerepithel derselben 0,05
Thränennasengang 18—23 lang, 3—4 weit,
          Mündung 3 weit (wenn kreisrund und dann 16 über dem
                        Boden der Nasenhöhle liegend)
      Schleimhaut 0,5—1,5 dick
Caruncula lacrymalis: Talgdrüsen derselben 0,45—0,56 gross.

b) Augapfel.

Gewicht: p. 14 Spezif. Gewicht p. 27 Volumen 6,6 cm³
Äussere Sehachse (von der Vorderfläche der Cornea zur Hinter-
        fläche der Sclera) 24 [3])
Innere „ (von der Vorderfläche der Cornea zur Hinterfläche
        der Retina am Grund der Fovea centralis) 23

---
1) Gräfe's Archiv f. Ophthalmologie Bd. IV 1. Abtheilung 1858 p. 286.
2) Beiträge zur Anatomie, Physiologie und Pathologie der Cilien. Basler Dissertation 1879 p. 21. Beilageheft zu den Klinischen Monatsblättern für Augenheilkunde XVII. Jahrg.
3) Diese und eine grössere Zahl der folgenden das Auge betreffenden Angaben nach

Grösster horizontaler Durchmesser des Bulbus im Äquator (zwischen den Aussenflächen der Sclera)	24,3
Schräger Durchmesser: durch den Mittelpunkt der äusseren Sehachse und das Hinterende des Corpus ciliare (zwischen den Aussenflächen der Sclerae)	24
: wie vorhin, aber durch die tiefste Einsenkung der Sclerocornea am Limbus corneae	23,5
Tiefe der vorderen Kammer, vom Hornhautscheitel bis zum vorderen Linsenpol (s. a. u. p. 78)	3,7

Cornea: Spezif. Gewicht p. 27.

Radius der Vorderfläche* (wobei die Ellipticität der Hornhaut etwas berücksichtigt ist)	7,8 (7,785)
Dicke in der Sehachse	0,9
„ nahe dem Rande	1,1
Durchmesser der Basis* (vom Beginn des undurchsichtigen Scleragewebes gemessen	c. 12
Durchmesser der Basis zwischen den Mitten der Durchschnitte des Canalis Schlemmii	c. 11,5
Membrana Descemetii durchschnittlich (in der Mitte dünner als am Rande)	0,013—0,02 dick
Circulus venosus ciliaris	0,25 „

Sclera:

Dicke hinter der Sehachse	0,8 (0,7—1)
„ im Äquator	0,4
„ in der Ciliargegend	0,6
Lamina cribrosa aussen (od. hinten)	3,8 weit
„ „ innen	1,8 „

Chorioidea:

Dicke der pars vasculosa hinter dem Äquator	0,2
vor „ „	0,14—0,2
Länge des Ciliarmuskels im Mittel	3
Grösste Dicke des Corpus ciliare (in der Höhe der Plicae)	1,1
Grösste Dicke der Iris (1—1,2 vom Pupillarrand)	0,4
Dünnste Stelle der Iris (nahe der Ciliarbefestigung)	0,2
Durchmesser der Iris (an der Nasenseite um 0,5 schmäler)	11

Das mit * Bezeichnete wird späterhin in der Dioptrik des Auges (s. u. „Gesichtssinn") Erwähnung finden.

Flemming, Text zur Karte des menschlichen Auges 1887 p. 8 ff. — Sonstiges nach Krause.

Abstand der Mittelpunkte der Pupillen beider Augen	59 (auch mehr, höchstens 68)
Grössere Blutgefässe der Iris	0,03—0,075 Durchmesser
Musculus sphincter pupillae	0,8 breit, 0,1 dick
[„ dilatator „	0,006—0,1]

Nervus opticus: Chiasma s. p. 42.

Dicke anfänglich	4,5 (Krause)
an der stärksten Einschnürung in der Lamina cribrosa	1,35 (Flemming)
2 mm hinter der Lamina cribrosa	3,2
Dicke der Vagina externa des Opticus	0,5 (Krause)
Durchmesser der Papilla im Mittel	1,6 (1,5—1,7)
„ „ Fovea centralis	0,2
„ „ Macula lutea	2,2 bis höchstens 3
Abstand der grössten Tiefe der Excavatio papillae n. optici vom Grund der Fovea centralis	3,9
Anzahl der prismatischen Nervenbündel (im N. opticus)	c. 800
Anzahl der Opticusfasern	438 000 (Salzer)[1]
	1 000 000 (Krause)[2]
Nervenbündel im N. opticus	0,108—0,144 dick
„ „ Foramen cribrosum	0,03—0,05 „
Nervenfasern	0,0011—0,0045 dick

Linse: Gewicht 0,28—0,29 g. — Spezif. Gewicht p. 27.

Grösste Breite (im Äquator)	9,1
„ Dicke (in der Achse)*	3,6
Radius der Vorderfläche*	10
„ „ Hinterfläche*	6
Abstand des Linsenrands von den Processus ciliares	0,5—0,6
Linsenkapsel in der vorderen Hälfte	0,011—0,018 dick
„ „ „ hinteren „	0,005—0,007 „

Canalis Petiti[3]):

Breite in radiärer Richtung	0,9—1,1
Tiefe in sagittaler „ (von der Zonula ciliaris bis zur Hyaloidea)	1,1 (1,0—1,2)

Glaskörper: Grösster Durchmesser in der Richtung des grösseren Diagonaldurchmessers d. Bulbus 22,1—23,1

---

1) Sitzungsberichte der K. Akademie der Wissenschaften zu Wien. Math.-naturwissenschaftliche Klasse 81. Bd. III. Abtheilung 1880 p. 1.
2) Anatomie I p. 165.
3) Krause, Anatomie II p. 954 ff.

Senkrechter Durchmesser 20,7—21,8
Membrana hyaloidea 0,0005 dick
Humor aqueus:
  Menge 231—323 mm³
  (einige Tropfen)
  Gewicht 0,233—0,325 g
  Spezif. Gewicht 1,0053.
Vordere Augenkammer:
  Grösster Durchmesser in der Frontalebene 11
  Tiefe in der optischen Achse (vom Centrum
  der Hinterfläche der Cornea bis zum vor-
  deren Pol der Linse 3
  (in der Leiche weniger)
Hintere Augenkammer:
  Frontalebene vor den Processus ciliares 10
  Zwischen zwei Processus 9—9,5
  Grösste Tiefe 0,4
Retina:
  Dicke der frischen Retina:
    an der Macula lutea 0,88
    im Hintergrund und am Äquator
      des Bulbus 0,15—0,19
    in der Gegend der Ora serrata 0,09—0,15
    (postmortale Plica centralis retinae 5 lang, 1 hoch)
  Anzahl der Pigmentzellen c. 7 000 000
  „ „ Zapfen (Neugeborener) 3 360 000 (Salzer)¹)
  „ „ inneren Körner 90 000 000 (Krause)
  „ „ Stäbchen 130 000 000 „
  „ „ Zapfen im gefässlosen Teil { 9 000 „
      der Macula lutea   13 000 (Becker)²)
  „ „ „ in der Fovea centralis 4 000 (W. Krause)
  „ „ „ überhaupt 7 000 000

Anhang. Dimensionen des kindlichen Auges.
Augenachse beim Neugeborenen 17,53 (Jäger)³)
Dicke der Cornea beim Fötus 2,98 (Petit)⁴)
Linse: (Petit u. Jäger)

	vorderer	hinterer	Achse
	Krümmungsdurchmesser		
7monatlicher Fötus			3,5
9 „ „ }	6,7	5,6	4,5
Neugeborener (E. v. Jäger jr.)			4,5 I
8 Tage	9,0	6,7	4,5
9 „	11,2	7,8	5,1
12 Jahre	16,8	11,2	4,5
15 „	{ 13,5	10,3	4,5
	12,3	10,0	5,6
20 „	13,5	10,3	5,6

1) l. c.   2) Archiv f. Ophthalmologie XXVII. Abtheilung 1 1881 p. 18.
3) Über die Einstellungen des dioptrischen Apparates im menschlichen Auge 1861 p. 14.
4) Mémoires de mathématique et de physique de l'Académie des sciences (Paris) 1728, 1730.

c) Augenmuskeln (Volkmann)[1]).

	Länge (mm)	Gewicht (g)	Querschnitt (mm²)
Musculus rectus superior	41,8	0,514	11,34
„ „ inferior	40,0	0,671	15,85
„ „ internus	40,8	0,747	17,39
„ „ externus	40,6	0,715	16,73
„ obliquus superior	32,2	0,285	8,36
„ „ inferior	34,5	0,288	7,89

Der Rectus internus, der schwerste der Muskeln, wird vom Rectus externus übertroffen, wenn man die Sehnen und sehnigen Ursprünge hinzurechnet.

Nase.

Septum cartilagineum 1,5, vorn bis 2,5 dick.
Nasenhöhle: Boden 40 lang
  32 breit
  Höhe (bis zur Lamina cribrosa 47
  Länge der Seitenwände von vorn nach
  hinten (in der Mitte ihrer Höhe) 63
Kubikinhalt 34,2 (26—41), wovon 15,7 auf die rechte Hälfte fallen [2])
  18,5 „ „ linke „

Andere Höhlen des Schädels.

					cm³	
Stirnhöhle[3])	27 hoch	34 breit	10 (9—14) tief		5	Kubikinhalt
Sinus sphenoidales					6,2	Mittel-
„ ethmoidales					4.7	werte
„ maxillares[4])	3,6 „	2.5 „	3,3	„	24,3	
Eingang des Sinus maxillaris	16 „	20 lang				

Anzahl der Nerven im menschlichen Körper.

Einzeln genannt werden, mit Ausschluss der als Rami und Ramuli bezeichneten, 360—400 (welche doppelt zu zählen sind).
Im besonderen zählt man:
  12 Hirnnerven
  8 Nervi spinales cervicales
  12 „ „ dorsales
  5 „ „ lumbales
  5 „ „ sacrales
  1 Nervus spinalis coccygeus
  31 (selten als Varietät 32) Rückenmarksnerven.

---

1) Berichte der K. sächsischen Gesellschaft der Wissenschaften zu Leipzig. Mathem.-physikal. Classe XXI 1869 p. 57.
2) Das Septum ist viel häufiger nach rechts konvex, so dass die linke Nasenhöhle um 2—4 cm³ geräumiger ist — Braune und Clasen, Zeitschrift f. Anatomie und Entwicklungsgeschichte II. Bd. 1876 p. 24. — Im Gegensatz hierzu findet Cozzolino (Il Morgagni 1886 Nr. 3) nur in 20 % der Fälle das Septum gerade und meist das linke Cavum nasale verengt.
3) Arnold, Handbuch der Anatomie des Menschen I. Bd. 1844 p. 406.
4) Reschreiter, Zur Morphologie des Sinus maxillaris 1878.

Anzahl der Nervenfasern[1])

für 3.—12. Hirnnerven c. 100 000 auf jeder Seite
(Opticus s. p. 77)
und zwar:

Oculomotorius		15000
Trochlearis		1100— 2000
Trigeminus (portio minor)	starke	9000—10000
Abducens		2000— 3600
Facialis		4000— 4500
Glossopharyngeus		3500— 4000
Vagus	feinere	4000
	dickere	5000
Accessorius	feinere	1300— 1400
	dickere	2000— 2500
Hypoglossus	dicke	4000— 4500

Die peripheren in das Rückenmark eintretenden Nervenfasern
für beide Körperhälften betragen über 800 000

Dicke der Nervenfasern
im Mittel 0,0072 mm (Krause)[2]).

Dimensionen der wichtigeren Nerven[3]) (mm).

Olfactorius: vertikaler Durchmesser am Anfang c. 4.
        der prismatische Querschnitt (weiter
        vorn) 1,5—2 Seitenlänge
        Bulbus olfactorius 8 —9 lang, c. 4 breit
Opticus p. 77.
Chiasma p. 42.
Oculomotorius 3
Trochlearis höchstens 1
Trigeminus:
  Portio major anfangs 6   } der gesamte Stamm (mit
  „ „ beim Heraustritt am Pons 3,8 } beiden Wurzeln)
  „ minor 2   } 8 breit, 4 dick
Ganglion Gasseri 16 breit, 3 dick
N. ophthalmicus (Ramus I n. trigemini) 3
  N. ethmoidalis posterior (s. spheno-ethmoidalis) 0,1
N. maxillaris superior (Ramus II n. trigemini) 5 breit, 1,7 dick
  „ „ inferior („ III „ „) 6 „ 3 „
N. lingualis 2 (Luschka)
Abducens 1,7

---

1) Krause, Anatomie I p. 402 und 472.
2) Anatomie, Nachträge 1881, p. 164.
3) Zumeist nach Krause's Anatomie.

Facialis beim Eintritt in den Canalis facialis		2
Ganglion geniculi		2 breit an der Basis
Chorda tympani		0,5
Acusticus (nach Kreuzung beider Wurzelbündel)		3
Glossopharyngeus		1,4
Vagus:		5
(Ganglion jugulare		5 dick)
Unterhalb des Ganglion		2
Plexus ganglioformis		14 lang, 5,6 dick
N. laryngeus superior		2 (Luschka)
„ recurrens		1—1½ (Bothe)[1]
Accessorius (nach Vereinigung aller Wurzelfäden)		1,5
Hypoglossus		2

Dicke der Stämme der Spinalnerven schwankt zwischen 0,8—8.

N. lumbalis	V	8	als der dickste; es folgen
sacralis	I	7	
lumbalis	IV		
cervicalis	VII	5,6	
sacralis	II		
cervicalis	V, VI, VIII	5—4,5	
lumbalis	II, III		
cervicalis	II, III, IV	4—3	
dorsalis	I		
sacralis	III		
dorsalis	X, XI, XII		
lumbalis	I	3	
dorsalis	II bis IX		
sacralis	IV		
cervicalis	I		
sacralis	V	1	
coccygeus			

N. phrenicus	1,5 (Luschka)[2]	— der linke etwa ⅐ länger als der rechte.
thoracicus longus	1,7 (Bothe)	
perforans Casserii	2,8 „	
axillaris (in der Achselhöhle)	3,2 „	
medianus „ „ „	4,2 „	

---

[1] Diese und noch andere, Nerven betreffende, Angaben, die ich in den gangbaren Lehrbüchern vermisste, verdanke ich der Gefälligkeit des Herrn Dr. Bothe, II. Prosektors am Tübinger anatomischen Institut.

[2] Der Nervus phrenicus des Menschen 1853 p. 18.

N. ulnaris	3,3 (Bothe)
radialis	5,3 „
ileo-hypogastricus	2
ileo-inguinalis	weniger als der vorige
genito-cruralis	2
obturatorius	2
cruralis	5
saphenus major	1,6 (Bothe)
ischiadicus (stärkster Nerv)	6 dick, 11—14 breit
peronaeus (in der Kniekehle)	3,8 (Bothe)
tibialis „ „ „	4,8 „
pudendus	2,3 „
Grenzstrang des Sympathicus:	2—4 (Bothe), übrigens sehr wechselnd
Ganglion cervicale superius	14—18 lang, 7 breit, 3—5 dick (manchmal 40—50 „) spezif. Gewicht 1,0377
„ oticum	5 lang 3 breit
„ maxillare	3 „ 2 „
Splanchnicus major	1,2 (Bothe)
„ minor	0,7 „
Plexus coeliacus	80 breit, 30 hoch von unten nach oben.

Umfänge der grossen Gefässe[1]) (mm).
(cf. p. 19 u. 83.)

Alter	Durchschn. Körperlänge (cm)	Arteria pulmonalis	Aorta ascendens	Aorta thoracica	Aorta abdominalis	Iliaca communis		Carotis communis		Subclavia	
						dextra	sinistra	dextra	sinistra	dextra	sinistra
Neugeborener	49	23,5	18	14,25	12,75	8,5	7,5	8	8	8,75	8,75
1½—2 Jahre	77	37	34,4	22,6	14,5	9,8	9	14	14,9	13	12
6—6¾ „	109,25	43	39	28	18	12	12	14,1	13,6	15,9	15
14½—15 „	150	51	48	34	24,5	17	17	16,8	17	19,7	18
19—21 „	164	59	54,5	41	29	20	19,6	17,8	17,3	22	19
24 u. 31 „.	161,25	64	60	43	31	21	19,5	17,5	17,5	27	22,5
47—71 „	171, 5	67	73	54	40	27.5	26,5	20	21	29	28
20—74jähr. Männer[2]) 10—80jähr.	168,2	73,1	72,5	57,9[3])	38.3[4])			20,9[5])		26,7[5])	
Weiber[2])	157,1	73,6	68,2	53,3[3])	33,2[4])			19,1[5])		23,1[5])	

1) Beneke, Constitution und constitutionelles Kranksein 1881 p. 24, 25.
2) Schiele-Wiegandt, Virchow's Archiv 82. Bd. 1880 Tabelle II zw. p. 36 u. 37.
3) Hinter der Subclavia sinistra.
4) Über der Teilung.
5) Am Ursprung.

Mittlerer Durchmesser einiger grösseren Arterien
in verschiedenen Lebensaltern[1]) (mm).

Alter	Arteria pulmonalis	Aorta ascendens	Aorta renalis	Carotis communis dextra	Subclavia dextra	Renalis dextra	Femoralis dextra
Reifer Neugeborener	9	8,2	5,5	3,1	2.3	1,5	1.6
1. u. 2. Jahr	13,3	11,8	6,5	3,9	2.9	2,4	2.3
3. u. 4. ,,	13,9	13,5	6,8	4.3	3.4	2.8	2.9
5—10 Jahre	15,7	15,1	7,8	5.0	3.7	3.2	3,4
17—20 ,,	21,3	20,7	11,2	5,9	5.2	4,8	5,0
23—29 ,,	24,0	22,4	13.3	6,7	6.2	5.3	6.2

Durchmesser der wichtigeren Arterien[2]) (mm).

Herz und Herzhöhlen s. p. 19—21.

Arteria coronaria cordis dextra	3,6	
,, ,, ,, sinistra	2,8	
	dick	lang
Aorta ascendens	32 (Wanddicke 1,6)	50—70
Sinus quartus der Aorta ascendens	72 grösste Lichtung (Luschka)	
Arcus aortae	24	45—54
Aorta descendens thoracica	23 oben	190—220
	20 unten	
,, ,, abdominalis	20 oben	150
	17 unten	

Wanddicke der Aorta[3]):

	Media + Intima (mm)		Gesamtquerschnitt der Wand (mm²)	
	Männer	Weiber	Männer	Weiber
über den Klappen	1,4	1,3	100.6	90.8
hinter der Subclavia sinistra	1,1	1,2	66,4	65
über der Teilung	0,9	0,9	36,5	32,2

Für die Intima, auch der grössten Arterien, lässt sich im Durchschnitt 0,03 mm rechnen (Henle); in höheren Lebensjahren ist die 3—4fache Dicke anzunehmen.

Die Adventitia schwankt gewöhnlich zwischen 0,3 und 0,4 mm Dicke, dieselbe nimmt im höheren Alter nur wenig zu.

Art. bronchiales	1 —2,3
oesophageae	0,6—1
mediastinicae posteriores	0,6
intercostales	2,8—3,4 (von oben nach unten zunehmend) Ramus dorsalis 1 Art. intercostalis posterior 2,3—2,8
phrenicae inferiores	2,3
coeliaca	9 (14 lang)
coronaria ventriculi sinistra	4,5
hepatica	5,6

---

1) Thoma, Untersuchungen über die Grösse und das Gewicht d. anat. Bestandtheile des menschlichen Körpers 1882 p. 213.
2) Krause, Anatomie II p. 574 ff.
3) Schiele-Wiegandt l. c., die zweite Diagonale ist weggelassen. — Über die wechselnde Wanddicke verschiedener Arterien s. Stahel. Archiv f. Anat. und Physiol. Anat. Abtheilung 1886 p. 45.

— 84 —

Art. coronaria ventriculi dextra 1,5
   gastro-duodenalis 3,4
   pancreatico-duodenalis sup. 1,8
   gastro-epiploica dextra 3
   Ramus hepaticus dexter 3,4
   „ „ sinister 2,8
   lienalis 6,2— 6,7
   gastro-epiploica sinistra 2,3
   mesenterica superior 9,6—10,1
   „ inferior 3,8
   suprarenales mediae 1
   renales 5,6— 6,8

	Männer	Weiber	
Umfang	10,9	11,1	
Dicke der Media + Intima	0,38	0,38	(Schiele-Wiegandt)[1]
Querschnitt der Wand in mm^2	4,24	4,52	

   spermaticae internae 2,3
   lumbales 2,3—2,8
   sacralis media 2,8

Arteria anonyma 14, 20, selten bis 50 lang
   carotis communis dextra 9 ; 80 lang (Luschka)
   „ „ sinistra 8,6; 113 „
   „ „ „ (am Ursprung):

	Männer	Weiber	
Dicke der Media + Intima	0,77	0,77	(Schiele-Wiegandt)[1]
Querschnitt der Wand in mm^2	16	15	

   Bei Erwachsenen bis zu 30 Jahren und 160—170 cm Innendruck von 1 °/₀ Kochsalzlösung:
      Querschnitt 0,69 cm^2 (v. Hösslin)[2]
      Wanddicke 0,29 mm.

Carotis externa 5,6 (Anfang)
              4,5 (Ende)
   thyreoidea superior 3,4
   pharyngo-basilaris 1
   lingualis 3,4
   maxillaris externa 4
   occipitalis 2,8
   auricularis posterior 1,7
   temporalis superficialis 2,8
   maxillaris interna 4,5
   meningea media 2,3

Arteria carotis interna 6,2 (die linke meist etwas stärker), 60 lang
   Bulbus caroticus internus 7—10; 10—14 lang
   ophthalmica 1,7
   centralis retinae 0,3
   communicans posterior 1,5

---
1) l. p. 82 cit.
2) s. Bollinger, Arbeiten aus dem pathologischen Institut zu München 1886 p. 361.

Art. chorioidea	1	
corporis callosi	2,8	
fossae Sylvii	4,5	
Subclavia dextra	11 (Anfang), 9 (Ende); 84 lang (Luschka)	
sinistra	10	110 „ „
„ (am Ursprung):		

	Männer	Weiber	
Dicke der Media + Intima	0,74	0,69	(Schiele-Wiegandt)
Querschnitt der Wand in mm²	20,1	16.4	

vertebralis	4,5
mammaria interna	3,4
truncus thyreo-cervicalis	5,6; 7—14 lang
transversa colli	3
thoracica suprema	2,3
Axillaris	9 (Anfang) 7 (Ende); 110 lang
thoracico-acromialis	2,8
thoracica longa	3
subscapularis	4
circumflexa humeri anterior	1,5
„ „ posterior	3,4
Brachialis	7 (Anfang) 5,6 (Ende)
(2 cm über der Teilung):	

	Männer	Weiber	
Umfang	10,1	8.2	
Dicke der Media + Intima	0,56	0.46	(Schiele-Wiegandt)
Querschnitt der Wand in mm²	5,69	3,93	

profunda brachii	3,4
collateralis ulnaris superior	1,7
radialis	4

	am Ursprung		am Handgelenk	
	Männer	Weiber	Männer	Weiber
Umfang	6,6	5,6	5,1	4,6
Dicke der Media + Intima	0,42	0,36	0,39	0,31
Querschnitt der Wand in mm²	2,83	2,18	2,02	1,45
		(Schiele-Wiegandt)		

ulnaris	5
Arcus volaris sublimis	2,8 am Ulnarrand, 1 am Radialrand
„ „ profundus	1,1 „ „ 2,3 „ „
Iliaca communis	11—12; 5—7 lang, die rechte meist um 7 länger
Abgangswinkel von der	65° im männlichen Geschlecht
Aorta abdominalis	75° „ weiblichen „

(Bei 160—170 cm Kochsalzlösung Innendruck:
   Querschnitt 1,09 cm² (v. Hösslin)[1])
   Wanddicke 0,32 mm

---

1) s. Bollinger, l. c. p. 361. — Erwachsene bis zu 30 Jahren.

Hypogastrica[1])	7; kaum 30 lang
ihr Ramus posterior	5
„ „ anterior	5,6
Art. umbilicales	2,5 (beim ausgetragenen Kind)
ileo-lumbalis	2,3
sacrales laterales superior et inferior	2,3
obturatoria	2,8
glutaea (superior)	5
ischiadica	4
[Chordae arteriarum umbilicalium	2—3 breit im Erwachsenen]
vesicalis superior	2,3 „ „
vesicalis inferior	1,7
uterina	2,8 (in der Schwangerschaft 7)
haemorrhoidalis media	1,7
pudenda interna	3,4
helicinae	0,2; 2—3 lang
Iliaca externa	9,6; 90—100 lang
epigastrica inferior (profunda)	2,8
circumflexa ilium (profunda)	2,3
Cruralis	9, später 7,5

(am Ligament. Pouparti):

	Männer	Weiber
Umfang	19,1	15,5
Dicke der Media und Intima	0,7	0,6
Querschnitt der Wand in mm²	14	9,6

Bei 160—170 cm Kochsalzlösung Innendruck:
Querschnitt 0,72 cm²
Wanddicke 0,32 mm.

epigastrica superficialis	1,7
circumflexa ilium superficialis	1
pudendae externae	1,7—2,3
profunda femoris	7
articularis genu suprema	2,3
Poplitea	7, später 6,2; 190 lang
tibialis anterior	3,4
„ posterior	5, später 4,5 und 3,4
Art. pulmonalis (s. p. 19, 82, 83)	28 (Wanddicke 1,1); 55 lang

	Männer	Weiber	
Dicke der Media + Intima	1,1	1,05	
Querschnitt der Wand in mm²	81,1	74,8	(Schiele-Wiegandt)

---

1) Bei der reifen Frucht ist die Hypogastrica dicker als die Iliaca externa, 3 : 2 mm.

Ramus dexter [1])	21; 50 lang (Luschka)
„ sinister [1])	19; 35 „ „
[Ligamentum arteriosum	2—3; 9 lang]
Chorda ductus arteriosi (Botalli) [1])	2

Durchmesser einiger Venen.

Vena coronaria cordis magna	10—11
Cava superior	23; 7 lang
V. anonyma dextra	16; 14—27 „
„ sinistra	16; 50—70 „
V. jugularis communis	11—12
Bulbus v. jugul. commun.	20 Durchmesser
Sinus transversi	bis 10
„ occipitalis superior	1—2 vorn (am Foramen coecum) bis 9 hinten
„ rectus	4
„ spheno-parietalis (Ende des Sinus cavernosus)	4
Vena cerebralis magna (Galeni)	5
V. facialis communis	6; 14—27 lang
jugularis externa	5—6
subclavia	12
basilica	5
cephalica	5
mediana	6
azygos	8 (am oberen Ende)
Cava inferior	34 (im Foramen quadrilaterum und Herzbeutel); 240 lang 29 unterhalb der Leber
iliaca communis	16—17
„ externa	12—14
hypogastrica	9
cruralis (femoralis commun.)	c. 12 [2]); 40—50 lang (Luschka)
poplitea	9
saphena magna	8 (am oberen Ende) 5 („ Unterschenkel)
„ parva	3 (Luschka), 5 (Krause)
hepaticae (2—3 an der Zahl)	14—18
coronaria ventriculi (superior)	6
mesenterica superior (s. magna)	11
„ inferior (s. parva)	6
lienalis	10

---

[1]) Nach Arnold hat beim 6monatlichen Embryo jeder Ast 4 mm Durchmesser, der Ductus arteriosus Botalli 5,6 (Krause, Anatomie II p. 557). [2]) „Kleinfingerdick".

V. portarum	16;	70 lang
V. pulmonalis dextra superior	16	
„ media	10	
(mündet in die vorige)		
„ inferior	14,3	die 4 Stämme c. 14 lang
V. pulmonalis sinistra superior	13	
„ inferior	14	

Lymphgefässe.

Ductus thoracicus	meist 3, am Ende 3—5; 380—450 lang [1])
Cisterna chyli	7—9; 27—54 lang
Truncus lymphaticus communis dexter	2; 14 lang

Zahl der oberflächlichen Lymphgefässe [2])
an der oberen Extremität   c. 15
„ „ unteren „   c. 30
„ „ tiefen Lymphgefässe
an der oberen Extremität   c. 12
„ „ unteren „   8

Zahl der Lymphdrüsen,

soweit sie in den Handbüchern besonders benannt sind, kann für den menschlichen Körper auf 300—400 veranschlagt werden, rund c. 350.

Für die am Lebenden palpabeln Lymphdrüsen stellt Dietrich [3]) folgendes Schema auf:

	Occipitaldrüsen	Halsdrüsen	Axillardrüsen	Kubitaldrüsen	Inguinaldrüsen	
Häufigkeit des Vorkommens	5,4 %	100 %	92,7 %	96,3 %	100 %	Kinder bis zu 12 Jahren
Anzahl	1—2	7—8	3—4	2	8—9	
Häufigkeit	0,68 %	74,7 %	68,9 %	81,7 %	92,0 %	Erwachsene über 21 Jahre
Anzahl	1	2—3	1—2	1—2	7	

---

1) C. E. E. Hoffmann, Anatomie II. Bd. 1. Abtheilung 2. Aufl. p. 251.
2) Krause, Anatomie II p. 559.
3) Sitzungsberichte der physikalisch-medicinischen Societät in Erlangen. Sitzung v. 19. Juli 1886. Die Untersuchung geschah an 439 (gesunden) Soldaten und Realschülern.

Einige vergleichende Daten zwischen rechter linker Körperhälfte[1]).

Gewicht der Muskeln (Ed. Weber)[2])

rechter	linker
am Kopf und Rumpf 1	0,992
an der oberen Extremität 1	0,936
„ „ unteren „ 1	0,929
insgesamt 1	0,9527
Es sind **schwerer** an der oberen Extremität[3])	
Knochen um 0,4 % des Körpergewichts	
Muskeln „ 0,5 „ „ „	
an der unteren Extremität[3])	
Knochen um 0,2 % des Körpergewichts	
Muskeln „ 0,5 „ „ „	

Hirnhemisphäre[4]).

rechter	linker
21,8 g schwerer (E. Bischoff)	Linke Hemisphäre häufig grösser, als die rechte.
1,93 g „ bei Männern } (Broca[5])) (Mittel-	
0,03 g „ „ Weibern } werte)	Linke 3,7 g schwerer (Boyd).

Nervus phrenicus.

	$1/7$ länger, als der rechte.

Nervus recurrens (laryngeus inferior).

	Länger, als der rechte.

Arteria subclavia.

84 mm lang	110 lang, 1 mm dicker, als die rechte.

Arteria carotis interna.

	Linkerseits etwas stärker.

Nie ist die rechte **Lunge** gleich schwer oder leichter, verglichen mit der linken (Braune und Stahel). Die rechts von der Mittellinie gelegenen Eingeweide (Leber etc.) sind um mehr als 470 g schwerer, als die linksseitigen (Struthers)[6]).	

Niere.

	Oefters 5 % schwerer, als die rechte (Huschke).

---

1) Verschiedenes hierher gehörige ist schon früher mitgeteilt, absichtlich jedoch hier nicht wiederholt.
2) Berichte über die Verhandlungen der K. sächs. Gesellschaft der Wissenschaften. Mathematisch-physische Classe Bd. I 1849 p. 79.
3) Mittel aus 4 Leichen. — E. Bischoff und G. v. Liebig l. p. 13 u. 14 cit.
4) Bischoff, Hirngewicht p. 100.
5) Bei Topinard l. p. 37 cit. p. 582.
6) Edinburgh medical Journal 1863 p. 1086.

Grössen- und Gewichtsverhältnisse, sowie Dimensionen der

Alter	Toldt[1] Länge des Fötus		His[3] Länge des Fötus	Hecker[4] Länge des Fötus	Schröder[5] Länge (in runden Zahlen)	Gewicht[6]
1. Monat	12.—13. Tag Mitte und Ende der 3. Woche Anfang der 4. Woche Gegen Ende der 4. Woche	5,5 im langen Durchm. 3,3 „ kurzen „ (Reichert) 4,4 (Coste) 7,5 (Allen Thompson) 13 (Kölliker)	7—7,5 (Ende des Monats)		7—8 (Ende des Monats)	
2. „	Beginn der 5. Woche Ende der 8. „ (von der Scheitelwölbung bis zur Schwanzspitze)	15 (Wochenwachstum 5) 35 grösstes relatives Wachstum!	8,9 (Anfang d. Monats)		8—9 bis 25	
3. „	Ende des Monats	70	bis zu 90		70—90	5—20
4. „		120 [8])	„ „ 170		100—170	bis 120
5. „		200 [8])	„ „ 270		180—270	Durchschnittswerte 284
6. „		300 grösstes absolutes Wachstum!	„ „ 340		280—340	634
7. „		350	„ „ 380		350—380	1218
8. „		400	„ „ 410		425	1900
9. „		450	„ „ 440		467	2500
10. „		500 [9])	„ „ 470		490—500	3100

Den Wassergehalt des Fötus gibt Fehling[7] auf 97,54 % an, bei der Geburt fällt er auf 74,7 %.

1) Prager medic. Wochenschrift 1879 p. 121 und 133.   2) Übergang vom Embryo zum Fötus bei 130—160 (His).   3) Menschliche Embryonen III p. 144.   4) Monatsschrift für Geburtskunde und Frauenkrankheiten 27. Bd. 1866 p. 286.   5) Lehrbuch der Geburtshilfe 9. Auflage 1886 p. 59.   6) Die Gewichtsangaben der Autoren weichen bedeutend von einander ab; das Gewicht ist übrigens für die Altersbestimmung der Früchte von untergeordneter Bedeutung.   7) Es ist

Knochenkerne des Fötus in den einzelnen Monaten (mm und g).

Fehling[7]) Gewicht	Auftreten der Knochenkerne (Toldt)[1]						
4							
20							
120							
285							
635							
1220	Ende / Anfang Fersenbein 3 mm (Durchmesser)						
1700	4—7 (in sagittaler Richtung)	Ende / Anfang Sprungbein (ellipsoide Gestalt) Ende: 2—3 (langer Durchmesser)					
2240	6—10	5—6	Anfang oder Mitte untere Epiphyse d. Femur Ende: 2,5				
3250	9—12	7,9	Ende: 4,8 (längster Durchmesser)	Ende: Würfelbein[8]) 1 mm	Ende: obere Epiphyse des Schienbeins[8]) (häufig)	Ende: obere Epiphyse des Humerus[8]) (selten)	

die letzte Woche des Monats gemeint. — Archiv f. Gynaekologie XI. Bd. 1877 p. 523. Die Beobachtungen sind in Leipzig gemacht. 8) Das Vorhandensein dieser (3) Ossifikationspunkte spricht für Reife der Frucht, nicht aber das Fehlen gegen dieselbe. 9) Die Beinlänge der Frucht beträgt am Ende des 3. Monats etwa 30, des 4. 55, des 5. 80, des 7. 110, des 9. c. 150. des 10. 180 mm (s. K. Vierordt, Physiologie des Menschen 5. Aufl. p. 696.

Einige Vergleiche[1]
zwischen
männlichem | weiblichem

Geschlecht.

Körpergrösse
(s. p. 1 ff.)

172 cm | 160 cm
(weiblicher Körper 8—16 cm kürzer, als der männliche)

Kleidergewicht

($1/_{20}$—)$1/_{16}$ des Körpergewichts. | $1/_{24}$

Hirngewicht
(Mittel aus zahlreichen Bestimmungen).

1358 g | 1235 g

Knöcherner Schädel[2]
(cf. p. 30 ff.).

Horizontalumfang		96 % (Welcker)[3]
Kubikinhalt		89,7 % „
		85,4 % (Busk)[4]
Längenhöhenindex (Länge = 100)	73,9	70,1 (Welcker)
	83,9	79,4 (Ecker)[5]
Schädellänge[6])	180	172
Schädelbreite	146	142
Horizontalumfang	521	498
Längsumfang	371	350
Länge der Schädelbasis	98	93
Abstand der Foramina stylo-mastoidea	85	78
Abstand der Tubera parietalia	131 mm	131 mm
		relativ zur Schädelbreite 2,5 %,
		„ „ Schädellänge 3,4 % weiter von einander entfernt.
Abstand der Tubera frontalia	57 mm	55 mm
		relativ zur Schädelbreite 0,3 %,
		„ „ Schädellänge 8,9 % näher beisammen
Breite des harten Gaumens	39	37
Länge des harten Gaumens	49	44
Breite der Augenhöhlen	39	38
Höhe der Augenhöhlen	33	33
Höhe des Gesichts (Nasenwurzel—Alveolarrand)	71	64
Jochbreite		123
Obere Gesichtsbreite		101
Höhe der Choanen		23
Breite der Choanen	28	28

---

1) Auch hier ist vieles im frühern Text, nicht selten in ausführlicher Tabellenform, mitgeteilt.
2) Nach Krause, Anatomie II p. 945.
3) Untersuchungen über Wachsthum und Bau des Schädels p. 66.
4) Archiv f. Anthropologie Bd. XI 1879 p. 391.
5) ibid. Bd. I 1866 p. 81.
6) Weisbach im Archiv f. Anthropologie Bd. III 1868 p. 59 ff., woselbst noch weiteres Detail über Schädelmasse.

II.

Physiologischer

und

physiologisch-chemischer Teil.

Blut und Blutbewegung.

Blutmenge.

5 k (Mittel für den Erwachsenen) = $1/13$ des Körpergewichts.
4—4,5 k rechnet Beaunis[1]).

Im besonderen wird die Blutmenge angegeben:

für Erwachsene 0,071 = 7,1 % = $1/14$ des Körpergewichts (Bischoff)[2])
                0,077 = 7,7 % = $1/13$ „   „
                0,125 = 12,5 % = $1/8$ „   „   (Ed. Weber und Lehmann)[3])
für Neugeborene 0,0526 = 5,26 % = $1/19$ „   „   (Welcker)[4])
bei sofortiger Abnabelung   = $1/16$ [$1/14$, $1/16$]
bei Abnabelung nach mehreren Minuten = $1/9$ [$1/7$, $1/10$, $1/11$]   (Schücking)[5])

Der Gewinn an Blut durch späte Abnabelung ist 60 g (Schücking)[6]) (Luge)[7])
                                              62,3 „ (Hofmeier)[8])
                                              92   „ (Ribemont)[9])

Specifisches Gewicht

a) des Gesamtbluts

Beobachter	Männer	Weiber
Davy[10])	1,052—1,060	1,045—1,056
H. Nasse[11])	1,0555	1,0545
A. Becquerel u. Rodier[12])	1,058—1,062	1,054—1,060
C. Schmidt[13])	1,0599	1,0503
Quincke[14])	—	1,058—1,0606
Mittel (rund)	1,058	1,055
Beim Kind	1,045—1,049 [15])	

---

1) Éléments de physiologie humaine, 2. Aufl. 1881 I p. 298.
2) Zeitschrift f. wissenschaftl. Zoologie VII 1855 p. 331 und IX 1857 p. 65.
3) Lehmann, Physiolog. Chemie, 2. Aufl. II 1853 p. 234.
4) Zeitschrift f. rationelle Medicin 3. Reihe IV 1858 p. 145.
5) Berl. klin. Wochenschrift XVI 1879 p. 582.   6) ibid. XIV 1877 p. 2.
7) Über den zweckmässigsten Zeitpunkt der Abnabelung der Neugeborenen. Rostocker Dissertation 1879.
8) Zeitschrift f. Geburtshülfe und Gynaekologie IV 1879 p. 114.
9) Annales de Gynécologie 1879 p. 81.
10) Researches of physiology and anatomy 1839 II p. 15.
11) Wagner's Handwörterbuch der Physiologie I 1842 p. 131.
12) Recherches sur la composition du sang 1844 p. 22 u. 27, übers. von Eisenmann: Untersuchungen über die Zusammensetzung des Blutes 1845—47.
13) Charakteristik der epidemischen Cholera gegenüber verwandten Transsudations-Anomalien 1850 p. 31 u. 33.
14) Virchow's Archiv 54. Bd. 1872 p. 541.
15) Denis (de Commercy), Recherches expériment. sur le sang humain considéré à l'état sain 1830.

b) des Plasmas[1])
1,027 (?)

c) des Serums
1,027—1,029 (Berzelius)[2])
1,028—1,029 (Nasse)[3])
1,0292 (Mann) }
1,0261 (Weib) } bei 15° C. — (C. Schmidt)[4])
Mittel (rund)   1,028

Blutverteilung in den einzelnen Organen des Körpers (O. Ranke)[5]).

Es enthält im ruhenden Tier (Kaninchen) von der Gesamtblutmenge:

		frisch getötet	lebend
1.	Milz	0,23 %	
2.	Gehirn und Rückenmark	1,24 „	
3.	Nieren	1,63 „	1,93 %
4.	Haut	2,10 „	
5.	Gedärme	6,30 „	
6.	Knochen	8,24 „	
7.	Herz, Lunge und grosse Blutgefässe	22,76 „	
8.	ruhende Muskeln	29,20 „	
9.	Leber	29,30 „	24,0 %

Von der gesamten Blutmenge ist in demnach runder Zahl enthalten:
in den grossen Kreislaufsorganen $1/4$
„ der Leber $1/4$
„ den ruhenden Muskeln $1/4$
„ den übrigen Organen $1/4$

Vom Gesamtstoffwechsel bei Muskelruhe lässt sich rechnen (Ranke):
auf die Leber $1/3$
„ die ruhenden Muskeln $1/3$
„ die übrigen Organe $1/3$

In den Blutgefässen der Haut des Kindes cirkulieren fast $2/3$ (?) der gesamten Blutmenge [6]).

---

1) Beaunis, l. c. p. 271.
2) Lehrbuch der Chemie. A. d. Schwedischen von Wöhler 3. Aufl. 9. Bd. 1840.
3) l. c. p. 127.
4) l. c. p. 29 und 32.
5) Die Blutvertheilung und der Thätigkeitswechsel der Organe 1871 p. 80 u. 81.
6) Reitz, Physiologie, Pathologie des Kindesalters 1883 p. 53.

Wassergehalt des Bluts.

	Männer	Weiber
Le Cann [1])	791,9	821,7
Derselbe [2])	789,3	804,4
Denis [3])	767	787
Födisch [4])	731	742
Becquerel und Rodier [5])	779	791,2

Analyse des menschlichen Bluts (C. Schmidt)[6].

	Gesamtblut	Plasma	Blutkörperchen
Wasser	788,71	901,51	681,63
Feste Stoffe	211,29	98,49	318,37
Eiweiss- und Extraktivstoffe	192,10	81,92	296,07
Faserstoff	3,93	8,06	—
Hämatin	7,38	—	15,02
Salze	7,88	8,51	7,28
und zwar:			
Chlornatrium	2,701	5,46	—
Chlorkalium	2,062	0,359	3,679
Schwefelsaures Kalium	0,205	0,281	0,132
Phosphorsaures Natrium	0,457	0,271	0,633
Kalium	1,202	—	2,343
Calcium	0,193	0,298	0,094
Magnesium	0,137	0,218	0,060
Natron	0,921	1,532	0,341

Verhältnis der Blutkörperchen zum Plasma und die Einzelbestandteile beider (C. Schmidt)[6].

	Körperchen 51,31	Plasma 48,69
Wasser	34,97	43,90
Feste Stoffe	16,34	4,79
Hämoglobin	15,96	—
Fibrin	—	0,39
Albumin und Extraktivstoffe	—	3,89
Anorganische Salze	0,37	0,41

Beim Pferd wurde gefunden 34,418 Körperchen : 65,582 Plasma (Sacharjin und Hoppe-Seyler)[7]).

---

1) Nouvelles recherches sur le sang 1831. — Étude chimique sur le sang humain. Thèse de Paris 1837. (Nouvelles études sur le sang 1852.)
2) Journal de Pharmacie et des sciences accessoires XVII 1831 p. 548.
3) l. p. 95 c.
4) De morbosa sanguinis temperatione. Dissertat. Jenae 1832.
5) l. c.
6) l. p. 95 c. — 25j. Mann, der eine Verletzung erlitten.
7) Hoppe-Seyler, Physiologische Chemie p. 447.

Blutasche.

	I[1])	II[1])	III[2])
Kali	26,55	12,71	11,39
Natron	24,11	34,90	36,24
Kalk	0,90	1,68	1,88
Magnesia	0,53	0,99	1,28
Eisenoxyd	8,16	8,07	8,80
Chlor	30,17	37,63	34,23
Schwefelsäure (SO^3)	7,11	1,70	1,66
Phosphorsäure (P^2O^5)	8,82	9,37	11,26
Kohlensäure		1,43	0,96
Für Chlor abzuziehender Sauerstoff	6,92	8,48	7,70
	100,0	100,0	100,0

$^0/_0$ **Eiweissstoffe etc. des menschlichen Blutserums (Hammersten)[3]).**

Feste Stoffe	Eiweissstoffe überhaupt	Paraglobulin	Serumeiweiss	Lecithin, Fett, Salze
9,207	7,620	3,103	4,516	1,588

Ferner beträgt der Gehalt des Bluts an:

Traubenzucker 0,090 $^0/_0$ (Cl. Bernard)[4])
Fett 0,1—0,2 $^0/_0$
Cholesterin 0,02—0,03 $^0/_0$
Harnstoff 0,016 $^0/_0$ (Picard)[5])

Vergleichende Blutanalyse beider Geschlechter
(Becquerel und Rodier)[6]).

(Mittelwerte.)

	Männer	Weiber
Wasser	779	791
Feste Stoffe	221	209
Faserstoff	2,2	2,2
Hämoglobin[7])	134,5	121,7
Eiweissstoffe	76,0	76,0
Cholesterin, Lecithin, Fette	1,60	1,62
Extraktivstoffe und Salze	6,8	7,4

Über **Blutgase** s. u.

Zeitliche Verhältnisse der Blutgerinnung.

Das aus der Ader gelassene Blut gerinnt nach Hewson[8]) in 3—4 Minuten.

---

1) Jarisch, Medicinische Jahrbücher, herausgegeben von der k. k. Gesellschaft der Ärzte. Wien 1877 p. 39.
2) Verdeil, Annalen der Chemie und Pharmacie LXIX 1849 p. 89.
3) Archiv für die gesammte Physiologie XVII 1878 p. 459.
4) Comptes rendus de l'académie des sciences LXXXII 1876.
5) De la présence de l'urée dans le sang. Thèse de Strasbourg 1856.
6) l. p. 95 c.
7) Berechnet (von Hoppe-Seyler) aus dem Eisengehalt 0,565 resp. 0,511 $^0/_{00}$. Der Gesamteisengehalt des Bluts kann auf c. 3 g geschätzt werden. Weitere ältere Eisenbestimmungen, zwischen 0,7—0,93 $^0/_{00}$ schwankend, für beide Geschlechter bei Denis, Födisch, H. Nasse l. c. l. c.
8) An experimental inquiry into the properties of the blood 1771.

Nach H. Nasse[1]) verhält sich die Gerinnung beim menschlichen Aderlassblut in ihren Einzelphasen:

	Mittel		Grenzen
	Männer	Weiber	
a) Bildung eines Häutchens an der Oberfläche	3 Min. 45 Sek.	2 Min. 50 Sek.	($1^{3}/_{4}$—5 , höchstens 6′)
b) Bildung einer das flüssige Blut einschliessenden festen Haut	5 ,, 52 ,,	5 ,, 12 ,,	(2—6 , ,, 7)
c) Gerinnung zur Gallerte	9 ,, 5 ,,	7 ,, 40 ,,	(4—10, ,, 12)
d) Weitere Gerinnung und erste Auspressung von Serum aus dem festen Blutkuchen	11 ,, 45 ,,	9 ,, 5 ,,	(7—13, ,, 16)
e) Vollständige Trennung von Blutkuchen und Serum	10—48 Stunden		

Im allgemeinen ist das Blut des Gesunden innerhalb der ersten 10 Minuten geronnen.

H. Vierordt[2]) fand nach Beobachtungen an kleinen, durch Hautstich entnommenen, Blutproben an sich selbst (Alter $23^{1}/_{4}$ Jahr)

Tageszeit	mittlere Gerinnungszeit	Bemerkungen
$9^{1}/_{2}$—$10^{1}/_{2}$ h morgens	9,63 Min.	kurz vor dem Frühstück
$12^{1}/_{4}$—$12^{3}/_{4}$ h mittags	8,84 ,,	,, ,, ,, Mittagessen
$1^{3}/_{4}$—$2^{1}/_{2}$ Stunden nach dem Mittagessen	10,19 ,,	nach dem Mittagessen
7—8 h abends	8,12 ,,	vor dem Abendessen
nach Mitternacht	9,65 ,,	,, ,, Schlafengehen
Endmittel	9,28	

Rote Blutkörperchen.

Grösse: grösster Durchmesser 0,00774 (Minimum 0,0045, Maximum 0,0097)
grösste Dicke 0,00190

Hayem unterscheidet 3 Sorten: grosse von 0,0085, mittlere von 0,0075, kleine von 0,0065 Durchmesser. Unter 100 Blutkörperchen sind 75 mittlere, je 12 grosse und kleine.

Tabelle der Durchmesser der Blutkörperchen einiger Wirbeltiere[3]).

Kreisscheibenförmige Körperchen.		Elliptische Körperchen.	langer Durchmesser	kurzer Durchmesser
Elephant	0,0094	Amphiuma tridactylum	0,070	0,040
Mensch	0,0077	Proteus anguineus	0,0635	0,049
Hund	0,0073	Frosch	0,0255	0,017
Kaninchen	0,0069	Bufo vulgaris	0,024	0,0135
Katze	0,0065	Taube (alt)	0,0147	0,0065
Schaf	0,0050	,, (flügge)	0,0137	0,0078
Ziege	0,0041	Triton cristatus	0,0135	0,008
Moschus javanicus	0,0025	Lama	0,0080	0,0040

Volum des (menschlichen) Blutkörperchens (approximative Schätzung!)[4])
0,000000072217 mm^3

Oberfläche 0,0001280 mm^2

,, der (5 Millionen) Blutkörperchen in 1 mm^3 (s. u.)
640 mm^2

,, der Blutkörperchen im (4400 cm^3) Gesamtblut (s. u.)
2,816 m^2

---

1) Wagner's Handwörterbuch der Physiologie I. Bd. 1842 p. 103.
2) Archiv der Heilkunde XIX 1878 p. 201—203.
3) Die Zahlen grösstenteils nach Welcker, Zeitschrift f. rationelle Medicin XX 1863 p. 279.
4) Welcker, l. c. p. 265.

Gewicht eines Blutkörperchens 0,00008 mg

Spezifisches Gewicht   1,105 (Welcker)[1])
    1,088—1,089 (C. Schmidt).

Zahl der roten Blutkörperchen pro mm^3
    5174000 (Vierordt)[2])
    5000000 (Hayem)[3])
    5—6000000 (Patrigeon)[4])

[Weitere Angaben bei Rollet, Physiol. des Blutes. — Hermann's Handbuch der Physiologie IV, 1 p. 28.]

Zahl der Blutkörperchen in verschiedenen Lebensaltern (Sörensen)[5]).
(Mittelwerte.)

männliches Geschlecht		weibliches Geschlecht	
Alter	pro 1 mm^3	Alter	pro 1 mm^3
Neugeborener	5368000[6])	1—14 Tage	5560800
do. im allgemeinen bei		2—10 Jahre	5120000
später Abnabelung[6])	489000	15—28 „	4820000
	mehr, als nach sofortiger	22—31 „ (Schwangere im 6.	
4—8 Tage	5769500	Monat)	5010000
5 Jahre	4950000	41—61 „	4600000
19½—22 „	5600000		
25—30 „	5340000		
50—52 „	5137000		
82 „	4174700		

Sörensen gibt die mit dem Bestand des Lebens eben noch verträgliche Anzahl der roten Blutkörperchen auf 500000 pro 1 mm^3 an.

Nach der Mahlzeit steigt die Anzahl der roten Blutkörperchen, erreicht ein Maximum (15,5—19,4 %$_0$ mehr) 1 Stunde danach und vermindert sich wieder in den 6 folgenden Stunden (Sörensen).

In 100 Teilen Blut (des Menschen) sind

                Körperchen   Plasma
dem Gewicht nach   51,31   48,69 (C. Schmidt)[7])
„ Volum „   36   64 (Welcker).

Im venösen Blut der Haut, der Muskeln (während der Kontraktion), der Drüsen (im Ruhezustand), der Milz (nach der Verdauung) sind verhältnismässig mehr rote Blutkörperchen (Malassez).

---

[1] l. c. p. 263.
[2] Archiv f. physiologische Heilkunde XI 1852 p. 331. Eine 2. Versuchsreihe, ibid. p. 872, ergab 5055000.
[3] Recherches sur l'anat. normale et patholog. du sang 1878.
[4] Recherches sur le nombre des globules rouges et blancs du sang etc. 1877.
[5] Undersøgelser om Antallet af røde og hvide Blodlegemer etc. Kopenhagener Dissertation 1876. — s. Hofmann-Schwalbe's Jahresbericht 1876 p. 190 u. 192.
[6] Hayem, Comptes rendus LXXXIV 1877 p. 1167.
[7] s. o. p. 97.

Hämoglobin.

Formel $C^{600}H^{960}N^{154}FeS^3O^{179}$ (Preyer)[1].

100 Teile trockenes Hämoglobin[2]) enthalten (in verschiedenen Tierklassen)

C 53,85—54,15 %
H 7,18—7,32 „
O 21,24—21,84 „
N 16,17—16,33 „
S 8,39—8,83 „
Fe 0,42—0,43 „

Den %-Hämoglobingehalt des Bluts erhält man aus dem Eisengehalt[3]) (m) der Blutasche nach der Formel $\dfrac{100\,m}{0,42}$

Absolute Hämoglobinmengen.

In 100 Teilen Blut fanden:

Beobachter	Männer	Weiber
Becquerel und Rodier[4])	12,09—15,07	11,57—13,69
Quincke[5])	—	14,1—14,4
Quinquaud[6])	12,5	10,7

Malassez[7]) rechnet (für gesunde Männer) bei 4—4,6 Millionen roter Blutkörperchen pro 1 mm³ 0,000125—0,000134 g Hämoglobin, für ein einzelnes Blutkörperchen 0,00000000002999 g (29,9 Billiontelgramm).

Relativer Hämoglobingehalt in verschiedenen Lebensaltern nach Leichtenstern[8]).

Man erhält aus den nachstehenden auf 100fache Blutverdünnung sich beziehenden Relativzahlen mit hinreichender Genauigkeit den absoluten Hämoglobinwert für die Gewichtseinheit, wenn man den Exstinktionskoefficienten mit 10 dividirt. Es ist hierbei das von Hüfner[9]) festgestellte, für das (Hunde-)Hämoglobin auf rund 0,001 zu veranschlagende Absorptionsverhältnis zu Grunde gelegt.

Alter	Exstinktionskoefficient	Alter	Exstinktionskoefficient
36 Stunden	1,827	12 Wochen	1,307
2 Tage	2,00	14 „	1,360
3 „	1,933	20 „	1,222
4 „	1,842	½—1 Jahr	1,075
8 „	1,689	2. Lebensjahr	1,054
10 „	1,619	3. „	1,037
14 „	1,524	4. „	1,072
3 Wochen	1,420	5. „	1,054
4 „	1,452	6—10 Jahre	1,115
10 „	1,351	11—15 „	1,106

---

1) Die Blutkrystalle 1871.
2) Beaunis, l. p. 95 c. p. 255.
3) Derselbe beträgt nach verschiedenen Untersuchern 0,0350—0,0633.
4) Berechnet von Preyer nach dem Eisengehalt des Bluts.
5) Virchow's Archiv 54. Bd. 1872 p. 537.
6) Comptes rendus Tome LXXVI 1873 p. 149.
7) Archives de physiologie IV. série 1877 p. 1 u. 637. — Comptes rendus T. LXXXV 1877 p. 348.
8) Untersuchungen über den Hämoglobingehalt des Blutes 1878 p. 29. Die Tabelle umfasst 100 männliche, 91 weibliche Individuen.
9) Zeitschrift f. physiolog. Chemie I 1877 p. 323 — III 1879 p. 5 — IV 1880 p. 35.

Alter	Exstinktions-koefficient		Alter	Exstinktions-koefficient	
16—20 Jahre	1,232		41—45 Jahre	1,363	
21—25 „	1,311		46—50 „	1,180	1,271
26—30 „	1,392	1,351	51—55 „	1,200	
31—35 „	1,419		56—60 „	1,243	1,221
36—40 „	1.388	1,403	über 60 „	1,398	

2—3 Stunden nach der Mahlzeit ist der Hämoglobingehalt vermindert [1]).

Setzt man das Blut des Neugeborenen (1.—3. Tag) = 100 [1]),
so hat man für $1/_2$—5 Jahre 55
      5—15 „ 58
      15—25 „ 64
      25—45 „ 72
      45—60 „ 63.

Hämoglobingehalt beider Geschlechter [2]).

Alter	Männlich	Weiblich	Differenz
Kindheit bis 10. Lebensjahr	1,308	1,225	7 %
11.—50. Lebensjahr	1,338	1,238	8 „
jenseits des 50. Lebensjahrs	1,321	1,260	5 „
Durchschnitt	1,330	1,237	7 %

Wiskemann [3]) fand als Mittelwerte
  bei Neugeborenen 1,272
  „ erwachsenen Männern 1,075
  „   „   Weibern 0,965

Denis [4]) erhielt (nach Eisenbestimmungen)
im Blut der Nabelarterie (des Neugeborenen) 22 % Blutfarbstoff
„ Venenblut der Mutter 13,99 „   „

Relativer Hämoglobingehalt der Wirbeltiere (Korniloff) [5]).

	Exstinktionskoefficient	alte Tiere [6])	junge Tiere [6])
Fische	0,3564		
Amphibien	0,3889	0,4312	0,3478
Reptilien	0,4328		
Vögel	0,7814	0,8922	0,5355
Säuger	0,9366	0,9236	0,7708

---

1) K. Vierordt, Die quantitative Spektralanalyse in ihrer Anwendung auf Physiologie, Physik etc. 1876 p. 60. — Leichtenstern, Hämoglobingehalt des Blutes p. 46 u. 47.
2) Leichtenstern, l. c. p. 31.
3) Spektralanalytische Bestimmungen des Hämoglobingehaltes des menschlichen Blutes. Freiburger Dissertation 1875. — Derselbe: Zeitschrift f. Biologie XII 1876 p. 434.
4) Recherches sur le sang etc.
5) Zeitschrift f. Biologie XII 1876 p. 531. — Es sind ausgewachsene Tiere gemeint.
6) Korniloff, a. e. a. O. p. 532. — Unter jungen Tieren sind keine neugeborenen, die sich im Gegenteil durch höheren Hämoglobingehalt auszeichnen, zu verstehen.

Beim Verbluten tritt 5,1 % (mittlere) Abnahme des Hämoglobingehalts ein, wenn der Gesamtblutverlust 2,9 % des Körpergewichts (= $3/5$ der durch Verbluten überhaupt zu erzielenden Blutmenge erreicht hat (Lesser)[1]).

Anhang. Hämatoblasten (Hayem)[2]).

Grösse im Mittel	0,003 (0,0018—0,00575)
Menge pro 1 mm³	255 000 (200 000—346 000), bei Kindern im allgemeinen mehr, als bei Erwachsenen.

Farblose Blutkörperchen.

Grösse wechselnd[3]): die kleinsten 0,005 Durchmesser.

Menge in 1 mm³	4000—7000 (Malassez)[4])	Erwachsener
„ „ „ „	3000—9000 (Grancher)[5])	
	18 000 (Hayem)[6])	Neugeborener
2.—3. Tag (Maximum der Gewichtsabnahme s. p. 10)	6000—4000	„
Bei wieder eintretender Gewichtszunahme	7000—9000	„

Verhältnis der weissen zu den roten Blutkörperchen[7]).

a) In verschiedenen Lebensaltern.

Beobachter		
Gowers[8])	1 : 330	
Welcker[9])	1 : 335	1 : 340 (im Durchschnitt)
Moleschott[10])	1 : 357 (= 2,8 : 1000)	
Bouchut u. Dubrisay[11])		
für 20—30 Jahre	1 : 700	
„ 30—58 „	1 : 616	

---

1) Archiv f. Anatomie und Physiologie, physiol. Abtheilung 1878 p. 41.
2) Es sollen Vorstufen der roten Blutkörperchen sein. — Archives de physiologie V. 2. série 1878 p. 692.
3) M. Schultze (Archiv f. mikroskop. Anatomie I 1865 p. 12) nimmt 3—4 verschiedene Grössen an: die genannte, eine Form von der Grösse der roten Blutkörperchen und eine $1/4$ bis über doppelt so grosse als die letzteren.
4) Gazette médicale 1876 p. 297.
5) ibid. p. 321.
6) Comptes rendus T. LXXXIV 1877 p. 1168.
7) Es sei ganz ausdrücklich auf die stark abweichenden Angaben der Beobachter in den nachfolgenden Tabellen hingewiesen.
8) The practitioner Vol. XX 1878 Nr. 7.
9) Prager Vierteljahrsschrift f. prakt. Heilkunde XI. Jahrg. IV. Bd 1854 p. 11.
10) Wiener medic. Wochenschrift IV 1854 p. 113.
11) Gazette médicale 1878 p. 168 u. 178.

Moleschott[1]) gibt folgende Übersicht:

Alter		auf 1 farbloses farbige	auf 1000 farbige farblose
2½—12j.	Knaben	226	4,5
21 u. 22j.	Jünglinge	330	3
31½—49j.	Männer	346	2,9
62 —78½j.	Greise	381	2,6
14 —38j.	Mädchen ausser der Zeit der Regeln	389	2,6
19 u. 27j.	Menstruirte	247	4
	Dieselben Mädchen nicht menstruirt	405	2,5
24 —35j.	Schwangere	281	3,6

Bouchut[2])   2½—5jährige   1 : 648
Demme[3])   4 —12monatliche Kinder   1 : 130

b) In verschiedenen Tageszeiten (Hirt)[4]).

Morgens (nüchtern)	1 : 1716
10 Minuten nach dem Frühstück	1 : 1899
½ Stunde „ „ „	1 : 695
2½—3 Stunden später	1 : 1514
10 Minuten nach dem Mittagessen	1 : 1592
½—1 Stunde „ „ „	1 : 429
2½—3 Stunden „ „ „	1 : 1481
½—1 Stunde „ „ Abendessen	1 : 544
2½—3 Stunden „ „ „	1 : 1227

Frey[5]) fand für den nüchternen Zustand bei sich selbst 1 : 357, bei einem 22j. kräftigen Mann 1 : 835. — 2 Stunden nach dem Mittagessen erhielt Frey für sich selbst 303, für einen 4jährigen Knaben 1 : 345.

de Pury[6]) an sich selbst 4 Stunden nach dem Frühstück 1 : 463; nach dem Mittagessen: 30 Minuten 1 : 363, 1 Stunde 1 : 291, 2 Stunden 1 : 310, 3 Stunden 1 : 439.

Moleschott[7]) 4 Stunden nach dem Frühstück   1 : 466
              2   „   „   eiweissarmem Mahl   1 : 356
              „   „   „   eiweissreichem „   1 : 282

c) In verschiedenen Gefässen.

Milzarterie	1 : 2200	(Hirt)[4])	
Milzvene	1 : 102	(Preyer)	
	1 : 102	(Frey)[5])	— an Pneumonie gestorbener alter Mann
	1 : 60—70	(Hirt)	
	1 : 4,9	(Vierordt)[8])	

Swaen und Tarchanoff[9]) wollen nur einen ganz geringen Unterschied im Körperchengehalt zwischen Milzarterie und -Vene gefunden haben.

---

1) Wiener medic. Wochenschrift IV 1854 p. 113.
2) Gazette médicale 1878 p. 168 und 178.
3) Siebenzehnter Bericht über das Jenner'sche Kinderspital in Bern im Laufe des Jahres 1879 p. 12 Anmerkung.
4) J. Müller's Archiv 1856 p. 186—189. Derselbe: De copia relativa corpusculorum sanguinis alborum. Leipziger Dissertation 1855.
5) Lehrbuch der Histologie und Histochemie 3. Aufl. 1870 p. 118 Anmerkung 5.
6) Virchow's Archiv VIII 1855 p. 302.   7) l. c. p. 116.
8) Archiv f. physiolog. Heilkunde XIII 1854 p. 410.
9) Archives de physiologie normale et pathologique II. Sér. II. Bd. 1875 p. 324.

Dauer der Systole und Diastole.

Systole der Kammern (s. a. u. p. 110)	0,314 (0,301—0,327) 0,307—0,311 0,309—0,346	Sekunden „ „	(Donders)[1]) (Landois)[2]) (Marey)[3])
Diastole „ „	0,58	„	(Landois) [bei 74,2 Herzschlägen]
Herzpause (Zeit der gemeinschaftlichen Diastole der Vorkammern und Kammern)	0,4	„	(Landois)
Systole der Vorkammern	0,17	„	„ [bei 60 Pulsen in der Minute]
	c. 0,1	„	(Marey)[4])
Diastole „ „	c. 0,4—0,5		

Dauer des Herzschlags 0,809 Sekunden (bei 74,2 Herzschlägen pro Minute).

Zahl der Herzschläge und Pulse.

Normaler Erwachsener   71—72 pro Minute.

Pulsfrequenz in verschiedenen Lebensaltern.

a) **Mittelwerte des männlichen Geschlechts nach Quetelet**[5]).

Jahre		
0	136	Beim weiblichen Geschlecht ist
5	88	die Pulsfrequenz grösser
10—15	78	1—4,5 Schläge pro Minute.
15—20	69,5	Dalquen[6]) rechnet im Minimum 3,
20—25	69,7	im Maximum 10 Schläge mehr.
25—30	71	
30—50	70	

b) **Pulsfrequenz beider Geschlechter nach Guy**[7]).

Jahre	männlich	weiblich
unter 2 Jahren	110	114
2— 5	101	103
5— 8	85	93
8—12	79	92
14—21	76	82
21—28	73	80
28—35	70	78
35—42	68	78
42—49	70	77
49—56	67	76
56—63	68	77
63—70	70	78
70—77	67	81
77—84	71	82

---

1) Nederlandsch Archief voor Genees- en Natuurkonde II 1865 p. 184.
2) Graph. Untersuchungen über den Herzschlag 1876 p. 55.
3) Berechnet nach Cardiogrammen M.'s in: Travaux du laboratoire 1875.
4) Circulation du sang 1863 p. 72.
5) Über den Menschen und die Entwickelung seiner Fähigkeiten, übers. von Riecke, 1838 p. 395.
6) Die Schwankungen der Pulsfrequenz im gesunden Zustande. Giessener Dissertation 1868 p. 22.
7) Todd's Cyclopaedia of Anatomy and Physiology III 1848 p. 181, auch Guy's Hospital Reports Vol. III. IV 1838 u. 1839. — Eine ähnliche Tabelle bei Dalquen l. c. und Volkmann l. citando.

c) **Mittlere Pulsfrequenz in verschiedenen Altersklassen beim Kind**[1]).

Jahre		Schwankungen zwischen Maximum u. Minimum
0— 1	134	59
1— 2	110,6	52
2— 3	108	50
3— 4	108	44
4— 5	103	53
5— 6	98	58
6— 7	92,1	56
7— 8	94,9	45
8— 9	88,8	46
9—10	91,8	52
10—11	87,9	52
11—12	89,7	56
12—13	87,9	45
13—14	86,8	48

d) **Pulsfrequenz im ersten Lebensjahr.**

(Ende des Fötallebens	133—144 s. u.	Physiologie der Zeugung, Pulsfrequenz des Fötus)
In der 1. Minute	83,3	(Lediberder)[2])
Nach 3—4 Minuten	160 (!)	„
1. Lebensstunde	136[3])	(Smith in New-York)
1. Tag	126,5	(97—156) (Jacquemier)[4])
	123	(Gorham)[5])
4.—7. Tag	125	(Mignot)[6])
1. Woche	128	(Gorham)
	123	(Elsässer)[7])
2. „	133,4	„
3. „	131,4	„
4. „	—	„ { 137 (Trousseau)[8]) } 135 (Gorham)
4.—8. „	132	(Trousseau)
3.— 6. Monat	128	„ } 148 (Gorham)
6.—12. „	120	„
(12.—21. „	118	„)

1) Vereinfachte Tabelle nach K. Vierordt, Physiol. d. Kindesalters p. 308, zusammengestellt nach Guy (l. c.), Nitzsch (De ratione inter pulsus frequentiam et corporis altitudinem habita. Dissert. Halae. 1849), Volkmann (Hämodynamik 1850), Rameaux (Mém. de l'Acad. de Belgique T. XXIX 1857). — Die Tabelle bezieht sich auf 934 Individuen.
2) Bei Valleix, Clinique des enfants nouveau-nés 1838 p. 26 Anmerkung.
3) In den ersten Lebensstunden, nicht unmittelbar nach der Geburt, wo im Gegenteil die Frequenz öfters zu sinken scheint (Lediberder, Smith), werden hohe Pulsfrequenzen beobachtet, von Elsässer 144,3 im Mittel, von Bouchut in der 4. Minute 140—208.
4) De l'auscultation appliquée au système vasculaire des femmes enceintes . . . . . . Thèse de Paris 1837.
5) London medical Gazette XXI 1837 p. 324.
6) Recherches sur les phénomènes de la circulation etc. chez les nouveau-nés. Thèse de Paris 1851.
7) J. A. Elsässer, Erster Bericht über die Ereignisse in der Gebäranstalt und in der Hebammenschule des Catharinenhospitals zu Stuttgart von 1828—1835. Schmidt's Jahrbücher III 1835 p. 315.
8) Journal des connaissances méd. chir. 1841 p. 28.

Körperlänge und Pulsfrequenz.

a) Beobachtete Pulsfrequenzen (Volkmann)[1]).

mittlere Körpergrösse (cm)	Pulsfrequenz pro Minute	Dauer eines Pulses in Sekunden
unter 50	151,5	0,40
50— 60	139,8	0,43
60— 70	126,6	0,47
70— 80	116,5	0,52
80— 90	110,9	0,54
90—100	106,6	0,56
100—110	101,5	0,59
110—120	93,6	0,64
120—130	92,2	0,65
130—140	87,7	0,68
140—150	85,1	0,71
150—160	77,8	0,77
160—170	73,2	0,81
170—180	71,9	0,83
180—190	72,5	0,83
190—200	73,4 (darunter junge, sehr kräftige Potsdamer Gardisten)	0,82
über 200	71,2	0,84

b) Aus den Körperlängen berechnete Pulsfrequenzen für die 13 ersten Lebensjahre.

Nimmt man als Pulszahl für den männlichen Erwachsenen 73, als Körperlänge 167 cm, so ist nach Rameaux die gesuchte Pulsfrequenz für eine jüngere Jahresklasse von der Körpergrösse $l' = \dfrac{73\sqrt{167,5}}{\sqrt{l'}} = \dfrac{945,3}{\sqrt{l'}}$.

Die folgende Tabelle nach Vierordt, Physiologie des Kindesalters p. 309.

Übrigens wirken die Lebensalter nicht bloss durch Vermittlung der Körpergrösse, sondern auch noch in anderer Weise. Bei gleicher Körperlänge haben die (durch stärkeren Stoffwechsel ausgezeichneten) jüngeren Altersklassen die grössere Pulsfrequenz. (Diesbezügliche Tabelle bei Volkmann, l. c. p. 433.

Jahre	Beobachtete Pulsfrequenz (s. o. p. 106)	Körperlänge (cm) nach Quetelet	Berechnete Pulsfrequenz	Körperlänge (cm) nach Liharzik	Berechnete Pulsfrequenz
Neugeborener	134	50	133,7	50	150
1	110,6	69,8	113,1	80,07	119
2	108	79,6 ⎫ = 83,1	⎫ 103,7	93,53	109,9
3	108	86,7 ⎭	⎭	103	104,9
4	103	93	98	110,8	101,1
5	98	98,6	95	118	97,9
6	92,1	104,5	92,4	124	95,6
7	94,9	110,5	89,9	129,8	93,4
8	88,8	116	87,8	135,2	91,5
9	91,8	122,1	85,6	140,2	89,9
10	87,9	128	83,5	145	88,4
11	89,7	133,4	81,8	149,4	87,1
12	87,9	138,4	80,3	153,8	85,8
13	86,8	143,1	79,0	158	84,7
(25	73	167,5	—	175	73)

---

[1]) Die Hämodynamik 1850 p. 431.

c) **Einfluss der Körperlänge auf die Pulsfrequenz bei Gleichheit der Lebensalter (Volkmann)**[1]).

Lebensjahr	Gruppe I (mm) (kleinerer Wuchs)	Beobachtete Pulsfrequenz	Gruppe II (mm) (grösserer Wuchs)	Pulsfrequenz
1	459— 538	146,5	538— 750	123,1
2	715— 766	124	772— 847	111
3	785— 872	113,2	878— 950	104,3
4	814— 930	111,7	930— 991	110,2
5	785—1000	106	1000—1155	102,3
6	950—1040	102,5	1040—1150	99,9
7	1064—1145	101	1145—1295	93,8
8	1070—1174	97	1180—1280	98
9	1115—1236	90	1250—1427	89
10	1194—1260	93	1268—1451	88
11	1170—1320	88,5	1320—1495	85,9
12	1224—1370	91,3	1376—1467	81
13	1112—1420	87,6	1420—1562	89,3
14	1328—1448	89,5	1448—1770	86,6
15	1121—1526	81	1350—1631	81
16	1336—1560	81,86	1560—1780	84,4
17	1435—1608	80,4	1626—1812	82,9
18	1475—1656	76,2	1663—2125	75,7
19	1455—1700	76	1702—2183	78,7
20	1428—1668	77	1670—1942	73
21	1499—1690	76,6	1702—1992	73
22	1464—1702	75	1705—1992	71
23	1467—1740	69,6	1741—1972	71,2
24	1461—1656	73	1668—1976	71
25	1460—1689	75	1704—1966	65
25—30	1383—1645	71,6	1648—1835	70,3
30—35	1466—1689	68,7	? —1836	64,1
35—40	1400—1646	72,3	1647—1822	68
40—45	1520—1660	72,4	1665—1765	66,5
45—50	1400—1700	74	1702—1930	72
50—55	1481—1616	73,1	1625—1714	64
55—60	1444—1620	76,3	1623—1808	75,4
60—65	1501—1630	78	1630—1800	75,4

Rasse und Pulsfrequenz (Gould).

Die mittlere Pulsfrequenz betrug:

bei 708 Mulatten 76,97
„ 503 Indianern 76,31
„ 8284 weissen Soldaten 74,84
„ 1503 Vollblutnegern 74,02

Sonstige Einflüsse auf die Pulsfrequenz.

Im Sitzen ist der Puls um c. 3 Schläge frequenter als im Liegen ⎫
„ Stehen „ „ „ „ c. 9 „ „ „ „ Sitzen ⎬ (Guy)
„ „ „ „ „ „ 14 (2—34) „ „ „ „ Liegen (Schapiro)[2])

Ausnahmen, selbst Umkehrungen dieser Regel sind nicht so selten.

---

1) l. c. p. 429.
2) Wratsch II 1881 — citiert nach Hofmann-Schwalbe, Jahresbericht über die Fortschritte der Anatomie und Physiologie II. Bd. II. Abtheilung p. 60.

Bei 6 5—14jährigen Kindern (mittl. Alter 8,6 J.) fand Heilbut[1]) eine mittlere Differenz zwischen Liegen und Sitzen von 18,6.

Leichte Bewegung steigert den Puls um 10—20 Schläge,
starkes Laufen auf 140 und mehr; die Steigerung bleibt $1/2$—1 Stunde lang merkbar (Lichtenfels und Fröhlich)[2]).

Nahrungsaufnahme (s. a. u. b. „Chemismus des Atmens") steigert die Pulsfrequenz; die Mittagsmahlzeit resp. die „Verdauung" um 8—20 (16) Schläge.

Mittagsmahlzeit ohne Wein um 13,1 (Vierordt)[3])
„ „ mit „ „ 17,5

Aussetzen der Mittagsmahlzeit Verminderung um 1—2 Schläge[3]) (nach 7stündigem Fasten). Nach 10stündigem Fasten, morgens früh, beobachteten Lichtenfels und Fröhlich 69,3 Schläge, 6 Stunden darauf 50, nach weiteren 4 Stunden 53,3.

Barometerstand. Steigen des Barometers um $1\frac{1}{4}$ cm vermehrt die Pulsfrequenz um 1,3 p. Minute[4]).

Verschiedene Tageszeiten:
Morgens steigt die Pulsfrequenz nach dem Frühstück,
sinkt bis zum Mittagessen,
steigt dann etwas,
sinkt nach $1\frac{1}{2}$—$2\frac{1}{2}$ Stunden bis zur Abendmahlzeit,
steigt schliesslich wiederum etwas.

Morgens ist der Puls (im ganzen) frequenter als abends um 8 Schläge (Guy, Selbstbeobachtung).

Bei 9 übrigens kranken Frauen (von mittl. Alter 25,4) fand Heilbut eine Differenz von 3,6. Die Differenz ist auch bei gesunden Kindern wahrzunehmen (Knox, Guy).

An 5 gesunden Personen von 6—39 Jahren angestellte stündliche Beobachtungen über Pulsfrequenz unter gleichzeitiger Berücksichtigung der Atemfrequenz lieferte E. Smith[5]).

Im Schlaf ist der Puls verlangsamt, besonders bei Kindern.
Bei 24 schlafenden Brustkindern fand Vogel im Mittel 109 Pulsschläge.

Trousseau gibt an:

	wachend	schlafend
4— 6 Monate	140	121
6—21 „	128	112

Über die Beziehungen zwischen Atem- und Pulsfrequenz s. u.

---

1) Über Pulsdifferenz. Tübinger Dissertation 1850 p. 16.
2) Denkschriften der Wiener Akademie III 1852 p. 113.
3) Physiologie des Athmens 1845 p. 93.
4) Vierordt, l. c. p. 257.
5) Medico-chirurgical Transactions XXXIX 1856 p. 35. Mit graphischer Darstellung, übersetzt im Archiv des Vereins für gemeinschaftl. Arbeiten zur Förderung der Heilkunde III 1858 p. 505.

Einer bestehenden Körpertemperatur (T) entspricht nach Liebermeister[1]) mit grosser Annäherung eine Pulsfrequenz:
$$P = 80 + 8 (T-37).$$

Fortpflanzungsgeschwindigkeit des Pulses (m).

Beobachter	In der Richtung nach der oberen Extremität	Bei Anhalten des Atems und Pressen	In der Richtung nach der unteren Extremität
Moens[2])	8,4	7	
	8	7,3	
	8,5	7,6	
Landois[3])	5.772		6,431
Grunmach[4])			
Mittelgrosse Erwachsene	5,123	4,278	6,620
10j. 133 cm grosser Knabe mit einer Pulsfrequenz von 96	3,636		5,486

E. H. Weber hatte die Fortpflanzungsgeschwindigkeit der Pulswelle zu 9,24 m angegeben[5]).

Es wurde gefunden als Zeitdifferenz in Sekunden

1. Herzton : Puls der Radialarterie 0,224 (Landois)
Arter. axill. : Arter. radialis (50 cm) 0,087
(1. Herzton : Puls der Axillararterie (80 cm) 0,137)
Beginn der Systole und Eröffnung der Semilunar- |0,073 (Rive)[6])
klappen (wobei noch kein Blut in die Aorta strömt) |0,085 (Landois)   0.3
Zeitdauer des Blutaustritts   0,088 (Moens)—0,100 (Heynsius)[7])   Dauer der
Verharren des Ventrikels in der Systole (nach   ganzen Systole
Austreibung des Bluts)   0,115   (s. o. p. 105)

Der linke (Radial-)Puls soll gewöhnlich gegen den rechten um 0,01—0,03 verspätet sein (Beaunis)[8]).

Differenz zwischen Puls	Erwachsener	Weg in cm	10j. Knabe[9])	Weg in cm
des Herzens : dem der Carotis	0,087			
,, ,, : ,, ,, Radialis	0,162	83	0,165	60
dto.	0,159 [10])			
,, ,, : ,, ,, Pediaea	0,219	145	0,226	124
dto.	0,193 [10])			
der Carotis : ,, ,, Radialis	0,094 [10])		0,072	
,, ,, : ,, ,, Pediaea	—		0,120	
,, Radialis : ,, ,, Pediaea	0,018 [10])		0,055	

Celerität des Pulses.

Die Expansionszeit der Arterie verhält sich zur Kontraktionszeit beim Gesunden. = 100 : 106 (Vierordt)[11]).

Nach der jetzt adoptierten Katadikrotie der normalen Pulswelle verhält sich Expansion : Kontraktion bezüglich der Zeit = 1 : 5—10 (Rive, Landois).

---

1) Handbuch der Pathologie und Therapie des Fiebers 1875 p. 467.
2) Die Pulscurve 1878.
3) Lehre vom Arterienpuls 1872 p. 298.
4) Archiv f. Anatomie und Physiologie, physiol. Abtheilung 1879 p. 417.
5) Die Fortpflanzungsgeschwindigkeit der Spannungswellen für Kautschukschläuche wurde zu 10—18 m pro Sekunde bestimmt (E. H. Weber, Donders, Marey); Moëns fand 12—16 m.
6) De Sphygmograaf en de sphygmographische Curve. Utrechter Dissertation 1866.
7) Über die Ursachen der Töne und Geräusche im Gefässsystem 1878 p. 51.
8) Physiologie p. 1027.
9) Grunmach, l. c.
10) Czermak, Mittheilungen aus dem Privatlaboratorium 1864 p. 24. — Prager medic. Wochenschrift 1864 Nr. 17.
11) Die Lehre vom Arterienpuls 1855 p. 100.

Blutdruck

a) in den Arterien (Vierordt)[1]).

Er lässt sich schätzen in den grossen, dem Herzen nahen Arterien:

	Quecksilber	Blutsäule
im Neugeborenen =	111 mm =	1443 mm
„ 3jährigen =	138 „ =	1794 „
„ 14jährigen =	171 „ =	2223 „
„ Erwachsenen =	200 „ =	2600 „

Bei Amputierten (!) fand Faivre[2]):

Femoralis eines 30jährigen Manns ⎫
Brachialis   „   60   „   „ ⎬ 120 mm Quecksilber
                                     ⎭

„ „ 23 „ „ 110 „ „

Ferner ermittelte vor Amputationen Albert[3]) für
Art. tibial. antica (peripherer Teil)   100—160 mm Quecksilber
beim Aufrichten eine Steigerung von   10— 20 „ „

Esmarch'sche Einwickelung am andern Bein steigert den Blutdruck um 15 mm.

v. Hösslin[4]) rechnet, unter der Annahme, dass die der stärksten Krümmung der Dehnungskurven entsprechende Gefässweite die mittlere Weite während des Lebens darstelle, für 1 $^0/_0$ Kochsalzlösung:

beim Erwachsenen:	für die grossen Arterien	1650 mm
	„ Pulmonalarterie	260—370 „
beim reifen Fötus:	„ Carotis	900 „
	„ Cruralis und Hypogastrica	500—900 „

Mit dem Basch'schen Sphygmomanometer ermittelte Alexandra Eckert[5]) an der Art. temporalis superficialis (im Mittel):

	mm Quecksilber
2—3 Jahre	97
3—4 „	98
4—5 „	99,5
5 „	104
6 „	108
7 „	111
8 „	111,5
9—12 „	115
Erwachsene (20—30j. Frauen)	174

---

1) Physiologie des Kindesalters p. 316.
2) Gazette médicale XXVI 1856 p. 727.
3) Medicin. Jahrbücher, herausgegeben von der K. K. Gesellschaft der Ärzte, Jahrgang 1883 p. 249.
4) s. Bollinger, Arbeiten aus dem pathologischen Institut zu München 1886 p. 359.
5) Centralblatt für die medicinischen Wissenschaften XX 1882 p. 730 (aus Wratsch 1885 Nr. 15) — Beobachtungen aus dem Elisabeth-Kinderhospital in St. Petersburg.

Radialis: mm Quecksilber
  Gesunde Männer   145—180 (v. Basch)[1])
  Gesunde überhaupt 135—160   „   [2])
  „   „   100—130 (70—150 Zadek)[3]) — Christeller[4])
  Frauen   140—150 (Zadek)[5])
  4½j. Knabe   44   „
  10j. „   56   „
  16½j. Jüngling   100   „
  Über den Blutdruck in den Lungen s. u. bei „Atmung" fin.

b) in den Kapillaren (Kries)[6]).

Nagelglied des Fingers:
  Hand 49 cm unter dem Scheitel   37,7 mm Quecksilber
  „ 20,5 „   „   „   „   29 „   „
  „ in Scheitelhöhe   24 „   „
  „ 84 cm Abstand vom Scheitel   54 „   „
  Bei umschnürtem Finger   114—143 „   „
Am Ohr   20 „   „
  Kapillardruck kann = $1/2 - 1/5$ des arteriellen Drucks gesetzt werden.

c) in den Venen.

c. $1/20$ des Drucks der betreffenden Arterie.

In den grossen Venen nahe dem Herzen ist der Druck im allgemeinen negativ bei der Inspiration, positiv bei der Exspiration.

Änderung des Blutdrucks bei verschiedener Körperhaltung.

Schapiro[7]) findet den Blutdruck (mit dem Sphygmomanometer)
   im Liegen 123—148 mm Quecksilber
   „ Stehen 113—133 „   „
Friedmann[8]) rechnet den Blutdruck
   im Stehen 3 % höher als im Sitzen
   „ Liegen 6 „   „   „ „ „
   „ „   10 „   „   „ „ Stehen.

---

1) Zeitschrift für klinische Medicin II 1880 p. 96.
2) ibid. III 1881 p. 513.
3) ibid. II p. 514.
4) ibid. III 1881 p. 33, auch Berliner Dissertation 1880: Über Blutdruckmessungen am Menschen unter pathologischen Verhältnissen.
5) l. c. p. 515.
6) Berichte der sächs. Gesellschaft der Wissenschaften. Math.-physik. Classe XXVII 1875 p. 149. Die Messung geschah mit Glasplättchen, die bis zum Blasserwerden der Haut belastet wurden.
7) Die Zahlen sind an gesunden Soldaten gewonnen. — Wratsch II 1881 — citiert nach Hofmann-Schwalbe, Jahresbericht über die Fortschritte der Anatomie und Physiologie II. Bd. II. Abtheilung p. 60.
8) Medicin. Jahrbücher, herausgegeben von der K. K. Gesellschaft der Ärzte, Jahrgang 1882 p. 197.

Widerstandsfähigkeit der Gefässe [1]).

Im Augenblick des Berstens beträgt der Druck auf 1 cm Arterienrohr vom Menschen 13—25 k, und zwar sind im allgemeinen die Arterien um so resistenter, je kleiner ihr Kaliber.

Eine normale Art. carotis oder femoralis berstet bei 7—8 Atmosphären Druck (unter patholog. Verhältnissen genügen 5, selbst 3—2 Atmosphären.

<small>Die Venen eines Tiers bedürfen zum Bersten eines etwas grösseren Drucks, als die Carotis desselben Tiers.</small>

Der Elasticitätskoefficient der menschlichen Aorta (descendens) wurde wechselnd und mit der Belastung beträchtlich zunehmend gefunden [2]).

E kann zu 10—20 000 veranschlagt werden.

Die Ausdehnung der Aorta (desc.) beträgt bei 1000 g Belastung 7.4 cm (= 21,6 %) oder 4,6 auf 100 cm Körperlänge (R. Hiller) [2a]).

Kreislaufszeit, cirkulierende Blutmassen, Herzarbeit
nach Vierordt [3]).

Alter	Puls	Berechnete [4]) Zeit des Kreislaufs in Sekunden	Blutmenge (g)				Arbeit der linken Herzkammer pro Sekunde in k. m.
			durch eine Kammersystole entleert	pr. Sekunde in die Aorta übergetrieben	in 1 Minute cirkulierend durch die Kapillarität der grossen Blutbahn	durch 1 Kilogr. Körper	
Neugeborener (3,2 k schwer)	134	12,1	9,06	20,2	1 214	379	0,0292
3 Jahre (12,5 k)	108	15,0	35,4	63,7	3 823	306	0,1143
14 Jahre (34,4 k)	87	18,6	97,4	141	8 474	246	0,3134
Erwachsener (63,0 k)	72	22,1	180	218	13 100	206	0,5668 [5])

Druckkraft und Arbeit beider Ventrikel.

Die Druckkraft verhält sich links : rechts
$$2 : 5 \text{ (Goltz und Gaule)}[6])$$
$$1 : 3 \text{ (Beutner}[7]), \text{ Marey)}.$$

Rechnet man die systolisch ausgetriebene Blutmenge zu 180 g, den Aortendruck zu 200 mm Quecksilber = $2\frac{1}{2}$ m Blut (nach unten abgerundet), so erhält man, unter der weiteren Voraussetzung, dass die Arbeit des rechten Ventrikels = $\frac{1}{3}$ [8]) der des linken sei:

---

1) Gréhant u. Quinquaud, Journal de l'anatomie et de la physiologie 1885 p. 287.
2) Moëns, Die Pulscurve p. 104.
2a) Über die Elasticität der Aorta. Dissert. Halle 1884.
3) Physiologie des Kindesalters p. 314 u. 316.
4) Sie ist nach Vierordt (Stromgeschwindigkeiten des Blutes 1858 p. 130) beim Säuger im Mittel gleich der Zeit, innerhalb welcher das Herz 27 (26—28) Schläge vollendet.
5) Rund = $\frac{1}{130}$ Pferdekraft (à 75 k. m.).
6) Archiv f. die gesammte Physiologie XVII 1878 p. 100.
7) Zeitschrift f. rationelle Medicin N. F. II 1852 p. 118.
8) Rob. Mayer nahm 1 : 2, Vierordt 3 : 5 an.

für den linken Ventrikel pro Sekunde 0,54 k. m.
„ „ „ „ „ 24 Stunden 46 656 „ „
„ „ rechten „ „ „ „ 15 552 „ „
Arbeitsleistung für beide Ventrikel in 24 Stunden 62 208 k. m.[1])

Geschwindigkeit der Blutbewegung in den Gefässen.

a) In den Arterien.

Sie kann für die Carotis auf c. 260 mm veranschlagt werden.

In grösseren Arterien bewirkt die Herzsystole eine Geschwindigkeitszunahme von 20—30 %$_0$ (Vierordt); im übrigen muss betont werden, dass die Geschwindigkeit im Gefässsystem eine sehr wechselnde ist, sodass es schwer hält, Durchschnittswerte aufzustellen (Dogiel).

Volkmann gibt für das Pferd an:

Carotis	300	mm
Maxillaris	232	„
Metatarsea	56	„

b) In den Kapillaren

0,5—0,8 mm pro Sekunde (Mittelschicht) bei Säugern,
für die Netzhautkapillaren des Menschen $1/2$—$3/4$ mm (Vierordt).

Der Transspirationskoefficient für Menschenblut ist 0,41 (C. A. Ewald), wenn der des Wassers = 1 ist.

Der Querschnitt der Körperkapillaren ist auf c. 4300 cm^2 berechnet worden (Vierordt); er ist somit mehr als 700 mal so gross als der der Aorta ascendens, wenn dieser (etwas hoch!) zu rund 6 cm^2 genommen wird (s. o. p. 83).

Bei einer durchschnittlichen Länge der Kapillaren von $1/2$ mm lässt sich die in der gesamten Kapillarität der grossen Blutbahn vorhandene Blutmenge = 215 cm^3 taxieren (Vierordt)[2]).

c) In den Venen.

Sie ist, wie in den Arterien, sehr schwankend, nach Cyon und Steinmann[3]) von der Blutgeschwindigkeit in den Arterien nicht wesentlich abweichend.

Volkmann hatte geringere Geschwindigkeit gefunden (z. B. bei einem Hund in der Jugularvene 225, in der Carotis im Mittel 268).

---

1) Die Leistung eines mittleren Arbeiters bei 8stündiger Arbeit wird zu etwas mehr als 200 000 k. m. veranschlagt.
2) Grundriss der Physiologie p. 160.
3) Mélanges biolog. de l'académie impér. de St. Pétersbourg VIII 1871 p. 53.

Intensität der Herztöne des Menschen (H. Vierordt)[1]).

Die Einheit des Schalls stellt ein 1 mg schweres Bleikügelchen dar, das aus der Höhe von 1 mm auf eine 2400 g schwere Zinnplatte fällt. Das Mass der Schallstärke berechnet sich nach der empirisch gewonnenen Formel $p \cdot h^{0,59}$, wo p das Gewicht des Kügelchens, h die Fallhöhe bezeichnet.

		4—50 Jahre	21—38 Jahre
I. Ton an der Herzspitze[2]) (Mitralis)		752	768
II. „ „ „ „		447	479
I. „ „ „ Aorta		234	259
II. „ „ „ „		513	481
I. „ „ „ Tricuspidalis		576	602
II. „ über dem rechten Herzen		400	422
I. „ an der Pulmonalis		327	332
II. „ „ „ „		624	568

Blutgase.

Absorptionskoefficient einiger Gase.

a) für Wasser (0°; 760 mm Druck)

	Kohlensäure	Stickstoff	Sauerstoff	Beobachter
0 °C	1,7967	0,02035	0,04115	Bunsen[3])
15 ° „	1,0020	0,01478	0,02989	„
37—37,5° „	0,569	—	—	Setschenow[4])
39,0° „	0,5283	—	—	Zuntz[5])
39,2° „	0,5215	—	—	„

b) für Blut

für 0°				
Hammelblut von 1052 spec. Gewicht	1,547	—	—	„
Kalbsblut von 1038 spec. Gewicht	1,626	—	—	„
für Körpertemperatur		0,0130	0,0262	Loth. Meyer[6])

Gasgehalt des Bluts.

	arteriell[7])	venös (berechnete Differenz gegen arterielles Blut)[9])	arteriell[10]) (71 Analysen)	asphyktisches Blut[11])
Sauerstoff	21 %	— 8,15 % (7,15)	18,3	0,96
Kohlensäure	40,3 „ [8])	+ 9,2 „ (8,2)	38,1	49,53
Stickstoff	1,6 „	—	1,9	2,07

---

1) Die Messung der Intensität der Herztöne 1885 p. 60 u. 61.
2) Die Tabellen stellen Mittelwerte dar, die erste betrifft 36 Individuen.
3) Gasometrische Methoden 1877 Tabelle X.
4) Mém. de l'acad. impér. des sciences de St. Pétersbourg XXVI 1879.
5) Beiträge z. Physiologie des Blutes. Bonner Dissertation 1868.
6) Die Gase des Blutes. Göttinger Dissertation 1857.
7) Einzige Menschenblutanalyse von Setschenow.
8) Bei einem cyanotischen Herzkranken fand Lépine 64 % CO^2.
9) Nach Zuntz in Hermann's Handbuch der Physiologie IV 2 p. 37 u. 39. Mittel aus einer Anzahl von Analysen.
10) Von Pflüger zusammengestellt (Tierblutanalysen).
11) Hundeblut. Analysen von Zuntz, l. c. p. 43.

Gasgehalt des Serums.

Auspumpbare Kohlensäure	39,9 %	Mittelwerte nach
Gebundene „	7,1 „	Pflüger[1])
Sauerstoff	0,1 „	Zuntz
Stickstoff	0,2 „	Pflüger
	2,2 „	„

Kohlensäure im Blut und Serum.

Cruor	35,6 % CO^2		Zuntz[2])
Serum	40,9 „	„	„
Blut	46,55 „	„	Frédéricq[3])
Serum	55,04 „	„	„

Sauerstoff des Hämoglobins und Spannung der Blutgase.

1 g (Hunde-)Hämoglobin vermag bei $0°$ und Atmosphärendruck
$1,59$ cm^3 Sauerstoff
zu binden (Hüfner)[4]).

Sättigung des Bluts mit Sauerstoff[5]) zu $9/10$ tritt bei Zimmertemperatur bei einem Partialdruck von 14—16 mm, bei Körpertemperatur erst bei einem solchen von c. 100 mm ein (P. Bert)[5]); bei 15 mm (und Körpertemperatur) ist das Blut nur etwa zur Hälfte mit Sauerstoff gesättigt.

Die Spannung der Kohlensäure[6])
im normalen Arterienblut = 2,8 % einer Atmosphäre
„ venösen Herzblut = 5,4 „ „ „
Differenz = 2,6
bei einem Unterschied des absoluten Kohlensäuregehalts von 9,2 (oder vielleicht richtiger 8,2) %.

Alkalescenz der Blutflüssigkeit.

Die des Serums = 0,1—0,2 % Sodalösung (Zuntz)
„ „ Bluts ist etwa doppelt so stark (Setschenow).

---

1) Kohlensäure des Blutes 1864 p. 11. — Es ist arterielles Hundeblut gemeint.
2) Centralblatt f. d. medic. Wissenschaften V 1867 p. 530. 2 Analysen mit Hundeblut.
3) Recherches sur la constitution du plasma sanguin 1878 p. 49. 8 Analysen von annähernd normalem Pferdeblut.
4) Zeitschrift f. physiolog. Chemie I 1878.
5) P. Bert, La pression barométrique 1878 p. 683 ff.
6) Strassburg im Archiv f. d. gesammte Physiologie VI 1872 p. 65.

Atmung.

Diffusionsgeschwindigkeit

der Luft = 1 gesetzt, so ist die
des Stickstoffs = 0,85
„ Sauerstoffs = 1,60
der Kohlensäure = 45,1

Verhältnis der Inspiration : Exspiration.

Ist die Dauer der Inspiration = 10, so ist die der
Ausatmung samt Pause = 14—24 (Vierordt).
Mosso[1]) rechnet für das Wachen auf die Inspiration $8/_{12}$, beim Schlaf
$10/_{12}$ der ganzen Periode.

Atemfrequenz.

Gesunder Erwachsener 16—18 Atemzüge pro Minute
                    20   (16—24) (Hutchinson)[2])
                    18   (Herman)
                    16   (Quetelet)[3])
                    13,5 (Funke)
                    12   (Vierordt)

Neugeborener 35 (35,3)
                              44   (Quetelet)[3])
                              41   (Gorham)[7])
                              37   (Allix)[4])
                              35   (Mignot)[7])
                              33,5 (Monti)[5])
                              30   (Valleix)[7])
                              26,4 (A. Vogel)[6])

(in den ersten Lebensmonaten   40—35)
   2.   Lebensjahr   28
   3.—4.   „   25   s. a. p. 118.
   6.—10.   „   28—20 (Valleix)
$6^{1}/_{2}$—14.   „   (Knaben) 24,9—21,5 (Rameaux)[7])
ältere Knaben   24—16 (Valleix)

---

1) Archiv f. Anatomie und Physiologie, physiol. Abtheilung 1878 p. 441.
2) Med.-chir. Transactions XXIX 1846 p. 137. Mittel aus 1898 Individuen. — Artikel Thorax in Todd's Cyclopaedia IV p. 1085.
3) Über den Menschen, übers. von Riecke.
4) Étude sur la physiologie de la première enfance 1867.
5) Österreich. Jahrbuch f. Pädiatrik II 1872 p. 65.
6) 3—4wöchentliche schlafende Kinder. Lehrbuch der Kinderkrankheiten 7. Aufl. 1876 p. 17.
7) l. p. 106 c.

Atmungsfrequenz in verschiedenen Lebensaltern nach Quetelet[1]).

Neugeborene		44
5.	Jahr	26
15—20	„	20
20—25	„	18,7
25—30	„	16
30—50	„	18,1

Verhältnis der Atem- und Pulsfrequenz.

1 : 4—4,5

E. Smith[2]) ermittelte

im 6. Lebensjahr 1 : 4,5   im 36. Lebensjahr (Selbstbeobachtung) 1 : 4,1
„ 8.   „   1 : 3,9   „ 39.   „   1 : 3,4
„ 33.   „   1 : 4

Salathé[3]) fand beim 6wöchentlichen Kind während des Schlafens ein Verhältnis 1 : 2,5 (52 : 130).

Sonstige Einflüsse auf die Atemfrequenz.

Nach Guy[4]):

im Stehen 22
„ Sitzen 19
„ Liegen 13

Neugeborener atmet bei senkrechter Körperlage $1/_3$ häufiger.

Nahrungsaufnahme (s. a. p. 125 unter „Chemismus des Atmens") steigert die Atemfrequenz; während der „Verdauung" ist sie 1,72 Atemzüge p. Minute höher (wenn vorher 7 Stunden lang keine Nahrung zugeführt war), die Mahlzeit, bei gewöhnlichem Regime, steigert, ob mit oder ohne Wein, um 1,22 (Vierordt)[5]).

Aussetzen der Mittagsmahlzeit bedingt !Verminderung um c. $1/_2$ Respiration [5]).

Temperaturerhöhung der Luft vermindert die Respiration für 1º C pro Minute etwa um 0,054 [6]). Bei 8,47º wurden 12,16, bei 19,4 11,57 Respirationen im Mittel gefunden.

Barometerstand. Ein Steigen des Barometers um c. $1 1/_4$ cm vermehrt die Atemzüge um 0,74 p. Minute [6]).

Grössere Muskelanstrengung steigert die Atemfrequenz.

---

1) l. c. p. 395. Die Tabelle bezieht sich auf c. 300 männliche Personen.
2) Medico-chirurgical Transactions XXXIX 1856 p. 40. Daselbst auch die Werte für die einzelnen Tagesstunden. Mit Ausnahme der Selbstbeobachtung handelt es sich um weibliche Individuen.
3) Recherches sur les mouvements du cerveau 1877.
4) Schmidt's Jahrbücher 36. Bd. (1842) p. 286.
5) Physiologie des Athmens p. 93—95.
6) Vierordt, l. c. p. 257 und 79. Mit der Erhöhung der Körperwärme, welche im Gegenteil die Atmungsfrequenz steigert, haben diese Angaben nichts zu schaffen.

Schlafen und Wachen.

Im schlafenden Erwachsenen Verminderung der Atemfrequenz um c. $1/4$ (Quetelet). Beim Kinde ergibt eine Zusammenstellung[1]:

	Gorham		Allix	
	Schlaf	Wachen		Schlaf
		senkrechte	z. Teil wagrechte Körperhaltung	
Neugeborene bis zum 10. Lebenstage	41	58	46	37
5—10 Monate	—	—	44,3	37
14—22 ,,	26	38	38,4	29,9
2—4 Jahre	23,5	28,5	37,6	29,3

Verschiedene Tageszeiten (s. a. p. 118 u. 124) — (Vierordt)[2]: Morgens sinkt die Atemfrequenz bis Mittag, (10^h 11,9, 12^h 11,5) steigt unmittelbar nach dem Mittagessen (1^h 12,4) erreicht ein Maximum eine Stunde nach demselben (2^h 13,0) und sinkt dann wieder bis zum Abend (7^h 11,1).

Atemgrösse.

1 Exspiration (bei ruhigem und unbefangenem Atmen) „Atmungsluft" = 500 cm³ [3]) (Vierordt) (in runder Zahl)

Dies ergibt:	pro Minute	pro Stunde	pro 24 Stunden
Bei 12 Atemzügen	6000 cm³	360000 cm³	8640000 cm³
Nach Regnard[4]) bei einem Mann von 160 cm Höhe u. 60 k Gewicht		550000—600000	13200000—14400000

Graziadei[5]) fand bei 18—29jährigen Individuen für die Inspiration:

pro Viertelstunde männlich 143300 cm³ (114200—171300)
,, ,, weiblich 142700 cm³ (114200—197500)

Einflüsse auf die Atemgrösse.

Nach Panum ist die mittlere Grösse der Atemzüge im Sitzen am kleinsten, etwas grösser beim Liegen, noch grösser beim Stehen.

Nach E. Smith[6]) ist das relative Verhältnis der Atemgrösse in verschiedenen Körperzuständen:

Rückenlage	1	langsames Gehen	1,9
Sitzen	1,18	schnelles Gehen	4,0
Lesen	1,26	Laufen	7,0
Stehen	1,33		

---

1) Vierordt, Physiologie des Kindesalters p. 346.
2) Physiologie des Atmens p. 70 u. Tafel am Schluss.
3) Ältere Angaben bei Vierordt, Artikel Respiration in Wagner's Handwörterbuch II p. 836. — Wesentlich höhere Werte bei allerdings nur 6,3 Atemzügen gibt Speck (Archiv f. experiment. Pathol. und Pharmakologie XII 1880 p. 19 und 24), nämlich 1135 und 1031 cm³.
4) Recherches expérimentales sur les variations pathologiques des combustions respiratoires 1879 p. 133 und 143.
5) Gazetta degli ospitali 1886 Nr. 89 und 90.
6) Proceedings of the Royal Society IX 1857—59 p. 611.

Die „Atmungsluft" ist gesteigert pro Minute[1])
durch Mittagsmahlzeit um 680 cm³ (s. a. p. 125).
„ Körperbewegung
  (als Nachwirkung) um c. 300 „
„ Abnahme d. Aus-
  sentemperatur um
  1° C   um   60 „
  [bei 8,47° 6672 cm³ p. Minute
  „ 19,40° 6016 „   „   „]
„ Steigen des Baro-
  meters um 1 ¼ cm um   586 cm³

Maximal- füllung des Re- spirations- apparates	Residualluft[8]) („rückständige Luft") 1200 cm³ Reserveluft („Ergänzungsluft") 1600 „ Atmungsluft 500 „ Komplementärluft („Hilfsluft") 1670 „ Ventilationskoefficient (Gréhant) 0,113	Pulmonal- kapacität (Gré- hant)	2800 cm³ Vitalkapacität (Hutchin- son) 3770 cm³

Den schwer abschätzbaren Luftraum von der Nasenöffnung bis zum Übergang der Bronchiolen in die Infundibula kann man auf c. 100 cm³ veranschlagen, jedenfalls unter 130 [3]).

Temperatur der Ausatmungsluft (Aschenbrandt)[4]).

Bei einer Aussentemperatur von 8—12° C wird die Luft beim Durchstreichen durch die Nase auf 30—31° C gebracht und dadurch reichlich ½° höher temperirt, als beim Mundatmen (Semon).

Mittlere Temperatur der Ausatmungsluft 29—31° (23—24° Semon, 37,3 Brunner und Valentin, andere 36—37).

Vitalcapacität.

Mittel für den männlichen Erwachsenen (Engländer) 3770 (Hutchinson)
für den Continent ist weniger zu rechnen: c. 3200 (Rosenthal)[5])
für Weiber   2500 „

Im mittleren Lebensalter, um das 35. Jahr, ist die Vitalkapacität am grössten und nimmt dann wiederum ab. — Zwischen 50—60 Jahr treten grosse Schwankungen ein, so dass sich keine Regelmässigkeit mehr aufstellen lässt (Wintrich)[6]).

---

1) Vierordt, Physiologie des Athmens p. 256 u. 257, 79. — Die Werte Vierordt's beziehen sich auf 37° C und 28" par. = 758 mm Barometerstand.
2) Gad (Tageblatt der 54. Naturforscherversammlung zu Salzburg 1881 Nr. 8) rechnet den mittleren Wert des Residualluftraums = der Hälfte der Vitalkapacität, genauer zu 0,58 (0,65—0,50).
3) Zuntz, l. p. 115 c. (Hermann's Handbuch der Physiologie) p. 100.
4) Die Bedeutung der Nase für die Athmung 1886.
5) Hermann's Handbuch der Physiologie IV, 2 p. 268.
6) l. citand.

Vitalkapacität und Körpergrösse [1]).

Nach Hutchinson steigt die Atemgrösse des Erwachsenen für je 1 cm Körperlänge beim Mann um etwa 60 cm³, beim Weib um c. 40 cm³.

Körperlänge (cm)	Vitalkapacität (cm³)	Differenz
154,5—157	2635	
157 —159,5	2841	206
159,5—162	2982	141
162 —164,5	3167	185
164,5—167	3287	120
167 —169,5	3484	197
169,5—172	3560	76
172 —174,5	3634	74
174,5—177	3842	208
177 —179,5	3884	42
179,5—182	4034	150
182	4454	420
Durchschnitt	3484	111

auf 1 cm Differenz in der Körpergrösse kommt somit ein Mehr von 44 cm³ Ausatmungsluft.

Schnepf[2]) (männliches Geschlecht) und Wintrich[3]) (beide Geschlechter) geben an:

Jahre	cm³ für 1 cm Körpergrösse		Jahre	cm³ für 1 cm Körpergrösse
unter 6	4,5		16—18	20,65
6—8	9,5	6,5—9³)	18—20	23,40
8—10	11,4	9 — 11	20—25	23,25
10—12	12	11 —13	25—30	22,98
12—14	14,17	13 —15	40—50	21
14—16	16,44			

Bei Weibern sind für das Alter von 20—40 Jahren (statt 22 cm³ des Mannes) 16—17 cm³ (pro 1 cm Körpergrösse) zu rechnen.

Für 20—40 Jahre rechnet Wintrich[3]) pro 1 cm Körperlänge
bei Männern 22—24 cm³ } Differenz 6—6,5 cm³
„ Weibern 16—17,5 „

Die Füllung des Magens ist insofern von Einfluss, als grosse Flüssigkeitsmengen die Quantität der Exspirationsluft um je 1 cm³ pro 24 cm³ Flüssigkeit verringern [4]).

Schwangerschaft als solche beeinflusst die Vitalkapacität nicht [5]).

---

1) Im Gegensatz zum Einfluss der Körpergrösse ist derjenige des Brustumfangs wie des Körpergewichts sehr geringfügig. — Die Tabelle nach Vierordt, Grundriss d. Physiologie p. 632. Mittelwerte nach verschiedenen Beobachtern.
2) Gazette médicale de Paris 1857 Nr. 21, 25, 39.
3) Krankheiten der Respirationsorgane (Virchow's Handbuch der Pathologie und Therapie V, 1) 1854 p. 98.
4) Gerhardt, Lehrbuch der Auscultation und Percussion 4. Aufl. 1884 p. 100.
5) Wintrich, l. c. p. 102.

Vitalkapacität im Kindesalter (cm³).

Schnepf (Strassburg)	Alter Jahre	Wintrich (Erlangen)	Pagliani[1] (Turin)		Kotelmann[2] (Hamburg)		Verhältnis[2]	
							des Thoraxumfangs	der Körperlänge
						Jährliche Zunahme	zur Vitalkapacität	
400—500								
900	7	862						
1383	9	1221	m.	w.	1771		26,9	13,8
1350	10	—	1660	1500	1865	94	27,6	14,3
1845	11	1600	1770	1585	2022	157	29,1	14,2
1863	12	—	1860	1776	2177	155	30,5	15,6
2131	13	2003	2045	1930	2270	93	31,4	15,9
2489	14	—	2100	2100	2496	226	32,8	16,8
					261			
3300	15		(landwirtschaftliche Anstalt, ärmere Bevölkerung)	(Erziehungsinstitut)			—	—
	16				495		—	—
	17				301		—	—
	18		3115	2325			—	—
	19				3891		43,5	23,3

Respiratorische Bewegungen des Brustkorbs (mm).
(s. a. oben p. 50.)

a) Absolute Exkursionen (Sibson)[3]

	bei ruhigem Atmen	bei sehr tiefer Einatmung
auf der Mitte des Brustbeins zwischen den Gelenken der zweiten Rippen	0,8—1,5	25
am Knorpel der 2. Rippe	0,8—1,8	25
,, ,, ,, 5. ,,	0,5—1,8	23,8
an ,, 6. ,,	0,8—1,3	15—17,5
,, ,, untersten Stelle des Brustbeins	0,5—1,5	23,8
,, ,, 10. Rippe	2,3—2,5	15—16,3
in der Mitte des Bauchs	6,3—7,5	22,5—25

---

1) Sopra alcuni fattori dello sviluppo umano 1876. — Moleschott's Untersuchungen z. Naturlehre XII 1878 p. 89.
2) Zeitschrift des preussischen statistischen Bureaus 1877. Die Beobachtungen betreffen Schüler des Johanneums zu H.
3) Medico-chirurg. Transactions XXXI 1858 p. 353, auch Archives génér. de médecine XIX 1849 p. 454. Die Messungen geschehen mit S.'s „Cheast-measurer" und sind hier in runde metrische Werte umgerechnet.

b) Relative Exkursionen des Brustbeins und Epigastriums bei beiden Geschlechtern (Riegel)[1]).

	Männer					Weiber			
	Griff	Körper	Schwert-fortsatz	Epi-gastrium		Schwert-fortsatz	Griff	Körper	Epi-gastrium
I	1	1	1,5	4,5	I	1	1,8	1,1	0,73
II	1	1	1,1	6,6	II	1	1,5	1,2	0,63
III	1	1,3	10	12	III	1	1,4	1,3	1,5
IV	1	1,8	3,7	11,4	IV	1	5	3,1	1,9
V	1	1,2	1,5	6,8	V	1	1,1	1	1,6
VI	1	1,1	1,8	7,2	VI	1	3,8	2,5	1,8
Durch-schnitt	1	1,2	3,3	8,1		1	2,4	1,7	1,36

Chemismus des Atmens.

a) % Zusammensetzung der Atemluft.

	Einatmungsluft[2])		Ausatmungsluft	
	Gewichtsteile	Volumteile	Volumteile	Temperatur
Sauerstoff	23 %	20,8 %	15,4 %	36,3°
Stickstoff	77	79,2	79,3	
Kohlensäure	0,03—0,08	—	4,3[3]) (5,5—3,3)	

b) Absolute Mengen der Atemgase[4]) in 24 Stunden.

	absorbirt:		ausgeatmet:	
	g	cm³ (0°, Barometermittel)	g	cm³
Sauerstoff	744	516500	990	455500
Wassergas			330[5])	
Stickstoff			?	

c) Absorbirter Sauerstoff in g pro Stunde (Hirn)[6]).

	Alter	Gewicht (kg)	Ruhe	Bewegung
Mann	42 Jahre	85	32,8	142,9
"	42 "	63	27,7	120,1
"	47 "	73	27	128,2
"	18 "	52	39,1	100
Weib	18 "	62	27	108

---

1) Riegel, Deutsches Archiv f. klinische Medicin XI 1873 p. 379.
2) Genaueres über die Zusammensetzung der Luft s. u. „atmosphärische Luft".
3) Nach Vierordt, normales ruhiges Atmen vorausgesetzt.
4) Die ventilierten Luftmengen s. p. 119.
5) Nach Vierordt, Physiologie p. 201, für mittlere Luftwärme; Valentin schätzte 540 g, Aschenbrandt (l. c.) fand 526 g pro die.
6) Citiert nach Beaunis, Physiologie p. 774.

d) **Ausgeatmete Kohlensäure in g pro Stunde und Tag bei beiden Geschlechtern**[1]) **(Scharling)**[2]).

	Alter	Gewicht (k)	pro Stunde absolut	pro Stunde pro Kilo Körpergewicht	pro 24 Stunden Kohlensäure	pro 24 Stunden Kohlenstoff
Gardesoldat	28	82	36,6 g	0,45 g	878,95	239,714
Mann	35	65,5	35,5	0,51	804,72	219,47
"	16	57,75	34,3	0,59	822,69	224,37
Magd	19	55,75	25,3	0,45	608,22	165,877
Knabe	9³/₄	22	20,3	0,92	488,14	133,126
Mädchen	10	23	19,1	0,88	459,87	125,42

e) **Sauerstoff und Kohlensäure (g) bei Tag und Nacht (Pettenkofer und Voit)**[3]).

Die Nacht von 6ʰ abends bis 6ʰ morgens.
Versuchsperson 28 Jahre alt, 60 k schwer.

		absorbirter O	ausgeatmete CO^2	O	CO^2
					Tag : Nacht
fast keine Tagesarbeit	Tag	234,6	532,9	33 %	58 %
	Nacht	474,3	378,6	67	42
	insgesamt	708,9	911,5		
Tagesarbeit bis zur Ermüdung	Tag	294,8	884,6	31	69
	Nacht	659,7	399,6	69	31
	insgesamt	954,5	1284,2		

L. Lewin fand beim Schlafenden pro Kilo und Stunde 0,34—0,36 g, den respiratorischen Quotienten 0,65—0,83.

f) **Kohlensäureausscheidung pro Minute in verschiedenen Tagesstunden (Vierordt)**[4])
(nebst Puls- und Atemfrequenz, sowie Atemgrösse).

Stunde	Pulsschläge pro Minute	Atemzüge pro Minute	Volum einer[6]) Exspiration cm³	Volum[6]) der pro Minute ausgeatmeten Luft	Volum[6]) der pro Minute ausgeatmeten Kohlensäure	% Kohlensäure (dem Volum nach)
9	73,8	12,1	503	6090	264	4,32
10	70,6	11,9	529	6295	282	4,47
11	69,6	11,4	534	6155	278	4,51
12 [5])	69,2	11,5	496	5578	243	4,36
1	81,5	12,4	513	6343	276	4,35
2	84,4	13,0	516	6799	291	4,27
3	82,2	12,3	516	6377	279	4,37
4	77,8	12,2	517	6179	265	4,21
5	76,2	11,7	521	6096	252	4,13
6	75,2	11,6	496	5789	238	4,12
7	74,6	11,1	489	5428	229	4,22

---

1) In allen Lebensaltern scheidet das männliche Geschlecht viel mehr CO^2 aus, als das weibliche; das Verhältnis kann unter Umständen auf nahezu 2 : 1 steigen. Beim Weib ist in den klimakterischen Jahren vorübergehende Steigerung der CO^2 ausscheidung zu beobachten.
2) Annalen der Chemie und Pharmacie Bd. XLV 1843 p. 214.
3) Sitzungsberichte der K. bayr. Akademie der Wissenschaften zu München 1866 Bd. II p. 236 — (gleichlautend in) Annalen der Chemie und Pharmacie 141. Bd. 1867 p. 295.
4) Physiologie des Athmens p. 70. — Respiration, in Wagner's Handwörterbuch II p. 883.
5) 12¹/₂—1ʰ Mittagessen.
6) Reducirt auf 37° C und 758 mm Barometerstand.

g) **Sauerstoffverbrauch und Kohlensäureausscheidung in ihrer Beziehung zur Nahrungsaufnahme.**

α) beim Erwachsenen (Speck)[1] (Mittelwerte pro Minute in g).

	Eingeatmete Luft	Sauerstoffverbrauch		Kohlensäureausscheidung		Respirationsquotient $\left(\frac{CO^2}{O}\right)$
	cm³	g	cm³	g	cm³	
normale Verhältnisse	7527	0,518	361	0,619	314	0,869
morgens nüchtern	7038	0,420	293	0,499	253	0,864
kurz vor dem Mittagessen	—	0,444	310	0,528	268	0,865
½—1 Stunde nach dem Mittagessen	—	0,526	367	0,628	319	0,869
morgens nüchtern	6446	0.397	277	0,458	233	0,841

Obige Zahlen gelten ziemlich genau auch für 1 k und 1 Stunde, da das Gewicht der Versuchsperson (57—)60 k war.

β) bei Kindern (Scharling) — Kohlenstoff pro Stunde (g).

	9¾ j. Knabe	10 j. Mädchen
frühmorgens nüchtern	4,735	
nach dem Frühstück	7,073	5,991
sogleich oder 1—2 Stunden nach der Hauptmahlzeit	7,414	{ 6,401 { 6,153
schläfrig	4,649	4.667 } wirklicher 4,071 } Schlaf

h) **Kohlensäureausscheidung pro 24 Stunden in verschiedenen Lebensaltern (g).**

α) Kindesalter[2] (Andral und Gavarret).

Jahre	Männlich		Weiblich	
	absolut	pro 1 k Körpergewicht	absolut	pro 1 k Körpergewicht
8	439,93	21,1		
9¾	488,14	22,18 (Scharling)		
10	598,30	23,9	{ 459,87 { 527,91	19,93 (Scharling) 21,9
11	668,68	24,3	545,50	20,9
12	{ 651,08 { 730,27	21,8 23,6	—	—
13	—	—	{ 536,40 { 554,30	15,3 (Speck) 17,1
14	721,47	18,6		

β) Erwachsene (Andral und Gavarret)[3].

Jahre	
15	765
16	949
18—20	1002
20—40	1072
40—60	887
60—80	808

---

[1] Zusammengestellt bei Zuntz, Hermann's Handbuch l. c. p. 144. — Speck, Untersuchungen über Sauerstoffverbrauch und Kohlensäureathmung des Menschen. Cassel 1871 p. 31. — Archiv f. experimentelle Pathologie und Pharmakologie II 1874 p. 405 und XII 1880 p. 1.

[2] Tabelle nach Vierordt, Physiologie des Kindesalters p. 353. Sie ist vereinfacht; für die Berechnung auf das Kilo Körpergewicht hat V. Quetelet'sche Zahlen zu Grunde gelegt, die bei Andral und Gavarret (Annales de chimie et de physique 1843, auch separat: Rech. sur la quantité d'acide carbonique exhalé par le poumon) fehlen.

[3] Die Tabelle bei Beaunis l. c. p. 775.

i) **Einfluss der Atembewegungen auf die Kohlensäureausscheidung (Vierordt)** [1]).

α) Wechselnde Atemfrequenz und Atemgrösse.

Zahl der Atemzüge pro Minute	Volum (cm³) der Atemluft pro Minute	Volum (cm³) der Kohlensäure pro Minute	% Gehalt an Kohlensäure (dem Volum nach)
12 (Norm)	6000	258	4,3
24	12000	420	3,5
48	24000	744	3,1
96	48000	1392	2,9

		pro Exspiration	
	500	21	4,3
	1000	36	3,6
12	1500	51	3,4
	2000	64	3,2
	3000	72	2,4

Speck[2]) beobachtete:

Atemgrösse	Volum der ausgeatmeten Luft pro Minute	Ausatmungsluft % O	Ausatmungsluft % N	Ausatmungsluft % CO_2	Abnahme des O-gehalts der Ausatmungsluft	O aufnahme pro Minute in cm³	CO_2 ausscheidung pro Minute in cm³
normal	7527	16,29	79,49	4,21	4,65	358	318
möglichst klein	5833	15,50	79,87	4,63	5,45	330	269
möglichst stark	17647	18,29	78,53	3,17	2,66	437	560

β) Atemhemmung bei Verschluss von Mund und Nase (Vierordt)[3]).

	A.		B.	
Dauer der Atemhemmung in Sekunden	ausgeatmetes Luftvolum = 1800 cm³ Kohlensäurevolum in cm³	in %	ausgeatmetes Luftvolum (nach tiefster Einatmung) = 3600 cm³ Kohlensäurevolum in cm³	in %
20	108,5	6,03	183	5,09
25	111,2	6,18	—	—
30	115,0	6,39	—	—
40	119,0	6,62	205	5,71
50	119,0	6,62	—	—
60	120,9	6,72	228	6,34
80	—	—	240	6,67
100	—	—	265	7,38

k) **Kohlensäureausscheidung in ihrer Beziehung zu Aussentemperatur und Luftdruck.**

Für eine 6stündige Versuchszeit erhielt Voit[4]):

Aussentemperatur	CO_2 in g	Aussentemperatur	CO_2 in g
4,4	210	23,7	164,8
6,5	206	24,2	166,5
9,2	192	26,7	160,0
14,3	155	30,0	170,6
16,2	158,3		

Mit der vermehrten Kohlensäureausscheidung geht ein erhöhter Sauerstoffverbrauch einher.

---

1) Lehrbuch der Physiologie p. 206.
2) Archiv des Vereins für wissenschaftl. Heilkunde III 1867 p. 317.
3) l. c. p. 208.
4) Zeitschrift f. Biologie XIV 1878.

Vierordt[1]) beobachtete:

	Kohlensäure pro Minute (cm³) absolut	%
bei 8,47° C Mitteltemperatur	299,33	4,48
„ 19,4 „ „	257,81	4,28
für Erhöhung um 1° C ein Mehr von	3,809	0,0183

Für ein Steigen des Barometers um $1\frac{1}{4}$ cm rechnet Vierordt[2]) eine Verminderung der absoluten Kohlensäure um 1,35 cm³
„ relativen „ „ 0,309 %

l) **Einige andere Einflüsse auf die Kohlensäureausscheidung.**

Liebermeister[3]) fand bei einem 42jährigen 177 cm grossen Arzt, der zu jeder Zeit schlafen konnte, während der Nachmittagsstunden von 4—8 ^{h}:

	Kohlensäure in g	auf $\frac{1}{2}$ Stunde berechnet
1. Versuch:		
in $\frac{1}{2}$ Stunde: ruhiges Liegen	15,62	15,6
„ $\frac{1}{4}$ „ : anhaltendes Singen	10,41	20,8
„ $\frac{1}{4}$ „ : „ Vorlesen	9,33	18,7
„ $\frac{1}{2}$ „ : fester Schlaf	12,35	12,3
2. Versuch:		
in $\frac{1}{2}$ Stunde: fester Schlaf	12,67	12,7
„ $\frac{1}{2}$ „ : dto.	12,30	12,3
„ $\frac{1}{4}$ „ : anhaltendes Vorlesen	9,43	18,9
„ $\frac{1}{4}$ „ : „ Singen	10,20	20,4
„ $\frac{1}{2}$ „ : ruhiges Liegen (wachend)	14,67	14,7

Die Ausatmung von Ammoniak durch die Lunge, als noch nicht genügend erwiesen, bleibt hier unberücksichtigt.

Mass der Lungenelasticität[4]).

Bei Ruhestellung des Brustkorbs bestrebt sich die Lunge sich zusammenzuziehen mit einem

Druck von 7,5 Quecksilber = $\frac{1}{100}$ Atmosphäre
und 10 g pro cm².

nach gewöhnlicher Einatmung können 9 mm Hg
„ möglichst tiefer „ „ 30—40 „
gerechnet werden.

Atmungsdruck.

(Negativer) Atmungsdruck bei der Einatmung — 1 Hg } bei ruhigem Atmen und bei offenem
„ „ „ Ausatmung + 1,3 „ } Respirationstraktus
(Donders)

---

1) Physiologie des Athmens p. 79 u. 257. — Temperatur 37° C 758 mm Barometerstand.
2) l. c. p. 86.
3) Handbuch der Pathologie und Therapie des Fiebers 1875 p. 189.
4) Donders, Physiologie des Menschen 2. Aufl. 1859 p. 147 u. 414.

mittelstarke In- und Exspiration	4—10 mm Hg		bei abgeschlossenem Respirationstraktus (luftdichter Abschluss von Mund und Nase)
tiefste Inspiration	bis zu 144 „ „	} Valentin[1])	
„ Exspiration	„ „ 256 „ „		
gewöhnliches Atmen: Inspiration	— 50 „ „	} Hutchinson[2])	
Exspiration	+ 76 „ „		
dto. Schwankungen von	2—3 „ „		
bei tiefstem Atmen: Inspiration	— 57 „ „	} Donders	
(Manometer im Nasenloch) Exspiration	+ 87 „ „		

Über die Schwankungen des Luftdrucks in der Speiseröhre während des Atmens s. u. „mechanische Funktionen der Verdauungsorgane".

Spannung des Sauerstoffs und der Kohlensäure in den Lungen [3]).

	Sauerstoff				Kohlensäure		
	Lungenkapillaren	Luft der Lungenbläschen	Differenz		Lungenkapillaren	Luft der Lungenbläschen	Differenz
ruhige Einatmung		129 mm	85			30 mm	52
tiefe „	} 44 mm	140 „	96		} 82 mm	7 „	75
ruhige Ausatmung		121 „	77			38 „	44
tiefe „		110 „	66			67 „	15

Blutdruck in den Lungengefässen.

(Narkotisierte) Hunde[4]) 29,6 mm Quecksilber.
Druck der Pulmonalarterie : Carotis = 1/3,05
Beim Pferd[5]) der Pulmonalarteriendruck = 1/3 Carotisdruck.
In den Lungenvenen wurde kein messbarer Druck wahrgenommen.

Verdauung.

Gemischter Speichel (und Mundflüssigkeit).

Menge: in 24 Stunden 300—1500 g (F. Bidder u. C. Schmidt)[6])
500—700 g während des Kauens in 30—58 Minuten (Tuczek)[7])
in 1 Stunde aus Parotis über 2 (Öhl)[8])
„ „ „ „ Submaxillaris gegen 7 „
was für beide Drüsenpaare in 24 Stunden über 400 g ergeben würde.
Specif. Gewicht:
           1,003—1,004 (1,002—1,009), schwankend nach dem Schleimgehalt
frisch   1,0026   (Jacubowitsch)[9])
filtrirt   1,0023   „
Reaktion: alkalisch. 100 g Speichel brauchten zur Neutralisation 0,150 g
           Schwefelsäure (Frerichs)[10])

---

1) Lehrbuch der Physiologie 2. Aufl. 1847 p. 529.
2) l. c. in der Cyclopaedia, Art. Thorax p. 1061.
3) Die Tabellen nach Benunis l. c. p. 773 u. 774.
4) Beutner, Zeitschrift f. rationelle Medicin N. F. II 1852 p. 97.
5) Chauveau und Faivre, Gaz. médic. de Paris 1856 p. 365 N. 24 (27, 30, 37).
6) Die Verdauungssäfte und der Stoffwechsel 1852.
7) Zeitschrift f. Biologie XII 1876 p. 434.
8) La Saliva umana 1864.
9) De saliva Dissertatio. Dorpat 1848.
10) Artikel Verdauung in Wagner's Handwörterbuch III. Bd. 1. Abtheilung p. 760.

Einige Analysen des gemischten Speichels:

In 1000 Teilen Speichel:

	Harley[1])	Herter[2])	Beauuis[3])
Wasser	993,31	994,698	994.584
Feste Stoffe	6,69	5.302	5,416
(Lösl.) organische Materie	3,91	3,271	3.608
Anorganische Salze	2,78	1,031	1,808

	Berzelius[4])	Frerichs[5])	Jacubowitsch[6])
Wasser	929,9	994,1	995,16
Feste Stoffe	7,1	5,9	4,84
Schleim (und Epithelien)	1,4	2,13	1,62
[Ptyalin]	[2,9]	[1,41]	—
Lösliche organische Materie	3,8	—	1,34
Rhodankalium	—	0,10	0,06
Anorganische Salze [7])	1,9	2,19	1,82

In 100 Teilen Speichel fand Vierordt[8]) (bei sich selbst und einem 39jährigen Mann)

$$0,0098\text{—}0,0239\ ^0/_0\ \text{Rhodankalium}$$

und berechnet für 1 Stunde 4,5—6, für 24 Stunden 130 mg der Verbindung.

Asche des gemischten Speichels:

In 100 Teilen:

Enderlin[9])		Jacubowitsch[10])	
Unlöslich	5,509	Salze	18,2
Löslich	92,364	und zwar:	
und zwar:		Chlorkalium	8,4
Chlorkalium	61,93	Chlornatrium	
Phosphorsaures Natron	28,12	Phosphorsaures Natron	9,4
Schwefelsaures ,,	2,31	Kalk	0,3
		Magnesia	0,1

Die einzelnen Speichelsorten.

a) Parotisspeichel.

Menge: 80—100 g in 24 Stunden (Öhl).
Spezif. Gewicht: 1,0031—1,0043.

---

1) Expériments sur la digestion. L'Institut 1859.
2) Citiert b. Hoppe-Seyler, Physiologische Chemie p. 188 (II. 1878).
3) Physiologie p. 639 — 19j. Mädchen.
4) Lehrbuch d. Chemie, aus dem Schwedischen von Wöhler 3. Auflage IX. Thierchemie 1840 p. 219.
5) l. c. p. 766.
6) l. c. p. 15.
7) Eine die Alkalien betreffende Analyse s. u. b. Harn: „Natrium und Kalium".
8) Die Anwendung des Spektralapparates 1873 p. 150.
9) Annalen der Chemie und Pharmacie XLIX 1844 p. 317.
10) l. c.

Analysen: In 1000 Teilen:

	Mitscherlich[1]	Hoppe-Seyler[2]	van Setten[3]
Wasser	985,4—983,7	993,16	983,8
Feste Stoffe	14,6— 16,3	6,84	16,2
Organische Materie	9,0	3,44	—
Rhodankalium	0,3	—	—
Chlorkalium	}		
Chlornatrium	} 5,0	3,4	—
Kohlensaurer Kalk	}		

Gasgehalt des Parotisspeichels (R. Külz)[4].

Sauerstoff	0,84—1,46	Vol. proc.
Stickstoff	2,4 —3,2	„ „
Kohlensäure, direkt auspumpbar	2,3 —4,7	„ „
„ gebunden und durch Phosphorsäure frei gemacht, weitere	40—60	„ „

b) Submaxillarspeichel.

Menge: 3mal so viel als das Parotissekret (Öhl)[5]; pro Stunde liefert eine Drüse c. 7,5 g.

Spezif. Gewicht: 1,010 —1,016, nach der Mahlzeit 1,020—1,025 (Öhl)[5] 1,0026—1,0033 (Eckhard)[6], also weniger als der Parotisspeichel.

Feste Bestandteile: 0,36—0,46 %.

Der Gehalt an Rhodankalium ist zweifelhaft; Öhl gibt 0,004 % an, die Menge pro 24 Stunden (für beide Drüsen) = 0,0108 g.

Gase des Submaxillarspeichels beim Hund (Pflüger)[7]
(reducirt auf 0° und 1 m Druck).

	pro 100 cm³		
	I	II	Mittel
Auspumpbare Kohlensäure	19,3	22,5	= 20,9
Kohlensäure, durch Phosphorsäure ausgetrieben	29,9	42,5	= 36,2
Stickstoff	0,7	0,8	= 0,75
Sauerstoff	0,4	0,6	= 0,5

c) Sublingualspeichel.

konnte bisher nicht in genügender Menge gesammelt werden. Er soll Rhodankalium enthalten (Longet)[8].

---

1) Poggendorff's Annalen XXVII 1833 p. 320.
2) Physiologische Chemie II 1878 p. 199. — 3jähriges Kind.
3) De saliva ejusque vi et utilitate 1837.
4) Zeitschrift für Biologie XXIII 1887 p. 321. — 31j. gesunder Mann.
5) l. c.
6) Beiträge zur Anatomie und Physiologie III. Bd. 1863 p. 46.
7) Archiv für die gesammte Physiologie Bd. 1 1868 p. 688.
8) Traité de physiologie Bd. 1 1861.

Mundschleim.

Für den Hund fand Jacubowitsch[1])

Wasser	990.02
Organische Substanz, löslich in Alkohol	1,67 ⎫ 3,85
,, ,, unlöslich ,, ,,	2,18 ⎭
Chloride und phosphorsaures Natrium	5,29 ⎫ 6,13
Phosphorsaures Calcium und Magnesium	0,84 ⎭

Speichelsekretion des Kinds.

Vom 2. Monat an ist sie deutlich.

Im 4. „ erhielt Korowin[2]) 1—1½ cm³ in 5—7 Minuten,
„ 11. „ wurde keine Abweichung vom Erwachsenen bemerkt.

In den ersten Lebensmonaten soll kein Rhodankalium im Speichel sein (Pribram)[3]).

Speichelsekretion der Submaxillardrüsen nach Reizung bez. Durchschneidung der Drüsennerven beim Hunde.

a) Speichel der Chorda tympani.

Spezif. Gewicht: 1,0039—1.0056 — Mittel 1,0046
Feste Stoffe: 1,2—1,4 %, Mittel 1,3 (Eckhard)[4]), wovon ⅓ organischer Natur (Globulin, Albumin, Mucin). — Sekretmenge reichlich.

b) Speichel des Sympathicus.

Spezif. Gewicht: 1,0134—1,0181, Mittel 1,0156
Feste Stoffe: 2,6—2,8 %, Mittel 2,7 — Sekretmenge gering.

c) „Paralytischer" Speichel.

Wasser[5])	994,385
Feste Stoffe	5,615
Organische Substanzen	1,755
Mucin	0,662
Lösliche organische Salze	3,597
Unlösliche ,, ,,	0,263
Kohlensäure	0,440

Asche:

Schwefelsaures Kalium	0,209	Kohlensaures Natrium	0,902
Chlorkalium	0,940	,, Calcium	0,150
Chlornatrium	1,546	Neutrales phosphors. Calcium	0,113

Sekretionsdruck.

a) In der Submaxillardrüse bei Reizung der Chorda.

100 mm und darüber Quecksilberdruck mehr als der gleichzeitige Blutdruck in der Carotis (C. Ludwig).

b) In der Parotis.

70— 88 mm *Hg* vor Chordareizung (Heidenhain)
106—118 ,, ,, nach ,,
Beim Menschen fand Öhl 145 mm Wasser, ein andermal 11 mm Quecksilber.

---

1) l. p. 128 c.
2) Centralblatt f. die med. Wissenschaften XI 1873 p. 306. — Jahrbuch für Kinderheilkunde N. F. VIII. Bd. 1874 p. 381.
3) s. Ritter v. Rittershain, Jahrbuch der Physiologie und Pathologie des ersten Kindesalters Bd. I 1868 p. 148.
4) Beiträge zur Anatomie und Physiologie II. Bd. 1860 p. 209.
5) Herter, Mündliche Mitteilung bei Hoppe-Seyler, Physiologische Chemie p. 191.

Zuckerbildung aus roher Stärke bei Speichelwirkung (Hammarsten) [1]).

Aus Kartoffelstärke	2 — 4	Stunden
„ Erbsenstärke	1¾— 2	„
„ Weizenstärke	½— 1	„
„ Gerstenstärke	10 —15	Minuten
„ Haferstärke	5 — 7	„
„ Roggenstärke	3 — 6	„
„ Maisstärke	2 — 3	„

Wurde die Stärke gekaut, so trat schon nach 1 (Maisstärke) bis 4 Minuten (Erbsen-, Gersten- und Haferstärke) Zucker auf.

Magensaft.

Menge: für 1 Stunde 500 g (C. Schmidt)[2]).

Rechnet man (wie für den Hund) $^1/_{10}$ des Körpergewichts, so ergeben sich für den Menschen 6—6,5 k.

Spezif. Gewicht: 1,0022—1,0024 (C. Schmidt).

Analyse[2]) eines (speichelhaltigen) menschlichen Magensafts:

Wasser	994,40
Organische Stoffe, bes. Ferment etc.	3,19 (Pepsin 3)
Freie Salzsäure	0,20
(Normaler filtrirter Speisebrei gibt	0,1—0,2 % Salzsäure) (Riegel)
Chlornatrium	1,46
Chlorkalium	0,55
Chlorcalcium	0,06
Calcium-, Magnesium- und Eisenphosphat	0,125

Feste Bestandteile im menschlichen Magensaft [3]) gibt Berzelius zu 1,269 % an.

Gase des Magens in Volumprocenten.

	Planer[4])		Tappeiner[5])
	I	II	
Kohlensäure	20,79	33,83	16,31
Wasserstoff	6,71	27,58	0,08
Stickstoff	72,50	38,22	74,26
Sauerstoff	—	0,37	9,19
Sumpfgas (CH^4)	—	—	0,16

---

1) Gemischter Menschenspeichel. Virchow-Hirsch, Jahresbericht VI. Jahrgang (für 1871) 1. Bd. p. 95 nach Upsala läkareforen förhandlingar Bd. VI p. 471
2) Annalen der Chemie und Pharmacie XCII 1854 p. 42 — 35j. 53 k schwere Bäuerin. Dorpater Dissertationen von: Huebbenet (1851), v. Grünewaldt (1853), E. v. Schröder (1853); v. Grünewaldt, Archiv f. physiolog. Heilkunde XIII 1854 p. 459.
3) Magensaft des Kanadiers St. Martin — W. Beaumont, Experiments and observations on the gastric juice and the physiology of digestion 1833, auch 1834 — deutsche Übersetzung von Luden 1834.
4) Sitzungsberichte der mathemat.-naturwissenschaftl. Classe der K. Akademie der Wissenschaften zu Wien 42. Bd. (Jahrgang 1860) p. 307.
5) s. Bollinger, Arbeiten aus dem pathologischen Institut zu München 1886 p. 228. — 30jähriger mit der Guillotine hingerichteter Mann.

Verschiedene Magensaftsorten (des Hunds).

a) Pylorussekret.

Alkalisch, pepsinhaltig, 1,65—2.05 % feste Bestandteile

b) Fundussekret (Heidenhain)[1].

s. sauer 0,520 % 0.45 % feste Bestandteile
0,13—0.35 „ Aschenbestandteile.

Grützner[2]) fand (im Hund)
im Pylorus die Pepsinmenge um das 8 fache
„ Fundus „ „ „ „ 4 „ schwankend.
Während des Hungerzustands enthält der Fundus 50mal so viel Pepsin als der Pylorus, um die 9. Verdauungsstunde noch nicht einmal das Doppelte.

Die Verdauung dauert c. 20 Stunden bei reichlicher Nahrung nach vorherigem 24stündigen Fasten.

Dauer der Magenverdauung.

Kretschy[3]) (25jährige Kranke mit Magenfistel) fand:

Frühstück $4\frac{1}{2}$ Stunden
(Maximum der Säure in 4. Stunde,
neutrale Reaktion der Schleimhaut $1\frac{1}{2}$ Stunden später)

Mittagsmahl (Fleisch, Reis, Brod) 7 Stunden
(Säuremaximum in der 6. Stunde — 3 cm³ = 0,022 Oxalsäure —
neutrale Reaktion der Schleimhaut in der 7. Stunde)

Nachtverdauung (des Abendessens) 7—8 Stunden.

Jessen[4]) fand bei einem 30j. gesunden Mann (Kontrolle mittelst der Magenpumpe) als Dauer der Verdauung:

für je 100 g mit 1 g Kochsalz versetzten geschabten Rindfleisches (daneben je 300 cm³ Wasser)

roh	2 Stunden	
halb gar gekocht	$2\frac{1}{2}$	„
ganz gar „	3	„
mit 5 g Butter { halb gar gebraten	3	„
ganz gar „	4	„

Es ergab sich ferner für je 100 g geschabten rohen Fleisches

vom Rind	2 Stunden	
„ Hammel	2	„
„ Kalb	$2\frac{1}{2}$	„
„ Schwein	3	„

Für Milch in Quantitäten, deren Eiweissgehalt = dem von 100 g Rindfleisch:

602 cm³	roher Kuhmilch	$3\frac{1}{2}$ Stunden	
602 „	gekochter „	4	„
602 „	saurer „	3	„
675 „	abgerahmter Kuhmilch	$3\frac{1}{2}$	„
656 „	roher Ziegenmilch	$3\frac{1}{2}$	„

---

1) Archiv für die gesammte Physiologie (XVIII 1878 p. 169 und) XIX 1879 p. 148.
2) Neue Untersuchungen über Bildung und Ausscheidung des Pepsins 1875 p. 30.
3) Deutsches Archiv f. klinische Medicin XVIII 1876 p. 527.
4) Zeitschrift f. Biologie XIX 1883 p. 149.

Vergleichende Analyse von Eiweisskörpern und Pepton.

	Maly[1]		Herth[2]		Henninger[3]		
	Fibrin	Fibrin-pepton	Eiweiss	Eiweiss-pepton	Fibrin-pepton	Eiweiss-pepton	Kaseïn-pepton
Kohlenstoff	52,51	51,40	52,9	52,5	51,4	52,3	52,1
Wasserstoff	6,98	6,95	7.2	7,0	7,0	7,0	7,0
Stickstoff	17,34	17,13	15,8 [4])	16,7 [4])	16,7	16,4	16,1
Schwefel			1,14	1,14	Asche 0,3	0,5	1,1

Pankreatischer Saft.

Menge: schwer zu bestimmen, ist auf 200—350 g geschätzt;
  bei einer 70jährigen (mit einer Fistel behafteten) Frau wurden täglich 80—125 g Flüssigkeit gesammelt (Lacompte) [5]).

Für 1 k Tier gibt Colin [6]) pro Tag an:
  Pferd 16,8 g
  Rind 14,4 „
  Schaf 12,0 „
  Schwein 7,2 „
  Hund 2,4 „

Spezifisches Gewicht (b. Hund)
  bei frischer Fistel 1,03
  „ permanenter „ 1,010—1,011

Reaktion alkalisch.

Analyse vom Pankreassaft des Hunds (C. Schmidt):

	Unmittelbar nach der Operation [7])	Permanente Fistel [8])
Wasser	900,76	980,45
Feste Stoffe	99,24	19,55
darin		
Organisches	90,44	12,71
Asche	8,80	6,84
und zwar:		
Natron	0,58	3,31
Chlornatrium	7,35	2,50
Chlorkalium	0,02	0,93
Phosphorsaurer Kalk	0,41 ⎫	0,07 ⎫
Phosphorsaures Magnesium	— ⎬ 0,53	0,01 ⎬ 0,08
„ Natron	0,32	0,01
Kalk	—	—
Magnesia	0,12	0,01

Der Gehalt an festen Stoffen scheint ein ziemlich wechselnder zu sein — beim Hund 23—100 º/₀₀ (verschiedene Beobachter).

---

1) Archiv f. d. gesammte Physiologie IX 1874 p. 585.
2) Zeitschrift f. physiologische Chemie I 1877—78 p. 277.
3) De la nature et du rôle physiologique des peptones..... 1878.
4) Adamkiewiecz, Natur und Nährwerth des Peptons 1877, gibt 17,4 u. 16,9 an.
5) Observation d'une fistule pancréatique chez l'homme 1876. Dass hier eine echte Pankreasfistel vorlag, wird übrigens von manchen bezweifelt.
6) Colin, Comptes rendus de l'académie des sciences Tome XXXII 1851 p 374 u. XXXIII 1851 p. 85.
7) Bidder und Schmidt, Verdauungssäfte p. 244.
8) Annalen der Chemie und Pharmacie XCII 1854 p. 94.

Quantitatives Verhalten der Sekretion während der Verdauung [1]
(beim Hund).

Maximum der Sekretion in den ersten 3 Stunden
Sinken bis zur 5.— 7. Stunde
Wieder-Ansteigen ,, ,, 9.—11. ,,
Dann wieder Absinken und Erlöschen innerhalb der ersten 24 Stunden.

Sekretionsdruck (Kaninchen) [2].

Manometer im pankreatischen Gang ergab als höchsten Druckwert
219—225 mm Wasser = 16,8—17,3 mm Quecksilber.

Absonderungsgeschwindigkeit pro Minute [3].

2. Tag nach Anlegung der Fistel (Hund):

	g	% feste Stoffe
vor der Fütterung	0,026	1,7
unmittelbar nach Milchfütterung	0,079	3,06
gleich darauf	0,152	2,54
2 Stunden 25 Minuten später	0,032	3,23

3. Tag:

	g	% feste Stoffe
vor der Fütterung	0,095	1,99
gleich darauf	0,124	2,83
gleich darauf	0,348	1,44

Galle.

Menge: Vorrat in der Gallenblase s. p. 60.

Die 24stündige Menge der frischen Galle wird geschätzt auf
532,8 cm^3 (v. Wittich) [4]
453—566 g (Westphalen) [5], rund 500 g mit 1,0104 specif. Gewicht u.
2,253 % festem Rückstand (pro Tag 11,2667 g fester Rückstand).

Es wird gerechnet pro Kilo und Tag im Mittel (g):

	J. Ranke [6]	Westphalen [5]
Flüssige Galle	14 (8,83—20,11)	7,34
Feste Stoffe	0,44 (0,25 — 0,8)	0,166
		(Ein Teil der Galle floss in den Darm ab)

Sekretion [7]

a) pro Kilo und Tag.

Katze	14,5 g	Kaninchen	136,8 g
Hund	19,9 ,,	Meerschweinchen [8]	175,8 ,,
Schaf	25,4 ,,		

b) 24stündige Menge und ihre Beziehung zu Körper- und Lebergewicht.

	Schaf	Kaninchen	Meerschweinchen
Mittleres Körpergewicht	23 377 g	1525,8 g	518 g
Verhältnis zum Körpergewicht	1 : 37,5	1 : 8,2	1 : 5,6
,, ,, Lebergewicht	1,507 : 1	4,064 : 1	4,467 : 1
Trockene Galle auf 1 k Leber in 1 Stunde	4,13 g	3,74 g	2,67 g

---

[1] Heidenhain in Hermann's Handbuch V, 1 p. 182.
[2] Henry und Wollheim, Archiv f. die gesammte Physiologie XIV 1877 p. 457.
[3] Heidenhain l. c. p. 198.
[4] Frau mit Gallenfistel. Archiv f. die gesammte Physiologie VI 1872 p. 181.
[5] 32j. Mann mit Gallenfistel. Deutsches Archiv f. klin. Medicin XI 1873 p. 588.
[6] 38j. Mann mit Lungenleberfistel, s. R., Blutvertheilung etc. p. 39 u. 145.
[7] Bidder u. Schmidt l. c.
[8] Friedländer und Barisch, Archiv f. Anatomie und Physiologie 1860 p. 646.

Schwankungen in der Quantität und Qualität der Sekretion.

Aus einer, im einzelnen übrigens nicht übereinstimmenden, Reihe von Beobachtungen [1]) entnimmt Heidenhain [2])
ein erstes Maximum der Absonderungsgeschwindigkeit um die 3.— 5. Stunde
" zweites "   "   "   " " 13.—15. "
nach der Nahrungsaufnahme.

Nach Bidder und Schmidt berechnen sich für den Hund [3]):

für die Absonderungsgeschwindigkeit $^o/_o$ Gehalt an festen Bestandteilen

von 0,7—0,9 g pro Kilo und Stunde   3,0—8,1
" 1,0—1,4 "   "   "   "   "   3,5—9,5
" 1,5—2,2 "   "   "   "   "   2,2—7,1

Reichliche Fleischdiät erhöht (bei Katzen) die Absonderungsgeschwindigkeit [3]) des Wassers und der Fixa, Hungerzustand und ausschliessliche Fettdiät vermindern die Absonderung, und zwar die des Wassers mehr, als die der festen Bestandteile (Bidder und Schmidt).

Sekretionsdruck

in den Gallenwegen des Meerschweinchens 200 mm Gallenhöhe (184—212) [4]).
Der Gallendruck ist wesentlich höher als der Pfortaderdruck [5]).

Analysen von relativ normaler Menschengalle.

a) Galle bei plötzlichem (gewaltsamem) Tod.

	Frerichs [6])		Gorup-Besanez [7])	
	18j. Mann (Sturz)	22j. Mann (Verwundung des Bauchs)	49j. Mann (Enthauptung)	29j. Frau (Enthauptung)
Wasser [8])	860,0	859,2	822,7	898,1
Feste Stoffe [8])	140,0	140,8	177,3	101,9
Gallensaure Alkalien	102,2	91,4	107,9	56,5
Fett	3,2	9,2	47,3	30,9
Cholesterin	1,6	2,6		
Schleim und Farbstoff [8])	26,6	29,8	22,1	14,5
Mineralisches	6,5	7,7	10,8	6,3
und zwar:				
Chlornatrium	2,5	2,0		
Phosphorsaures Natrium	2,0	2,5		
Erdphosphate	1,8	2,8		
Gips	0,2	0,4		
Eisenoxyd	Spur	Spur		

1) Bidder u. Schmidt, Fr. Arnold, Kölliker u. H. Müller.
2) Hermann's Handbuch V, 1 p. 254.
3) Heidenhain, l. c. p. 256.
4) Friedländer u. Barisch, l. c. p. 659.
5) Heidenhain, l. c. p. 269.
6) Hannoversche Annalen für die gesammte Heilkunde V. Jahrgang 1845 (1. Heft) p. 43.
7) Vierteljahrsschrift für die praktische Heilkunde, herausgegeben von der medicin. Facultät in Prag 8. Jahrgang 1851 (31. Bd. der ganzen Folge) p. 86.
8) 2 Analysen von Gorup-Besanez, l. c. und Untersuchungen über Galle (Erlanger Habilitationsschrift 1846) bei einem 68j. durch Sturz und einem 12j. durch Verwundung getöteten männlichen Individuum ergaben:

    Wasser   908,7   828,1
    Feste Stoffe   91,3   171,9
    Schleim und Farbstoff   17,6   23,9

b) Bei Sektionen gesammelte Galle normaler Lebern.

	Trifanowsky[1]	N. Socoloff[2]	Hoppe-Seyler[3]	Gerald F. Yeo und Herroun[4]
Wasser	910,79			986,532
Feste Stoffe	89,21			13,468
Glykocholsaures Natrium	4,37		30,3	1,65
Taurocholsaures Natrium	19,25	15,67	8,7	0,55
Schwefel des taurocholsauren Salzes (6,2 % desselben)		0,92	0,516	
Seifen der Öl- und Fettsäuren	16,32	14,53	13,9	
Cholesterin	3,35		3,5	
Lecithin	0,17		5,3	} 0,38
Fette	3,59		7,3	
Mucin	12,98	} 37,24	12,9	1,48
Organische, in Alkohol unlösliche Stoffe	14,59		1,4	
Eisen	—	—	0,066 [5]	

c) Fistelgalle (O. Jacobsen)[6]
(kräftiger Mann).

	Wasser	Feste Stoffe
	977,6	22,4
	977,2	22,8
Mittel	977,4	22,6

Organische Bestandteile in % der trockenen Galle			Asche	in % der trocknen Galle	in % der Asche
In Äther löslich 3,14 %	Cholesterin	2,49	Chlornatrium	24,51	65,16
	Fett u. ölsaures Natrium	0,44	Chlorkalium	1,27	3,39
	Lecithin (berechnet aus dem Phosphor)	0,21	Kohlensaures Natrium	4,18	11,11
Im Alkoholauszug	Glykocholsaur. Natrium	44,80	Phosphors. Natrium	5,98	15,91
	Palmitin- und stearinsaures Natrium	6,40	Phosphors. Calcium	1,67	4,44
In Alkohol und Äther Unlösliches		10,00			
		(64,34)		37,61	(100,01)

---

1) Archiv f. die gesammte Physiologie IX 1874 p. 492.
2) Ebendas. XII 1876 p. 54. Mittel aus 6 Analysen.
3) Physiologische Chemie II p. 301 ff.
4) Journal of Physiology V 1884 p 116. Fistel des Ductus choledochus bei einem 48j. Mann. — s. Maly's Jahresbericht XIV p. 327.
5) Young, Journal of anatomy and physiology Bd. V 1871 p. 158, gibt für Menschengalle 0,04—0,115 Eisen an.
6) Berichte der Deutschen chemischen Gesellschaft 6. Bd. 1873 p. 1026.

Gallenanalysen beider Geschlechter aus verschiedenen
Lebensaltern (E. Ritter)[1])
(pro 1000 Teile).

Alter	Fester Rückstand	Organische	Unorganische	Glykocholsaures	Taurocholsaures	In Äther Lösliches[2])	Cholesterin
		Stoffe		Natrium			
a) Männer							
14 Jahre	131,4	120,0	11,4	41,9	29,1	—	—
21 ,,	129,0	118,8	10,2	39,6	16,4	—	—
23 ,,	117,6	111,7	5,9	40,9	25,1	—	—
25 ,,	128,2	122,2	5,8	44,9	23,25	3,1	1,6
28 ,,	156,4	147,1	9,3	56,9	32,04	3,7	1,6
38 ,,	120,0	118,8	10,2	39,6	16,4	—	—
40 ,,	147,5	138,9	8,6	58,9	30,1	3,6	1,8
43 ,,	136,4	—	—	51,2	21,14	—	—
48 ,,	148,6	—	—	50,1	42,88	—	—
51 ,,	109,2	103,5	5,7	43,9	29,1	3,2	0,9
62 ,,	134,1	126,9	7,2	51,4	38,84	2,8	—
69 ,,	142,5	134,3	8,2	49,9	36,1	2,9	1,7
Mittel 38,5	134,1	124,2	8,25	47,4	28,36	3,5	1,5
b) Weiber							
17 Jahre	126,1	119,4	6,7	53,1	15,9	—	—
35 ,,	119,7	112,3	6,4	56,48	25,52	4,2	1,9
39 ,,	125,9	—	—	39,7	24,32	—	—
Mittel 30,3	123,9	115,8	6,55	49,76	21,91	4,2	1,7
Gesamtmittel 37	129,0	120,0	7,40	48,58	25,13	3,85	

Für 1000 Teile Galle stellt Beaunis[3]) folgende runde Mittelzahlen auf:

Wasser	880
Feste Stoffe	120
und zwar:	
Gallensaure Salze	75
Farbstoffe[4])	10 (?)
Cholesterin[5])	5
Fett und Seifen	12
Mucin	10
Anorganische Salze	8

1) Bulletin de la Société des sciences de Nancy 1876 — citiert bei Beaunis, Physiologie p. 708. — Es sind nur plötzliche Todesarten (Selbstmord, Enthauptung etc.) vertreten.
2) Cholestearin, Fette, Harnstoff, Cholin etc.
3) Physiologie p. 708.
4) Die Schweinegalle enthält 0,3 $^0/_{00}$ Bilirubin (Vierordt).
5) Die für gewöhnlich angegebene Menge hält Beaunis für zu hoch.

— 139 —

Analyse der Galle bei Neugeborenen und Säuglingen (Jacubowitsch)[1].

	1. Tag	1. Monat	2 Monate	5 Monate	9 Monate	1 Jahr
Menge der Galle in der Blase (g)	0,135—0,335	0,276—1,5	0,5—1	0,42—1	1,535—2,21	1,12—5,32
Spezif. Gewicht	1014—1039,6	1010—1053,8	1012—1034,3	1015,6—1034	1012,4—1036,5	1017—1030,8
Bestandteile: Wasser	86—88,6 %	89,54—90,3 %	90,2—91,1 %	90—91,8 %	88,4—91,2 %	85,5—91,2 %
Fester Rest	14—11,4	10,46—9,7	9,8—8,9	10—8,2	11,6—8,8	14,5—8,8
Summe der unorganischen Salze	0,72—0,78	0,68—0,74	0,575—0,65	0,52—0,7	0,665—0,73	0,75—0,9
In Wasser unlösliche Salze:	0,12—0,14	0,18—0,19	0,20—0,25	0,25—0,3	0,265—0,3	0,5—0,6
hierin Fe	0,0095	0,0098—0,015	0,011—0,014	0,011—0,013	0,015	0,024
CaO	0,031	0,035	0,051	0,045	0,052	0,045
Mg_3	0,008	0,01	0,009	0,01	0,01	0,015
In Wasser lösliche Stoffe $(HCl-H_2SO_4-H_2PO_4-K-Na)$	0,6—0,64	0,5—0,55	0,375—0,4	0,27—0,4	0,4—0,43	0,25—0,3
Harnstoff und Seife	0,64—1,1	0,275—0,3	0,1—0,25	0,4—0,41	0,42—0,44	0,41—0,42
Summe von Cholesterin, Lecithin, Fetten	0,95	0,51	1,289	0,905	0,56	0,52
Cholesterin	0,235	0,175	0,3	0,180	0,21	0,28
Lecithin und Fette	0,715	0,335	0,989	0,725	0,35	0,24
Mucin und Farbstoff	3—3,5	3,6	2,5—3	1,36—1,9	1,25—1,4	0,9—1,4
Olein- und Fettsäuren	0,21	0,1	0,27	0,075	0,07	0,07
Glykocholsäure	—	—	Spur	—	—	—
Taurocholsäure	1,4—2,252	0,741	0,848	0,95	0,82	0,55

[1] Jahrbuch für Kinderheilkunde und physische Erziehung N. F. XXIV 1886 p. 377 und 380.

Analyse einiger Gallenfarbstoffe.

			Sauerstoff	Kohlenstoff	Stickstoff
Bilirubin	$C^{16}H^{18}N^2O^3$		16,8 %	61,7 %	9,8 %
Biliverdin	$C^{16}H^{18}N^2O^4$	enthält	21,2	63,6	9,3
Choletelin	$C^{16}H^{18}N^2O^6$		30,0	55,5	9,1
Bilifuscin	$C^{16}H^{20}N^2O^4$				
Biliprasin	$C^{16}H^{22}N^2O^6$				
Hydrobilirubin (Urobilin)	$C^{32}H^{44}N^4O^7$				

(Hämoglobin s. p. 101)

Gase der Galle.

Für Kohlensäure schwanken die Angaben zwischen 3,16—79,6 %
(Pflüger)[1], Bogoljubow)[2]
Stickstoff 9,13 % (Noël)[3] —
sonst werden für Stickstoff und Sauerstoff nur Spuren angegeben.

Darmsaft (des Hunds).

Menge: auf 30 cm² Darmfläche wurden pro Stunde im Maximum 4 g erhalten (Thiry)[4].
Spezif. Gewicht: 1,0115.

Analyse (Thiry).

Wasser	975,861
Eiweiss	8,013
Andere organische Stoffe	7,337
Salze	8,789

Im Duodenalsaft einer 31jähr. Frau fand W. Busch[5] 3,8—7,4 % feste Stoffe.

Gase des menschlichen Dünndarms (Volumprocente).

	Magendie u. Chevreul[6]			Planer[7]		Tappeiner[8]
	I (34 Jahre)	II (25 J.)	III (23 J.)	I	II	(30 J.)
Kohlensäure	24,39	40,0	25,0	16,23	32,27	28,40
Wasserstoff	55,53	51,15	8,4	4,04	35,55	3,89
Stickstoff	20,08	8,85	66,6	79,73	31,63	67,71
Sauerstoff	—	—	—	—	0,05 (?)	

---

1) Archiv f. die gesammte Physiologie II 1869 p. 156.
2) Arbeiten des Laboratoriums zu Kasan (russisch) 1872 II. Heft — s. Hofmann-Schwalbe's Jahresberichte I p. 421.
3) Étude générale sur les variations physiologiques des gaz du sang 1876.
4) Sitzungsberichte der mathematisch-physikal. Classe der k. Akademie der Wissenschaften zu Wien 50. Bd. Abtheilung I (Jahrgang 1864) p. 77.
5) Virchow's Archiv XIV 1858 p. 140.
6) Die Gase sind Hingerichteten entnommen. Annales de chimie et de physique Bd. II 1816 p. 294 u. 295.
7) l. p. 132 cit.
8) l. p. 132 cit. p 229. — Die Gase stammen aus dem Ileum. Die Kost s. ibid. p. 227.

Gase des menschlichen Dickdarms.

a) Nach Ruge[1]).

Nahrung:	Milch		Fleisch			Hülsenfrüchte		
	I	II	I	II	III	I	II	III
Kohlensäure	16,8	9,9	13,6	12,4	8,4	34,0	38,4	21,0
Wasserstoff	43,3	54,2	3,0	2,1	0,7	2,3	1,5	4,0
Sumpfgas	0,9	—	37,4	27,5	26,4	44,5	49,3	55,9
Stickstoff	38,3	36,7	45,9	57,8	64,4	19,1	10,6	18,9

Im Dickdarm, nicht aber im Dünndarm, von Hunden fand Planer bei Fleischkost 3 Stunden nach der Fütterung 0.8 Volumprocente Schwefelwasserstoffgas. Es fehlte bei Fütterung mit Hülsenfrüchten.

b) Nach Tappeiner[2]).

	Dickdarm	Mastdarm (oberer Teil)
Kohlensäure }	91,92	36,40
Schwefelwasserstoff }		—
Wasserstoff	0,46	—
Sumpfgas	0,06	0,90
Stickstoff	7,46	62,76

Darmgase der Kinder.

Magen und Darm totgeborener Kinder enthalten kein Gas, erst einige Zeit nach der Atmung ist dies der Fall (Breslau)[3]), z. Teil von abgeschluckter Luft.

Säuglinge entleeren Gase, welche wahrscheinlich aus Stickstoff, Kohlensäure und Wasserstoff bestehen.

Exkremente des Erwachsenen.

Menge in 24 Stunden: c. 170 g (60—250); ausnahmsweise (vegetabilische Kost) 400—500 g.

Analyse der Faeces (Wehsarg)[4]).

Aus zahlreichen Bestimmungen ergab sich:

Wasser und andere bei 120° flüchtige Stoffe	73,3 (82,6—68,3) %
Bei 120° getrockneter Rückstand	26,7 (17,4—31,7) „
Feste Stoffe pro 24 Stunden	c. 30 g (16—57)
Unverdaute Stoffe	0,8—8,2 g

Auf den trockenen Rückstand berechnet, betrug:

Ätherextrakt (besonders Fett) im Mittel		11,5 %	(8,5—58,2)
Alkoholextrakt	„ „	15,6 „	
Wasserextrakt	„ „	20,0 „	

---

1) Sitzungsber. d. math.-nat. Classe der Akad. zu Wien 44. Bd. Abtheilung II (Jahrgang 1861) 1862 p. 739. Die Gase sind durch den After am Lebenden aufgefangen.
2) l. p. 132 cit. p. 229.
3) Monatsschrift für Geburtskunde und Frauenkrankheiten XXV 1865 p. 238 und XXVIII 1866 p. 1.
4) Mikroskopische und chemische Untersuchungen der Faeces gesunder, erwachsener Menschen. Giessener Dissertation 1853.

Berzelius[1]) fand 75,3 Wasser, 24,7 feste Stoffe, auch 0,9 Eiweiss. Das die braune Färbung der Faeces (d. Erwachsenen) hauptsächlich bedingende Hydrobilirubin (s. p. 140) wird etwa in der Menge von 0,36 g pro 24 Stunden ausgeschieden (Vierordt)[2]).

Anorganische Bestandteile der Faeces (Enderlin)[3]).

In Wasser löslich	1,37 Kochsalz und schwefelsaures Natron 2,63 phosphorsaures Natron	4,0
In Wasser unlöslich	80,37 phosphorsaure Erden 2,09 phosphorsaures Eisen 4,53 schwefelsaurer Kalk 7,94 Kieselsäure	94,93

Weitere Analysen:

Kali	6,10 %[4])	18,49 %[5])	als Anhydrid	Phosphorsäure 36,03 %
Natron	5,07			Schwefelsäure 3,13
Kalk	26,46			Kohlensäure 5,07
Magnesia	10,54		Kochsalz	4,32
Eisenoxyd	2,50			

Exkremente des Kinds.

a) Meconium

wird ausgeschieden in den ersten 2(—3) Tagen nach der Geburt in der Gesamtmenge von 60—90 g pro einzelne Entleerung 2—20 g (Bouchaud)[6]).

Analysen:

	J. Davy[7]	Zweifel[8] I	II	
Wasser	72,7 %	79,78	80,45	
Feste Stoffe	27,3	20,22	19,55	
Asche	—	0,978	0,87	1,238
Cholesterin und Margarin	0,7	0,797	—	
Fette		0,772	—	
Schleim und Epithelreste	23,6	—	—	
Gallenfarbstoff und Oleïn	3	—	—	

In 4 Aschenanalysen fand Zweifel 2,53—8,68 % Chlor, 1,6—7,8 % Phosphorsäure, phosphorsaures Eisen 1,7—3,4 %, Kalk 5,7—31,8 %. Der reichliche Gehalt an Sulfaten erscheint als Gips oder Glaubersalz.

---

1) l. p. 129 c. (Thierchemie) p. 345.
2) Die quantitative Spektralanalyse 1876 p. 103.
3) Annalen der Chemie und Pharmacie XLIX 1844 p. 335.
4) Porter, ibid. LXXI 1849 p. 109. Er fand im Mittel 6,7 % Asche, die Asche von 4 Tagen = 11,47 g.
5) Fleitmann, Poggendorff's Annalen LXXVI 1849 p. 356.
6) l. p. 9 cit.
7) Medico-chirurgical Transactions XXVII 1844 p. 189.
8) Archiv f. Gynaekologie VII 1875 p. 474.

b) Exkremente des Säuglings.

Menge: 80 g in 24 Stunden (Bouchaud).

Camerer[1]) erhielt bei 2 Mädchen: (I, II) in 4—10 tägigen Beobachtungszeiten

Alter	Versuchsperson	Gewicht der Faeces (g)
1. Tag	I	51
2. „	I	26
5. Monat	II	56 (35—87)
7. „	I	53
12. „	I	102

Uffelmann rechnet auf 1 k Körpergewicht des Säuglings c. 3 g Ausleerungen.

Zahl der Ausleerungen: 1—3 pro Tag, nach andern 2—4.

Analyse der Faeces (H. Wegscheider)[2]):

		frisch	Trockensubstanz
	Wasser	85,13 %	
14,87	Organische Stoffe	13,71	92,09 %
feste Stoffe	Salze	1,16	7,91

Im besonderen (Mittel aus 10 Analysen):

Mucin, Epithelreste und Kalkseifen	5,39 %	Asche derselben	0,062
Cholesterin	0,32		
Fette und Fettsäuren	1,44		
Alkoholextrakt	0,82		
Wasserextrakt	5,35		
Anorganische Salze	1,36		

Uffelmann[3]) fand in 100 Teilen Säuglingsfaeces durchschnittlich:
1,5 unorganische Substanz (30 % der Asche bestanden aus Kalk)[4])
13,5 organische „
in letzterer:

Fett und Fettsäuren	2—3
Proteïn Spuren bis	0,2
Cholesterin i. Mittel	0,1 (bis zu 0,2) = 0,8 % der Trockensubstanz.

Der grösste Teil des Restes (8,0—8,5) besteht aus Kokken, Epithelzellen, Mucin, der kleinere aus Gallenbestandteilen (auch wohl Leucin und Tyrosin).

---

1) Zeitschrift f. Biologie XIV 1878 p. 383.
2) Über die normale Verdauung bei Säuglingen. Strassburger Dissertation. Berlin 1875.
3) Deutsches Archiv f. klinische Medicin XXVIII 1881 p. 470.
4) l. c. p. 466.

Trockenrückstand der Faeces von Säuglingen wurde gefunden:

14,8 % (Reichardt) — 3monatliches Kind
11,87 „ (Biedert)[1])
15,1 „ (Uffelmann)[2]) — Kinder von 32 und 38 Wochen
16,72 „ (Camerer)[3]) — Muttermilch
28,3 „ „ — sehr reichliche Kuhmilchnahrung.

c) Exkremente von Kindern über 1 Jahr
(Anna Schabanowa)[4]).

Alter in Jahren	24stündige Kotmenge (g)	Auf 1 k		
		Körpergewicht	Nahrung	fester Bestandteile der Nahrung
2	50,0	5,0	44,2	220
2½	40,0	3,2	36,6	210
3	27,7	2,5	25,2	200,3
4	34,5	3,1	30,4	134
5	39,5	2,6	33,8	153
6	72,5	4,6	62,2	281
8	48,2	2,3	37,8	190
8½	111,1	6,0	104,3	386
9	68,5	3,0	64,3	237
10	94,4	3,5	88,6	320
11	67,5	2,6	63,4	235
12	115,7	4,1	107,0	400

Camerer[5]) erhielt für 24 Stunden bei gemischter Kost:

	Körpergewicht (k)	Kot pro 1 k Körpergewicht (g)	Kotfixa auf 1000 Nahrungsfixa
2j. Mädchen	62 g	10,8	5,7	5,7
3½j. „	101 „	13,3	7,6	6,0
5½j. Knabe	134 „	18,0	7,4	8,3
9j. „	117 „	22,7	5,2	5,0
11j. „	128 „	23,4	5,5	5,8

Mechanische Funktionen der Verdauungsorgane.

a) Kauen[6]).

Zum Verzehren von nicht ganz 200 g Brot sind 15 Minuten erforderlich.

Bei 3 Mahlzeiten und gewöhnlichem gemischtem Essen kaut ein Mensch 30 Minuten lang. — Ein Arbeiter, der in der Zwischenzeit noch zweimal Brot isst, kaut 58 Minuten lang.

---

1) Die Kinderernährung im Säuglingsalter 1880.
2) l. c. p 456.
3) Zeitschrift für Biologie XIV 1878 p. 395.
4) Jahrbuch f. Kinderheilkunde u physische Erziehung. Neue Folge XIV 1879 p. 294. 3—7tägige Beobachtungszeiten.
5) Zeitschrift f. Biologie XVI 1880 p. 35 und 36.
6) Tuczek, Zeitschrift f. Biologie XII 1876 p. 554.

b) Saugen.

Negativer Druck der Mundhöhleuluft (Herz)[1])
  bei schwachen Saugbewegungen 3— 4 mm Quecksilber
  „ mittelstarken   „   5— 9 „   „
  „ kräftigen   „   9—14 „   „
  „ Frühgeborenen   2— 3 „   „

Über die Häufigkeit der Mahlzeiten beim Säugling s. u.

c) Schlingen.

Beim Schlingen Zunahme des Drucks im Rachenraum um 20 cm Wasser (Falck und Kronecker)[2]).

Druck der Luft in der Speiseröhre, beim Atmen in cm Wasserhöhe (Emminghaus)[3]):

	negativer Druck (Inspiration)	positiver Druck (Exspiration)
gewöhnliches Atmen	— 2 bis 4	+ 2 bis 4
tiefes „	—22	bis 16
explosives „	bis —10	das Manometerwasser wird ausgestossen

Ein grosser Hund überwindet beim Schlingen einen am Bissen angebrachten Gegenzug von 450 g Gewicht[4]).

d) Magenbewegungen.

Für die Bewegung des Mageninhalts während der Verdauung von der Cardia längs der grossen Kurvatur zum Pylorus und von da längs der kleinen Kurvatur wieder zurück rechnet Beaumont[5]) 1—3 Minuten.

e) Dauer des Aufenthalts der Speisen im Magen (cf. p. 133).

Für Flüssigkeiten oft nur wenige Minuten.

Im allgemeinen kann man den Magen 4—5 Stunden nach der Mahlzeit als leer annehmen.

Richet[6]) fand die Milch (ohne Fett) verdaut in c. 1 Stunde,
           Fett, Spinat   in 4½—6 Stunden.
Mittlere Dauer der Verdauung   3—4 Stunden.

Busch[7]) (s. p. 140) sah

Brot, Fleisch, Eier nach 15—30 Minuten in einer Duodenalfistel erscheinen. — Nach reichlicher Mahlzeit entleerte sich der Magen in 3—4 Stunden; von dem Abendessen kam ein Teil der Speisen erst am andern Morgen zum Vorschein.

---

1) Jahrbuch f. Kinderheilkunde und physische Erziehung VII 1865 II. Heft p. 48.
2) Archiv für (Anatomie und) Physiologie 1880 p. 296.
3) Deutsches Archiv f. klinische Medicin XIII 1874 p. 446.
4) Mosso, Moleschott's Untersuchungen zur Naturlehre XI 1876 p. 337.
5) s. p. 132 Anmerkung.
6) Du suc gastrique chez l'homme et les animaux 1878 p. 162.
7) Virchow's Archiv XIV 1858 p. 140.

Verdaulichkeit der Speisen (Beaumont)[1].

Nahrungsmittel	Zubereitung	Zeit der Verdauung Std. Min.	Nahrungsmittel	Zubereitung	Zeit der Verdauung Std. Min.
Reis	gekocht	1	Alter Käse		
Schweinsfüsse	„		Kartoffeln	gekocht	
Geschlagene Eier			Harte Eier		
Forelle und Lachs	gekocht	1 30	Hammelfleisch-		3 30
Weiche süsse Äpfel	roh		suppe		
Sago	gekocht	1 45	Austernsuppe		
Gehirn	„		Weisse Rüben	gekocht	
Milch	gekocht		Bratwürste		
Ochsenleber	gebraten		Rindfleisch mit		
Stockfisch	gekocht	2	vielem Fett		3 38
Saure Äpfel	roh		Hammelfleisch im		
Eier	„		Mittel		
Kohlsalat	„		Trockenes Brot mit		
Milch	ungekocht	2 15	Kartoffeln		3 45
Puter, wilder	geröstet	2 18	Butterbrot mit		
„ zahmer	gekocht	2 25	Kaffee		
Wilde Gans	geröstet		Bohnen	gekocht	
Spanferkel			Schweinefleisch	geröstet	3 50
Gesottene Bohnen		2 30	Zahmes Geflügel	gekocht	
Kartoffeln	geröstet		Rindfleisch	gebraten	
Lammfleisch	gekocht		Gesalzener Lachs	gekocht	
Rückenmark		2 40	Kalbfleisch	gebraten	4
Hühnerfrikassee		2 45	Suppe von seh-		
Ochsenfleisch			nichtem Rind-		
Harte saure Äpfel		2 50	fleisch		
Austern		2 55	Knorpel	gekocht	
Dieselben mit Brot		3	Zahme Ente	gebraten	
„	gedämpft	3 30	Suppe von		
Eier	leicht gekocht		Schweinefleisch		4 15
Beefsteak			und Gemüse		
Schinken	roh		Pökelfleisch		
Mageres Ochsen-		3			
fleisch	geröstet		Wilde Ente	gebraten	4 30
Barsch	gebraten		Sehnen	gekocht	5 30
Kuchen			Rindstalg		
Weizenbrot					

Gosse[2]), welcher ruminieren konnte, teilt in unverdauliche, minder verdauliche und leicht zu verdauende Speisen ein, welch' letztere in 1—1½ Stunden in Chymus verwandelt sind.

Bei Gemüsenahrung, die gänzlich abgebrochen wird, kann man das Chlorophyll noch 3 Tage lang im Darminhalt spektroskopisch nachweisen (Chautard)[3].

In einer 24 cm oberhalb der Bauhin'schen Klappe befindlichen Darmfistel einer 49jährigen Magd erschien Suppe und Fleisch zuerst 3 Stunden nach der Mahlzeit, die letzten Portionen nach 5—6 Stunden (Braune)[4].

---

1) Beobachtungen an St. Martin (s. p. 132). Die angegebene Zeit ist streng genommen nur für die Frist gültig, in welcher die Nahrungsmittel den Magen verlassen, nicht für die zur eigentlichen Verdauung und Auflösung erforderliche.
2) Herrn Abt Spallanzani's Versuche über das Verdauungsgeschäft des Menschen und verschiedener Thierarten nebst einigen Bemerkungen des Herrn Sennebier, übersetzt von Chr. Fr. Michaelis 1785 p. 401 ff.
3) Comptes rendus LXXVI. Bd. 1873 p. 103.
4) Virchow's Archiv XIX 1860 p. 470. — Zu ähnlichen Resultaten gelangte Lossnitzer: Einige Versuche über die Verdauung der Eiweisskörper, Archiv der Heilkunde V 1864 p. 550 — auch Leipziger Dissertation 1864.

Leberfunktion
(ausser Gallenbildung).

Analyse der menschlichen Leber (v. Bibra)[1].

Wasser	76,17 %
Feste Stoffe	23,83
Unlösliche Gewebe	9,44
Lösliches Eiweiss	2,4
Glutin	3,37
Extraktivstoffe	6,07
Fett	2,5

Analyse der Leberasche (Oidtmann)[2].

	Erwachsener	Kind
Kali	25,23 %	34,72
Natron	14,51	11,27
Magnesia	0,20	0,07
Kalk	3,61	0,33
Chlor	2,58	4,21
Phosphorsäure	50,18	42,75
Schwefelsäure	0,92	0,91
Kieselerde	0,27	0,18
Eisenoxyd	2,74	} 5,45
Metalloxyde	0,16	

Glykogengehalt der Leber

schwankt von 1,5—4 % bei den verschiedenen Tieren.

Zuckerbildung in der Leber.

Eine dem lebenden Tier entnommene Leber zeigte nach Dalton[3]:

nach 5 Sekunden 1,8 pro mille Traubenzucker
„ 15 Minuten 6,8 „ „ „
„ 1 Stunde 10,3 „ „ „

für die normale Leber kann 0,2—0,6 pro mille angenommen werden.

Zuckergehalt des Bluts

für den Menschen 0,90 p. mille (Cl. Bernard)[4]
„ 20—30j. gesunde „ 1,70 „ „ (Seegen)[5].

Andere Untersucher geben bloss $1/4000$—$1/3000$ an.

Der von Bernard behauptete grössere Zuckergehalt der Lebervene gegenüber der Pfortader wird von anderen bestritten.

---

1) Chemische Fragmente über die Leber und die Galle 1849.
2) Die anorganischen Bestandtheile der Leber und Milz und der meisten anderen thierischen Drüsen. Würzburger Preisschrift (Linnich) 1858.
3) Sugar formation in the liver 1871.
4) l. p. 98 cit.
5) Wiener medic. Wochenschrift XXXVI 1886 p. 1600.

Wasser- und Fibringehalt des Bluts von Lebergefässen (des Hunds).

Untersucher	Pfortader		Lebervene	
	Wasser	feste Stoffe	Wasser	feste Stoffe
Lehmann [1])	79,2	20,6	71,8 (!!)	28,0
Flügge [2])	76,4	23,5	76,6	23,2
Drosdoff [3]) (s. u.)	72,58	27,42	74,339	25,661

	Fibrin	
David	2—4,5 p. mille	6—8 p. mille

Genauere vergleichende Analyse von Pfortader- und Lebervenenblut des Hunds (Drosdoff).

	Pfortader	Lebervene
Wasser	725,80	743,39
Feste Stoffe	274,20	256,61
Hämoglobin, Albuminstoffe, unlösliche Salze	251,75	237,88
Cholesterin	2,59	2,73
Lecithin	2,45	2,90
Fette	5,75	0,97
Alkoholextrakt	1,27	1,36
Wasserextrakt	5,05	5,68
Anorganische Salze	5,38	5,07
Schwefelsaures Kalium	0,17	0,13
Chlorkalium	0,66	0,61
Chlornatrium	2,75	2,84
(Einfach saures) phosphorsaures Natrium	0,63	0,55
(Neutrales) kohlensaures Natrium	0,53	0,46

Perspiration und Schweissbildung.

Grösse der Hautoberfläche s. p. 24 u. 25.

Sauerstoffabsorption der Haut

ist etwa $1/_{127}$ der Sauerstoffabsorption durch die Lungen (s. p. 123).

Kohlensäureausscheidung

etwa 10 g pro 24 Stunden.

Die Oberfläche des Körpers zu 1,6 m^2 gerechnet, würde sich nach den einzelnen Beobachtern ergeben pro 24 Stunden:

    C. Reinhard [4])   2,23

    Aubert und Lange [5])   3,87 — bei 29,6° C 2,9, bei 33° 6,3

    Fubini und Ronchi [6])   6,80

---

1) Journal f. praktische Chemie LIII 1851 p. 205 — LXVII 1856 p. 321.
2) Zeitschrift f. Biologie XIII 1877 p. 133.
3) Zeitschrift f. physiologische Chemie I 1877—78 p. 240. Analyse IV.
4) Zeitschrift f. Biologie V 1869 p. 33.
5) Archiv f. die gesammte Physiologie VI 1872 p. 539.
6) Moleschott's Untersuchungen zur Naturlehre XII 1878 p. 1.

A. Gerlach[1])   8,49
Abernethy[2])   14,00
Röhrig[3])   14,00
Scharling[4])   32,08

Für den ganzen Arm (bis zur Achselhöhle) erhielt Röhrig 0,033 g pro Stunde, Aubert für die Hand verhältnismässig viel weniger.

Janssen[5]) findet bei Erwachsenen für 1000 cm² Haut während 1 Stunde am häufigsten 0,02 — 0,04 g Kohlensäure.

Bei einem fast 10j. Knaben und einem 10j. Mädchen (s. p. 125) fand Scharling $1/53$ des dem Lungengaswechsel entsprechenden Kohlensäurewerts.

Verschiedene Einflüsse auf die Kohlensäureausscheidung der Haut.

a) Aussentemperatur.

Die ausgeschiedenen Mengen verhalten sich bei:

16—20° : 20—24° C   100 : 121 CO^2
20—24 : 24—30   100 : 191
16—20 : 24—30   100 : 283

b) Beleuchtung.

Im Dunkeln : heller Beleuchtung 100 : 113 (Fubini und Ronchi).

c) Nahrung.

Nüchterner Zustand : Verdauung   100 : 112 (Fubini und Ronchi)
Animalische : vegetabilischer Kost 100 : 116

Wassergasausscheidung[6])

etwa das Doppelte der Wasserabgabe durch die Lungen (p. 123)

660 g pro 24 Stunden.

Für den „Arm" findet Röhrig 1,667 g pro Stunde und rechnet für die ganze Haut 200 g pro 24 Stunden.

Für Oberextremitäten würden sich 668 g ergeben (unter Zugrundelegung der Werte des 36j. Manns p. 25)[7]).

---

1) Müller's Archiv f. Anatomie und Physiologie 1851 p. 433.
2) Surgical and physiological essays 1793—97 p. 119.
3) Deutsche Klinik XXIV 1872 p. 209. — Die Physiologie der Haut 1876 p. 12.
4) Journal für praktische Chemie XXXVI 1876 p. 455
5) Deutsches Archiv f. klin. Medicin XXXIII 1883 p. 352.
6) Weyrich, Die unmerkliche Wasserverdunstung der menschlichen Haut 1862. — Reinhard, l. c. p. 39.
7) Oberarm und Vorderarm zusammen machen $1/16{,}7$ der Gesamtoberfläche in dem betr. Falle aus. — Die Rechnung ist wohl insofern nicht ganz richtig, als die Ausscheidung an verschiedenen Körperstellen wahrscheinlich eine ungleichmässige ist (s. u. p. 151).

Die Wasserabgabe schwankt, wie folgt (Weyrich):
nimmt zu von 6—11^h morgens
(mit einer geringen Abnahme von 7—8^h)
vermindert sich von 11—1^h,
steigt wieder bis 2 und 3^h,
nimmt ab bis zu einem Minimum zwischen 7—8^h abends
(cf. Lungenrespiration p. 124).

Kinder der ersten Lebenswoche verdunsten pro Tag auf der Haut 55—60 g Wasser (Bouchaud).

Perspiratio insensibilis [1])

beim Erwachsenen pro Stunde c. 50 g
„ „ „ Tag 1200 „

Durchschnittliche Perspirationsgrösse in den einzelnen Tag- und Nachtstunden beim Erwachsenen (A. Volz) [2]).

morgens	g	mittags	g
6—7^h	40—50	3—4^h	
7—8	30—40	4—5	c. 50
8—9		5—6	
9—10		abends	
10—11		6—7	
11—12	50—60	7—8	50—60
mittags		8—9	40—50
12—1		9—10	30—40
1—2	40—50		
2—3			

In 3 auf 2$^3/_4$ Jahre verteilten Versuchsreihen fand Volz den unmerklichen Verlust an sich selbst bei 56,0 k, 56,8 k, 62,1 k Körpergewicht im Durchschnitt [3]):

	I.	II.	III.	Mittel (aus den Urzahlen berechnet)
in 24 Stunden	1179 g	1101 g	1126 g	1135,3
pro Stunde	49	46	47	47,3
pro Tagstunde	47 } 87	51 } 88	54 } 88	50,9 } 87,6
pro Nachtstunde	40	35	34	36,7
pro 1 k in 24 Stunden	21,1	19,4	18,1	19,5

Es kommen vom täglichen Körpergewichtsverlust nach Volz bei 56,5 k Körpergewicht auf 1 k Gewicht

	absolut (g)	%
Perspiratio insensibilis	18,7	35
Urin	30,1	59
Kot	2,4	6

---

1) Stellt nicht den **absoluten** Verlust durch Haut und Lunge, sondern den Überschuss des Gewichts der CO^2 und des Lungen- und Hautwassers über den aus der Luft aufgenommenen O dar.

2) Amtlicher Bericht über die 34. Versammlung deutscher Naturforscher und Ärzte in Karlsruhe im Sept. 1858 (1859) p. 205. — Die Zahlen sind der daselbst befindlichen Kurventafel entnommen.

3) Berechnet in runden Zahlen nach l. c. p. 208.

Perspiratio insensibilis an verschiedenen Körperstellen (Peiper)[1]).

Brust : Wange   = 1   : 1,74
 „   : Hohlhand   = 1   : 4,00
 „   : Oberschenkel = 1,36 : 1
 „   : Unterarm   = 1   : 0,30

Dabei war rechts die Perspiration fast ausnahmslos stärker als links.

Nach A. Sauer[2]) perspirirt die rechte Oberextremität in 15 Minuten im Mittel 0,15 g, im Jahr also 5,256 k.

Perspiratio insensibilis im Kindesalter (Camerer).

a) im 1. Lebensjahr — weibliches Individuum am 3. Lebenstag 3113 g [3]).

Lebenstag	24stündige Perspiration (g)	tägl. Perspiration pro 1 k Körpergewicht	Lebenstag	24stündige Perspiration (g)	tägl. Perspiration pro 1 k Körpergewicht
1	98	29,5	18—21	132,2	37
2	79	26	31—33	126,9	34
3	85	27,5	46 u. 67—69	154,7	37
4	92	30	105—113	225	42
5	96	30	161—163	291,7	46
6	99	31	211—245 Kuhmilch u.	371	55
9—12 (Fieber!)	138	42	357—359 gemischte Kost	459	52

b) vom 2.—15. Lebensjahr[4]).

Alter		mittleres Körpergewicht (k)	24stündige Perspiration Mittelwerte (g)	Menge pro 1 Stunde Tag	Menge pro 1 Stunde Nacht	tägl. Perspiration pro 1 k Körpergewicht (g)
Mädchen	2 Jahre	10,8	356	17	12	33,0
dasselbe	5 „	16,2	517	27	15	31,9
Mädchen	3¼ „	13,3	451	21	16	33,9
dasselbe	7 „	18,8	588	28	20	31,3
Knabe	5¼ „	18,0	641	33	20	35,6
derselbe	9 „	25,1	670	30	25	26,7
Mädchen fast	6 „ [5])	17,35	468	—	—	26,4
dasselbe	9 „	22,7	556	26	18	24,5
Mädchen fast	8 „ [5])	18,3	599	—	—	32,7
dasselbe	12½ „	32,6	610	26	24	18,7
Mädchen	11 „	23,4	644	30	23	27,5
dasselbe	14½ „	35,7	684	33	22	19,2

---

1) Zeitschrift für klinische Medicin XII 1887 p. 157.
2) Ein Beitrag zur Lehre von der Perspiratio insensibilis. Greifswalder Dissertation 1887 p. 34.
3) Zeitschrift für Biologie XIV 1878 p. 388 u. 389.
4) ibid. XVI 1880 p. 31 — XX 1884 p. 574.
5) Württemberg. medic. Corresp.-Blatt 1876 p. 81.

Schweiss.

(Menge etc. der Schweissdrüsen p. 69.) Specifisches Gewicht: 1,004.
Die (sehr grossen Schwankungen unterworfene) 24stündige Menge wird auf 700 bis 900 g angegeben, kann aber leicht auf 1500—2000 steigen.
Am Arm erhielt Funke[1]) pro Stunde
4—48 g Schweiss; den letzteren Wert bei angestrengter Bewegung.
Bei 13—27,5° und Bewegung oder Ruhe fand derselbe (für den ganzen Körper = rund das 17fache des Arms berechnet) pro Stunde
53,04—815,337 g mit 0,923—6,907 g festen Stoffen;
anorganische Salze: 0,246—0,629 % des sauer reagirenden Sekrets.

Analysen (pro 1000 Teile)	Favre[2])	Schottin[3])	Funke[1])
Wasser	995,573	977,40	988,40
Feste Stoffe[4])	4,427	22,60	11,60
Epithel	—	4,20	2,49
Fett	0,013	—	—
Schweisssäure	1,562	—	—
Milchsäure	0,317	—	—
Extraktivstoffe	0,005	11,30	—
Harnstoff	0,044	—	1,55
Chlornatrium	2,230	3,60	—
Chlorkalium	0,024	—	—
Phosphorsaures Natrium	Spuren	} 1,31	—
Schwefelsaure Alkalien	0,011		—
Erdphosphate	Spuren	0,39	—
Salze überhaupt	—	7,00	4,36

Hauttalg und Hautschmiere (Vernix caseosa).

	Inhalt eines erweiterten Haarbalgs vom Menschen[5])	Vernix caseosa	
Wasser	31,7	66,98[6])	84,45[7])
Epithel und Albumin	61,75	5,6 (eiweissartige Materie)	5,4
Fett	4,16	} 47,5	} 10,15[7])
Fettsäuren (Butter-, Baldrian-, Kapronsäure)	1,21		
Alkoholextrakt	—	15	
Wasserextrakt	—	3,3	
Asche	1,18	6,5	0,3

---

1) Moleschott's Untersuchungen zur Naturlehre IV 1858 p. 36.
2) Comptes rendus de l'académie des sciences XXXV 1852 p. 721. — Archives générales de médecine 1853 Vol. II p. 1.
3) De sudore. Dissertat. Lipsiae 1851. — Archiv f. physiologische Heilkunde XI 1852 p. 73.
4) Leube, Centralblatt f. die medicinischen Wissenschaften VII 1869 p. 610. — Virchow's Archiv XLVIII 1869 p. 181 und L 1870 p. 301, fand Spuren von Eiweiss im Schweiss.
5) C. Schmidt (publicirt von A. Vogel), Deutsches Archiv für klinische Medicin V 1869 p. 522.
6) C. G. Lehmann, Lehrbuch der physiolog. Chemie II. Bd. 2. Aufl. 1853 p. 327—329.
7) Buck, De vernice caseosa. Dissert, Halae 1844. 2 andere Analysen ebenda.

Lymphsystem.

Menge der Lymphe.

Eine Durchschnittszahl ist kaum zu geben.

Aus einer Wunde am Oberschenkel einer 30j. Frau erhielten Gubler und Quevenne[1]) fast 3000 g in 24 Stunden.

Für Lymphe und Chylus berechneten Bidder und Schmidt bei Füllen $1/_{12}$ des Körpergewichts; für 100 k Tiergewicht 6,13 k Chylus, wovon 2,73 k als Lymphe zu betrachten wären, 3,40 k als aus dem Darmkanal stammender Chylus.

Specifisches Gewicht: 1,045.

Reaktion: alkalisch.

Analysen menschlicher (wohl nicht als ganz normal anzusehender) Lymphe pro mille:

	Gubler und Quevenne[1])		Scherer[2])	H. Nasse[3])	Hensen und Dähnhardt[4])				Odenius[5]) und Lang
	I	II			I	II	III	IV	
Wasser	939,87	934,77	957,6	940—950	987,7		986,126	985,201	943,58
Feste Stoffe	60,13	65,23	42,4	60—50	12,3		13,874	14,799	56,42
Fibrin	0,56	0,63	0,37	1,65		1,070			1,60
Globulinsubstanz	} 42,7	} 42,8	} 34,72		} 2,6	0,894			
Serumalbumin						1,408	3,811	6,875	21,17
Fett, Cholesterin, Lecithin	3,8	9,2			0,3				24,85
Extraktivstoffe	5,7	4,4			1,28				1,58
Salze	7,3	8,2	7,31		8,38		10,06	7,924	7,22

Salze nach Analyse I von Dähnhardt und Hensen

a) lösliche:

Kochsalz	6,148
Natron	0,573
Kali	0,496
Kohlensäure (gebunden)	0,638
Schwefelsäure, Phosphorsäure und Verlust	0,221

b) unlösliche:

Kalk	0,132
Magnesia	0,011
Eisenoxyd	0,006
Phosphorsäure	0,118
Kohlensäure	0,015
Kohlensaures Magnesium u. Verlust	0,021

Wechselnder Wassergehalt der Lymphe.

H. Nasse[3]) fand beim Hund:

	Hunger	Fleischnahrung	Pflanzennahrung
Wasser	954,68	953,70	958,20
Feste Stoffe	45,32	46,30	41,70
Fibrin	0,591	0,716	0,455
Kochsalz	6,72	6,50	6,77

Derselbe fand: für ältere Hunde 42,86 °/₀₀ feste Stoffe
               „ jüngere „ 47,35 „

---

1) Gazette médicale de Paris. 1854. Nr. 24, 27, 30, 34 (p. 361, 405, 452).
2) Verhandlungen der physikalisch-medicinischen Gesellschaft zu Würzburg VII 1857 p. 268.
3) Zwei Abhandlungen über Lymphbildung. Marburger Universitätsschrift 1872. — Lymphfistel.
4) Virchow's Archiv XXXVII 1866 p. 55 u. p. 68. 30j. Mann mit einer Fistel am linken Oberschenkel. — Dähnhardt in Arbeiten aus dem Kieler physiologischen Institut 1868 p. 27. — Hensen, Archiv f. d. gesammte Physiologie X 1875 p. 94. — S. a. Anm. 4 auf nächster Seite.
5) Lymphorrhoë am Schenkel. Die Flüssigkeit sah wie Chylus aus.

Gase der Lymphe.

a) Mensch (Hensen)[1].

Lymphe aus dem Oberschenkel eines 30jährigen Manns:

                                          I   II

(durch Kochen austreibbare) freie Kohlensäure pro 1000 g 1,109 g   0,972[1])

                                                                  d. h. c. 50 Vol. Proc.

b) Hund (Hammersten)[2].

pro 100 Volumina

	Kohlensäure	Stickstoff	Sauerstoff
Vollkommen blutleere Lymphe vom linken Vorderbein	41,89	1,12	0,00
Dieselbe	47,13	1,58	0,10
Überwiegend reine, blutfreie Gliederlymphe	44,07	1,22	0,00
Blutfreie Glieder- und Darmlymphe	37,55	1,63	0,10

Lymphkörperchen (des Hunds)

pro 1 mm³ Lymphe 8200 (J. F. Ritter)[3].

Chylus[4].

Menge ist mit irgend welcher Bestimmtheit nicht anzugeben. Für den Menschen wurde die 24stündige, durch den Ductus thoracicus strömende Menge auf 3 k geschätzt (Vierordt). Nach Colin[3]) kann man beim Rind in 24 Stunden aus einer Fistel des Ductus thoracicus bis zu 50 k Chylus erhalten, bei Hunden 130—140 g pro Stunde. S. a. p. 153.

Im Chylus des Ductus thoracicus eines Enthaupteten fand Owen Rees[5]):

                Wasser   904,8
                Feste Stoffe   95,2
                Eiweiss und Fibrin 70,8
                Wasserextrakt   5,6
                Alkoholextrakt   5,2
                Fette[6])   9,2
                Salze   4,4

Für letztere werden sonst höhere Werte (7—8 bei Tieren) gefunden.

---

1) Virchow's Archiv XXXVII p. 75. — Von 0,972 g kommen 0,207 auf kohlensaures Ammoniak.
2) Berichte der K. sächs. Gesellschaft der Wissenschaften zu Leipzig. Math.-physische Klasse. XXIII 1871 p. 617. — Die Gase reduciert auf 0° und 1 m Quecksilberdruck.
3) Gazette médicale de Paris 1856 p. 215.
4) S. a. Hensen, Über die Zusammensetzung einer als Chylus aufzufassenden Entleerung aus der Lymphfistel eines 10jährigen Knaben. Archiv für die gesammte Physiologie X 1875 p. 94.
5) Philosophical Transactions of the Royal Society of London 132. Bd. 1842 p. 81.
6) Zawilsky (C. Ludwig, Arbeiten aus der physiologischen Anstalt zu Leipzig 1876 p. 147) fand beim Hund den Fettgehalt des Chylus wechselnd zwischen 2,5 und 146 p. mille. 5 Stunden nach der Nahrungsaufnahme ist ein Maximum vorhanden.

Hoppe-Seyler[1]) untersuchte die Punktionsflüssigkeit von Brust- und Bauchhöhle nach Bersten des Ductus thoracicus.

In 1000 Teilen:

	Erste Punktion	Zweite Punktion
Wasser		940,724
Feste Stoffe		59,276
Albuminstoffe		36,665
Fibrin	6,045	
Globulinsubstanz	2,832	
Serumalbumin	38,968	
Fette [2])	} 4,709	7,226
Cholesterin		1,321
Lecithin		0,829
Seifen		2,353
Wasserextrakt		0,578
Alkoholextrakt		3,630
Lösliche anorganische Salze		6,804
Unlösliche „ „		0,350

In 1000 Gewichtsteilen vom Rückstand des Ätherextrakts:

	Erste Punktion	Zweite Punktion
Cholesterin	113,2	140,9
Lecithin	75,4	88,4
Olëin	381,3 } 811,4	} 770,7
Palmitin und Stearin	430,1	

Vergleich zwischen Blut, Lymphe und Chylus.

In 1000 Teilen Plasma von

	Blut	Lymphe	Chylus
Wasser[3])	901,50	957,61	958,50
Faserstoff	8,06	2,18	1,27
Eiweiss	81,92	32,02	30,85
Salz	8,51	7,36	7,55
Kochsalz	5,546	5,65	5,95
Natron	1,532	1,30	1,17

In 1000 Teilen bei einem mit Heu gefütterten Füllen[4]):

			Serum		(Gerinnungskuchen [5])	
	Lymphe	Chylus	Lymphe	Chylus	Lymphe	Chylus
Wasser	955,36	956,19	957,61	958,50	907,32	887,59
Feste Stoffe	44,64	43,81	42,39	41,50	92,68	112,41
Faserstoff	2,18	1,27	—	—	48,66	38,95
Eiweiss	} 34,99	0,81	29,85	} 31,63	34,36	67,77
Fett und Fettsäuren[6])			1,23			
Extraktivstoffe		2,24	1,78			
Anorganische Salze	7,47	7,49	7,36	7,55	9,66	5,46
und zwar:						
Chlornatrium	5,67	5,84	5,65	5,95	6,07	2,30
Natron	1,27	1,17	1,30	1,17	0,60	1,32
Kali	0,16	0,13	0,11	0,11	1,07	0,70
Schwefelsäure	0,09	0,05	0,08	0,05	0,18	0,01
Phosphorsäure an Alkali gebunden	0,02	0,04	0,02	0,02	0,15	0,85
Phosphorsaures Calcium und Magnesium	0,26	0,25	0,20	0,25	1,59	0,28

---

1) Physiologische Chemie p. 597. 2) Siehe Anm. 6 p 154.
3) Beaunis, Physiologie p. 326.
4) C. Schmidt, Bulletin de l'Académie de St. Pétersbourg T. 4 1861 p. 355.
5) Bei der Lymphe 44,83 %/₀₀, beim Chylus 32,56 %/₀₀ betragend.
6) Einschliesslich Cholesterin und Lecithin.

Druck und Geschwindigkeit im Lymphstrom.

Druck:
Halsgefässe des Hunds
  8—18 mm Sodalösung (Noll)[1]
  5—20 „   „   (Wold. Weiss)[2]
Pferd   10—20 „   „   „
Im Ductus thoracicus (des Füllens) fand Weiss
  11,59 mm Quecksilber Druck
Geschwindigkeit des Lymphstroms im Mittel
  4 mm pro Sekunde (Weiss).

Blutgefässdrüsen.

Milz.

Grösse: p. 61.
Gewicht: p. 13.
Specif. Gewicht: p. 28.   Blutkörperchen der Milzarterie: } p. 104.
  „   „ Milzvene:

Analysen (Milz Erwachsener):

Wasser   69,4—77,5 % (Oidtmann)[3] — 75,8 (E. Bischoff)[4] —
  76,5 (A. W. Volkmann)[5]
Organische Stoffe 21,6—30,1
Asche   0,5— 0,95

Aschenanalyse (Oidtmann)[3]:

	Mann	Weib
Kali	9,60	17,51
Natron	44,33	35,32
Magnesia	0,49	1,02
Kalk	7,48	7,30
Chlor	0,54	1,31
Phosphorsäure	27,10	18,97
Schwefelsäure	2,54	1,44
Kieselerde	0,17	0,72
Eisenoxyd	7,28	5,82
Metalloxyde	0,14	0,10

Thymus.

Gewicht: p. 14 und 16.
Grösse: 63.
Specif. Gewicht: 1,0299—1,03522.
  Wasser 77 % (E. Bischoff)[4].
  Fett: 3wöchentliches Kalb 1,375 % (Friedleben)[6]
  18monatliches Rind 16,807 „

---

1) Zeitschrift für rationelle Medicin IX 1850 p. 52.
2) Experimentelle Untersuchungen über den Lymphstrom. Dorpater Dissertation. 1860. — Virchow's Archiv XXII 1861 p. 526.
3) l. p. 147 cit.
4) l. p. 13 cit.
5) Die Mischungsverhältnisse des menschlichen Körpers. Abhandlungen der naturforschenden Gesellschaft zu Halle 1873.
6) Die Physiologie der Thymusdrüse. 1858.

Von der Schilddrüse und den Nebennieren
liegen quantitative Analysen nicht vor.

Harnbereitung.
Nieren.

Gewicht: p. 13.
Specif. Gewicht: p. 28.
Dimensionen p. 63.
Chemische Analyse der Niere
    Wasser: 83,45 $^0/_0$ (Volkmann)[1])
               75,8 ,, (Bischoff)[2])
    Salze: 0,7 ,, (Oidtmann)[3]) — 14j. Kind
          0,099 ,,   ,,   — alte Frau
          0,8 ,, (Volkmann)[1]).

    Mit $^3/_4$ $^0/_0$ Kochsalzlösung ausgewaschene Niere (vom Hund) ergab nach Gottwalt[4]) in $^0/_0$ der frischen Substanz

Serumalbumin	1,116—1,394
Globulinsubstanz	8,633—9,225
Durch kohlensaures Natrium extrahirte Eiweissstoffe	1,436—1,598
Leim aus Bindegewebe	0,996—1,849

Mechanik der Harnentleerung.

Bewegungen des Ureters.
    Die mittlere Leitungsgeschwindigkeit des Ureters beträgt bei kräftigen Kaninchen 25 (20—30) mm p. Sekunde (Engelmann)[5]).
    Druck in der Harnblase. Der zur Eröffnung der Harnblase erforderliche Druck beträgt beim Kind
während des Lebens 680 und 730 mm Wasser — (Heidenhain u. Colberg)[6])
im Tod   380 (männlich), 130 (weiblich)
    Nach Alter und Geschlecht ist der Druck in der Harnblase nicht sehr verschieden (P. Dubois)[7]) und beträgt:
    in der Rückenlage 13—15 cm Flüssigkeitshöhe über der Symphyse
    beim Stehen   30—40 ,,   ,,   ,, ,,   ,,
    Bei mässiger Sekretion tritt aus den Ureteren etwa alle $^3/_4$ Minuten ein Tropfen in die Harnblase über (Mulder)[8]), bei sehr starker Sekretion kommt der Urin in schwachem Strahl.
    Temperatur des frisch entleerten Urins 37,03^0 C.

---

1) l. p. 156 c.
2) l. p. 13 c.
3) l. p. 147 c.
4) Zeitschrift für physiologische Chemie IV 1880 p. 438.
5) Archiv f. die gesammte Physiologie VI 1869 p. 272.
6) Archiv f. Anatomie und Physiologie 1858 p. 437.
7) Deutsches Archiv f. klinische Medicin XVII 1876 p. 148. — Auch Berner Dissertation: über den Druck in der Harnblase. Leipzig 1876.
8) Beobachtet bei Inversio vesicae. — Neederlandsch Lancet 1845—46 p. 611.

Menge und specifisches Gewicht des Harns beim Erwachsenen.

24stündige Harnmenge bei mässiger Getränkezufuhr 1500—1700 cm³.

Bei einer ziemlich gleichmässigen Eiweisszufuhr von etwa 126,5 g = 19,7 Stickstoff und einer Flüssigkeitszufuhr (inkl. des Wassers der Nahrung) von 2970 g[1]) erhielt Weigelin[2]) an sich selbst (Alter 24 J. Gewicht 65,5 k) im Mittel aus 6 in den Sommer fallenden Versuchstagen:

Stunden		2stündige Harnmenge in cm³	Harnstoff[3]) g	Chlornatrium[3]) g	
6—8		112	3.046	0.341	
8—10	abends	110	3.568	0.358	8ʰ Abendessen
10—12		72	2.792	0,246	11ʰ Schlafengehen
12—2		58	2,611	0.165	
2—4		57 Minim.	2.585	0.160	
4—6	morgens	68	2,741	0,260	
6—8		94	2.989	0,378	7ʰ Aufstehen und
8—10		110	3,133	0,492	Frühstück
10—12		188	3,650	0.741	
12—2		216	3,976	0.775	12¹/₄ʰ Mittagessen
2—4	mittags	298 Maxim.	4.848	0,691	
4—6		169	3.604	0.582	
Mittel p. 2 Std.		130 (129.3)	3.249	0,432	
24stündige Menge		1552	38.998	5,189	

Ein 22j. Student, 58 k schwer, der 2mal Fleischnahrung zu sich nahm, mittags 0,3, abends 0,6 Liter Bier trank, erhielt im September an 3 Versuchstagen im Mittel[4]):

	cm³			spec. Gewicht
5—10 morgens	230	(238)*	46 pro Stunde	1,015
10—1 ,,	93	(296)	31	1,018
1—6 nachmittags	300	(575)	60	1.028
6—10 abends	212	(222)	53	1.020
10—5 nachts	735	(221)	105	1.013
in 24 Stunden	1570 cm³	(1552)	65.4 pro Stunde	1,027 spec. Gewicht im Mittel

*) Berechnete Zahlen Weigelin's nach der vorigen Tabelle.

An weiblichen Spitalspersonen (9 10—45jährige Personen mit 80 Versuchstagen) fand Quincke[5]) in cm³:

	Mittelwerte	Maximum	Minimum
pro Stunde überhaupt	72	101	54
in einer Nachtstunde	60	85	37
,, ,, Morgenstunde	101	161	63

---

1) 7ʰ 418 cm³ (1 Schoppen) Milch, 8—10ʰ ebenso viel Wasser, zum Mittag 209 cm³ Wein. danach ebenso viel Zuckerwasser und eine Tasse Kaffee, 8—10ʰ abends 830 cm³ Bier.
2) Versuche über den Einfluss der Tageszeiten und der Muskelanstrengung auf die Harnstoffausscheidung. Tübinger Dissertation 1869 p. 13.
3) Titrirungen nach Liebig.
4) Mitgeteilt in Löbisch. Anleitung zur Harnanalyse. 2. Aufl. 1881 p. 5.
5) Archiv f. experimentelle Pathologie und Pharmakologie VII. Bd. 1877 p. 119.

Neubauer und Vogel[1]) rechnen:

	für 24 Stunden	für 1 Stunde
bei gut genährten, reichlich trinkenden Personen	1400—1600 cm³	50—70 cm³
bei weniger trinkenden	1200—1400 „	40—60 „

In runder Zahl pro Stunde für 1 k Erwachsener 1 cm³
                        „ 100 cm „ 40 „

Durchschnittliche grösste Urinmenge 77 cm³ p. Stunde in den Nachmittagsstunden
     „   kleinste   „   58 „   „   „ während der Nacht
             Mittelgrosse   „   69 „   „   „ in den Morgenstunden

Nach Beigel[2]) beträgt das mittlere tägliche Harnvolum:
          für Männer 1668 cm³
          „ Weiber 882 „

Wechselnde, in derselben Zeit einverleibte Wassermengen (Rud. Ferber)[3]).

Rud. Ferber[1]) trank von $^3/_4 6$—6^h morgens, nachdem um 5^h der 7stündige Nachtharn (262 cm³ Min. 371 Max.) entleert war, wechselnde Wassermengen und sammelte bis 12^h stündlich bis halbstündlich den Harn. Die Lufttemperatur, um 10^h bestimmt, schwankte von 10—19° R.

Menge des Getränks in cm³	6—7	7—8	8—9	9—10	10—11	11—12	Gesamtmittel cm³	Chlornatrium (g)
0	53	60	80	61	47	35	337	2,928
300	61	56	65	50	35	27	294	2,769
600	74	142	155	69	41	32	513	3,341
900	196	287	167	82	52	42	826	4,282
1200	346	494	191	81	62	41	1214	5,429
1500	382	468	154	83	54	44	1186	6,572
1800	325	721	237	69	45	36	1433	5,001

Specifisches Gewicht des Urins beim Erwachsenen.

1,020—1,017 bei 1500—1700 cm³ täglicher Urinmenge.
Grenze der Mittelzahlen 1,015—1,025
bei übermässigem Wassertrinken bis herab zu   1,002
„ starkem Schwitzen, nach starken Märschen bis zu 1,035—1,040

Über Reduktion des specifischen Gewichts auf bestimmte Temperaturen s. u. im „Physikalischen Teil".

Je 3° C erniedrigen das specif. Gewicht des Urins um 1 Teilstrich des Araeometers (Siemon).

---

1) Anleitung zur qualitativen und quantitativen Analyse des Harns. 6. Aufl 1872 p. 314.
2) Nova Acta Acad. Leop.-Carol. nat cur. Bd. XXV 1855 p. 477.
3) Archiv der Heilkunde I 1860 p. 244. — Neben dem Getränk wurden 2 Milchbrote gegessen.

(Ungefähre) Bestimmung der festen Stoffe aus dem specifischen Gewicht.

Für 1000 Volumteile Harn berechneter Koefficient, mit dem die beiden letzten Dezimalen zu multiplizieren sind:

nach Trapp 2
„ Löbisch[1]) 2,2
„ Häser 2,33   } Mittel: 2,2337
„ Neubauer[2]) 2,3295
„ E. Ritter[3]) 2,3092

Harnmenge des Kinds.

Kapacität der Harnblase Neugeborener (Freudenstein)[4])
pro 1 k Körpergewicht : 20 cm^3 für das männliche Geschlecht
„ 1 „   „   : 21,7 „   „   „ weibliche   „
(s. a. p. 64.)

Zahl der Harnentleerungen.

67 % aller Neugeborenen lassen schon am 1. Lebenstag Harn, in den meisten dieser Fälle geschieht es aber nicht vor der 12. Lebensstunde. Bei den übrigen 33 % tritt die erste Entleerung erst am 2. Tag (unter Umständen selbst am Anfang des 3. Tags) ein (Martin und Ruge)[5]).

Einzelne Harnentleerung.

Cruse[6]) fand im St. Petersburger Findelhaus:

Alter	Mittel in cm^3	Minimum	Maximum	Zahl der Entleerungen in 24 Stunden
2—5 Tage	22—23	5	50	c. 6—10
5—10	26—27	5	55	
10—30	27—28	9	55	
30—60	28—29	10	60	c. 15
Camerer[7])				
5 Monate	fast 32			(16 u. 14)

---

1) l. p. 158 c. p. 10.
2) Neubauer-Vogel, p. 239.
3) Beaunis, Éléments de physiologie humaine p. 795.
4) Untersuchungen über die makrometrischen Grössen der Harnwerkzeuge neugeborener Kinder. Marburger Dissertation 1861.
5) (Martin's und Fasbender's) Zeitschrift für Geburtshülfe und Frauenkrankheiten I 1875 p. 273, ferner: Martin, Ruge und Biedermann, Centralblatt für die medicinischen Wissenschaften XIII 1875 p. 387. Dieselben: Berichte der deutschen chemischen Gesellschaft zu Berlin 8. Bd. 1875 p. 1184.
6) Jahrbuch f. Kinderheilkunde und physische Erziehung N. F. XI 1877 p. 393.
7) Medicinisches Correspondenz-Blatt des Württemberg. ärztl. Vereins XLVI 1876 p. 81. Die Beobachtung erstreckte sich an 2 Versuchstagen auf je 11 Stunden.

24stündige Menge und specifisches Gewicht des kindlichen Harns im ersten Lebensjahr [1]).

Alter	Menge in 24 Stunden cm³	Auf 1 k Körpergewicht	Specifisches Gewicht	Art der Ernährung	Beobachter
1. Tag	—	14,5	—	Muttermilch	*Camerer* [2])
2. „	—	17,6	—	„	„
	130	39,4	1,0054	Amme	*Cruse* [3])
3. „	—	54,0	—	Muttermilch	*Camerer*
	208	62,7	1,00457	Amme	*Cruse*
1.—3. „	12—36	—	—	—	*Bouchaud* [4])
	—	—	1,0097	—	*Martin* und *Ruge* [1])
4. „	—	72,0	—	Muttermilch	*Camerer*
	210	61,6	1,005	Amme	*Cruse*
5. „	—	57,0	—	Muttermilch	*Camerer*
	226	66,1	1,00425	Amme	*Cruse*
6. „	—	65,0	—	Muttermilch	*Camerer*
	—	—	1,0039	—	*Picard* [5])
4.—6. „	70 bis über 200	—	1,0047 [1])	—	*Bouchaud*
8. „	—	—	1,00233	—	*Hecker* [6])
5.—10. „	310,3	92,1	1,00357	Amme	*Cruse*
8.—10. „	—	—	1,0033	—	*Martin* und *Ruge*
9.—12. „	—	107,0	—	Muttermilch	*Camerer*
8.—17. „	77	—	—	—	*Hecker*
18.—21. „	—	110,0	—	Muttermilch	*Camerer*
6.—30. „	100—300	—	—	—	*Parrot* u. *A. Robin* [7])
10.—30. „	369	97,0	1,00378	Amme	*Cruse*
31.—33. „	—	108	—	Muttermilch	*Camerer*
30.—60. „	417,1	95,3	1,00362	Amme	*Cruse*
47.—69. „	—	105,0	—	Muttermilch	*Camerer*
105.—113. „	—	98,0	—	„	„
5. Monat	986	145,0	1,0115	Kuhmilch	„
161.—163. Tag	—	75,0	—	Muttermilch	„
221.—245. „	—	122,5	—	Kuhmilch und gemischte Kost	„
357.—359. „	—	112,0	—	„	„
8 Tage — 2½ Monate	250—410	—	1,005—1,007	—	*Pollak* [8]), *Bouchaud*

Das specifische Gewicht des unmittelbar nach der Geburt mittelst Katheters entleerten Urins [Durchschnittsmenge 7,5 cm³] beträgt im Mittel 1,0028 (1,0018—1,006) [Dohrn [9])], das Gewicht der ersten Spontanentleerung 1,012 (Martin und Ruge).

---

1) Die auffallend niederen Werte von Martin und Ruge (Anmerkung auf p. 160) sind weggelassen; sie schwanken für die 10 ersten Tage zwischen 10,7 und 66 cm³ und betrugen im Mittel 39,3 p. Tag mit dem specif. Gewicht 1,004.
2) Zeitschrift für Biologie XIV 1878 p. 383.
3) Jahrbuch für Kinderheilkunde und phys. Erziehung N. F. XI 1877 p. 393.
4) l. p. 9 Aum. 2 cit.
5) De la présence de l'urée dans le sang. Thèse de Strasbourg 1856.
6) Virchow's Archiv XI 1857 p. 217.
7) Archives générales de médecine 1876 Vol. I p. 129.
8) Jahrbuch f. Kinderheilkunde, Neue Folge II 1869 p. 27.
9) Monatsschrift f. Geburtskunde und Frauenkrankheiten XXIX 1867 p. 105.

Menge und specifisches Gewicht des Harns vom 2.—15. Lebensjahr.

a) Verschiedene Beobachter (Rauke, Bischoff etc.).

Alter	Menge in 24 Stunden cm³	Auf 1 k Körpergewicht	Specifisches Gewicht
3—5 Jahre (Knaben)	743	53,03	1,0134—1,0187
3—5 Jahre (Mädchen)	708	48,0	
6 Jahre	1209	78,0	
7 ,,	1055	47,06	
11 ,,	1815	75,64	
13 ,,	756	23,12	

b) 2—13jährige Kinder bei gemischter Kost (Anna Schabanowa)[1].

Alter	Menge	Auf 1 k	Spec. Gew.
2 Jahre	675	68,5	1,012
2½ ,,	525	47,4	1,013
3 ,,	610	56,2	1,011
4 ,,	1225	101,5	1,010
5 ,,	943	62,5	1,012
6 ,,	1295	83,0	1,012
7 ,,	941	57,7	1,014
8 ,,	822	40,2	1,016
8½ ,,	1152	62,6	1,013
9 ,,	1205	53,6	1,013
10 ,,	1866	65,7	1,010
11 ,,	1205	46,9	1,013
12 ,,	1201	43,5	1,014
13 ,,	1012	36,9	1,014

c) Quantität und specifisches Gewicht des Harns und der Einzelentleerung (Camerer)[2].

Versuchsperson	24stündige Harnmenge (cm³) im Mittel	Stündliche Harnmenge Tag	Stündliche Harnmenge Nacht	Zahl der Entleerungen während des Tags Mittel	Menge einer Entleerung während des Tags (cm³) Mittel	Von den Entleerungen betrugen mehr als cm³	%	Specifisches Gewicht Mittel	Tagharn	Nachtharn
2jährig. Mädchen	641	31,8	21,8	6,9	59	100	6	1,018	1,017	1,019
dasselbe 5jährig	738	39,5	20,2	5,7	91	(zwischen 100—200	47,4)	1,019	1,019	1,020
3¼jähr. Mädchen	619	30,3	22,8	4,8	81	150	10	1,016	1,016	1,018
dasselbe 7jährig	727	35,2	24,3	3,8	122	(zwischen 100—200	34,8)	1,020	1,020	1,019
5¼jähriger Knabe	729	36,5	26,0	5,0	95	150	16	1,019	1,018	1,020
derselbe 9jährig	922	48,0	24,7	4,6	147	200	30,9	1,021	1,020	1,024
9jähriges Mädchen	1034	58,7	29,0	4,4	172	200	25	1,015	1,015	1,017
dass. 12½jährig	1120	52,6	37,8	3,3	229	200	60,8	1,018	1,017	1,020
11jähriges Mädchen	989	46,8	33,2	4	151	200	20	1,016	1,017	1,016
dass. 14½jährig	953	46,0	30,2	3,4	195	200	53,8	1,022	1,021	1,024

---

1) Jahrbuch für Kinderheilkunde und physische Erziehung, Neue Folge XIV 1879 p. 294.
2) Zeitschrift für Biologie XVI 1880 p. 29 — XX 1884 p. 571.

Analyse des 24stündigen Harns.

	Vogel[1]		G. Kerner[2] 23jähr. Mann 72 k schwer		
	in 24 Stunden	%	Mittel	Minimum	Maximum
Harnmenge	1500 cm^3		1491 cm^3	1099	2150
Specifisches Gewicht	1020		1021	1015	1027
Wasser	1440 g	96	—		
Feste Stoffe	60	4	—		
Harnstoff	35	2,33	38,1 g	32,0	43,4
Harnsäure	0,75	0,05	0,94	0,69	1,37
Chlornatrium	16,5	1,10	16,8	15,0	19,20
Phosphorsäure	3,5	0,23	3,42	3,0	4,07
Schwefelsäure	2,0	0,13	2,48	2.26	2,84
Phosphorsaures Calcium	—	—	0,38	0,25	0,51
„ Magnesium	—	—	0,97	0,67	1,29
Gesamtmenge der Erdphosphate	1,2	0,08	1,35	0,92	1,80
Ammoniak	0,65	0,04	0,83	0,74	1,01
Freie Säure	3	0,2	1,95	1,74	2,20

Drechsel[3] gibt folgende Zusammenstellung (g)

	in 24 Stunden	pro 1 l
Harnstoff	25—32	
Harnsäure	0,2—1	
Kreatinin*	1,12	
Rhodanwasserstoff*		0,03 $CySNa$ 0,11 $CySK$
Oxalsäure* (s. u.)	bis 0,02	
Aromatische Oxysäuren*	—	0,04
Hippursäure* (s. u.)	1	—
Indigo*	0,005—0,02	0,0066 (M. Jaffe)[4]
Eisen*	—	0,003—0,011 (Magnier)[5]
Ammoniak (s. u.)	0,31—1,21	—
Phosphorsäure	2	—
Gesamtschwefelsäure	2	—
Kali (K^2O)	2—3	—
Natron (Na^2O)	4—6	—
Kalk (CaO)	0,12—0,25	—
Magnesia (MgO)	0,18—0,28	—

Die mit * bezeichneten Harnbestandteile sind in der vorhergehenden Tabelle nicht aufgeführt.

Vergleich der Urinsekretion beider Geschlechter (Mosler)[6].

	Mann (18—31 Jahre)		Mädchen (17—26 Jahre)	
	p. 24 Stunden	p. k Körpergewicht	p. 24 Stunden	p. k
Harnmenge	1875 cm^3	39,9 g	1812 cm^3	42,3 g
Harnstoff	36.2 g	0,75	25,79 g	0,61
Chlornatrium	15.6	0,326	13,05	0,302
Schwefelsäure	2,65	0,053	1,966	0,046
Phosphorsäure	4,91	0,104	4,164	0,097

1) Mittelzahlen aus zahlreichen Beobachtungen an verschiedenen Individuen. 8tägige Beobachtungsdauer.
2) Archiv des Vereins für gemeinschaftliche Arbeiten III 1858 p. 626 Tabelle I.
3) Hermann's Handbuch der Physiologie V 1 1883 p. 530.
4) Archiv für die gesammte Physiologie III 1870 p. 469.
5) Berichte der deutschen chemischen Gesellschaft zu Berlin, 7. Bd. 1874 p. 1796.
6) Archiv des Vereins für gemeinschaftliche Arbeiten zur Förderung der wissenschaftlichen Heilkunde III 1858 p. 431 und 441.

Asche des Urins [1]) in $^0/_0$.

Chlornatrium	67,26
Kali	13,64
Natron	1,33
Kalk	1,15
Magnesia	1,34
Phosphorsäure	11,21
Schwefelsäure	4,06

Gase des Urins.

Pflüger[2]) fand in frischem Menschenharn in Volumprozenten, berechnet auf 1 m Druck und 0^0:

	I	II (Nachtharn)
Sauerstoff	0,07	0,08
Auspumpbare Kohlensäure	14,30	13,60
Durch Phosphorsäure ausgetriebene Kohlensäure	0,70	0,15
Stickstoff	0,88	0,92

E. Morin[3]) erhielt mit der Quecksilberpumpe:

	in 100 Volumteilen Gas	in 1 l Harn
Kohlensäure	65,40	15,957 cm^3
Sauerstoff	2,74	0,658 „
Stickstoff	31,86	7,773 „
	100,00	24,39 cm^3

Planer[4]) beobachtete für 100 cm^3 Harn:

	Stickstoff	Kohlensäure	
Vormittags	0,7 g	4,5 cm^3	= 0,008 g
2 Stunden nach dem Mittagessen	1,1 „	9,9 „	= 0,017 „
Morgens, nach 14stündigem Hungern	0,6 „	4,4 „	= 0,008 „

Die Kohlensäurespannung im Harn ist im Mittel 9,15$^0/_0$ einer Atmosphäre (Strassburg)[5]).

Einfluss der Häufigkeit der Urinentleerung auf die Zusammensetzung des Sekrets (Kaupp)[6]).

Der in 12 Stunden, von 6^h morgens — 6^h abends, in der Blase angesammelte Harn wurde entweder stündlich oder auf einmal, am Ende der Versuchszeit entleert. Dabei durchaus gleiche Diät.

---

1) Beaunis, Physiologie p. 811.
2) Archiv f. die gesammte Physiologie II 1869 p. 165.
3) Journal de Pharmacie et de Chimie 3me Série 45. Bd. 1864 p. 399.
4) Zeitschrift der K. K. Gesellschaft der Ärzte in Wien 1859 p. 465.
5) Archiv f. die gesammte Physiologie VI 1872 p. 94.
6) Archiv für physiologische Heilkunde 1856 p. 140 u. 141 — auch als Tübinger Dissertation 1860: Beiträge zur Urophysiologie: Über die Aufsaugung von Harnbestandtheilen in der Blase.

	12maliges	1maliges	Differenz
	Harnlassen		
Wasser	895,3 cm³	808 cm³	77
Harnstoff	18,8 g	17,9 g	0,9
Chlornatrium	12,3 „	11,5 „	0,8
Phosphorsäure	1,86 „	1,69 „	0,17
Schwefelsäure	1,09 „	1,03 „	0,06
Feste Stoffe überhaupt	43,8 „	41,7 „	2,1

Vergleich zwischen Blutplasma und Urin.

	Blutplasma (C. Schmidt) %	Urin (Vogel) %	Verhältnis
Wasser	90,15	96,0	1 : 1,06
Erdphosphate	0,0516	0,08	1 : 1,55
Chlornatrium	0,5546	1,10	1 : 1,98
Schwefelsäure	0,0129	0,13	1 : 10
Phosphorsäure	0,0192	0,23	1 : 12
Harnstoff	0,015	2,33	1 : 155
Eiweissstoffe	8,192	—	—
Fibrin	0,806	—	—
Harnsäure	—	0,05	—

Die wichtigeren Harnbestandteile.

Harnstoff.

Über den Gang der täglichen Ausscheidung s. a. o. p. 158.

Nach Uhle[1]) kann man ungefähr rechnen:

pro 1 k Körpergewicht	Erwachsener	0,35	g Harnstoff
„	„	13—16jähriger	0,4—0,6 „ „
„	„	8—11 „	0,8 „ „
„	„	3— 6 „	1 „ „

Täglicher Gang der Harnstoffausscheidung (Schleich)[2]).

	Erste Versuchsreihe Mittel aus 24 Normaltagen			Zweite Versuchsreihe Mittel aus 5 Normaltagen			Dritte Versuchsreihe Mittel aus 12 Normaltagen		
	Harnmenge cm³	Harnstoff (g) absolut	% der Tagesmenge	Harnmenge cm³	Harnstoff absolut	% der Tagesmenge	Harnmenge cm³	Harnstoff absolut	% der Tagesmenge
Vormittags 7—1ʰ	386	11.42	28,9	398	13,07	33.4	517	12,62	30.5
Nachmittags 1—7	348	8.63	21,9	354	9.37	23.9	414	10,26	24.8
Nacht { erste Hälfte	492	10,90	27,6	302	8,99	22,9	522	11,90	28.7
{ zweite „	489	8.50	21,6	414	7,76	19.8	383	6,60	16,0
In 24 Stunden	1715	39,45	100	1468	39.19	100	1836	41,38	100

Die Versuchsperson war 22 Jahre alt, wog 82,5 k. Die Stickstoffzufuhr entsprach in der ersten Reihe ungefähr 21, in der zweiten 19,8, in der dritten 20,5 g.

1) Wiener medicin. Wochenschrift IX 1859 p. 97 (Nr. 7).
2) Archiv für experimentelle Pathologie und Pharmakologie IV 1875 p. 82. auch

Bei guter Ernährung mit gemischter Kost beträgt die 24stündige Harnstoffausscheidung im Mittel rund 33 g (als Merkzahl) mit Schwankungen zwischen 25—40. Im Hungerzustande und bei stickstofffreier Nahrung 15—20. Für **Frauen** kann 20—32 g gerechnet werden. — Bei sehr reichlicher animalischer Nahrung kann der Harnstoff vorübergehend bis auf 100 g steigen.

Mässige Kälteeinwirkung auf die Haut (Herzog Karl Theodor, Voit), heisse Bäder (Schleich), starke Muskelanstrengung (Kellner), Einführung von Chloralkalien (Dehn) steigern die Harnstoffausscheidung [1]).

Harnstoffausscheidung im ersten Lebensjahr[2]).

Alter	Mittlerer 24stündiger Harnstoff (g)	% Harnstoff im Mittel	Harnstoff pro 1 k Körpergewicht	Beobachter
1. Tag	0,0763	0,634	0,0205 (0,03 Parrot u. Robin)[3]	*Martin* und *Ruge* [2])
		0,784	—	*Picard* [4])
2. „	0,0783	0,732	—	*Martin* und *Ruge*
	0,736	0,611	0,220	*Cruse* [5])
3. „	0,2504	0,963	—	*Martin* und *Ruge*
	0,789	0,411	0,224	*Cruse*
4. „	0,1827	0,486	—	*Martin* und *Ruge*
		0,277	—	*Picard*
	0,870	0,469	0,253	*Cruse*
5. „	0,1358	0,438	—	*Martin* und *Ruge*
	0,821	0,381	0,242	*Cruse*
6. „	0,1817	0,491	—	*Martin* und *Ruge*
7. „	0,2567	0,414	—	„
3.— 8. „	—	0,45	—	*Hecker* [6])
6.— 8. „	—	0,37	—	*Picard*
9. „	0,1624	0,362	—	*Martin* und *Ruge*
10. „	0,1505	0,228	0,0919 (0,12 Parrot u. Robin)[3]	„
6.—10. „	0,902	0,296	0,260	*Cruse*
8.—17. „	0,219	0,284	(0,069)	*Hecker*
10.—30. „	1,008	0,270	0,263	*Cruse*
11.—30. „	0,91	—	0,23	*Parrot* und *Robin* [3])
30.—60. „	1,148	0,279	0,262	*Cruse*
35. „	1,41	—	0,34	*Ultzmann* (b. *Pollak*)[7])
2½ Monate	3	1,00	0,5	*Picard*
127. Tag	1,5	0,3	—	*Camerer* [8])
5. Monat	3	0,75	0,5	*Picard*
204. Tag	5	0,61	—	*Camerer*

Tübinger Dissertation 1875. — Die Tabelle in obiger Form stammt von Edlefsen, Deutsches Archiv f. klinische Medicin XXIX 1881 p. 421. — Die Harnstoffbestimmungen sind nach der Knop-Hüfner'schen Methode gemacht und ergaben im Durchschnitt 2—3 g weniger als Liebig'sche Titrierung.
    1) Die litterarischen Nachweise b. Hoppe-Seyler, Physiol. Chemie p. 563, 564, 802.
    2) Abgekürzte Tabelle nach Vierordt, Physiologie des Kindesalters p. 372. Die Angaben von Martin und Ruge (s. p. 161 Anmerkung 1) sind fett gedruckt.
    3) l. p. 161 cit. Anmerkung 7.
    4) dto. Anmerkung 5.
    5) dto. Anmerkung 3.
    6) dto. Anmerkung 6.
    7) dto. Anmerkung 8.
    8) dto. Anmerkung 2.

Harnstoffausscheidung vom 2.—15. Lebensjahr.

Alter	Mittlerer 24stündiger Harnstoff (g)	% Harnstoff im Mittel	Harnstoff pro 1 k Körpergewicht	Beobachter
2 Jahre	9,87	1,29	1,01	Schabanowa [2])
	12,1	1,9	0,64	Camerer [3])
2¼ ,,	10,38	1,97	0,92	Schabanowa
3 ,,	13,38	2,32	1,23	,,
3¼ ,,	12,7	1,8	0,926	J. Ranke [4])
3¾ ,,	11,1	1,8	0,66	Camerer
3—5 ,,	13,993	1,883	1,017	Rummel [5]), Uhle [6])
	14,162	2,00	0,961	Scherer [7]), Rummel, Uhle
4 ,,	14,96	1,16	1,37	Schabanowa
5 ,,	14,47	1,77	0,95	,,
	12,37	1,68	0,76	Camerer [8])
5¼ ,,	14,6	2,0	0,81	Camerer
6 ,,	16,49	1,364	1,06	Mosler [9])
	14,74	1,08	0,97	Schabanowa
	18,29	1,733	0,811	Scherer
7 ,,	15,35	1,85	0,81	Schabanowa
	14,05	1,93	0,75	Camerer [8])
8 ,,	13,471	—	0,61	Le Canu [10])
	17,89	2,37	0,87	Schabanowa
8½ ,,	18,25	1,60	1,00	,,
	19,51	1,66	0,86	,,
9 ,,	14,9	1,4	0,66	Camerer
	17,27	1,87	0,69	Camerer [8])
10 ,,	20,42	1,21	0,71	Schabanowa
	21,3	1,173	0,88	Mosler
11 ,,	19,9	1,60	0,73	Schabanowa
	19,62	1,80	0,73	,,
	15,1	1,5	0,64	Camerer
12 ,,	22,35	1,82	0,80	Schabanowa
12½ ,,	17,79	1,59	0,54	Camerer [8])
13 ,,	19,814	(2,63)	0,606	Uhle
	20,02	1,95	0,71	Schabanowa
14½ ,,	17,78	1,87	0,50	Camerer [8])

Harnstoffausscheidung von 3—11jährigen Kindern in Tag- und Nachturin (Camerer)[11]).

	Tagurin		Nachturin	
	g	% Harnstoff	g	% Harnstoff
3½j. Mädchen	5,7	1,63	5,3	2,13
5½j. Knabe	7,4	1,56	5,8	1,93
9j. Mädchen	9,1	1,15	5,7	1,85
11j. ,,	9,9	1,61	7,0	1,98

Weiteres über Harnstoffausscheidung s. u. beim „Gesamtstoffwechsel".

---

1) Tabelle ebenfalls nach Vierordt, l. c.   2) l. p. 162 c.
3) Zeitschrift f. Biologie XVI 1880 p. 29.
4) Mädchen. Die Blutvertheilung und der Thätigkeitswechsel der Organe 1871 p. 135.
5) Verhandlungen der physikal.-medicin. Gesellschaft zu Würzburg V 1854 p. 116.
6) l. p. 165 cit.
7) Verhdlg. d. phys.-medic. Ges. zu Würzburg III 1852 p. 180.
8) Zeitschrift f. Biologie XX 1884 p. 571. Das hier Angeführte ist neu hinzugekommen.
9) Archiv des Vereins für gemeinschaftliche Arbeiten III 1858 p. 407.
10) Mém. de l'Académie royale de médecine VIII 1840 p. 676. — Journal de Pharmacie et des sciences accessoires XXV 1839 p. 697.
11) l. p. 162 cit. — Der Tag wurde zu 12 Stunden 54', die Nacht zu 11 Stunden 6' gerechnet.

Harnsäure.

24stündige Menge der Harnsäure beim Erwachsenen (s. a. p. 163)

g
0,495—0,557		(Alfr. Becquerel)[1]
0,65	bei vegetabilischer Nahrung	(H. Ranke)[2]
0,88	„ reiner Fleischdiät	„
0,2—1,0		(Neubauer)[3]
0,7	„ gemischter Kost	(J. Ranke)[4]
1,0	„ Fleischnahrung	„
2,11	„ übermässiger Fleischkost	„
0,55		(Beneke)[5]
0,4—2,0		(Voit)[6].

C. G. Lehmann[7]) fand an sich selbst in 24 Stunden:

1,478 g bei animalischer Kost
1,183 „   „ gemischter „
1,021 „   „ vegetabilischer „
0,735 „   „ stickstofffreier „

Die mittlere Harnsäuremenge pro 24 Stunden kann demnach für den Erwachsenen zu $1/2 - 3/4$ g veranschlagt werden.

Das Verhältnis der Harnsäure : Harnstoff schwankt beim Gesunden von 1 : 41 bis 1 : 61 (H. Ranke); im Mittel dürfte es ungefähr 1 : 50 betragen.

Harnsäureausscheidung beim Kind.

Alter	Harnsäure in 100 cm³ Harn (g)	24stündige Menge		Verhältnis Harnsäure : Harnstoff	Beobachter
		absolut	pro 1 k Körpergewicht		
Neugeborener	—	0,14 (berechnet aus Gesamtstickstoff minus Harnstoff)	—		Martin und Ruge[8])
6— 8 Tage	0,0463	0,0214	0,00609	1 : 14	„
8—17 „	0,031	0,024	0,007	1 : 9,2	Hecker[9])
17—25 „	—	(0,0018)	—	(1 : 41 ?)	„
5 Wochen	0,049	0,15	0,036	1 : 9,4	Ultzmann[10])
3 Jahre 2 Monate (Mädchen)	0,060	0,423	0,03	1 : 31	J. Ranke[11])

---

1) Sémélotique des urines 1841. Deutsch von Neubert: Der Urin in gesundem und krankem Zustande 1842.
2) Beobachtungen u. Versuche über die Ausscheidung der Harnsäure beim Menschen. Münchener Habilitationsschrift 1858.
3) Neubauer-Vogel, Anleitung zur Analyse des Harns 6. Aufl. 1872 p. 27.
4) Grundzüge der Physiologie des Menschen 4. Aufl. 1880.
5) Grundlinien der Pathologie des Stoffwechsels 1874.
6) Sitzungsberichte der Akademie d. Wissenschaften zu München 1867 Bd. II p. 279.
7) Wagner's Handwörterbuch der Physiologie II. Bd. 1844 p. 18.
8) l. p. 160 c.   9) l. p. 161 c.
10) Citiert von Pollak, Jahrb. f. Kinderheilk. u. physische Erziehung N. F. II 1869 p. 31.
11) Die Blutvertheilung etc. p. 135.

Chlornatriumausscheidung beim Erwachsenen

s. auch o. p. 163 und p. 165.

24stündige Chlornatriummenge.

10,46 g Chlor = 17,5 g Chlornatrium (Hegar)[1]
     14,73 „   „   (Th. Bischoff)[2]
     12 „   „   (Rabuteau)[3]
6—8 g Chlor = 10—13 „   „   (J. Vogel)[4].

Als runde Mittelzahl mag 15 g gelten.

24stündige Zufuhr und Ausscheidung von Chlornatrium (Kaupp)[5].

K. fand an sich selbst (Alter 26 J., Gewicht 67 k):

Aufgenommen	Ausgeschieden	Ausscheidung in % der Zufuhr
33,6	25,7	76
28,7	22,0	79
23,9	17,4	72 (83)
19,0	17,0	89
14,2	13,6	96
9,3	9,8	106
1,5	3,8	246

Chlornatrium- und Harnstoffausscheidung des im Chlorgleichgewicht befindlichen Körpers bei Kochsalzzufuhr (Röhmann)[6].

Als tägliche Nahrung während der Versuchszeit nahm R.: 2 Tassen Milch (1,15 $^o/_{oo}$ $ClNa$), 2 Milchbrote, 300 g Brot, 50 g ungesalzenes Schmalz, 450 g fettfreies Rindfleisch (1,135 $^o/_{oo}$ $ClNa$), $^1/_2$ l Bier, c. 1 l Wasser, 5 g Kochsalz.

Datum 1878	Harn			Faeces		Harnstoff
	Tages-menge	Spezif. Gewicht	Chlornatrium g	Gewicht g	Chlornatrium g	
3. Jan.	1275	1,020	10,582	147,8	0,045	—
4. „	1375	1,018	8,937	82,7	0,027	41,25
5. „	1480	1,018	8,880	203 (dünnbreiig)	0,162	43,51
6. „	1305	1,019	8,220	87,3	0,041	43,48
7. „	1395	1,0225	12,415	208,2 (etwas diarrhoisch)	0,154	52,17
8. „	1325	1,020	9,407	—	—	—
9. „	1430	1,0195	10,153	67,35	Spuren	—
10. „	1270	1,0195	7,239	—	—	45,46

---

1) Über die Ausscheidung der Chlorverbindungen durch den Harn. Giessener Dissertation 1852.
2) Der Harnstoff als Mass des Stoffwechsels 1853 p. 23.
3) Gazette hebdomadaire 1870 Nr. 8.
4) Neubauer-Vogel, Analyse des Harns p. 348.
5) Archiv f. physiologische Heilkunde XIV 1855 p. 401.
6) Zeitschrift f. klinische Medicin I 1880 p. 520.

Chlornatriumausscheidung beim Kind.

Alter und Geschlecht	Chlornatrium in 100 cm³ Harn g	24stündige Menge absolut	24stündige Menge pro 1 k Körpergewicht	Beobachter[1]
Neugeborener	0,033—0,497	—	—	Dohrn
1—10 Tage	0,107	0,0418	0,013	Martin und Ruge
3— 8 „	0,15	—	—	Hecker
8—17 „	0,089	0,069	0,022	„
5 Wochen	0,069	0,211	0,051	Ultzmann
3 Jahre (w.)	0,946	7,07	0,45	{ Scherer, Rummel, Uhle, Ranke
3— 5 „ (m.)	1,061	7,88	0,579	Rummel, Uhle
6 „ (m.)	0,546	6,6	0,44	Mosler
11 „ (m.)	0,584	10,6	0,44	„

Chlornatriumausscheidung in den zwei ersten Lebensmonaten (Cruse)[1].

Alter	Mittleres Körpergewicht g	Chlornatrium (im Mittel) in 100 cm³ Harn g	24stündige Menge absolut	24stündige Menge pro 1 k Körpergewicht (Mittel)
2 Tage	3283	1,53	0,203	0,060
3 „	3518	1,44	0,278	0,074
4 „	3361	1,31	0,275	0,078
5 „	3363	1,47	0,350	0,100
5—10 „	3485	1,42	0,419	0,118
10—30 „	3791	1,08	0,408	0,102
30—60 „	4397	0,82	0,344	0,077

Schwefelsäureausscheidung beim Erwachsenen.

24stündige Schwefelsäureausscheidung (berechnet als Anhydrid) beträgt:

	Mittel
1,509—2,371 g (Gruner)[2]	2,094
1,339—2,141 „ (A. Krause)[3]	
1,858—2,973 „ (W. Clare)[4]	2,288
2,204—3,105 „ (Sick)[5]	2,46
1,5 —2,33 „ (Fürbringer)[6]	
1,7 —3,2 „ (Neubauer)[7]	2,27
(Weidner)[8]	2,1

Als rundes Mittel kann 2,0—2,5 g gelten.

---

1) l. p. 160, 161, 167 c.
2) Die Ausscheidung der Schwefelsäure durch den Harn. Giessener Dissertat. 1852.
3) De transitu sulfuris in urinam. Dorpater Dissertation 1853.
4) Experimenta de excretione acidi sulfurici per urinam. Dorpater Dissertation 1854.
5) Versuche über die Abhängigkeit des Schwefelsäuregehaltes des Urins von der Schwefelsäurezufuhr. Tübinger Dissertation 1859 p. 12.
6) Virchow's Archiv LXXIII 1878 p. 39.
7) Neubauer-Vogel, Anleitung zur Analyse des Harns p. 355.
8) Untersuchungen normalen und pathologischen Harns etc. Rostocker Preisschr. 1867.

Die gepaarte Schwefelsäure (E. Baumann) im Harn wird in 24 Stunden in der Menge von 0,6175—0,0944 (Mittel 0,2787) g ausgeschieden (v. d. Velden)[1]. Das Verhältnis der in Sulfatform vorkommenden Schwefelsäure : der in gepaarter Verbindung ausgeschiedenen ist 1 : 0,1045.

Relative Menge der Schwefelsäure : Stickstoff (letzterer = 100) (Zuelzer)[2].

Für den Erwachsenen bei gewöhnlicher gemischter Kost	18—20
Nachts	18—22
Vormittags	16—19
Unmittelbar nach dem Essen	24—27
Mehrere Stunden nachher (wenn die Gallensekretion am stärksten)	12—15

Gruner findet die Schwefelsäureausscheidung nachmittags am grössten, vormittags am geringsten.

Wechselnde 24stündige Zufuhr und Ausscheidung von Schwefelsäure (Sick)[3].

Die Versuchsperson war 22 J. alt, wog 60 k. Die Schwefelsäure wurde in Form von schwefelsaurem Natrium zugeführt.

	24stündige Harnmenge cm^3	Schwefelsäure (SO^3) des Urins g
Keine besondere Zufuhr (Norm)	3276	2,46
0,8 g Schwefelsäure	3147	3,25
1,6 ,, ,,	3225	3,68
2,4 ,, ,,	3217	3,69

Schwefelsäureausscheidung beim Kind.

Alter	Schwefelsäure in 100 cm^3 Harn g	24stündige Schwefelsäure		Beobachter[4]
		absolut	pro 1 k Körpergewicht	
3— 8 Tage	0,15	—	—	Hecker
8—17 ,,	0,31	0,024	0,008	,,
5 Wochen	0,12	0,036	0,0087	Ultzmann
6 Jahre	—	—	0,08	Mosler
11 ,,	—	—	0,044	,,

---

1) Centralblatt f. die medicin. Wissenschaften XIV 1876 p. 866. — Virchow's Archiv LXX 1877 p. 346.
2) Lehrbuch der Harnanalyse 1880 p. 105.
3) l. c. p. 16. — Ausserdem wurde die Phosphorsäure und das Chlornatrium bestimmt.
4) l. p. 170 c.

Phosphorsäureausscheidung beim Erwachsenen [1]).

24stündige Menge, als Anhydrid (P^2O^5) berechnet:
3,7 (Broed)[2])
2,4—5,2 (Winter)[3])
1,6—3,1 (Neubauer)[4])
2,774 (Aubert)[5])
3,1—5,58 (v. Haxthausen)[6])
2,7—2,9 (Riesell)[7])
2,76 (Weidner)[8])
8 (!) (Ranke) bei 1832 g Fleisch.

Als brauchbare Mittelzahl für den kräftigen Erwachsenen mag 3—3,5 g gelten.

Pro 1 k Erwachsener ist 0,06 Phosphorsäure zu rechnen.

Täglicher Gang der Phosphorsäureausscheidung.

a) Nach Zuelzer[9]).

Es wurde bei einem 31j. Arbeiter, Rekonvaleszent, gefunden:

	Stickstoff	Phosphorsäure	Relatives Verhältnis ($N = 100$)
Mittags 1— 3h	0,9	0,165	18,3
Nachmittags 3— 5	1,01	0,298	29,5
„ 5— 7	0,73	0,095	13
„ 7— 9	0,51	0,078	15,2
Abends 9— 7h morgens	4,93	0,976	19,8
Vormittags 7— 9	1,21	0,135	11,1
„ 9—11	1,09	0,177	16,2
„ 11— 1	1,08	0,214	18,1
In 24 Stunden	11,56	2,138	Mittel: 18,4

b) Nach Edlefsen[10]).

Versuchsperson: 41jähr., c. 70,5 k schwerer gesunder Mann, gemischte Kost:

	Harnmenge cm³	Stickstoff g	Phosphorsäure g	Relativer Wert der Phosphorsäure
Vormittags 6—12h	653	4,626	0,407	8,8
Nachmittags 12— 6h	854	4,604	0,622	13,5
Abends 6—12h	330	3,186	0,490	15,4
Nachts 12— 6h morgens	232	3,270	0,553	16,9
In 12 Tagesstunden	1507	9,230	1,029	11,15
In 12 Nachtstunden	562	6,456	1,043	16,15
In 24 Stunden	2069	15,686	2,072	13,2

1) Über den Phosphorsäuregehalt der Excremente s. p. 142.
2) Annalen der Chemie und Pharmacie 78. Bd. 1851 p. 150.
3) Beiträge z. Kenntniss der Urinabsonderung bei Gesunden. Giessener Dissert. 1852.
4) Neubauer-Vogel, Analyse des Harnes p. 360.
5) Zeitschrift für rationelle Medicin N. F. II 1852 p. 234.
6) Acidum phosphoricum urinae et excrementorum. Dissert. Halae 1860.
7) Hoppe-Seyler, Medicinisch-chemische Untersuchungen (1868 3. Heft) p. 319.
8) l. p. 170 c.
9) l. c. — Virchow's Archiv LXVI 1876 p. 223 u. 282.
10) Deutsches Archiv f. klin. Medicin XXIX p. 417, wo noch weitere Angaben über Phosphorsäureausscheidung verzeichnet sind.

Wechselnde 24stündige Zufuhr und Ausscheidung von Phosphorsäure (Sick)[1]).

Versuchsperson (s. p. 171) 20 Jahre alt, 58 k schwer. Die Phosphorsäure wurde als (officinelles) Natrium phosphoricum ($PO_4HNa^2 + 12H^2O$) zugeführt.

	24stündige Harnmenge cm³	Phosphorsäure (P^2O^5) des Urins g
Keine besondere Zufuhr (Norm)	2775	3,06
1 g Phosphorsäure	2988	4,14
2 „ „	3010	5,30
3 „ „	3058	6,12

Die Erdphosphate des Urins verhalten sich zu den Alkaliphosphaten:

Erwachsener	1 : 1,35	
	1 : 1,324	(Sick)[2])
11.—31. Tag	1 : 2,88	(Cruse)[3])
20monatl. Kind	1 : 1,3	(Bence-Jones)

Phosphorsäureausscheidung beim Kind.

Alter und Geschlecht	Phosphorsäure in 100 cm³ Harn (g)	24stündige Menge (g)		Beobachter[4])
		absolut	pro 1 k Körpergewicht	
5— 7 Tage	0,45	—	—	Martin und Ruge
3— 8 „	0,14	—	—	Hecker
8—17 „	0,06	0,005	0,002	„
5 Wochen	0,22	0,067	0,016	Ultzmann
3 Jahr 2 Monate (w.)	0,67	0,47	0.034	J. Ranke
6 Jahr (m.)	—	—	0,18	Mosler
11 Jahr (m.)	—	—	0,145	„

Phosphorsäureausscheidung und -Zufuhr in den zwei ersten Lebensmonaten (Cruse)[5]).

Alter in Tagen	24stündige absolute Menge (g)	Phosphorsäurezufuhr in der Milch (der Amme)
2	0	0,134
3	0,023	—
4	0,024	—
5	0,039	—
5—10	0,073	—
10—30	0,068	0,216
30—60	0,084	0,264

---

1) Archiv f. physiologische Heilkunde 1857 p. 490.
2) ibid. p. 494.
3) l. p. 161 c. 4) l. p. 170 c.
5) Gekürzte Tabelle nach Vierordt, Physiologie des Kindesalters p. 378 — Die Tabelle, welche Mittelwerte darstellt, umfasst auch eine Anzahl Kinder mit fehlendem oder nur spurweisem Phosphorsäuregehalt des Urins. Vergl. d. Phosphorgehalt der Faeces p. 142.

Hippursäure.

24stündige Menge bei gemischter Kost:
    0,884 g (0,435—1,15) — Löbisch[1])
    c. 1   „ (Hallwachs)[2])
    0,39 „ (Bence-Jones)[3])
    0,169—1 „ (Thudichum)[4]).

Oxalsäure.

24stündige Menge:
  bei gemischter Diät: Spuren—0,02 g (P. Fürbringer)[5])
                               0,07 „ (Schultzen)[6])
                              (0,1 „ oxalsaures Calcium)

Ammoniak.

24stündige Menge (g):

                                                                      Verhältnis

b. rein pflanzlicher Diät: 0,3998 auf 1727 cm^3 Harn (Coranda)[7]) 1
b. gemischter Diät: 0,6422 „ 1862 „ „   „   1,6
b. Fleischnahrung: 0,875 „ 1990 „ „   „   2,2
                      0,7243 (0,3125—1,2096) (Neubauer)[8])
                      0,625   (v. Knieriem)[9])
              Männer 0,8   Weiber 0,5—0,6 (Koppe)[10])

In 5 Tagen schied Hallervorden[7]) bei gleichbleibender Diät 4,139 g aus.

Natrium und Kalium.

24stündige Menge beim gesunden Erwachsenen:

                                Na^2O K^2O

Experimentator selbst bei gemischter Kost (Fleisch etwas vorwiegend)   3,925—4,744 g 2,859—3,130 g (E. Salkowski)[11])
25j. Mann, eiweissarme Kost   5,116—7,038 „ 1,638—1,907 „   „
27j. Frau, reichliche Kost ohne Fleisch   7,095—8,188 „ 2,810—4,225 „   „
Dieselbe, Kost mit Fleisch   5,513—7,977 „ 3,100—4,228 „   „
                                                                2,9 „ (Dehn)[12])

---

1) Harnanalyse 2. Aufl. p. 127. — 6tägige Versuchsreihe bei einem 24j. Mann.
2) Annalen der Chemie und Pharmacie CVI 1858 p. 164.
3) The Journal of the chemical Society of London XV 1862 p. 81.
4) ibid. XVII 1864 p. 55.
5) Deutsches Archiv f. klinische Medicin XVIII 1876 p. 143.
6) Archiv für Anatomie und Physiologie 1868 p. 719.
7) Archiv f. experimentelle Pathologie und Pharmakologie Bd. XII 1879 p. 76. — Hallervorden ibid. p. 237.
8) Journal f. praktische Chemie LXIV 1855 p. 281.
9) Zeitschrift f. Biologie X 1874 p. 275. Stickstoffzufuhr etwa 13—15 g.
10) St. Petersburger med. Wochenschrift 1868 XIV.
11) Virchow's Archiv LIII. Bd. 1871 p. 209.
12) Über die Ausscheidung der Kalisalze. Rostocker Dissertation 1876. Archiv für die gesammte Physiologie Bd. XIII 1876 p. 353.

Als Mittelzahl lassen sich annehmen: für Na^2O 5—7 g
„ K^2O 3—4 „

Das gewöhnliche Verhältnis von Kalium : Natrium im Urin beträgt 1 : 1,35 (Dehn).

In 515 cm³ Speichel während einer Salivation bei Angina tonsillaris fand Salkowski[1]) innerhalb 24 Stunden 0,697 g K^2O und 0,116 Na^2O, während der Harn 1,363 K^2O und 2,840 Na^2O enthielt.

Calcium und Magnesium.

24 stündige Menge des CaO:

0,216 —0,273 g ⎱
0,2807—0,297 „ ⎰ (Soborow)[2]) — 32j. und 22j. Mann

0,353 —0,513 „ (Schetelig)[3])

u. zwar (12tägige Versuchsreihe, gleichbleibende Kost, 74 k Körpergewicht):

am Morgen	0,206
„ Mittag	0,038
6ʰ abends	0,062
10ʰ nachts	0,084

Durch Unterdrücken der Mahlzeit an zwei Tagen sank die Kalkmenge auf 0,070 am Morgen und 0,005 am Mittag.

Die Tagesmenge des MgO beträgt 0,15 —0,4 g, der phosphorsauren Magnesia 0,64.
Calcium- u. Magnesiumphosphat zus. i. Mittel 0,9441—1,012 g (Neubauer)[4])
Erdphosphate b. gewöhnl. Kost 1,09, b. rein animalischer 3,56 (Lehmann).

Es wird ausgeschieden in 24 Stunden:

0,31 —0,37 phosphorsaurer Kalk (Neubauer)[5])
bei 14—28 Jahren 0,132—1,428 „ „ (L. Hirschberg)[6])
„ 41—77 „ 0,014—0,51 „ „
„ jungen Männern 0,32 (0,2—0,6) „ „ (Bödeker)[7])

Bei 16 gesunden Kindern fand Seemann[8]):

			Kalk pro Tag u. k
für das Alter von 5 Wochen (Muttermilch)	0,004 %	Kalk	3,22 mg
„ „ „ „ 4 Monaten (Kuhmilch)	0,002 „	„	2,5 „
„ „ „ „ 12½ „ (Kuhmilch u. Fleischbrühe)	0,0087 „	„	4,35 „
„ „ „ „ 4½ Jahr (Nahrung Erwachsener)	0,0093 „	„	3,3 „

Die beiden mittleren Zahlen stellen das beobachtete Minimum und Maximum der täglichen Kalkmenge pro 1 k dar.

---

1) Virchow's Archiv LIII 1871 p. 216.
2) Centralblatt für die medicin. Wissenschaften X 1872 p. 609.
3) Virchow's Archiv LXXXII 1880 p. 439.
4) Neubauer-Vogel, l. c. p. 59.
5) ibid. p. 366.
6) Über Kalkausscheidung und Verkalkung. Breslauer Dissertation 1877.
7) Zeitschrift für rationelle Medicin 3. Reihe X. Bd. 1861 p. 165.
8) Virchow's Archiv LXXVII 1879 p. 305.

Absolute und relative Ausscheidung (g) von Calcium und
Magnesium (Zuelzer)[1]).

	Stickstoff	Magnesia	relativ	Kalk	relativ
23j. Mann	14.8	0,182	1,2	0,151	1
1¼j. Kind	0,88	0,01	1,1	0.006	0,7

Nach Neubauer[2]) kommen von 100 Teilen Erdphosphaten 33 auf phosphorsauren Kalk und 67 auf phosphorsaure Magnesia.

Wärmebildung.

(Die verschiedenen Thermometerskalen s. im physikalischen Teil.)

Eigenwärme des Erwachsenen (^{0} C).

37,2^0 C (J. Hunter)[3])
37,2 (Jürgensen)[4]) — Tagesmittel
37,3 (J. Davy)[5])
Achselhöhle 37,0 (36,25—37,5^0) — Wunderlich[6])

Die Differenz zwischen Temperatur des Rectums und der Achselhöhle findet Ziemssen[7]) beim Erwachsenen im Mittel = 0,2^0, Liebermeister[8]) zwischen 0,1 und 0,4^0. Bei Greisen sollen Differenzen bis 3^0 vorkommen (Charcot)[9]).

Gang der Körpertemperatur.

Mittelwerte nach Jürgensen[10]).

Versuchsperson I 42j. Mann, c. 60 k Gewicht, 165 cm Körperlänge. 13 Beobachtungstage, worunter 9 24stündige Perioden.

„ II 41j. Mann, 71 k Gewicht, 173 cm Körperlänge, fast 3tägige Beobachtungszeit.

Nahrungsaufnahme morgens gegen 7^h, mittags zwischen 12 und 1, nachmittags zwischen 3 und 4, abends zwischen 6 und 7.

---

1) l. p. 171 c. p. 127.
2) Neubauer-Vogel, l. c. p. 366.
3) Principles of surgery, edit. by Palmer. Vol. I 1835 p. 289.
4) Die Körperwärme des gesunden Menschen 1873 p. 11.
5) Philosophical Transactions of the Royal Society. 134. Bd. 1844 p. 61 — Researches anatomical and physiological 1839 Vol. I p. 162.
6) Das Verhalten der Eigenwärme in Krankheiten 1. u. 2. Aufl. 1868 u. 1870 p. 92.
7) Z. und Krabler, Greifswalder medicinische Beiträge Bd. I 1863 p. 12.
8) Handbuch der Pathologie und Therapie des Fiebers 1875 p. 44.
9) Gazette hebdomadaire 1869 Nr. 21.
10) Aus Jürgensen's Beobachtungen zusammengestellt von Liebermeister l. c. p. 76.

Tagestemperatur			Nachttemperatur		
Stunde	I	II	Stunde	I	II
6—7	36,7	36,5	6—7	37,5	37,6
7—8	36,8	36,7	7—8	37,4	37,7
8—9	36,9	36,8	8—9	37,4	37,5
9—10	37,0	37,0	9—10	37,3	37,4
10—11	37,2	37,2	10—11	37,2	37,1
11—12	37,3	37,3	11—12	37,1	36,9
12—1	37,3	37,3	12—1	37,0	36,9
1—2	37,4	37,4	1—2	36,9	36,7
2—3	37,4	37,3	2—3	36,8	36,7
3—4	37,4	37,3	3—4	36,7	36,7
4—5	37,5	37,5	4—5	36,7	36,6
5—6	37,5	37,6	5—6	36,7	36,4
Mittel für den Tag	37,2	37,2	Mittel für die Nacht	37,1	37,0

Vergleichende Tabelle der Körpertemperatur nach verschiedenen Beobachtern [1]).

(Die eingeklammerten Zahlen bedeuten die Stunden.)

Tageszeit	Jürgensen Mittel aus I u. II (s. o.) Rectum	Liebermeister (Selbstbeobachtung)	Bärensprung [2])	Gierse [3])	Hallmann [4])	Lichtenfels u. Fröhlich
		Achselhöhle			Mundhöhle	
Morgens im Bett	36,6	36,45	36,68	—	36,63	—
vor dem Kaffee	36,7	36,61	—	36,98	36,80	36,6
nach „ „	36,8	36,95	37,16 (8)	37,08	37,36	36,9
vormittags	37,1	37,29	37,26 (10)	37,23	—	37,0
vor dem Mittagessen	37,3	37,19	(12) 36,87	37,13	—	37,0
nach „ „	37,4	37,30	(3) 37,15	37,50 (2)	37,21	36,9
nachmittags	37,5	37,44	(5) 37,48	37,43 (5)	37,31	37,1
vor dem Abendessen	37,6	37,22	(7) 37,43	37,29	—	37,1
nach „ „	37,4	37,07	(9) 37,02		37,0	37,0
vor dem Zubettegehen	37,1	36,81 wachend, b. d. Arbeit	36,85 (11)	36,81 (11)	36,70	36,6
nachts	37,0	36,55 wachend, i. Bett liegend	—	—	—	—
	36,8	36,16 im Augenblick des Erwachens aus festem Schlaf	(1) 36,65	—	—	—
	36,8	36,15 in der ersten Stunde nach dem Erwachen	(4) 36,31	—	—	—

Das Geschlecht übt keinen merklichen Einfluss auf die Körpertemperatur, auch nicht der Schlaf; in den Tropen ist angeblich die mittlere Körpertemperatur 1^0 F höher; Livingstone [6]) fand nach Messungen

---

1) Die Tabelle kombinirt nach Helmholtz, Artikel „Wärme" im encyclopäd. Wörterbuch der medicin. Wissenschaften XXXV. Bd. 1846 p. 525, und Liebermeister l. c. p. 78 u. 80.
2) Müller's Archiv f. Anatomie, Physiologie 1851 p. 126 und 1852 p. 217.
3) Quaenam sit ratio caloris organici partium inflammatione laborantium hominis dormientis et non dormientis. Dissertat. Halae 1842.
4) Über eine zweckmässige Behandlung des Typhus 1844.
5) Denkschriften der K. Akademie der Wissenschaften in Wien. Mathemat.-naturwiss. Klasse Bd. III 1852 Abtheilung II p. 113.
6) Missionary travels and researches in South Africa 1857 p. 509 — auch deutsch von Lotze.

unter der Zunge die Eingeborenen Afrikas 2^0 F niederer temperirt als sich selbst 98:100^0. Davy[1]), Brown-Séquard[2]) fanden Ähnliches. — Nahrungsaufnahme, körperliche und geistige Anstrengung (J. Davy)[3]) steigern ebenfalls die Temperatur. $1^1/_2$stündiges Holzsägen steigerte bei Jürgensen's[4]) Versuchsperson I (s. o.) die Temperatur von 37,5 auf 38,7. — Nach Kernig[5]) soll im ruhigen Liegen die Achselhöhlentemperatur um einige Zehntel niedriger sein, als beim Sitzen oder Stehen.

Die höchste, mit Sicherheit nachgewiesene Temperatur der Achselhöhle betrug bei einem 29j. tetanischen Menschen im Augenblick des Tods $44{,}75^0$ (Wunderlich)[6]), die niederste, bei einem mit dem Leben davonkommenden Typhuskranken im Kollaps $33{,}5^0$ (Wunderlich)[7]). Die niedrigste überhaupt beobachtete Temperatur (in recto) ist 24^0 C bei einem Maniakalischen kurz vor dem Tod (Löwenhardt)[8]), derselbe hatte vorher 31 und 30^0 mehrmals gemessen.

Eigenwärme des Kinds.

Differenz der Temperatur zwischen Rectum und Achselhöhle
bei gesunden Kindern 0,3—$0{,}9^0$ C (Demme)[9])
„ kranken „ 0,5—1,1 „ „

Temperatur unmittelbar nach der Geburt (im Rectum):
37,6 (Eröss)[10])
37,7 (Lépine)[11])
37,72 (C. Sommer)[12]) { 37,74 Knaben
{ 37,69 Mädchen
37,8 (Schäfer)[13])
37,81 (Bärensprung)[14])
37,9 (Alexeff)[15])
38,13 (Fehling)[16]) { 38,32 Knaben
{ 37,99 Mädchen
Mittel 37,8
Achselhöhle { 37,0 (Davy)[17])
{ 37,08 (Roger)[18])—(1.—7.Tag); 3.bis 4.Mon.—14.Jahr 37,21.

1) Philosophical Transactions 140. Bd. 1850 p. 437.
2) Journal de la physiologie de l'homme et des animaux II 1859 p. 551.
3) Philosophical Transactions 135. Bd. 1845 p. 322 u. 324.
4) l. p. 176 c. p. 43.
5) Experimentelle Beiträge zur Kenntniss der Wärmeregulirung beim Menschen. Dorpater Dissertation 1864 p. 41.
6) l. p. 176 c. 1. Aufl. p. 378. — Archiv der Heilkunde 1861 II p. 549.
7) Thomas, Archiv der Heilkunde V 1864 p. 454.
8) Allgemeine Zeitschrift f. Psychiatrie XXV 1868 p. 685.
9) Vierzehnter medicin. Bericht über die Thätigkeit des Jenner'schen Kinderspitales in Bern im Laufe des Jahres 1876. 1877.
10) Jahrbuch f. Kinderheilkunde und phys. Erziehung, N. F. XXIV 1886 p. 193.
11) Gazette médicale 1870 p. 368.
12) Deutsche medicin. Wochenschrift 1880 p. 569, 581, 595, 605 (Nr. 43—46).
13) De calore et pondere recens natorum. Dissert. Gryphiswald. 1863.
14) Müller's Archiv 1851 p. 156.
15) Archiv f. Gynäkologie X 1876 p. 141. 16) ibid. VI 1874 p. 385.
17) Beiträge zur Geburtshilfe, Gynäkologie und Pädiatrik. Festgabe für Credé's Jubiläum 1881.
18) Archives générales de médecine 4. Série IX 1845 p. 265. — Recherches cliniques sur les maladies de l'enfance I. Bd. 1872 p. 221.

Das neugeborene Kind ist meist höher temperirt als die (Scheide oder der Uterus und Mastdarm der) Mutter, im Mittel um:

0,1 (Wurster)[1])
0,2 (Lépine)[2])
0,3 (Schäfer)[3])
0,5 (Davy) (Tagesmittel)

Sommer[4]) findet (Rectaltemperaturen, beim Kind vor der Abnabelung)

		Kind	Mutter	Unterschied
Körperlänge unter	48 cm	37,72	37,57	0,15
,,	48—50	37,76	37,53	0,23
,, über	50	37,67	37,44	0,23

Temperatur des Neugeborenen in den ersten 24 Lebensstunden (Schütz)[5])

bis zu 2	4	6	8	10	12	14	16	18	20	22	24	Stunden nach der Geburt
34,9°	35,4	35,9	36,1	36,1	36,2	36,3	36,4	36,7	36,65	36,7	37,1°	

Gebadet wurde erst nach 2 Stunden in Wasser von 35° C.

Eigenwärme in der ersten Lebenswoche.

a) Nach Jürgensen[6]).

Tag	Kind I 4165 g schwer, 51 cm lang			Kind II 2215 g schwer (natürliche Frühgeburt c. 35. Woche, 45 cm lang)			Kind III 2420 g schwer, 47 cm lang		
		Max.	Min.		Max.	Min.		Max.	Min.
1	37,13	37,6	36,3	35,27	37,2	34,0	35,77	36,6	35,0
2	37,48	37,9	36,8	38,15	39,4	36,8	36,56	37,4	35,6
3	37,48	37,8	37,2	38,70	39,8	37,4	36,71	37,6	35,4
4	37,10	37,4	36,8	38,41	39,2	37,2	36,67	37,2	36,2
5	37,29	37,6	37,0	38,22	38,8	37,4	36,97	37,6	36,2
6	37,31	37,6	37,0	37,93	39,0	37,0	36,50	37,4	36,2
7	37,30	37,6	37,0	37,57	38,2	37,0	36,73	37,2	36,2
8	—	—	—	36,56	37,6	35,8	36,82	37,4	36,0
				Trotz der Temperatursteigerung konnte eine ernsthaftere Störung an diesem Kind nicht festgestellt werden.					
Mittel	37,30			37.60			36,59		

---

1) Berliner klinische Wochenschrift 6. Jahrg. 1869 p. 393 — auch Züricher Dissertation 1870: über die Eigenwärme der Neugebornen.
2) S. p 178 Anm. 11.
3) S. p. 178 Anm. 13.
4) S. p. 178 Anm. 12.
5) S. p. 178 Anm. 17.
6) l. p. 176 c. p. XXVI u. XXVII. Die Tagesmittel sind aus stündlichen, über den ganzen Tag sich erstreckenden, Einzelmessungen gewonnen.

b) Nach Eröss[1]) und nach Förster[2]).

Eröss erhielt bei 100 Neugeborenen, die er in 2 Gruppen, gut und minder entwickelte, teilte, bei 4maliger Temperaturmessung:

Tag	I (3050—4550 g) Durchschnitt 3395	II (2450—3000 g) Durchschnitt 2805	Förster
1	36,51	36,26	36,25
2	37,3	37,04	37,54
3	31,21	37,14	37,25
4	37,14	37,09	37,15
5	37,12	37,0	37,12
6	37,14	37,05	37,27
7	37,14	37,11	37,24
8	37,2	37,11	37,11

Am Ende der ersten oder am Anfang der zweiten Lebensstunde erfolgt ein Sinken der Temperatur um c. 1,7° (im Durchschnitt auf 35,84).

Roger[3]) gibt für die Achselhöhle folgende Werte in der ersten Woche:

1.	2.	3.	4.	5.	6.	7. Tag
36,85°	37,21	36,55	37,08	37,30	37,08	37,75

Im Kindesalter überhaupt (von der 1. Woche an) kann die Mitteltemperatur = 37,5° gerechnet werden, also etwa 0,3 mehr als im Erwachsenen.

Beim Säugling sinkt die Rectumtemperatur in der ersten $1/2$ Stunde nach der Nahrungsaufnahme, dann steigt sie in den nächsten 60—90 Minuten (0,2—0,8° höher als vor dem Trinken) und fällt wieder in den folgenden 30—60 Minuten (Demme).

Körperwärme des Kinds im Schlaf und Wachen (Allix)[4]).
(Mittelwerte.)

Alter	Wachen	Schlaf	Unterschied
0—12 Tage	37,78	37,40	0,38
5—16 Monate	37,75	37,19	0,56
20 Monate—4 Jahre	37,60	37,26	0,34

Demme veranschlagt die Temperaturabnahme im Schlaf auf 0,3—0,9° C, um so höher, je jünger die Kinder. Derselbe findet die Tageskurve:

Minimum 6—8ʰ morgens
Ansteigen 8—11 „ + 0,2 bis 0,4°
Fallen 11—12 „ — 0,1 „ 0,2
(Ansteigen und) Maximum 12—4 mittags + 0,3 „ 0,7
Fallen 5—7 abends — 0,1 „ 0,3
Ansteigen 7—10 „ + 0,1 „ 0,2
Fallen bis zum Minimum.

---

1) l. p. 178 c.
2) Journal f. Kinderkrankheiten 39. Bd. 1862 p. 1.
3) l. p. 178 c.
4) Étude sur la physiologie de la première enfance 1867.

Temperatur an verschiedenen Körperstellen und -Höhlen (J. Davy)[1].

An einem frisch geschlachteten Hammel wurde gefunden:

unter d. Haut über d. Tarsalknochen 32,22°	Blut der Vena jugularis 40,84°
„ „ „ „ Metatarsal-	an der unteren Leberfläche 41,11
knochen 36,11	im rechten Herzventrikel 41,11
„ „ „ am Kniegelenk 38,89	„ Leberparenchym 41,39
„ „ „ an der Schenkelbeuge 39,44	Blut der Carotis 41,67
inmitten des Gehirns 40,00	im linken Herzventrikel 41,67
im Rectum 40,56	

Cl. Bernard[2]) stellt von den Organen des Hunds die Leber mit 40,6—40,9° oben an; es folgen Gehirn, Drüsen, Muskeln, Lungen.

Temperatur einiger (zugänglicher) Körperhöhlen (Beaunis)[3]).

Uterus   37,77—38,28

Scheide   37,55—38,05

Rectum   37,5 —38

Äusserer Gehörgang 37,3 —37,8; 0,3 niedriger als der Mastdarm
                    (Mendel)[4])

Mundhöhle   37,19

Ein Teil dieser Zahlen erscheint etwas zu hoch.

Die verschiedenen Temperaturen innerhalb des Gefässsystems.

Das Blut des rechten Herzens ist (beim Hund) 0,1—0,3° höher temperirt, als das des linken, dagegen ist die Lunge nur in ihrem obersten Teil etwa 0,1—0,2 kälter, im unteren Teil wärmer als das arterielle Blut (Körner[5]) und Heidenhain)[6]).

Cl. Bernard[7]) gibt das Leberblut um 0,17, Nierenblut um 0,05 wärmer an, als das der Aorta, das der oberflächlichen Venen im Minimum als um 0,15 kälter.

Temperatur der äusseren Bedeckungen.

Temperatur des Unterhautbindegewebes 1—2" geringer als die der ruhenden Muskeln, deren Temperatur = der unter der Zunge gesetzt werden kann (Becquerel und Breschet)[8]).

E. Hankel[9]) findet keinen Parallelismus zwischen Haut- und Körpertemperatur; am ehesten ist noch im Fieber eine ungefähr konstante Differenz zwischen beiden nachzuweisen.

---

1) Philosophical Transactions of the Royal Society for the year MDCCCXIV Part I 1814 p. 599.
2) Leçons sur la chaleur animale 1876, auch deutsch von A. Schuster 1876.
3) Physiologie p. 1069.
4) Virchow's Archiv LXII 1875 p. 132.
5) Beiträge zur Temperaturtopographie des Säugethierkörpers. Breslauer Dissertation 1871.
6) Archiv f. die gesammte Physiologie IV 1871 p. 558.
7) Leçons de physiologie opératoire (édités par Duval) 1879.
8) Annales de chimie et de physique. 2. Série LIX 1835 p. 113. — Annales des sciences naturelles zoolog. 2. Série III 1835 p. 257, IV 1835 p. 243, auch Froriep's Notizen 45. Bd. 1835 p. 71. Die Messung geschah auf thermo-elektrischem Wege.
9) Archiv der Heilkunde IX 1868 p. 321.

Täglicher Gang der Temperatur in der geschlossenen Hohlhand
(A. Römer)[1]).

Das Thermometer lag in der geschlossenen linken Hohlhand unter dem Daumenballen, die Hand wurde in der Höhe des Herzens gehalten. Nahrungsaufnahme 8^h morgens, $12^1/_2{}^h$ (Mittagessen), 5^h, $8^1/_2{}^h$ (Abendessen). Aussentemperatur 13—16° R, meist 15°:

	morgens							mittags				
	6	7	8	9	10	11	12	1	2	3	4	5	6
Hohlhand	33,3	32,8	32,9	32,5	32,5	33,6	34,2	35,5	34,5	33,5	33,9	33,2	34,2
Rectum	36,45	36,90	37,16	37,24	37,26	37,42	37,37	37,46	37,43	37,42	37,45	37,44	37,46

	abends						nachts			
	7	8	9	10	11	12	1	2	3	4	5
Hohlhand	35,6	36,0	35,9	35,8	35,7	35,7	35,5	35,2	34,7	35,0	35,0
Rectum	37,5	37,39	37,2	37,01	36,96	36,8	36,78	36,73	36,65	36,58	36,41

Abweichungen vom **Tagesmittel** für Hohlhand (34,5) und Rectum (37,1).

	morgens							mittags				
	6	7	8	9	10	11	12	1	2	3	4	5
Hohlhand	—1,2	—1,7	—1,6	—2,0	—2,0	—0,9	—0,3	+1,0	±0	—1,0	—0,6	—1,3
Rectum	—0,65	—0,20	+0,06	+0,14	+0,16	+0,32	+0,27	+0,36	+0,33	+0,32	+0,35	+0,34

	abends						nachts				
	7	8	9	10	11	12	1	2	3	4	5
Hohlhand	+1,1	+1,5	+1,4	+1,3	+1,2	+1,2	+1,0	+0,7	+0,2	+0,5	+0,5
Rectum	+0,4	+0,29	+0,1	+0,09	+0,14	—0,3	—0,32	—0,37	—0,45	—0,52	—0,69

Die Temperatur der Hohlhand **sinkt**:

beim Erheben des Arms
    0,9° in 50 Minuten (J. Wolff)[2]) — 8jähr. Knabe
    4,6 „ 35 „ „
    0,19 „ 5 „ (Römer)[3]) ⎱ nachts 11—1
    0,38 „ 10 „ „ ⎰

bei Kompression der Venen durch Binde
  um 0,25 (G. Zimmermann)[4])
  bis zu 2,0 (Liebermeister)[5])
  um 2,45 in 30 Minuten (Adae)[6]) ⎱
  „ 1,2 „ 35 „ „ ⎱ verschiedene Versuche
  „ 1,5 „ 40 „ „ ⎰

---

1) Beitrag zur Kenntniss der peripheren Temperatur des gesunden Menschen. Tübinger Dissertation 1881 p. 12 u. 13.
2) Archiv f. Anatomie und Physiologie, physiolog. Abtheilung 1879 p. 161.
3) l. c. p. 17.
4) Dessen Archiv für die Pathologie und Therapie I 1851 p. 13.
5) l. p. 176 c. p. 61.
6) Untersuchungen über die Temperatur peripherischer Körpertheile. Tübinger Dissertation 1876.

bei Kompression der Art. brachialis:
um 2,4 in 15 Minuten (A d a e)
„ 2,5 „ 40 „ „
„ 2,7 „ 60 „ „
bei körperlicher Anstrengung (Liebermeister[1]), Adae) und Genuss von Spirituosen (Adae)[2]).

Die Temperatur der Hohlhand steigt:
beim Senken des Arms:
um 6,4 in 20 Minuten (Wolff)
„ 8,2 „ 45 „
„ 0,17 „ 5 „ (Römer)
„ 0,38 „ 10 „ „

Couty[3]) fand als Mittel $9^{1}/_{2}^{h}$ morgens (an sich selbst)
im Juli 35,4 Schwankungen 34—36,8°
„ Januar 29,5 „ 27—32

Hauttemperatur an verschiedenen Körperstellen (Kunkel)[4]).

20—30jährige Männer:
Gesicht um 31° (29,5—32)
Abstehende Teile (Nasenspitze, Ohrläppchen) bis herab zu 24° und weniger
Hand 27 —29
Stamm 30 —32 (auch an bekleideten Stellen)
Fuss 26,5—28

Die Haut über Muskeln war um 1° und mehr wärmer, als die über Knochen und Sehnen. Muskelkontraktion erhöhte die Temperatur der überliegenden Haut um 0,6°.

Ziemssen[5]) erhielt bei faradischer Reizung der Vorderarmmuskeln nach vorausgehendem kurzem Sinken der Temperatur (um 0,1—0,5°) ein Ansteigen von 1,25, einmal bis zu 4,4.

14jährige Knaben 27—29 ⎫
2jähriges Kind 25—28 ⎬ (Kunkel)

Ferner wurde gefunden:

bei 17,5° C Zimmertemperatur		bei 19,5° C Zimmertemperatur	
auf dem Rock	22,3	Kammgarnrock	25,3
„ der Weste	24,2	Leinenhemd	27,8
„ dem Leinenhemd	28,2	Wollenhemd	28,9
„ der Haut	31,2	freie Hautfläche	31,4

---

1) l. c. p. 63.
2) l. c. p. 37.
3) Archives de physiologie normale et pathologique, II. Serie VII. Bd. 1880 p. 125.
4) Sitzungsberichte der physikalisch-medicinischen Gesellschaft zu Würzburg, Jahrgang 1886 p. 79. Die Untersuchung wurde mit einem Neusilber-Eisen-Thermoelement geführt.
5) Die Elektricität in der Medicin 4. Aufl. 1872 p. 88.

Normale Wärmeproduktion

pro 24 Stunden bei einem 82 k schweren Mann berechnet (nach Dulong's und Scharling's Versuchen) zu:

2732,472 Kalorien (Helmholtz)[1])
pro 1 Stunde 113,852 „ , pro Stunde und k 1,39 Kalorien.

Nach einer von Immermann[2]) angegebenen Formel, die die Körperoberfläche in Rechnung zieht (s. übrigens über letztere und deren genaue Werte p. 24 u. 25), würde sich für den Menschen unter Zugrundelegung des genannten Werts ergeben eine mittlere Wärmeproduktion bei verschiedenem Gewicht:

	Alter nach Quetelets[3]) in Jahren	pro Tag	pro Stunde	pro Minute	pro 1 k Körpergewicht
10 k	1—2	672 Kalorien	28 Kalorien	0,5 Kalorien	67,2
20 „	7—8	1067	44	0,7	53,3
30 „	12—13	1398	58	1,0	46,6
40 „	14—15	1693	71	1,2	42,3
50 „	17—18	1965	82	1,4	39,3
60 „	20—21	2219	92	1,5	37,0
70 „		2459	102	1,7	35,1
80 „		2688	112	1,9	33,6
82 „		2732	114	1,9	33,3

Mit Abrechnung des nicht vollständig umgesetzten Eiweisses (s. u.) ergibt sich als Wärmewirkung bei (Ranke'scher) Normaldiät (Rosenthal)[4])

100 g Eiweiss 426,300 Kal.
„ „ Fett 906,900 „
240 „ Stärke 938,880 „
─────────────
2272,080 Kal.

Berechnete Wärmeproduktion des Kinds von $^1/_2$—11 Jahren[5]).

Alter	Kalorien bei Oxydation			Gesamtwärmemenge (abgerundet)	Kalorien p. 1 k Körpergewicht
	der Eiweisskörper	Fette	Kohlehydrate		
5 Monate	155,173	424,429	204,485	784	130,681
1$^1/_2$ Jahre	179,43	244,86	491,55	915,8	91,580
8 „	344,75	190,43	688,17	1223,3	59,1
11 „	394,85	317,45	822,5	1534,7	51,2
(Erwachsener)	599,76	816,21	1081,41	2497	39,64)

---

1) Es sind grosse Kalorien (Kilogrammkalorien) gemeint. S. auch encyclopäd. Wörterbuch 35. Bd p. 555.
2) Deutsche Klinik XVII 1865 p. 36 — s. a. Liebermeister, l. c. p. 178 u. 179.
3) S. o. p. 7. Die Zahlen sind die für das männliche Geschlecht.
4) Hermann's Handbuch d. Physiologie IV 2 p. 373.
5) Vierordt, Physiologie des Kindesalters p. 386.

Specifische Wärme einiger Körperteile (J. Rosenthal)[1]).

Kompakter Knochen		0,3
Spongiöser	„	0,71
Fettgewebe		0,712
Quergestreifter Muskel		0,825
Venöses	Blut	0,892
Defibrinirtes	„	0,927
Arterielles	„	1,031

Als Mittel für den Gesamtkörper kann 0,83 (Grenzen etwa 67—100) angenommen werden (Liebermeister)[2]).

Verbrennungswärme verschiedener Stoffe (nach Favre und Silbermann[3]), L. Hermann[4]), Frankland[5])).

	für 1 g Substanz	Untersucher
Wasserstoff	34,462	Favre u. Silbermann
Kohlenstoff	8,08	„
Kohlenoxydgas	2,403	„
Grubengas	13,063	„
Äthylalkohol	7,148	„
Amylalkohol	8,959	„
Wachs	10,496	„
Essigsäure	3,505	„
Buttersäure	5,647	„
Stearinsäure	9,717	„
Terpentinöl	10,852	„
Phenol (Carbolsäure)	7,842	„
Glycolsäure	2,211	Hermann
Fleischmilchsäure	3,5	„
Gew. Milchsäure	3,413	„
Palmitin	8,883	„
Stearin	9,036	„
Olein	8,958	„
Harnstoff {	2,200	„
	2,206	Frankland
Harnsäure	2,615	„
Glykokoll	2,887	Hermann
Hippursäure	5,383	Frankland
Sarkosin	4,487	Hermann
Leucin	6,141	„
Kreatin	4,118	„
Eiweiss (bei 100° getrocknet)*	4,998	Frankland
Rindsmuskel (mit Äther entfettet)	5,103	„

* Für Nahrungseiweiss, von dem c. $1/3$ des eingeführten Gewichts als Harnstoff wieder den Körper verlässt, wäre als wirklicher Effekt $4,998 - 0,735 = 4,263$ Kalorien pro 1 g zu rechnen, für Rindsmuskel 4,368 Kal.

---

1) Archiv f. Anatomie und Physiologie, physiologische Abteilung 1878 p. 215.
2) l. c. p. 147. — Crawford (Experiments and observations on animal heat. 2. Edit. 1788. Deutsch von Crell 1789) nahm rund 0,8 an.
3) Annales de chimie et de physique 3. Série XXXIV 1852 p. 357, auch Bd. XXXVI 1852 und XXXVII 1853.
4) Berichte der deutschen chemischen Gesellschaft I 1868 p. 18 u. 84. — Chemisches Centralblatt für 1869 p. 529 u. 545. Die aus der Konstitution der Verbindung berechneten Zahlen bedeuten die intramolekuläre Verbrennungswärme.
5) Proceedings of the Royal Institution of Great Britain 1866, June. — Philosophical Magazine XXXII 1866 p. 182.

Verbrennungswärme einiger Nahrungsmittel (Frankland)[1].

	im natürlichen Zustand	getrocknet
Käse (Chester)	4,647	6,114
Kartoffel	1,013	3,752
Äpfel	0,660	3,669
Hafermehl	4,004	
Feines Weizenmehl	3,941	
Erbsenmehl	3,936	
Reis	3,813	
Arrowroot	3,912	
Brotkrume	2,231	3,984
Brotkruste	4,458	
Rindfleisch (mager)	1,567	5,313
Kalbfleisch	1,314	4,514
Schinken	1,980	4,343
Makrele	1,789	6,063
Weissfisch	0,904	4,520
Weisses vom Ei	0,671	4,896
Gelbes „ „	2,383	6,321
Hartgesottenes „	3,423	6,460
Gelatine	—	4,520
Milch	0,662	5,093
Mohrrüben	0,527	3,767
Kohl	0,434	3,776
Kakao	6,873	
Rinderfett	—	9,069
Butter	7,264	
Leberthran	9,107	
Rohrzucker	3,348	4,27 } (Berthelot)[2]
Käuflicher Traubenzucker	3,277	4,06
Bier (Ale)	0,775	3,776
„ (Stout)	1,076	6,348

Wärmeproduktion pro 1 Stunde bei Ruhe und Bewegung (Hirn)[3].

Alter und Geschlecht	Gewicht (k)	Ruhe		Bewegung		Geleistete Arbeit
		absorbirter Sauerstoff (g)	gebildete Kalorien	absorbirter Sauerstoff (g)	gebildete Kalorien	k. m.
42 Jahre (m)	63	27,7	149	120,1	275	22 980
42 „ „	85	32,8	180	142,9	312	34 040
47 „ „	73	27,0	140	128,2	229	32 550
18 „ „	52	39,1	165	100,0	274	22 140
18 „ (w)	62	27,0	138	108,0	266	21 630
Mittel 33,4 Jahre	67	30,72	154,4	119,84	271,2	22 668

1) l. p. 185 c.
2) Journal de l'anatomie et de la physiologie II 1865 p. 652.
3) Recherches sur l'équivalent mécanique de la chaleur présentées à la société de physique de Berlin 1858.

Berechnete Wärmeproduktion im Wachen und im Schlaf[1]).

Ruhetag		Arbeitstag		
Ruhe (16 Stunden)	Schlaf (8 Stunden)	Ruhe (8 Stunden)	Bewegung (8 Stunden)	Schlaf (8 Stunden)
2470,4	320	1235,2	2169,6	320
(154,4 × 16)	(40 × 8)	(154,4 × 8)	(271,2 × 8)	(40 × 8)
Summa: 2790,4		3724,8		

Verteilung der Wärmeabgabe[2]).

Absolut in Kalorien			Pro 100 Kalorien	
Haut 2186,5	{ 1822,5 { 364	Strahlung Wasserverdunstung	73,0 14,5	} Haut 87,5[3])
Atmen 266,5	{ 182 { 84,5 { 47,5	Wasserverdunstung[4]) Erwärmung der Atemluft[5]) Erwärmung von Urin und Kot	7,2 3,5 1,8	} Atmen 10,7
	2500,5		100	

Gesamtstoffwechsel.

Wassergehalt des menschlichen Körpers.

Erwachsener 68 % (Moleschott)
Neugeborener 74,4 „ (Fehling)[6]).

Wassergehalt der Organe (E. Bischoff)[7]).
(33jähriger, 69,65 k schwerer Mann s. p. 13 u. 14)

	Gewicht des frischen Organs (g)	absoluter % Wassergehalt		Von 100 Teilen Wasser des Körpers sind im Organ
Skelett	11080,0	2442,36	22,04	6,1
Muskeln	29102,0	22022,07	75,67	54,8
Darmkanal	1266,0	943,74	74,54	2,3
Leber	1576,6	1076,01	68,25	2,6
Milz	131,3	99,49	75,77	0,2
Nieren	259,0	214,13	82,68	0,5
Lunge	475,0	375,06	78,96	0,9
Herz	332,2	263,13	79,21	0,6
Hirn und Rückenmark	1403,3	1050,17	74,84	2,6
Nervenstämme	290,3	169,34	58,33	0,4
Haut	4850,0	3493,46	72,03	8,7
Fettgewebe	12570,0	3760,57	29,92	9,3
Blut (ausgelaufen)	3418,0	2836,94	83,0	7,0

Die Wassermenge des Gesamtkörpers betrug 58,5 %, bei einem neugeborenen Mädchen 66,4 %.

---

1) Berechnung nach voriger Tabelle.
2) Vierordt, Physiologie des Menschen p. 282.
3) Rosenthal (Hermann's Physiologie IV, 2 p. 377) rechnet 85 %.
4) S. p. 123.   5) S. p. 120.
6) Archiv f. Gynaekologie XI 1877 p. 523.
7) Zeitschrift f. rationelle Medicin 3. Reihe XX 1863 p. 75.

Wassergehalt und Zusammensetzung der Körperorgane
(A. W. Volkmann)[1].
(61,8 k schwerer Mann.)

	% Wassergehalt nach Gorup-Besanez[2]	% Wassergehalt nach Volkmann	% Kohlenstoff	% Wasserstoff	% Stickstoff	% Sauerstoff	% Aschenbestandteile
Fettgewebe	29,9	15	64,78	10,10	0,45	9,67	—
Skelett	48,6	50 (?)	18,06	2,74	2,30	4,78	22,11
Leber	69,3	69,60	15,88	2,25	3,09	7,79	1,38
Haut	72	70	14.6	2,12	3,64	8,93	0,70
Milz	75,8	76,59	12,13	1,78	3,01	4,99	1,50
Muskeln	75,7	77	11,73	1,71	3,04	5,47	1,05
Hirn[3]	75	77,9	12,62	1,93	1,37	4,41	1,41
Verdauungskanal	—	77,98	11,70	1,54	2,87	4,88	1,07
Pankreas	—	78	11,13	1,92	2,11	5,79	1,05
Blut der grossen Gefässe	79,1	79	11,53	1,34	2,99	4,28	0,85
Lungen	—	79,14	10,70	1,46	2,52	5,01	1,16
Herz	—	79.3	10,96	1,6	2,5	4,58	1,06
Nieren	82,7	83.45	8,73	1,29	1.93	3,8	0,8
Rest des Körpers	—	76.35	12,13	1,74	3,01	5.73	1,03
Mittel:		65.7	18,15	2,7	2,6	6,5	4,7
(absolut:		40 694	11 357	1694	1626	3682	2716)
Zahnschmelz	2						
Zahnbein	10						
Elastisch. Gewebe	49,6						
Knorpel	55						
Rückenmark	69,7						
Thymus	77						
Bindegewebe	79,6						
Glaskörper	98,7						

Die flüssigen Bestandteile des Körpers sind teils früher abgehandelt, teils (Thränen, Milch etc.) werden sie später aufgeführt werden.

Aschengehalt der Organe und Gewebe.
a) Nach Volkmann[4]) — 62,5 k schwerer Mann.

	Absoluter Aschengehalt	% Aschengehalt	Von 100 Teilen Asche sind im:
Skelett	2247,3 g	22,11	83,1
Milz	2,8	1,50	0,1
Hirn	19,8	1,41	0,7
Leber	22,6	1,38	0,8
Lunge	13,7	1,16	0,5
Darmkanal	17,8	1,07	0,6
Herz	3,4	1,06	0,1
Muskeln	281,7	1,05	10,4
Pankreas	1,0	1,05	—
Blut	20,4	0,85	0,7
Nieren	2,4	0,80	—
Haut	26,9	0,70	1,0
Fettgewebe	—	—	—
Rest	55.7	1,03	2,0
	2715,5 g =	4,70 %	100

---

[1] Berichte über die Verhandlgn. der K. sächsischen Gesellschaft der Wissenschaften zu Leipzig. Math.-physikal. Klasse XXVII 1874 p. 202.
[2] Lehrbuch der physiologischen Chemie 3. Auflage 1874 p. 69.
[3] s. unten bei Nervenphysiologie.
[4] l. c. p. 243 u. 246.

b) Nach anderen Beobachtern [1]).

	in %	Untersucher
Zahnschmelz	96,41	v. Bibra [2])
Zahnbein	71,99	"
Knochen	65,44	Zalesky [3])
Knorpel	3,402	Fromherz [4])
Muskeln	1,54	Mittel aus verschiedenen Analysen
Elastisches Gewebe	1,18	M. S. Schultze [5])
Leber	1,103	Oidtmann [6])
Pankreas (alte Frau)	0,950	"
Hornhaut	0,950	His [7])
Glaskörper	0,880	Lohmeyer [8])
Linse	0,820	Laptschinsky [9])
Blutkörperchen	0,725	C. Schmidt [10])
Niere (14tägiges Kind)	0,700	Oidtmann [6])
Hirn	0,512	Geoghegan [11])
Milz	0,494	Oidtmann [6])
Blonde Haare	0,474	E. Baudrimont [12])
Pankreas (14tägiges Kind)	0,370	Oidtmann [6])
Schwarze Haare	0,258	Baudrimont [12])
Niere (alte Frau)	0,099	Oidtmann [6])

Den Aschengehalt trockner, fettfreier Knochen des Kinds fand Bibra [2]):

6monatl. Fötus 59,5 %
2 „ Kind 65,3 „ 5jähriges Kind 67,8 %

Eiweissgehalt des Körpers.

20 % Erwachsener (Moleschott) [13]), für Eiweisskörper und sonstige stickstoffhaltige Verbindungen

$\left.\begin{array}{l}11,8\\12,6\\17,8\end{array}\right\}$ im Mittel 14 % im Neugeborenen (Fehling) [14]).

---

1) Tabelle nach Beaunis, Éléments de physiologie p. 75.
2) Chemische Untersuchungen über die Knochen und Zähne des Menschen und der Wirbelthiere 1844.
3) Medicinisch-chemische Untersuchungen aus dem Laboratorium für angewandte Chemie in Tübingen 1. Heft (1866) p. 19.
4) Lehrbuch der medizin. Chemie II. Bd. 1836 p. 237.
5) Annalen der Chemie und Pharmacie 71. Bd. 1849 p. 277.
6) Die anorganischen Bestandtheile der Leber und Milz und der meisten anderen thierischen Drüsen. Würzburger Preisschrift. Linnich 1858.
7) Beiträge zur normalen und pathologischen Histologie der Cornea 1856.
8) Zeitschrift f. rationelle Medicin N. F. V 1854 p. 56.
9) Archiv f. die gesammte Physiologie XIII 1876 p. 631.
10) Charakteristik der epidemischen Cholera 1850.
11) Zeitschrift f. physiologische Chemie III 1879 p. 332.
12) Journal de Pharmacie XXXV 1859 p. 26. In den Menschenhaaren fand Baudrimont 0,021, van Laer (Annalen der Chemie und Pharmacie XLX 1843 p. 147) 0,154 % Eisen.
13) Wiener medic. Wochenschrift IX 1859 p. 317.
14) Archiv für Gynaekologie XI 1877 p. 523.

Berechneter Gehalt der Organe an Eiweiss, leimgebendem Gewebe und Fett (Voit)[1] — 68,65 k Reingewicht.

	Bei 100° trocken	Eiweiss	Leimgebendes Gewebe	Fett[*]
Skelett	8637,6	—	2202,6	2617,2
Muskeln	7074,9	4837,5	573,2	636,8
Zunge, Schlundkopf	42,7	32,1	3,8	
Gaumensegel, Speiseröhre				
Darmkanal	395,7	297,3	35,2	
Speicheldrüsen	23,3			
Leber	500,6			
Pankreas	15,6			
Milz	31,8			
Schilddrüse	11,2	347,1	98,9	
Niere, Nebenniere	52,9			73,2
Harnblase, Harnleiter, Penis, Prostata, Hoden, Samenblasen	63,2			
Kehlkopf, Luftröhre	15,3	—	15,3	
Lungen	99,9	—	99,9	
Herz	69,1	51,9	6,2	
Gefässe	94,5	—	94,5	
Hirn, Rückenmark, Nerven	465,0	186,5	0,2	226,9
Auge	0,2	—	—	—
Thränendrüse	0,2	0,2	—	—
Ohr und Nasenknorpel	12,4	—	12,4	—
Fett	8809,4	—	—	8809,4[2])
Haut	1356,5	48,8	1037,7	—
Blut	581,1	559,1	—	—
	28353,1	6360,5 = 22¼ %,	4179,9 = 14,8 %	12363,5 = 44 %[3])

*) Den Fettgehalt des Foetus gibt Fehling[4]) an:
4. Monat ¾ %   8. Monat 2⅛ %
6.   „   1⅛ „   10.   „   7   „
Neugeborener c. 9 % (296 g) — nach Bouchaud[5]) 590 g = 18 %

Zusammensetzung und Schmelzpunkt des (menschlichen) Fetts.

	% Kohlenstoff	% Wasserstoff	% Sauerstoff
Fett vom Panniculus adiposus[6])	76,80	11,94	11,26
„ von den Nieren	76,44	11,94	11,62

Im Panniculus adiposus Erwachsener 10 % fester Fettsäuren[6]) 86 % Ölsäure
„   „   „   Neugeborener 30 „   „   „   65 „   „   (L. Langer)[7])

Schmelzpunkt des Fetts Erwachsener 36° (Langer)[7])
„   „   „   von Kindern 45°   „
„   „   menschlichen Fetts 41° (Schulze und Reinecke)[6]).

Die Zusammensetzung der anderen Gewebe und Organe s. an den betreffenden Stellen in früheren oder späteren Abschnitten dieses Buchs.

---

1) Von Voit (Hermann's Handbuch der Physiologie VI, 1 p. 388 und 404) berechnet nach den Trockenbestimmungen von E. Bischoff, Zeitschr. f. rationelle Medicin 3. Reihe XX 1863 p. 115 — vergl. p. 187 u. 14.
2) = 12 570 abzüglich 29,92 % Wasser.
3) 18 % des ganzen Körpers. Das sichtbare, abpräparierbare Fett macht allein schon 9 — 23 % des Körpergewichts aus (s. p. 14) — Voit, l. c. p. 405. — Volkmann rechnet für das abpräparierbare Fett 15 % Wasser und 2,5 % Membranen — l. c. p. 236.
4) l. p. 187 cit.   5) l. p. 9 c. p. 115.
6) Annalen der Chemie und Pharmacie CXLII 1867 p. 208.
7) Sitzungsberichte der mathemat.-naturwissenschaftl. Classe der Kaiserl. Akademie der Wissenschaften LXXXIV. Bd. III. Abtheilung Jahrgang 1881 p. 94.

Gesamtphosphorsäure des Körpers (Voit)[1])
wird geschätzt:

in der gesamten Nervenmasse (höchstens) 12 g
„ den Muskeln 130 „
„ „ Knochen über 1400 „

Zusammensetzung der menschlichen Nahrungsmittel[2]).

$^0/_0$ Mittelwerte für das Fleisch der Säugetiere.

	Wasser	Stick-stoff-[3]) Substanz	Fett	Stickstoff-freie Extraktivstoffe	Asche	Stickstoff-haltige : stickstoff-freier Substanz wie 1 :
Ochsenfleisch (mittelfett)	72,25	21,39	5,19	—	1,17	0,4
Ochsenherz (fettes Tier)	70,08	21,51	7,47	0,16	0,78	0,6
Kalbfleisch (fett)	72,31	18,88	7,41	0,07	1,33	0,7
Hammelfleisch (halbfett)	75,99	18,11	5,77	—	1,33	0,6
Schweinefleisch (mager)	72,57	19,91	6,81	—	1,10	0,6
Schinken (gesalzen)	62,58	22,32	8,68	—	6,42	0,7
Hasenfleisch	74,16	23,34	1,13	0,19	1,18	0,1
Rebfleisch	75,76	19,77	1,92	1,42	1,13	0,2
Pferdefleisch	74,27	21,71	2,55	0,46	1,01	0,2
Leberwurst	48,70	15,93	26,33	6,38	2,66	3,3
Fleischextrakt	21,70	\multicolumn{3}{c}{60,79, worunter 8,03 Stickstoff}		17,51	

100 g frisches Fleisch geben 56,7 g gesottenes Fleisch, der Wassergehalt des gesottenen Fleisches ist 44,3 $^0/_0$.

100 g frisches reines Kalbfleisch geben 78 g gebratenes mit 66,4 $^0/_0$ Wasser, fettfreier Schweinebraten enthält 50,6 $^0/_0$ Wasser (Voit)[4]).

Von 100 g Asche des Fleisches gehen in siedendes Wasser über (Keller)[5]):

	in die Brühe	im Fleisch verbleiben
Phosphorsäure	26,24	10,36
Kali	35,42	4,78
Erden und Eisenoxyd	3,15	2,54
Schwefelsäure (?)	2,95	—
Chlorkalium	14,81	—
	82,57	17,68

---

1) l. p. 190 c. p. 80.
2) Die Zahlen der nachfolgenden Tabellen über Nahrungsmittel sind zumeist der „Chemie der menschlichen Nahrungs- und Genussmittel" von J. König entnommen und stellen von diesem berechnete Mittelzahlen dar. Bezüglich näheren Details hinsichtlich der Einzelanalysen und deren Quellen muss auf das Original selbst verwiesen werden.
3) In derselben sind 16 $^0/_0$ Stickstoff angenommen; ihr Wert wird gewonnen durch Multiplikation der Stickstoffzahl mit 6,25.
4) l. c. p. 444.
5) Annalen der Chemie und Pharmacie LXX 1849 p. 91.

Pökelfleisch zeigte nach 14tägigem Einpökeln folgende Veränderungen (E. Voit)[1]) pro 1000 g (frisches) Fleisch:

		g	%	
aufgenommen:	Kochsalz	43	—	
abgegeben:	Wasser	79,7	= 10,4	des Wassers
	organische Stoffe	4,8	= 2,1	der organ. Stoffe
	Eiweiss	2,4	= 1,1	des Eiweisses
	Extraktivstoffe	2,5	= 13,5	der Extraktivstoffe
	Phosphorsäure	0,4	= 8,5	der Phosphorsäure.

% Mittelwerte für das Fleisch der Vögel.

	Wasser	Stickstoff-substanz	Fett	Stickstoff-freie Extraktiv-stoffe	Asche	Stickstoff-haltige : stickstoff-freier Substanz wie 1 :
Huhn (mager)	76,22	19,72	1,42	1,27	1,37	0,2
Taube	75,10	22,14	1,00	0,76	1,00	0,1
Ente (wilde)	70,82	22,65	3,11	2,33	1,09	0,3

% Mittelwerte für das Fleisch der Fische.

	Wasser	Stickstoff-substanz	Fett	Stickstoff-freie Extraktiv-stoffe	Asche	Stickstoff-haltige : stickstoff-freier Substanz wie 1 :
Schellfisch	80,92	17,09	0,35	—	1,64	0,0
Hering (frisch)	80,71	10,11	7,11	—	2,07	0,0
Rochen	75,49	22,23	0,47	—	1,71	0,0
Makrele	68,27	23,42	6,76	—	1,85	0,5
Meeraal	79,91	13,57	5,02	0,39	1,11	0,7
Lachs (frisch)	76,38	13,10	4,57	4,67	1,28	1,0
Karpfen	76,97	20,61	1,09	—	1,33	0,1
Hecht	77,45	20,11	0,69	0,92	0,83	0,1
Seezunge	86,14	11,94	0,25	0,45	1,22	0,1
Auster	89,69	4,95	0,37	2,62	2,37	0,7
Miesmuschel [2])	82,25	(12,5)[2])	—	—	—	—
Kaviar	45,05	31,90	14,14	—	8,91	0,8

% Mittelwerte anderer wichtiger tierischer Nahrungsmittel [3]).

	Wasser	Stickstoff-substanz	Fett	Stickstoff-freie Extraktiv-stoffe	Asche	Stickstoff-haltige : stickstoff-freier Substanz wie 1 :
Leber (vom Ochsen)	72,02	19,59	5,60	1,10	1,69	0,5
Hirn (vom Kalb)	74,14	(8 Eiweiss)	13,14	—	1	—
Kalbsbröschen (Thymus)	70	27	0,35	11,65	1	—
Schweinespeck (gesalzen)	9,15	9,72	75,75	—	5,38	13,6
Hühnerei	73,67	12,55	12,11	0,55	1,12	1,7
Hühner-Eiweiss	85,75	12,67	0,25	—	0,59	0,1
Hühner-Eigelb	50,82	16,24	31,75	0,13	1,09	3,4

Ein Hühnerei [4]) wiegt im Mittel 51,1 g und besteht aus
  6,1 g (= 11,9 %) Schale
  28,1 „ (= 55 %) Eiweiss
  16,9 „ (= 33,1 %) Dotter
Gänseei wiegt 120—180, Entenei 70, Kibitzei 25, Seemövenei 90—120 g.

1) Zeitschrift für Biologie XV 1879 p. 493.
2) Nach Analyse von Drost, s. Naturforscher XX 1886 p. 75. — Die Stickstoffzahl bezieht sich auf völlig getrocknete Muscheltiere.
3) Z. Teil nach Moleschott, Physiologie der Nahrungsmittel 2. Auflage 1859. — Eiweisskörper, Leim u. Leimbildner sind von mir als N-haltige Substanz zusammengenommen.
4) Voit im Handbuch der Physiologie VI, 1 p. 459.

	Wasser	Stickstoff-substanz	Fett	Milch-zucker	Asche	Stickstoffhaltige : stickstofffreier Substanz wie 1 :
Kuhmilch	87,41	3,31	3,66	4,92	0,70	3,4
(Frauenmilch 1)	87,09	2,48	3,90	6,04	0,49	5,2)
Rahm	66,41	3,70	25,72	3,54	0,63	13,1
Käse (Fettkäse)	35,75	27,16	30,43	(2,53 berechnet)	4,13	2,1
„ (Magerkäse)	48,02	32,65	8,41	6,80	4,12	0,7
Butter	14,14	0,86	83,11	0,70	1,19	169,9
Molken	93,31	0,82	0,24	4,98 ²)	0,65	6,6
Kumys	87,88	2,83	0,94	7,08 ³)	1,07	3,1
Kondensierte Milch	30,34	16,07	12,10	38,88 ⁴)	2,61	3,7

Die tierischen Nahrungsmittel nach dem aufsteigenden $^0/_0$ Gehalt an Wasser [5]).

Schweinespeck (gesalzen)	9,15	Kalbshirn	74,14
Butter	14,14	Hasenfleisch	74,16
Schinken (geräuchert)	27,98	Pferdefleisch	74,27
Käse (Fettkäse)	35,75	Taube	75,10
Kaviar	45,05	Ochsenhirn	75,40
Leberwurst	48,70	Rochen	75,49
Dotter des Hühnereis	50,82	Rehfleisch	75,76
Schinken (gesalzen)	62,58	Hammelfleisch	75,99
Makrele	68,27	Lachs	76,38
Schweinespeck (frisch) von		Karpfen	76,97
magerem Tier	69,55	Hecht	77,45
Kalbsbröschen	70	Hechtleber	79,34
Huhn	70,06	Meeraal	79,91
Ochsenherz	70,08	Hering	80,71
Ente	70,82	Schellfisch	80,92
Ochsenleber	72,02	Miesmuschel	82,25
Ochsenfleisch	72,25	Hühnereiweiss	85,87
Kalbfleisch	72,31	Seezunge	86,14
Schweinefleisch	72,57	Auster	89,69
Hühnerei	73,67		

1) Weiteres über Frauenmilch und einige Tiermilchen s. u. bei „Physiologie der Zeugung".
2) Darin 0,33 $^0/_0$ Milchsäure.
3) Darin 1,59 $^0/_0$ Alkohol, 1,06 $^0/_0$ Milchsäure, 3,76 Milchzucker.
4) Darin 16,62 $^0/_0$ Milchzucker, 22,26 $^0/_0$ Rohrzucker.
5) Die Anordnung dieser und einer Anzahl anderer Tabellen nach Moleschott, Physiologie der Nahrungsmittel 2. Aufl. 1859, die Zahlen nach König.

Die tierischen Nahrungsmittel nach dem aufsteigenden %-Gehalt an Stickstoffsubstanz.

Butter	0,86	Hecht	20,11
Auster	4,95	Karpfen	20,61
Schweinespeck (gesalzen)	9,72	Ochsenfleisch	21,39
Hering	10,11	Ochsenherz	21,51
Seezunge	11,94	Pferdefleisch	21,71
Hühnerei	12,55	Taube	22,14
Hühnereiweiss	12,67	Schinken, gesalzen	22,32
Lachs	13,10	Rochen	22,33
Meeraal	13,57	Ente	22,65
Leberwurst	15,93	Schweinespeck (frisch)	23,31
Dotter vom Hühnerei	16,24	Hasenfleisch	23,34
Schellfisch	17,09	Makrele	23,42
Hammelfleisch	18,11	Schinken, westfälisch (geräuchert)	23,97
Kalbfleisch	18,88		
Ochsenleber	19,59	Kalbsbröschen	27
Huhn	19,72	Käse	27,16
Rehfleisch	19,77	Kaviar	31,90
Schweinefleisch	19,91	Käse (Magerkäse)	32,65

Die tierischen Nahrungsmittel nach dem aufsteigenden %-Gehalt an Fett.

Hühnereiweiss	0,25	Hammelfleisch	5,77
Seezunge	0,25	Makrele	6,76
Kalbsbröschen	0,35	Schweinefleisch	6,81
Schellfisch	0,35	Hering	7,11
Auster	0,37	Kalbfleisch	7,41
Rochen	0,47	Ochsenherz	7,47
Hecht	0,69	Käse (Magerkäse)	8,41
Taube	1,00	Schinken, gesalzen	8,68
Karpfen	1,09	Schweinespeck, frisch	11,77
Hasenfleisch	1,13	Hühnerei	12,11
Huhn	1,42	Kalbshirn	13,14
Rehfleisch	1,92	Kaviar	14,14
Pferdefleisch	2,55	Leberwurst	26,33
Ente	3,11	Käse (Fettkäse)	30,43
Lachs	4,57	Dotter vom Hühnerei	31,75
Meeraal	5,02	Speck, gesalzen	75,75
Ochsenfleisch	5,19	Butter	83,11
Ochsenleber	5,60	Knochenmark	96,00

Die tierischen Nahrungsmittel nach dem aufsteigenden % Gehalt an Aschenbestandteilen.

Hühnereiweiss	0,59	Hammelfleisch	1,33
Ochsenherz	0,78	Karpfen	1,33
Hecht	0,83	Huhn	1,37
Taube	1,00	Schellfisch	1,64
Kalbshirn	1,00	Speck, frisch	1,64
Kalbsbröschen	1,00	Kalbsleber	1,68
Pferdefleisch	1,01	Ochsenleber	1,69
Dotter vom Hühnerei	1,09	Rochen	1,71
Ente	1,09	Makrele	1,85
Schweinefleisch	1,10	Hering	2,07
Meeraal	1,11	Auster	2,37
Hühnerei	1,12	Leberwurst	2,66
Rehfleisch	1,13	Käse (Magerkäse)	4,12
Ochsenfleisch	1,17	dto. (Fettkäse)	4,13
Hasenfleisch	1,18	Speck, gesalzen	5,38
Butter	1,19	Schinken, gesalzen	6,42
Seezunge	1,22	Kaviar	8,91
Lachs	1,28	Schinken, westfäl. (geräuch.)	10,07
Kalbfleisch	1,33	Sardellen	23,72 [1])

% Mittelwerte für vegetabilische Nahrungsmittel.

Von den mit * bezeichneten folgen unten (p. 203 u. 204) ausführlichere Analysen.

a) Getreidesamen und Hülsenfrüchte.

	Wasser	Stickstoff-substanz	Fett	Zucker	Sonstige Nfreie Extraktivstoffe	Holzfaser	Asche	N haltige : Nfreier Substanz wie 1 :
Weizen* [2])	13,56	12,42	1.70	1,44	66,45	2,66	1,77	5,7
Dinkel (Spelt)	12,09	11,02	2,77	—	66.44	5,47	2,21	6,5
Roggen* [2])	15,26	11,43	1.71	0,96	66,86	2,01	1,77	6,2
Gerste*	13,78	11,16	2,12	—	65,51	4,80	2,63	6,2
Hafer*	12,92	11,73	6,04	2,22	53.21	10,83	3,05	5,6
Mais*	13,88	10,05	4,76	4,59	62,19	2,84	1,69	7,5
Reis (enthülst)*	13,23	7,81	0,69	—	76,40	0,78	1,09	9,9
Hirse	11,26	11,29	3,56	1,18	66,15	4,25	2,31	6,5
Buchweizen	11,36	10,58	2,79	—	55.84	16,52	2,91	5,7
Bohnen (Buff- oder Feldbohnen)*	14,84	23,66	1,63	—	49,25	7,47	3,15	2,2
dto. (Schmink- oder Vietsbohne)*	13,60	23,12	2,28	—	53,63	3,84	3,53	2,5
Lupine	—	34,5	—	—	—	—	—	—
Erbsen*	14,31	22,63	1.72	—	53.25	5,45	2,65	2,5
Linsen*	12,51	24,81	1,85	—	54.78	3,58	2,47	2,3

1) Darin 20,59 % Chlornatrium.
2) 100 k Getreidekörner liefern 83 k Weizenmehl, 85 k Roggenmehl und 114 k Backwerk (s. Anmerkung 1 auf nächster Seite).

b) Mehl- und Stärkesorten.

	Wasser	Stickstoffsubstanz	Fett	Zucker	Sonstige Nfreie Extraktivstoffe	Holzfaser	Asche	Nhaltige : Nfreier Substanz wie 1 :
Weizenmehl [1]) (feinstes)	14,86	8,91	1,11	2,32	71,86	0,33	0,61	8,5
Roggenmehl	14,42	10,97	1,95	3,88	65,86	1,62	1,48	6,7
Gerstenmehl	15,06	11,75	1,71	3,10	67,80	0,11	0,47	6,3
Hafermehl (Grütze)	10,46	15,50	6,11	2,25	61,42	2,24	2,02	4,8
Buchweizenmehl	14,27	9,28	1.89	1,06	71.40	0,89	1,21	8,2
Stärkemehl [2])	14,84	1,46	—	—	83,31	—	0,39	57,1
Nudeln	13,07	9,02	0,28	—	76.79	—	0,84	8,6

c) Brot- und Konditorwaren.

Feines Weizenbrot [3])	38,51	6,82	0,77	2,37	49,97	0,38	1,18	7,9
Gröberes „	41,02	6,23	0,22	2,13	48,69	0,62	1,09	8,2
Roggenbrot [4]) (frisch)	44.02	6,02	0.48	2,54	45,33	0,30	1,31	8,1
Pumpernickel (westfälischer)	43,42	7,59	1,51	3,25	41,87	0,94	1,45	6,3
Biskuit (englische)	7,45	7,18	9,28	17,02	58,08	0,16	0,83	12,7

d) Wurzelgewächse.

Kartoffel*	75.77	1,79	0,16	—	20,56	0,75	0,57	11,6
Topinambur	79.59	1,98	0,13	8,09	7,57	(1.47)	1,17	8,0
Runkelrübe	87,88	1,07	0,11	6,55	2,43	1,02	0,94	8,6
Zuckerrübe	83,91	2,08	0,11	9,31	2,41	(1,14)	1,04	5.7
Mangoldwurzel	90,51	1.40		4,68	2.14		1,27	
Möhre grosse Varietät	87,05	1,04	0,211	6,74	2,66	(1.40)	0,90	9,4
(Gelbe Rübe) kleine „	88,32	1,04	0,21	1,60	7,17	0,95	0,71	8,8
Kohlrübe (weisse Rübe)	91,24	0,96	0,16	4,08	1,90	0,91	0,75	6,5
Teltower Rübe	81,90	3,52	0,14	1,24	10,10	1,82	1,28	3.3

e) Gemüsearten.

(Einmach-)Rotrübe	87,07	1,37	0,03	0,54	9,02	1,05	0,92	7,0
Rettich	86,92	2,92	0,11	1,53	6,90	1,55	1,07	4.5
Radieschen	93,34	1,23	0,15	0,88	2,91	0,75	0,74	3,3
Meerrettich	76,72	2,73	0,35	—	15,89	2,78	1,53	6.0
Schwarzwurzel	80,39	1,04	0,50	2,19	12,61	2,27	0,99	15,1
Sellerie, Knollen	84,09	1,48	0,39	—	11,79	1,40	0,84	8,4
„ Blätter	81,57	4.64	0,79	1,26	7,87	1,41	2,46	2,3
„ Stengel	89,57	0,88	0,34	0,62	5,94	1,24	1,41	8,1
Kohlrabi, Knollen	85,01	2,95	0,22	0,40	8,45	1,76	1,21	3,1
„ Blätter u. Stengel	86,04	3,03	0,45	0,51	6,77	1,55	1,65	2.7
Blassrote Zwiebel, Knollen	85,99	1,68	0,10	2,78	8,04	0,71	0,70	6,5
„ „ Blätter	88,17	2,58	0,58	—	5,66	1,76	1,25	2,6
Perlzwiebel	70,18	2,68	0,10	5,78	19,91	0,81	0,54	9,6
Lauch, Zwiebel	87,62	2,83	0,29	0,44	6,09	1,49	1,24	2,5
„ Blätter	90,82	2,10	0,44	0,81	3,74	1,27	0,82	2,5
Knoblauch	64,66	6,76	0,06	—	26,31	0,77	1,44	3,9

1) 100 k Weizenmehl liefern 125—130 k Brot — nach Beaunis (Physiologie p. 446) in Paris 180 k weisses Brot.
2) Mittel aus verschiedenen Sorten.
3) Eine aus Weizenmehl bereitete Semmel enthält: feste Teile 71,4, Eiweiss 9,6. Fett 1,0, Kohlehydrate 60,1 (Voit, l. c. p. 467).
4) Schwarzbrotkrume (1 Tag alt) enthält 53,7 % Trockensubstanz, 8,3 % Eiweiss, 44,3 % Kohlehydrate, der ganze Brotlaib (im Mittel) 63.29 % feste Teile, 8,5 % Eiweiss, 1,3 % Fett, 52,25 % Kohlehydrate (Voit).

	Wasser	Stickstoff-substanz	Fett	Zucker	Sonstige N'freie Extraktivstoffe	Holzfaser	Asche	N'haltige: N'freier Substanz wie 1:
Schnittlauch	82,00	3,92	0,88	—	9,08	2,46	1,66	2,7
Gurke	95,60	1,02	0,09	0,95	1,33	0,62	0,39	2,4
Melone	95,21	1,06	0,61	0,27	1,15	1,07	0,63	2,4
Kürbis	90,01	0,71	0,05	1,36	5,87	1,36	0,64	10,2
Liebesapfel (Tomate)	92,87	1,25	0,33	2,53	1,55	0,84	0,63	3,6
Spargel	93,32	1,98	0,28	0,40	2,34	1,14	0,54	1,6
Gartenerbse (grün, unreife Frucht)	80,49	5,75	0,50	—	10,86	1,60	0,80	2,0
Saubohnen (grün, unreife Frucht)	86,10	4,67	0,30	—	6,60	1,69	0,64	1,5
Schnittbohnen (unreife Hülse)	88,36	2,77	0,14	1,20	5,82	1,14	0,57	2,9
Blumenkohl	90,39	2,53	0,38	1,27	3,74	0,87	0,82	2,2
Winterkohl (niedriger Braunkohl)	80,03	3,99	0,90	1,21	10,42	1,88	1,57	3,3
Savoyer Kohl (weisser Wirsing)	87,09	3,31	0,71	1,29	4,73	1,23	1,64	2,2
Rosenkohl	85,63	4,83	0,46	—	6,22	1,57	1,29	1,5
Rotkraut	90,06	1,83	0,19	1,74	4,12	1,29	0,77	3,4
Spitzkohl (Sauerkraut)	92,26	1,77	0,20	1,43	2,64	1,02	0,68	2,5
Weisskraut	89,97	1,89	0,20	2,29	2,58	1,84	1,23	2,8
Spinat	90,26	3,15	0,54	0,08	3,26	0,77	1,94	1,3
Endivien-Salat	94,13	1,76	0,13	0,76	1,82	0,62	0,78	1,6
Kopfsalat	94,33	1,41	0,31	—	2,19	0,73	1,03	1,9
Feldsalat	93,41	2,09	0,41	—	2,73	0,57	0,79	1,6

f) Blatt- und sonstige Gewürze.

	Wasser	Stickstoff-substanz	Fett	Zucker	Sonstige N'freie Extraktivstoffe	Holzfaser	Asche	N'haltige: N'freier Substanz wie 1:
Dill	83,84	3,48	0,88	—	7,30	2,08	2,42	2,5
Petersilie	85,05	3,66	0,72	0,75	6,69	1,45	1,68	2,4
Bohnenkraut	71,88	4,15	1,65	2,45	9,16	8,60	2,11	3,5
Bibernell	75,36	5,65	1,23	1,98	11,05	3,02	1,72	2,7
Garten-Sauerampfer	92,18	2,42	0,48	0,37	3,07	0,66	0,82	1,8
Pfeffer	17,01	11,99	8,92	—	43,02	14,49	4,57	4,9
Senfsamen	5,92	26,28	32,55	4,78	9,81	(16,38)	4,28	—
Zimt	14,28	3,62	3,39	—	52,58	23,65	2,48	15,1

g) Schwämme und Pilze.

	Wasser	Stickstoff-substanz	Fett	Zucker	Sonstige N'freie Extraktivstoffe	Holzfaser	Asche	N'haltige: N'freier Substanz wie 1:
Agaricusarten, frisch	86,41	3,18	0,40	1,44 [1]	6,04	1,02	1,51	2,6
" trocken	16,48	19,57	2,23	—	46,37	6,39	8,97	2,6
Champignon (Agar. campestris) frisch	91,11	2,57	0,13	1,05 [1]	3,71	0,67	0,76	1,9
" trocken	17,54	23,84	1,21	9,59 [1]	34,56	6,21	7,05	1,9
Trüffel (Tuber cibarium) frisch	72,80	8,91	0,62	—	7,54	7,92	2,21	1,0
Steinmorchel, trocken (Helvella esculenta)	16,36	25,22	1,65	—	43,30	5,63	7,84	1,80
Speisemorchel (Morchella esculenta)	19,04	28,28	1,93	5,80 [1]	(31,62)	5,50	7,63	1,4
Hahnenkamm	21,43	19,19	1,67	—	47,00	5,45	5,26	2,6
Steinpilz (Boletus edulis)	12,81	36,12	1,72	4,47 [1]	32,79	5,71	6,38	1,1
Andere Boletusarten	90,79	1,67	0,27	—	5,96	0,74	0,57	3,8

[1] Traubenzucker und Mannit.

h) Zucker und Honig.

	Wasser	Stickstoff-substanz	Zucker	Sonstige Nfreie Ex-traktivstoffe	Holzfaser	Asche	Nhaltige : : Nfreier Sub-stanz wie 1 :
Rohrzucker	2,16	0,35	93,33	3,40	—	0,76	276,3
Rübenzucker¹)	2,98	—	93,77	1,78	—	1,47	—
Melassenzucker (Kolonial-rohzucker)	35,06	—	62,06†	—	—	2,88	—
Syrup	24,60	—	71,00††	2,07	—	2,33	—
Honig	16,13	1,29	81,44†††	—	—	0,12	63,1

† Darin 18,3 % Rohrzucker.   †† Darin 44,93 Rohrzucker, 26,07 Fruchtzucker.
††† Darin 2,69 Rohrzucker, 78,74 Traubenzucker.

Obstsorten und sonstige Früchte.

	Wasser	Stickstoff-substanz	Fett	Freie Säure	Zucker	Sonstige Nfreie Ex-traktivstoffe	Holzfaser (ev. mit Kern)	Asche	Nhaltige : : Nfreier Sub-stanz wie 1 :
Frisch									
Apfel*	83,58	0,39	—	0,84	7,73	5,17	1,98	0,31	35,2
Birne*	83,03	0,36	—	0,20	8,26	3,54	4,30	0,31	33,3
Zwetschge	81,18	0,78	—	0,85	6,15	4,92	5,41	0,71	15,3
Pflaume*	84,86	0,40	—	1,50	3,56	4,68	4,34	0,66	24,3
Reineclaude	80,28	0,41	—	0,91	3,16	11,46	3,39	0,39	37,9
Mirabelle	79,42	0,38	—	0,53	3,97	10,07	4,99	0,64	38,3
Pfirsich	80,03	0,65	—	0,92	4,48	7,17	6,06	0,69	19,3
Aprikose	81,22	0,49	—	1,16	4,69	6,35	5,27	0,82	24,9
Kirsche*	80,26	0,62	—	0,91	10,24	1,17	6,07	0,73	19,9
Weintraube	78,17	0,59	—	0,79	14,36	1,96	3,60	0,53	29,0
Erdbeere*	87,66	1,07	0,45	0,93	6,28	0,48	2,32	0,81	7,8
Himbeere	86,21	0,53	—	1,38	3,95	1,54	5,90	0,49	13,0
Heidelbeere	78,36	0,78	—	1,66	5,02	0,87	12,29	1,02	9,7
Brombeere	86,41	0,51	—	1,19	4,44	1,76	5,21	0,48	14,5
Maulbeere	84,71	0.36	—	1,86	9,19	2,31	0,91	0,66	37,1
Stachelbeere*	85,74	0,47	—	1,42	7,03	1,40	3,52	0,42	21,0
Johannisbeere	84,77	0,51	—	2,15	6,38	0,90	4,57	0,72	18,5
Getrocknet									
Apfel	32,42	1,06	—	2,68	41,61	14,68	5,59	1,96	55,6
Birne	29,41	2,07	0,35	0,84	29,13	29,67	6,86	1,67	29,1
Zwetschge	29,83	2.55	0,53	2,77	42,65	18,85	1,43	1,39	25,5
Kirsche	49,88	2,07	0,30	—	31,22	14,29	0,61 (ohne Kern)	1,63	22,2
Traube	32,02	2,42	0,59	—	54,56	7,48	1,72	1,21	26,0
Feige	32,21	5,06	—	—	45,28	—	—	2,96	8,9
Sonstige Früchte									
Mandeln (süsse)	5,39	24,18	53,68	—	—	7,23	6,56	2,96	4,2
Walnuss	4,68	16,37	62,86	—	—	7,89	6,17	2,03	7,2
Haselnuss	3,77	15,62	66,47	—	—	9,03	3,28	1,83	8,0
Kastanien* (frisch)	51,48	5,48	1,37	—	—	38,34	1,61	1,72	7,5

1) Zuckerrübe s. p. 196.

Getränke.

A. Trinkwasser.

Feste Bestandteile von Wasser aus verschiedenen Gebirgsformationen (E. Reichardt)[1]).

Für 100 000 Teile:	Abdampfrückstand	Organische Substanz (5 Teile = 1 Teil Kaliumpermanganat)	Salpetersäure	Chlor	Schwefelsäure	Kalk	Magnesia	Härte[2])
Granitformation I	2,44	1,57	0	0,33	0,39	0,97	0,25	1,27
II	7,0	0,4	0	0,12	0,34	3,08	0,91	4,35
III	21,0	0,47	0	Spur	1,03	4,48	2,10	7,72
Melaphyr	16,0	1,92	0	0,84	1,71	6,16	2,25	9,31
Basalt	15,0	0,18	0	Spur	0,34	3,16	2,80	6,08
Thonsteinporphyr	2,50	0,80	0	0	0,34	0,56	0,18	0,81
Thonschiefer I	12,0	0	0,05	0,25	2,4	3,04	0,73	6,06
II	6,0	1,73	0	0,88	0,17	0,28	0,36	0,78
III	7,0	1,70	Spur	0,20	0,50	0,56	0,18	0,80
IV	18,0	2,10	,,	1,06	1,0	4,4	1,08	5,91
Bunter Sandstein	12,5 / 25,0	1,38	,,	0,42	0,88	7,30	4,8	13,96
Muschelkalk (b. Jena)	32,5	0,9	0,021	0,37	1,37	12,9	2,9	16,95
Dolomitisches Gebirge	41,8	0,53	0,23	Spur	3—4	14,0	6,5	23,1
Grenzzahlen	10—50	1,0—5,0	0,4	0,2—0,8	0,2—6,3	—	—	18
dto. (n. Ferd. Fischer)[3])		4,0	2,7	3,55	8,0	11,2	4,0	16,8

Luftgehalt des Regenwassers beträgt etwa $1/20$ seines Volums, und zwar Sauerstoffgehalt pro Liter 5,97 cm^3, Stickstoff 16,60, Kohlensäure 4,47 cm^3 (Reichardt). Sonstiges Wasser enthält $1/30$—$1/25$ Luft.

B. Alkoholische Getränke.

a) Bier.

	Wasser	Kohlensäure	Stickstoffsubstanz	Alkohol (Vol. %)	Zucker	Extrakt	Asche
Winterbier	91,81	0,23	0,81	3,21	0,44	4,98	0,20
Lager- (oder Sommer-)Bier	90,71	0,22	0,49	3,68	0,87	5,61	0,22
Export-Bier	88,72	0,24	0,71	4,07	0,90	7,22	0,27
Porter und Ale	88,52	0,21	0,73	5,16	0,88	6,32	0,27

---

1) Grundlagen zur Beurtheilung des Trinkwassers etc. 4. Aufl. 1880 p. 33 ff.
2) 1 Härtegrad = 1 Teil Kalk (CaO) in 100 000 Teilen Wasser. 1 Teil Magnesia (MgO) wird mit rund 1,4 in Rechnung gebracht. 5 englische Härtegrade = 4 deutschen; 100 französische = 56 deutschen.
3) Die chemische Technologie des Wassers 1876.

b) Wein.

	Wasser	Stickstoff-substanz	Alkohol (Vol. %)	Zucker	Extrakt	Freie Säure = Weinsäure	Asche
Weinmost	74,49	0,28	—	19,71	(25,51)	0,64	0,40
Mosel- und Saarwein	86,06	—	12,06	0,20	1,88	0,61	0,20
Rheingau-Wein, weiss	86,26	—	11,45	0,37	2,29	0,45	0,17
„ „ rot	86,88	—	10,08	0,39	3.04	0,52	0,25
Ahr-Rotwein	87,52	0.29	9,90	0,16	2,58	0,47	0,21
Rheinhessische Rotweine	87,44	—	9,55	0,33	3,01	0,58	0,22
„ Weissweine	86,92	—	11,07	0,87	2,01	—	—
Hessische Weine (Bergstr.)	89,14	—	9,67	0,24	1,19	0,71	—
Pfälzer „	86,06	—	11,55	0,52	2,39	0,53	0,16
Franken-Weine	86,88	—	10.34	0,07	2,68	0,79	0,16
Badische „	87,15	—	11,07	0,12	1,78	0,58	—
Württembergische Weine	89,66	—	10,05	0,14	2,25	0,71	—
Elsässer Weisswein	88,14	—	10,14	0,09	1,72	0,52	0,21
„ Rotwein	88,69	—	11,15	0,05	2,16	0,43	0,29
Schweizer Weine	88,66	—	9,39	0,03	1,95	0,47	0,26
Österreichische Rotweine	87,80	—	9.49	—	2,71	0,58	0,26
Ungar-Weine	84,75	—	12,20	—	3,05	0,63	0,63
Französische Rotweine	88,44	—	9,07	0,19	2.49	0,59	0,23
Süss-Weine:							
Malaga	68,65	—	14,43	12,71	16,92	—	—
Madeira	75,38	—	19,36	3,0	5,26	0,48	0,38
Marsala	75,56	—	20,40	2,75	4,04	0,39	0,31
Sherry	75,59	—	20,70	1,66	3,71	0,46	0,48
Portwein	75,60	—	20,10	2,79	4,30	0,44	0,29
Tokayer	75,20	—	16,67	—	8,13	0,48	—
Ruster Ausbruch	75,34	—	15,85	—	8,81	0,59	—
Franz. Champagner	77,61	—	11,95	—	10,44	—	—
Apfelwein	—	—	5,35	3,27	4,75	0,34 (Äpfelsäure)	0,26

Die Weine können eingeteilt werden in [1]:

	schwache Weine	starke Weine
Wasser	92—90 %	89—80 %
Alkohol	5—7	7—16
Säure	1,2—0,8	0,8—0,5
Extrakt	1,8—2	2—4
Asche	0,16—0,20	0,16—0,30

c) Branntwein und Liqueure.
(Volumprocente)

	Wasser	Alkohol	Zucker	Extrakt	Asche
Branntwein	55,0	45,0	—	—	—
Arrak	39,42	60,5	—	0,08	0,02
Cognak	29,85	69,5	—	0,65	0,01
Rum	47,34	51,4	—	1,26	0,06
Absynth	40,33	58,9	—	0,77	—
Bonekamp of Maag-Bitter	47,95	50,0	—	2,05	0,11
Benediktiner	12,00	52,0	32.57	36,00	0,04
Ingwer	24,71	47,5	25,92	27,79	0,14
Crême de Menthe	23,72	48,0	27,63	28,28	0,07
Anisette de Bordeaux	23,28	42,0	34,44	34,82	0,04
Curaçao	16,40	55,0	28,50	28,60	0,04

---

1) Bei Beaunis, Éléments de Physiologie p. 634.

d) Essig.

	Essigsäure	Extrakt	Asche
Essigsprit	9,65	0,56	0,08
Weinessig	5,37	0,47	0,12
Weisser Essig	4,63	0,21	0,10
Brauner „	3,53	0,46	0,14

Alkaloidhaltige Genussmittel.

	Wasser	Stickstoff-substanz	Alkaloid	Fett	Zucker	Sonstige N freie Stoffe	Holzfaser	Asche
Kaffee (gebrannt)	1,81	12,20	0,97 (Coffein)	12,03	1,01	22,60	(44,57)	4,81
Von 100 Teilen werden gelöst		3.12 (= 0,5 % Stickstoff)		5,18	13,14		—	4.06 = Summa 25,0 %,
Feigenkaffee	18,98	4,25	—		2,83	34,19 29,15	7,16	3,44
Thee	11,49	21,22	1,35 (Thein)	3,62	—	36.91 (20.30)		5,11
Von 100 Teilen trockenem Thee werden gelöst		12.38 (= 1,98 % Stickstoff)		—	17.61		—	3,65 = Summa 33,64 °
(Süsse) Chokolade	1,55	5,06 (worunter Theobromin)		15,25	63,81	11,03	1,15	2,15
Tabak	trocken¹)	25,06 (= 4,01 Stickstoff)	1,32 (Nikotin)	4,32	—	—	—	22,81

Die pflanzlichen Nahrungsmittel nach dem aufsteigenden %-Gehalt an Stickstoffsubstanz.

Rohrzucker	0,35	Zwetschge (frisch)	0,78
Birne	0,36	Heidelbeere	0,78
Maulbeere	0,36	Sellerie (Stengel)	0,88
Mirabelle	0,38	Kohlrübe	0,96
Apfel	0,39	Gurke	1,02
Pflaume	0,40	Melone	1,02
Reineclaude	0,41	Möhre	1,04
Stachelbeere	0,47	Schwarzwurzel	1,04
Aprikose	0,49	Apfel (trocken)	1,06
Johannisbeere	0,51	Runkelrübe	1,07
Brombeere	0,51	Erdbeere	1,07
Erdbeere	0,53	Radieschen	1,23
Himbeere	0,53	Bibernell	1,23
Weinbeere	0,59	Liebesapfel	1,25
Kirsche	0,62	Honig	1,29
Pfirsich	0,65	Rotrübe	1,37
Kürbis	0,71	Mangoldwurzel	1,40

---

1) In den frischen Blättern 85—89 %, Wasser, im fertigen Rauchtabak 8—13 %. Ammoniak ist mit 0,57 %, Salpetersäure mit 0,49, Salpeter mit 1,08 % vertreten.

Kopfsalat	1,41	Rosenkohl	4,83
Stärkemehl	1,46	Feige, trocken	5,06
Sellerie (Knollen)	1,48	Bibernell	5,65
Verschiedene Boletusarten	1,67	Gartenerbse	5,75
Blassrote Zwiebel	1,68	Roggenbrot	6,02
Endiviensalat	1,76	Gröberes Weizenbrot	6,23
Spitzkohl (Sauerkraut)	1,77	Knoblauch	6,76
Kartoffel	1,79	Feines Weizenbrot	6,82
Rotkraut	1,83	Biskuit, englische	7,18
Weisskraut	1,89	Reis, enthülst	7,81
Topinambur	1,98	Trüffel, frisch	8,91
Spargel	1,98	Weizenmehl	8,91
Birne (trocken)	2,07	Nudeln	9,02
Kirsche „	2,07	Buchweizenmehl	9,28
Feldsalat	2,09	Mais	10,05
Lauch, Blätter	2,10	Buchweizen	10,58
Gartensauerampfer	2,42	Roggenmehl	10,97
Trauben, trocken	2,42	Dinkel	11,02
Blumenkohl	2,53	Gerste	11,16
Zwetschge, trocken	2,55	Hirse	11,29
Champignon	2,57	Roggen	11,43
Blassrote Zwiebel, Blätter	2,58	Hafer	11,73
Perlzwiebel	2,68	Gerstenmehl	11,75
Meerrettich	2,73	Pfeffer	11,99
Schnittbohnen	2,77	Weizen	12,42
Lauch, Zwiebel	2,83	Hafermehl, Grütze	15,50
Rettich	2,92	Haselnuss	15,62
Kohlrabi, Knollen	2,95	Walnuss	16,37
„ Blätter u. Stengel	3,03	Hahnenkamm	19,19
Spinat	3,15	Agaricusarten, trocken	19,57
Agaricusarten, frisch	3,18	Erbse	22,63
Savoyerkohl	3,31	Vietsbohne	23,12
Dill	3,48	Bohne	23,66
Teltower Rübe	3,52	Champignon, trocken	23,84
Zimt	3,62	Mandel	24,18
Petersilie	3,66	Linse	24,81
Schnittlauch	3,92	Steinmorchel, trocken	25,22
Winterkohl	3,99	Senfsamen	26,28
Bohnenkraut	4,15	Speisemorchel, trocken	28,28
Sellerie, Blätter	4,64	Steinpilz, „	36,12
Saubohnen	4,67		

Genauere Analysen einiger pflanzlicher Nahrungsstoffe
(Moleschott)[1]).

a) Getreidesamen, Kastanien, Kartoffeln.

	Weizen	Roggen	Gerste	Hafer	Mais	Reis	Kastanien	Kartoffeln
Eiweissartige Stoffe	13,54	10,75	12,26	9,04	7,91	5,07	4,46	1,32
Cellulose	3,24	4,96	9,75	11,65	5,25	1,02	3,79	6,44
Stärkemehl	56,86	55,52	48,26	50,34	63,74	82,30	15,50	15,43
Dextrin	4,67	8,45	9,95	4,96	2,35	0,98	11,74	1,89
Zucker	4,85	2,88		6,54	1,85	0,17	8,36	—
Fett	1,85	2,11	2,63	3,99	4,84	0,75	0,87	0,16
Extraktivstoff	—	—	—	—	0,75	—	—	0,90
Salze	2,00	1,46	2,65	2,59	1,29	0,50	1,52	1,02
Kali	0,45	0,34	0,35	0,34	0,40	0,10	0,60	0,63
Natron	0,19	0,18	0,19	0,02		0,01	0,29	Spuren
Kalk	0,06	0,08	0,06	0,09	0,02	0,03	0,12	0,03
Magnesia	0,22	0,16	0,18	0,20	0,22	0,02	0,12	0,05
Eisenoxyd	0,02	0,02	0,04	0,03	—	0,01	0,01	0,005
Phosphorsäure	1,00	0,66	1,13	0,49	0,64	0,31	0,12	0,18
Schwefelsäure	0,002	0,005	0,005	0,02	—	—	0,06	0,05
Kieselsäure	0,02	0,02	0,69	1,41	0,001	0,007	0,03	0,02
Chlornatrium	0,04	—	—	—	—	—	0,07	0,01
Wasser	13,00	13,87	14,48	10,88	12,01	9,20	53,71	72,75

b) Hülsenfrüchte.

	Erbse	Schminkbohne	Feldbohne	Linse
Eiweissartige Stoffe	22,35	22,55	22,03	26,49
Cellulose	4,97	4,40	5,03	2,22
Stärkemehl, Dextrin, Zucker	52,65	49,90	52,63	55,90
Fett	1,97	1,95	1,60	2,40
Extraktivstoffe	1,18	2,77	3,33	—
Salze	2,37	2,41	2,53	1,66
Kali	0,86	0,98	0,62	0,57
Natron	0,16	0,24	0,34	0,22
Kalk	0,10	0,24	0,15	0,10
Magnesia	0,18	0,18	0,20	0,04
Eisenoxyd	0,02	0,001	0,03	0,03
Phosphorsäure	0,85	0,65	0,90	0,60
Schwefelsäure	0,08	0,07	0,09	—
Chlor	—	0,02	0,05	0,008
Chlorkalium	0,07	—	—	—
Chlornatrium	0,04	—	—	—
Kieselsäure	0,005	0,02	0,14	0,02
Wasser	14,50	16,02	12,85	11,32

---

1) Die zweite Dezimale abgerundet. — Andere Analysen dieser Nahrungsstoffe s. o. p. 195—198.

c) Obstsorten.

	Pflaume	Kirsche	Birne	Apfel	Stachelbeere	Erdbeere
Eiweissartige Stoffe	9,37	0,82	0,23	0,39	0,47	0,51
Lösliche Pektinstoffe, Dextrin, Farbstoff, Fett, gebundene organische Säuren	0,62	1,98	3,24	5,52	1,11	0,10
Pektose	0,44	0,67	0,96	1,20	0,61	0,47
Schalen und Zellstoff	0,74	0,63	2,78	1,52	3,40	4,25
Kerne	3,82	4.80	0,38	0,22		
Zucker	6,44	11,72	8,78	7,96	6,93	5,09
Freie Säure	0,92	1,02	0,03	0,69	1,60	1,36
Aschenbestandteile	0,48	0.66	0,36	0,36	0,50	0,76
Kali	0,26	0,34	0,20	0,13	0,19	0,18
Natron	0,04	0,008	0,03	0,09	0,05	0,23
Kalk	0,02	0,05	0.03	0,01	0,06	0,12
Magnesia	0,02	0,03	0,02	0,03	0,03	Spuren
Eisenoxyd	0,01	0,01	0,004	0,005	0,02	0,05
Phosphorsäure	0,08	0,10	0,05	0.05	0,10	0,10
Schwefelsäure	0,01	0,03	0,02	0,02	0,03	0,03
Chlornatrium	0,003	0,01	Spuren	—	0,006	0,02
Kieselsäure	0,01	0,06	0,005	0,02	0,01	0,02
Wasser	80,58	77,70	83,24	82,13	85,37	87,45

Nährgeldwert der Nahrungsmittel (J. König)[1].

Für 1 Mark erhält man Nährwerteinheiten:

A. Animalische Nahrungsmittel.

Stockfisch	3100	Herz	1177
Kuhmilch	2488	Schellfisch	1150
Rindstalg	2200	Fettkäse	1116
Magerkäse	2044	Marktbutter	1097
Kuhmilch (Vollmilch)	2038	Trockenes Fleischpulver	1004
Sülzenwurst	1772	Rindfleisch, sehr fett	979
Speck (gesalzen)	1710	Leberwurst	976
Lunge	1700	Schweinefleisch, mager	876
Schweineschmalz	1660	Kondensierte Milch (mit Rohrzucker)	849
Erbswurst	1630		
Mettwurst (westfälisch)	1621	Büchsenfleisch, eingemachtes	830
Hering (mariniert)	1422	Kondensierte Milch (ohne Rohrzucker)	818
Halbfetter Käse	1390		
Laberdan (gesalz. Kabeljau)	1375	Blutwurst	797
Leber	1244	Geräucherte Zunge	789
Hammelfleisch, sehr fett	1204	Knackwurst	770
Schweinefleisch, fett	1201	Bücklinge	768

---

1) Procentische Zusammensetzung und Nährgeldwerth der menschlichen Nahrungsmittel, 4. Auflage 1885. — Bei den Nährstoffen ist für Stickstoffsubstanz, Fett und Kohlehydrat ein Wertverhältnis von 5 : 3 : 1 angenommen, entsprechend den herrschenden Marktpreisen. Der Berechnung sind die durchschnittlichen Detailpreise (pro 1 k) von verschiedenen grösseren Städten zu Grunde gelegt.

Geräucherter Schinken	765	Sprotten (Kieler)	479
Rindfleisch, mittelfett	745	Rauchfleisch vom Ochsen	473
Hammelfleisch, halbfett	715	Hecht	470
Kalbfleisch, fett	703	Hühnerfleisch, mittelfett	466
Zunge	686	Niere	418
Kalbfleisch, mager	627	Neunauge, mariniert	388
Rindfleisch, mager	626	Fleisch vom Wild	361
Kaninchenfleisch, fett	601	Sardellen	310
Eier	580	Lachs, geräuchert	287
Cervelatwurst	567	Lachs oder Salm	249
Gänsebrust (pommersche)	561	Seezunge	231
Kindermehle	500	Kaviar (Astrachanscher)	205

B. Vegetabilische Nahrungsmittel.

Bohnen	5000	Kohlrübe	2283
Erbsen	4971	Weizenbrod, feines	2037
Pumpernickel	4750	Reis	1992
Kartoffeln	4740	Kohlrabi	1917
Roggenmehl	4655	Weisskraut	1500
Weizenmehl, gröberes	4533	Stärkemehl	1384
Rüböl	4243	Nudeln (Maccaroni)	1360
Linsen	4226	Rohrzucker	1320
Weizenmehl, feines	3580	Unreife Gartenerbsen	1140
Leguminosenmehl	3409	„ Gartenbohnen	1125
Hafermehl (Grütze)	3254	Spinat	975
Buchweizenmehl	3083	Obst, getrocknet	783
Gerstengries	2904	Gelbe Rüben (kleine)	700
Roggenbrot	2875	Kohlarten	500
Weizenbrot, gröberes	2763	Spargel	100
Graupen	2589	Blumenkohl	90
Olivenöl	2285		

Stoffwechsel des Erwachsenen.

Menge der Nahrung beim Erwachsenen.

Nach Voit[1] bedarf (g):

	Eiweiss	Fett	Kohle-hydrate	Stick-stoff	Kohlen-stoff	Verhältnis der stickstoff-haltigen zu den stickstofffreien Stoffen	
Arbeiter im Mittel	118	56	500	18,3	328	1 : 5,0	
Arbeiter in der Ruhe	137	52	352	19,5	283	1 : 3,5	s. die beiden
„ bei Arbeit	137	173	352	19,5	356	1 : 4,7	nächsten Tabellen

1) Über die Kost in öffentlichen Anstalten 1876 p. 39.

Ein 69,5 k schwerer Mann ergab nach Voit[1]) bei reichlicher gemischter Kost und möglichster Ruhe:

Einnahmen[2]) (g)	Wasser	Kohlenstoff	Wasserstoff	Stickstoff	Sauerstoff	Asche
Fleisch	139,7	79,5	31,3	4,3	8,50	12,9	3,2
Eiereiweiss	41,5	32,2	5,0	0,7	1,35	2,0	0,3
Brot	450,0	208,6	109,6	15,6	5,77	100,5	9,9
Milch	500,0	435,4	35,2	5,6	3,15	17,0	3,6
Bier	1025,0	961,2	25,6	4,3	0,67	30,6	2,7
Schmalz	70,0	—	53,5	8,3	—	8,1	—
Butter	30,0	2,1	22,0	3,1	0,03	2,8	—
Stärkemehl	70,0	11,0	26,1	3,9	—	29,0	—
Zucker	17,0	—	7,2	1,1	—	8,7	—
Kochsalz	4,2	—	—	—	—	—	4,2
Wasser	286,3	286,3	—	—	—	—	—
Sauerstoff	709,0	—	—	—	—	709,0	—
	3342,7	2016,3	315,5	46,9	19,47	920,6	23,9
		= 224,0 Wasserstoff und 1792,3 Sauerstoff		224,0		1792,3	
		2016,3	315,5	270,9	19,47	2712,9	23,9

Ausgaben[2]) (g)							
Harn	1343,1	1278,6	12,6	2,75	17,35	13,71	18,1
Kot	114,5	82,9	14,5	2,17	2,12	7,19	5,9
Atmung	1739,7	828,0	248,6	—	—	663,10	—
	3197,3	2189,5	275,7	4,92	19,47	684,00	24,0
		= 243,3 Wasserstoff und 1946,2 Sauerstoff		243,30		1946,2	
		2189,5	275,7	248,22	19,47	2630,20	24,0

| Differenz: | 145,4 | — | 39,8 | 22,7 | 0 | 82,7 | —0,1 |

Derselbe Mann ergab bei ebenso gemischter Kost und starker Arbeit:

Einnahmen (g)	Wasser	Kohlenstoff	Wasserstoff	Stickstoff	Sauerstoff	Asche
Fleisch	151,3	91,05	31,30	4,32	8,50	12,90	3,20
Eiereiweiss	48,1	38,78	5,00	0,70	1,35	2,00	0,30
Brot	450,0	208,60	109,60	15,60	5,77	100,50	9,90
Milch	500,0	435,40	35,25	5,55	3,15	17,00	3,65
Bier	1065,9	999,60	26,57	4,48	0,69	31,77	2,83
Schmalz	60,2	—	46,05	7,16	—	6,98	—
Butter	30,0	2,10	22,00	3,10	0,03	2,80	—
Stärkemehl	70,0	11,00	26,10	3,90	—	29,00	—
Zucker	17,0	—	7,20	1,10	—	8,70	—
Kochsalz	4,9	0,09	—	—	—	—	4,81
Wasser	480,1	479,91	—	—	—	—	0,19
Sauerstoff	1006,1	—	—	—	—	1006,10	—
	3883,6	2266,53	309,17	45,91	19,49	1217,75	24,88
		= 251,83 Wasserstoff u. 2014,70 Sauerstoff		251,83		2014,70	
		2266,53	309,17	297,74	19,49	3232,45	24,88

Ausgaben (g)							
Harn	1261,1	1194,2	12,6	2,75	17,41	14,74	19,4
Kot	126,0	94,1	14,5	2,17	2,12	7,19	5,9
Atmung	2545,5	1411,8	309,20	—	—	824,50	—
	3932,6	2700,1	336,30	4,92	19,53	846,43	25,3
		= 300,00 Wasserstoff u. 2400,10 Sauerstoff		300,00		2400,10	
		2700,1	336,30	304,92	19,53	3246,53	25,3

| Differenz: | —49,0 | — | —27,13 | —7,18 | —0,04 | —14,08 | —0,42 |

1) Hermann's Handbuch der Physiologie VI 1 p. 513.
2) Es werden 117 g Fett aufgenommen, davon 52 zerstört, so dass 65 angesetzt werden können; vom Eiweiss werden die eingeführten 137, von den Kohlehydraten 352 g zerstört.

Die täglich aufzunehmende Eisenmenge beträgt 0,059 (Arbeitersträfling)—0,091 g (englischer Arbeiter) pro Tag und Mensch (Boussingault)[1]).

Beim 24stündigen Hungern verhielt sich die genannte Versuchsperson mit 71 k Gewicht nach Pettenkofer und Voit[2]):

Einnahmen (g)	Wasser	Kohlenstoff	Wasserstoff	Stickstoff	Sauerstoff	Asche
Fleischextrakt	12,5	3,97	2,44	0,49	1,18	2,02	2,40
Kochsalz	15,1	0,27	—	—	—	—	14,83
Wasser	1027,1	1026,79	—	—	—	—	0,41
Sauerstoff	779,9	—	—	—	—	779,90	—
	1834,7	1031,03	2,44	0,49	1,18	781,92	17,64
		= 114,56 Wasserstoff		114,56		916,47	
		u. 916,47 Sauerstoff					
		1031,03	2,44	115,05	1,18	1698,39	17,64
Ausgaben (g)[3]							
Harn	1197,5	1147,44	8,25	2,00	12,51	7,60	19,70
Atmung	1567,2	828,90	201,30	—	—	537,00	—
	2764,7	1976,34	209,55	2,00	12,51	544,60	19,70
		= 219,59 Wasserstoff		219,59		1756,75	
		u. 1756,75 Sauerstoff					
		1976,34	209,55	221,59	12,51	2301,35	19,70
Differenz:	−930,0	—	−207,11	−106,54	−11,33	−602,96	−2,06

Grösse des täglichen Stoffumsatzes

(nach den vorhergehenden Tabellen).

Es werden umgesetzt:

	vom Gesamtkohlenstoff des Körpers	vom Gesamtstickstoff des Körpers	von den Ausscheidungen treffen auf		
			Harn	Kot	Atmung
	%	%	%	%	%
in der Ruhe	2,1	1,1	42	4	54
bei der Arbeit	2,6	1,1	33	2	65
im Hunger	(1,6	0,6)	43	—	57

---

1) Comptes rendus de l'académie des sciences LXXIV 1872 p. 1353, wo noch weitere Angaben über Eisengehalt des Körpers und verschiedener Nahrungsmittel.
2) Zeitschrift für Biologie II 1866 p. 480.
3) Die Differenz zwischen Einnahmen und Ausgaben entsprechen 80 g trockenem Fleisch, 216 g Fett, 889 g Wasser.

Weitere Angaben über die Nahrungsmenge.

	Eiweiss	Fett	Kohlehydrate	Stickstoff	Kohlenstoff	Untersucher
36j. Arbeiter, Dienstmann	133	95	422	21	331	*J. Forster* [1])
40j. „ Schreiner	131	68	494	20	342	(München)
Junger Arzt	127	89	362	20	297	,,
dto.	134	102	292	21	280	,,
Kräftiger 60jähr. Mann	116	68	345	—	—	,,
37j. Arzt	135	140	250	—	—	*Chr. Jürgensen* [2])
Dessen 35j. Frau	95	105	220	—	—	(Kopenhagen)
Normalration eines Erwachsenen	119	51	530	18	337	*Playfair* [3])
Mann bei mittlerer Arbeit	130	40	550	20	325	*Moleschott* [4])
dto.	120	35	540	19	331	*M. P. Wolff* [5])
Soldat im leichten Dienst	117	35	447	18	288	*Hildesheim* [6])
„ „ Feld	146	44	504	23	336	,,
Brauknecht bei angestrengtester Arbeit	190	73	599	—	—	*Liebig*
Englischer Preisfechter	288	88	93	—	—	*Playfair* [3])

Für den Soldaten wird gerechnet (g)[7]:

			reines Fleisch	Fleisch mit Knochen und Fett	Brot
in der Garnison	120	56	500	191	230	750
im Manöver	135	80	500	214	258	750
im Feld	145	100	500	233	281	750
Grobes Mittel (unter Weglassung des weibl. Individuums und des Preisfechters)	137	72	456	20 Stickstoff	319 Kohlenstoff	

Für den Soldaten fordern Meinert[8]) und Buchholtz[9]) 115 Eiweiss, 50 Fett, 500 Kohlehydrate zum Preise von etwa 27 Pfennig.

Um die p. 205 geforderten Mengen Stickstoff und Kohlenstoff einzuführen, müssen nach Voit verzehrt werden (g):

	für 18,3 g Stickstoff		für 328 g Kohlenstoff
Käse	272	Speck	450
Erbsen	520	Mais	801
Fettarmes Fleisch	538	Weizenmehl	824
Weizenmehl	796	Reis	896
18 Eier	905	Erbsen	919
Mais	989	Käse	1160
Schwarzbrot	1430	Schwarzbrot	1346
Reis	1868	43 Eier	2231
Milch	2905	Fettarmes Fleisch	2620
Kartoffeln	4575	Kartoffeln	3124
Speck	4796	Milch	4652
Weisskohl	7625	Weisskohl	9318
Weisse Rüben	8714	Weisse Rüben	10650
Bier	17000	Bier	13160

100 g Fett entsprechen im Nährwert 175 g Kohlehydrate.

---

1) Zeitschrift f. Biologie IX 1873 p. 381, bei Voit, Untersuchung der Kost in einigen öffentlichen Anstalten 1877 p. 208.   2) Zeitschrift f. Biologie XXII 1886 p. 489.
3) Medical Times and Gazette 1865 Vol. I p. 460 u. 461.
4) Physiologie der Nahrungsmittel 2. Aufl. p. 223.
5) Die Ernährung der arbeitenden Klassen 1885.   6) Die Normaldiät 1856 p. 32.
7) Ernährung des Soldaten im Frieden und im Kriege. Bericht der über die Ernährungsfrage des Soldaten niedergesetzten Spezial-Commission. München 1880.
8) Armee- und Volksernährung Bd. I 1880.
9) Rathgeber für den Menagebetrieb der Truppen 1882.

Kostmass unter besonderen Verhältnissen.

	Eiweiss	Fett	Kohlehydrate	Beobachter
Alte Pfründnerin	79	49	266	J. Forster[1]
Untersuchungsgefangene (ohne Arbeit)	87	22	305	Schuster[2]
dto. (Minimalsatz)	85	30	300	Voit[3]

Anteil der Mittagsmahlzeiten an der Gesamtnahrung.

Dieselbe enthält von:

	Eiweiss	Fett	Kohlehydrate	
in Procenten	50	61	32	des Tagesbedarfs (Voit)
„ „	c. 50	c. 60	c. 33	(Forster)[4]
absolut	59	34	160[5]	

Vergleich des Nährwerts von Fett, Eiweiss und Kohlehydraten (Rubner)[6].

100 Teile Fett sind gleichwertig für die Ernährung (isodynam) mit:

	direkt gefunden	kalorimetrisch bestimmt[7]
Eiweiss	211	201
Syntonin[8]	225	213
Stärke	232	221
Rohrzucker	234	231
Wasserfreier Traubenzucker	256	243
Wasserhaltiger „	282	271

100 g Fett sind im Mittel isodynam mit 240 Teilen Kohlehydraten.

Nach Voit können sich aus dem Eiweiss bei einem Zerfall in sich selbst 51,4 % Fett abspalten.

Beispiel einer Tagesration (Voit).

	Eiweiss	Fett	Kohlehydrate
750 g Brot = 470 g Roggenmehl[9]	62	—	331
212 „ Fleisch	42	23	—
33 „ Fett zum Kochen	—	33	—
200 „ Reis oder entsprechend Gemüse	15	—	154
Summe	119	56	485

---

1) l. c. p. 401 — bei Voit, Untersuchung der Kost etc. p. 186.
2) Bei Voit, Untersuchung der Kost p. 142.
3) Hermann's Physiologie VI, 1 p. 530.   4) l. c.
5) Unter Zugrundelegung des Voit'schen Normalsatzes von 118 Eiweiss, 56 Fett, 500 Kohlehydrate (s. p. 205).
6) Zeitschrift für Biologie XIX 1883 p. 384.
7) Die Bestimmungen nach Danilewsky, Centralblatt für die medicin. Wissenschaften XIX 1881 p. 465 u. 486, und Rechenberg, Über die Verbrennungswärme organischer Verbindungen. Leipziger Dissertation 1880.
8) Zeitschrift f. Biologie XXII 1886 p. 52.   9) S. a. p. 196.

Ausnützung einiger animalischer Nahrungsmittel (Rubner)[1]).
Es kommen im Kot zum Vorschein:

	Gebratenes Rindfleisch		Milch[2])				Käse mit Milch			21 hartgesottene Eier
	von 1435 g	von 1172 g	bei 2050 g	bei 2438 g	bei 3075 g	bei 4100 g	200 g Käse + 2291 Milch	218 g Käse + 2050 Milch	517 g Käse + 2209 Milch	948 g
	%	%	%	%	%	%	%	%	%	%
Trockensubstanz	4,7	5,6	8,4	7,8	10,2	9,4	6,0	6,8	11,3	5,2
Stickstoff	2,5	2,8	7,0	6,5	7,7	12,0	3,7	2,9	4,9	2,9
Fett	21,1	17,2	7,1	3,3	5,6	4,6	2,7	7,7	11,5	5,0
Asche	15,0	21,2	46,8	48,8	48,2	44,5	26,1	30,7	55,7	18,4
Organische Substanz	—	—	5,4	—	—	—	4,6	—	—	—

Ausnützung des Fetts (Rubner)[1]).

Aufgenommen	g	% Fett im Kot	Fett resorbiert (g)
Speck	99	17,4	82
Speck	195	7,9	180
Butter	214	2,7	208
Speck und Butter	351	12,7	306

Ausnützung einiger vegetabilischer Nahrungsmittel.

		Verzehrt				Im Kot ausgeschieden			
	g	feste Teile	Stickstoff	Kohlehydrate	Asche	feste Teile	Stickstoff	Kohlehydrate	Asche
						%	%	%	%
Weisses Weizenbrot[3]) (Semmel)	—	439	8,8	—	10,0	5,6	19,9	—	30,2
dto. (Weissbrot)[4])	—	455	7,6	391	9,9	5,2	25,7	1,4	25,4
dto.[4])	—	779	13,0	670	17,2	3,7	18,7	0,8	17,3
Roggenbrot[3])	—	438	10,5	—	18,1	10,1	22,2	—	30,5
Grobes Roggenbrot[4])	—	765	13,3	659	19,3	15,0	32,0	10,9	36,0
Norddeutsch. Pumpernickel[3])	—	423	9,4	—	8,2	19,3	42,3	—	96,3
Spätzeln[4]) (dasselbe Mehl wie oben das Weissbrot)	—	743	11,9	558	25,4	4,9	20,5	1,6	20,9
Makkaroni	—	626	10,9	462	21,8	4,3	17,1	1,2	24,1
dto. mit Kleber	—	664	22,6	418	32,0	5,7	11,2	2,3	22,2
Mais	—	738	14,7	563	26,8	6,7	15,5	3,2	30,0
Reis	—	660	10,4	493	23,8	4,1	20,4	0,9	15,0
Erbsenbrei	—	521	20,4	357	30,1	9,1	17,5	3,6	32,5
dto. (übermässig grosse Portion!)	—	960	32,7	588	44,8	14,5	27,8	7,0	38,9
Kartoffeln	frisch 3078	819	11,4	718	—	9,4	32,2	7,6	—
Gelbe Rüben[4])	2566	352	6,5	282	—	20,7	39,0	18,2	—.
Wirsing[4])	3831	406	13,2	247,0	—	14,9	18,5	15,4	—
Grüne Bohnen	540	40	1,4	25,5	—	15,0	—	15,4	—

1) Zeitschrift f. Biologie XV 1879 p. 115 ff.
2) Über die Ausnützung der Milch durch den Säugling und das Kind s. u. p. 215.
3) G. Mayer, Zeitschrift f. Biologie VII 1871 p. 10.
4) Rubner, l. c. — Diese und die folgenden Bestimmungen von Rubner. Die den Wirsing und die gelben Rüben betreffenden von Breuer. Die Zahlen sind abgerundet.

Stoffwechsel beim Kind.

Häufigkeit der Mahlzeiten beim Säugling.

Am 1. Lebenstag saugen 44 % aller Neugeborenen von Erstgebärenden
und 10 % der „ „ Mehrgebärenden
gar nicht
„ 2. „ saugen sie 6mal
„ 3. 4. 5. „ „ „ 8 „
„ 6.—11. „ „ „ 9 „ (Krüger)[1].

Es ergaben sich als Mittelwerte:

Deneke[2]）

1. Tag	2,1mal	6. Tag	6,8mal
2. „	5,7 „	7. „	6,3 „
3. „	6,2 „	8. „	6,8 „
4. „	6,7 „	9. „	6,7 „
5. „	7,0 „		

Dauer der Einzelmahlzeit 6—35 Minuten.

Ahlfeld[3]）

1. Monat —
2. „ 5—6 Mahlzeiten
bis zur 40. Woche 4—5 „

Dauer 15—35 Minuten.

Hühner[4]）

1. Monat	6,3—7,1	Mahlzeiten
2. „	5,0—5,7	„
3. u. 4. „	4,4—5,2	„
5. „	4,3—5,0	„
6. u. 7. „	4,4—5,7	„

Dauer 10—35 Minuten, meist annähernd 20.

---

1) Archiv f. Gynaekologie VII 1875 p. 59 — Entbindungsinstitut zu Dresden.
2) ibid. XV 1880 p. 281. — Entbindungsanstalt zu Jena.
3) Über Ernährung des Säuglings an der Mutterbrust 1878.
4) Jahrbuch f. Kinderheilkunde und physische Erziehung N. F. XV 1880 p. 23.

Die vom Säugling aufgenommenen Milchmengen.

a) Für den ersten Lebensmonat (g).

α) 24stündige Menge.

Alter des Kinds (Tage)	Krüger[1]	Bouchaud[2]	Biartsch[3]	Bouchud[4]	Ssnitkin[5]	Camerer[6]	Deneke[7]	Hillebrand[8] a. Erstgebärende	Hillebrand[8] b. Mehrgebärende
1	12—15	28	20	30		10	44	4	6
2	96	212	162	150		91,5	135	78	129
3	192	450		450		247	192	183	238
4	234	402		550		337	266	199	324
5	363		500			288	352	236	344
6	441					379	365	299	324
7	501						383	303	361
8	518	530	630—750				411	274	365
9	621							362	384
10	648				490—539			425	
11	705							384	415
12									
9—12						495			
17									
20					590—649				
18—21						534			
25									
30—38		606		630	690—759				
31—33						555			

β) In der Einzelmahlzeit.
(Durchschnittswerte in g)

Lebenstag	Camerer[6]	Deneke[7]	Tag	Camerer	Deneke	Tag	Camerer
1	10	19	5	51	58	18— 21	100
2	18,3	23	6	55	54	31— 33	97
3	35	31	7	60	—	46— 69	108
4	37	40	8	61	—	105—113	134
			9	65	—	161—163	109 ·
			9—12	—	71	211—245 (Kuhmilch)	207

---

1) S. vorige Seite.
2) De la mort par inanition et études expérimentales sur la nutrition chez le nouveau-né 1864.
3) Archiv des Vereins f. gemeinschaftliche Arbeiten V 1861 p. 123.
4) Gazette des hôpitaux 1874 p. 617 (Nr. 78).
5) Jahresbericht des Petersburger Findelhauses von 1874. Im Auszug in Österreich. Jahrbüchern der Pädiatrik VII 1876 — s. a. Reitz, Physiologie etc. des Kindesalter 1883 p. 40. S. rechnet für den 1. Lebenstag $1/100$ des Körpergewichts an Milch in der einzelnen Mahlzeit. Bis zum Schluss des 1. Monats nimmt die Quantität täglich um 1 g für jede Mahlzeit zu. Er setzt 10—11 Mahlzeiten pro Tag.
6) Zeitschrift f. Biologie XIV 1878 p. 388.
7) S. vorige Seite.
8) Untersuchungen über die Milchzufuhr und über die Jodkaliumausscheidung des Säuglings. Bonner Dissertation 1885 — auch Archiv f. Gynaekologie XXV 1885 p. 453.

b) In den ersten Lebenswochen

	I. (Ahlfeld)[1]				II. (Hähner)[2]			
	Körpergewicht (Ende der Woche)	Tägliche Milchmenge		Mittlere Menge für die einzelne Mahlzeit	Körpergewicht (Ende der Woche)	Tägliche Milchmenge		Mittlere Menge für die einzelne Mahlzeit
		absolut	% des Körpergewichts			absolut	% des Körpergewichts	
Woche	g	g	g	g	g	g	g	g
1	—	—	—	—	3039	291	9,5	50
2	—	—	—	—	3251	497	15,3	70
3	—	—	—	—	3394	550	16,5	77
4	3620	576	15,9	104[1]	3670	594	16,0	94
5	3865	655	16,7	128	3961	663	16,7	113
6	4055	791	19,5	150	4261	740	17,6	144
7	4150	811	19,5	157	4581	808	17,6	157
8	4400	845	19,2	163	4793	834	17,4	162
9	4610	810	17,6	167	4968	765	15,4	153
10	4790	821	17,1	164	5133	818	15,9	159
11	4985	838	16,8	162	5243	742	14,1	153
12	5170	842	16,3	173	5390	805	14,9	171
13	5370	974	18,1	200	5510	817	14,9	168
14	5615	974	17,3	200	5660	850	15,0	175
15	5835	980	16,8	225	5790	835	14,4	182
16	6220	970	15,6	212	5850	760	13,0	156
17	6385	1010	15,8	208	6020	795	13,2	150
18	6490	1042	16,0	241	6210	883	14,2	176
19	6750	992	14,7	231	6360	888	14,0	207
20	6975	994	14,3	212	6370	847	13,0	198
21	7115	1098	14,4	233	6640	870	13,1	196
22	7310	1032	14,1	200	6670	870	13,0	190
23	7480	1019	13,6	217	6690	870	13,0	184
24	7700	1069	13,9	214	6740	807	12,0	154
25	7850	1028	13,1	205	6960	969	13,7	169
26	8010	1063	13,3	207	6980	994	14,2	191
27	8170	1094	13,4	224	7000	1081	15,4	199
28	8325	1189	14,3	215	7300	1220	16,7	219
29	8485	1306	15,4	261	7465	1229	16,4	215
30	8580	1316	15,3	263	7650	1195	15,6	220
31	—	—	—	—	7800	1097	14,1	—
32	—	—	—	—	7830	1009	13,2	—
33	—	—	—	—	7920	1104	13,9	—
34	—	—	—	—	8040	1100	13,6	—

1) S. p. 211. Das Kind war weiblichen Geschlechts. Die verhältnismässig grosse Quantität der Einzelmahlzeit erklärt sich aus der geringen Anzahl (6—4) derselben. Vergl. p. 211.

2) S. p. 211. Das Kind war ebenfalls weiblichen Geschlechts.

— 214 —

Menge der 24stündigen Zufuhren an festen Stoffen und Wasser.

Alter	(k) Gewicht	Tägliche Zufuhr (g)			p. 1 k Körpergewicht in g		Art der Ernährung	Beobachter[1])
		feste Stoffe	Wasser	Summe	feste Stoffe	Wasser		
8 Tage	3,2	51,6	378	430	16,1	118	Muttermilch	
30 ,,	3,6	70,8	519	590	19,7	144	,,	
60 ,,	4,3	91,2	669	760	21,2	156	,,	
130 ,,	5,45	79	681	760	14,5	125	,,	*Camerer*
5. Monat	5,53	130,8	—	—	23,6	—	Kondensirte Milch von Cham	*Forster*[2])
Ende desselben	6,75	174,4	1402	1576	25,8	208	Kuhmilch	*Camerer*
204. Tag	6,69	162,5	1182,5	1345	24,3	177	,,	,,
359. ,,	8,96	206	1357	1563	23,0	152	Kuhmilch und gemischte Kost	,,
1½ Jahr	10,0	213			21,3	—		*Forster*
2 Jahre	10,8	197	988	1185	18,2	96		*Camerer*
dto.					19,5	95		*Schabanowa*
2½ ,,					16,0	91		,,
3 ,,					18,8	96,7		
3¾ ,,	13,3	197	1006	1203	14,8	75,6		*Camerer*
4 ,,					23,4 (?)	117,4		*Schabanowa*
5 ,,					16,0	75,6		,,
5¼ ,,	18,0	311	1199	1510	17,2	69,7		*Camerer*
6 ,,	17,5	234	1260	1494	13,3	72,0		,,
dto.					17,1	88,6		*Schabanowa*
7 ,,					15,2	68,0		,,
8 ,,					12,6	51,7		,,
8½ ,,					15,6	62,8		,,
9 ,,	22,7	328	1331	1660	14,4	60,0		*Camerer*
dto.					13,0	55,0		*Schabanowa*
10 ,,					10,1	67,3		,,
11 ,,	23,4	397	1301	1698	17,0	55,6		*Camerer*
dto.					11,1	33,3		*Schabanowa*
12 ,,					10,4	38,8		,,
13 ,,					10,3	40,0		,,
(Erwachsener	63,5	572	2818	3390	9,1	44,8)		—

Bedarf an Nährstoffen (g).

	Eiweiss	Fett	Kohlehydrate	Verhältnis der stickstoffhaltigen zu den stickstofffreien Stoffen wie 1 :	Beobachter
4–5monatl. Kind (kondensirte Milch)	21	18	98	6,1[3])	*Forster*[2])
1½jähr. Kind (gemischte Nahrung)	36	27	150	5,4	,,
6–10jähr. Kinder	69	21	210	3,6	*Hildesheim*[4])
6–15jähr. ,, (Münchener Waisenhaus)	79	35	251	4,0	*Voit*[5])
dto. (Frankfurter Waisenhaus)	62	25	300	5,5	,,
Bis zu 15 Jahren	75	20	250	3,8	*Simler*[6])

1) S. Anmerkungen p. 161 und p. 162. Die Tabelle nach Vierordt, Physiologie des Kindesalters p. 403.
2) Zeitschrift f. Biologie IX 1873 p. 381.
3) Die Verhältniszahlen nach König, Nahrungs- und Genussmittel I.
4) Die Normaldiät 1856 p. 47.
5) Untersuchung der Kost in einigen öffentlichen Anstalten 1877 p. 125.
6) Ernährungsbilanz der Schweiz 1872 p. 6.

Menge der 24stündigen Zufuhren an Nährstoffen.

Alter und Geschlecht	Körpergewicht (g)	Eiweiss	Fett	Zucker	Eiweiss	Fett	Zucker	Stickstoff		Verhältnis der Nahrungs zu den Nieren Stoffen wie 1 :	Beobachter
		absolut			pro 1 k			im Harn	im Kot		
125.—135. Tag[1])	5 500	22,9	26.6	27,3	4.2	4,8	5.0	0.73	—	—	Camerer[3]
204—206. ,, [2])	6 700	53,8	37,1	61,7	8,0	5.5	9.2	2.34	0,67	—	,,
				Kohle-hydrat							
4—5 Monate	5 530	21	18	98	—	—	—	—	—	3.52	Forster[4]
1½ Jahre	—	36	27	150	—	—	—	—	—	3,13	,,
		im Anfang	Wachstum im Jahr					Kohle-hydrat	Harnstoff im Harn	Stickstoff im Kot	
1½j. Mädchen	8 950	1 700	47,1	43.3	95,9	4,4	4,0	8,9	12,1	0,77	2,07	Camerer[5]
3j. ,,	12 610	1 620	44,8	41,5	102,7	3,4	3.1	7,7	11.1	1,42	2,12	,,
4j. Knabe	17 426	1 824	63,7	45.8	197,3	3.5	2.5	11,0	14,6	1,67	2,52	,,
8½j. Mädchen	21 760	2 361	61.3	47,0	207.7	2.7	2.1	9.2	14,9	1,94	2,74	,,
10½j ,,	21 860	3 910	67,5	45,7	268,6	2.9	2.0	11,5	15.1	2.42	2,97	,,
11j. Knaben	—	—	—	—	—	—	—	—	—	—	1,55	Playfair

Stickstoff-Ein- und Ausfuhr bei älteren Kindern (Camerer)[5]).

Auf 1000 g Stickstoff der Nahrung kommen:

Alter	Stickstoff im Harn	Stickstoff im Kot	Summe
2 Jahre	827	106	933
3¼ ,,	861	83	944
5¼ ,,	814	181	995
9 ,,	852	105	957
11 ,,	794	168	962

Die Zahlen für den nur aus dem Harnstoff berechneten Urinstickstoff sind, ebenso wie die des Kotstickstoffs, etwas zu klein.

Ausnützung der Milch durch ältere Kinder (Camerer)[6]).

Die Nahrung bestand beim 1. Kind in 1750 cm³ Milch und 250 cm³ Kaffee, bei den beiden andern in Milch nach Belieben und 125 cm³ Kaffee.

	Tägliche Milchzufuhr					Milchkot			Auf 100 Teile eingeführter Nahrung kommen entsprechende Kotausfuhren		
	Menge (cm³)	feste Stoffe	Stickstoff	Fette	Zucker	Menge frisch	trocken	Stickstoff	Fette	feste Stoffe	Stickstoff	Fette
Fast 8jähr. Mädchen	2000	—	—	—	—	105	—	—	—	—	—	—
10j. Mädchen (24,3 k schwer)	2039	239	11,3	53,7	97,6	70	10.3	0,38	1,60	4,4	3,4	2,8
12j. ,, (26,3 k)	1915	224	10,59	57,4	91,3	67,5	15,9	0,58	1,50	7,1	5,5	2,8

1) 750 g Kuhmilch pro Tag.   2) 1345 g Kuhmilch pro Tag.
3) Zeitschrift f. Biologie XIV 1878 p. 394.   4) S. p. 214.
5) ibid. XVI 1880 p. 25. Die Verhältniszahlen nach Voit, der die Fette (mit 1,7) in Kohlehydrate umrechnet. Andere nehmen als Verhältniszahl 2,5.
6) Zeitschrift für Biologie XVI 1880 p. 493. Ausnützung der Milch durch Erwachsene s. p. 210.

Monatliche relative Wachstumszahlen des Kinds [1]).

Alter	Kind	Alter	Kalb und Rind
Nach dem 1. Monat	0,231	nach der 1. Woche	0,313
„ „ 2. „	0,175	„ „ 2. „	0,178
„ „ 3. „	0,138	„ „ 3. „	0,147
„ „ 4. „	0,112	„ „ 4. „	0,114
„ „ 5. „	0,0924	„ „ 5. „	0,082
„ „ 6. „	0,0769	„ „ 6. „	(0,068)
„ „ 7. „	0,0643	„ „ 7. „	0,085
„ „ 8. „	0,0537	„ „ 8. „	0,062
„ „ 9. „	0,0446	„ „ 9. „	0,042
$1^{1}/_{2}$ Jahre	0,017	3— 6 Monate	0,027
$2^{1}/_{2}$ „	0,009	6— 9 „	0,022
$3^{1}/_{2}$ „	0,010	9—12 „	0,0107
$4^{1}/_{2}$ „	0,009	12—15 „	0,014
$5^{1}/_{2}$ „	0,0087	15—18 „	0,012
7 „	0,0085	18—24 „	0,010

Vergleichung der Zufuhren mit den Ausscheidungen und dem Massenwachstum im ersten Lebensjahr [2]).

Lebenstage	Art der Nahrung	Auf 1000 g Nahrung kommen				1 g Zuwachs erfordert Muttermilch
		Zuwachs	Faeces	Harn	Perspiratio insensibilis	
1—3	Muttermilch	—	—	—	—	—
4	„	98	7	600	303	10
5	„	98	7	600	303	10
6	„	98	7	600	303	10
9—12	„	46	7	680	267	21,5
18—21	„	59	7	699	235	17,6
31—33	„	51	7	714	228	19,7
46. 67—69	„	37	7	715	241	27
105—113	„	24	7	686	283	40,9
161—163	„	23,6	7	608	361	42,0
211—245	Kuhmilch und	11,1	40	652	297	89,3
357—359	gemischte Kost	6	66	630	298	176

Der Tagesbedarf an Kalk für den Säugling ist 0,32 g, die Chlornatriumaufnahme pro 1 Liter Frauenmilch 0,79 [3]).

---

1) Die Tabellen nach Vierordt, Physiologie des Kindesalters p. 416.
2) Von Vierordt l. c. p. 417 zusammengestellt nach Camerer, Zeitschrift für Biologie XIV 1878 p. 383.
3) Bei Voit, im Handbuch der Physiologie VI 2 p. 378 u. 364.

Vergleich zwischen Brust- und Kuhmilchnahrung (Uffelmann)[1].

A. Brustnahrung.			B. Künstliche Ernährung mit Kuhmilch.		
8 tägiges Kind (3500 g schwer)			25 tägiges Kind (3600 g schwer)		
eingeführt	absolut	pro 1 k Körpergewicht		absolut	pro 1 k Körpergewicht
insgesamt	415,0	118,57		710,0	197,0
Eiweiss	9,54	2,72		15,07	4,13
Fett	13,11	3,75		12,42	3,45
Kohlehydrate	19,71	5,63		19,95	5,54
Salze	0,83	0,23		1,98	0,55
100 tägiges Kind (6200 g schwer)			100 tägiges Kind (6150 g schwer)		
insgesamt	830,0	133,87		1100,0	178,00
Eiweiss	19,08	3,07		32,8	5,33
Fett	28,24	4,52		26,3	4,28
Kohlehydrate	39,42	6,35		36,0	5,85
Salze	1,66	0,26		4,3	0,69
210 tägiges Kind (8000 g schwer)			240 tägiges Kind (8200 g schwer)		
insgesamt	975,0	121,9		1500,0	182,0
Eiweiss	22,4	2,80		64,5	8,00
Fett	33,1	4,14		54,0	6,58
Kohlehydrate	46,3	5,78		75,0	9,14
Salze	1,95	0,24		9,0	1,09

Entwicklung bei Brust- und künstlicher Nahrung (Russow)[2].

Gruppe I umfasst Kinder mit mittlerem Körpergewicht und darüber,
„ II solche unter dem Mittelgewicht.

	Gewicht (g)					Körperlänge (cm)		
	15 Tage	3 Mon.	6 Mon.	9 Mon.	12 Mon.	15 Tage	6 Mon.	12 Mon.
I. a) Brustnahrung	3594	5701	7072	8401	9930	51	67	73
b) dto., daneben Kuhmilch und Amylacea	3525	5310	6317	7916	8480	49	64	69
II a) Brustnahrung	3027	4225	5775	6490	7910	49	59	69
b) dto. mit Kuhmilch u. Amylacea	2928	4143	5598	5932	6823	43	55	63
c) bloss Kuhmilch und Amylacea	2900	4089	4744	5254	6128			

	12 Monat	4 Jahr	8 Jahr	12 Monat	4 Jahr	8 Jahr
Im ersten Lebensjahr						
a) Brustnahrung	9930	14200	20700	73	93	116
b) künstliche Nahrung	7430	12000	18300	66	87	113

---

1) Handbuch der öffentlichen und privaten Hygiene des Kindes 1881. Die Berechnung geschah auf Grund der vorhandenen Analysen.
2) Vergleichende Beobachtungen über den Einfluss der natürlichen, sowie der künstlichen Ernährung auf Gewicht und Länge der Kinder. Petersburger Dissertation 1879. — Beobachtungen aus der Ambulanz des Oldenburg'schen Kinderspitals (s. Archiv f. Kinderheilkunde II 1880 2. Heft).

Vergleich der Entwickelung ärmerer und wohlhabender Kinder
(Bowditch)[1].

Alter	Knaben		Mädchen	
	Übergewicht der wohlhabenden (g)	Gewicht, wenn die ärmeren = 1000	Übergewicht der wohlhabenden (g)	Gewicht, wenn die ärmeren = 1000
5—6	100	1005	480	1027
6—7	200	1009	460	1024
7—8	380	1017	340	1016
8—9	440	1018	444	1018
9—10	300	1011	920	1036
10—11	500	1017	810	1028
11—12	970	1031	1120	1036
12—13	2040	1059	1210	1034
13—14	2350	1062	—	—

Gewichte der Organe beim verhungernden Tier (Voit)[2].

Bei einer vorher mit Fleisch gefütterten Katze wurde nach 13tägigem Hungern gefunden: Gesamtverlust 1017 g, welche sich verteilten:

	absolut	% der frischen Organe[2]
Fettgewebe	267	97
Milz	6	67
Leber	49	54
Hoden	1	40
Muskeln	429	31
Blut	37	27
Nieren	7	26
Haut und Haare	89	21
Lunge	3	18
Darm	21	18
Pankreas	1	17
Knochen	55	14
Hirn und Rückenmark	—	3
Herz	1	3

Muskelphysiologie.

Mittlere % Zusammensetzung des Säugetiermuskels [3].

		Mensch
Feste Stoffe	21,7 —25,5 %	} s. p. 187 u. 188
Wasser	74,5 —78,3	
Organische Stoffe	20,8 —24,5	
Unorganische „	0,9 — 1	p. 188 (hauptsächlich phosphorsaures Kalium)
Geronnenes Eiweiss, Sarkolemm etc.	14,5 —16,7	
Kalialbuminat	2,85— 3,01	
Kreatin	0,2	0,2820—0,316 [4]

1) The growth of children 1877, mit Supplementary investigation 1879. — Bostoner Beobachtungen.
2) Zeitschrift für Biologie II 1866 p. 351. Die Gewichtsbestimmungen der Organe bei Beginn des Hungerns wurden an einem gleich schweren ebenso gefütterten Kontrolltier ausgeführt.
3) Tabelle bei Beaunis, Physiologie p. 399 nach K. B. Hofmann.
4) F. Hofmann bei Voit, Zeitschrift für Biologie IV 1868 p. 82.

Sarcin	0,02
Xanthin und Hypoxanthin	0,02
Inosinsaurer Baryt	0,01
Taurin	0,7 (Pferd)
Inosit	0,003
Glykogen	0,41 —0,5
Milchsäure	0,04 —0,07
Phosphorsäure	0,34 —0,48
Kali	0,3 —0,39
Natron	0,04 —0,041
Kalk	0,016—0,018
Magnesia	0,04 —0,043
Chlorkalium	0,004—0,01
Eisenoxyd	0,003—0,01

S. a. p. 191.

Blutgehalt der Muskeln s. p. 96.

Elasticität und Kohäsion der Muskeln des Menschen.

Muskel	Ge-schlecht	Alter (Jahre)	Specif. Gewicht [1]	Elasticitäts-Koefficient in k	Kohäsion in k pro 1 mm^2	Beobachter
Sehne des Plantaris	w.		—	—	2,264	*Valentin* [2]
Sartorius		41	—	—	0,1296	„
dto.	m.	1	1,071	1,271	0,070	*Wertheim* [3]
„	w.	21	1,049	0,857	0,040	„
„	m.	30	1,058	0,352	0,026	„
„	m.	74	1,045	0,261	0,017	„
Armbeuger am Lebenden	m.	—	—	0,069	—	*Mansvelt* [4]

Eine einzelne menschliche Muskelfaser verlängert sich durch 1 mg um etwa 1 $^0/_0$ (Mansvelt).

Reizung des Muskels.

Die Zuckung beginnt 0,01 Sekunde nach der Reizung (Helmholtz)[5] — „Stadium der latenten Reizung".

Fortpflanzungsgeschwindigkeit der Erregung (in der negativen Phase) am lebenden (menschlichen) Muskel
10—13 m p. Sekunde (Hermann)[6].

Leitungswiderstand (galvanischer):

$^1/_4$ von dem des Nerven (Matteucci)[7]
$^1/_{1,9}$—$^1/_{2,4}$ „ „ „ „ (Eckhard)[8]
(im Kaninchen) 3 Millionen mal so gross wie bei Quecksilber (J. Ranke)[9]
115 „ „ „ „ „ „ Kupfer „

Ungefähres ⎰Längswiderstand: 2$^1/_3$ Million. mal so gross wie b. Quecksilber (Hermann)[10]
Mittel ⎱Querwiderstand: 15 „ „ „ „ „ „ Kupfer „

---

1) S. a. p. 26.
2) Lehrbuch der Physiologie 2. Aufl. I 1847 p. 791.
3) Annales de chimie et de physique XXI 1847 p. 385.
4) Over de elasticiteit der spieren. Utrechter Dissertation 1863. — Hieraus obiger Wert berechnet von Hermann, dessen Handbuch der Physiologie I 1 p. 13.
5) Archiv f. Anatomie und Physiologie 1850 p. 276, 1852 p. 199.
6) Archiv für die gesammte Physiologie XVI 1878 p. 410.
7) Traité des phénomènes électro-physiologiques 1844 p. 49.
8) Beiträge zur Anatomie und Physiologie I 1855 p. 55.
9) Der galvanische Leitungswiderstand des lebenden Muskels 1862. — Tetanus 1865 p. 11.
10) Archiv für die gesammte Physiologie V 1871 p. 223.

Wärmeleitung und specifische Wärme des Muskels (Adamkiewicz).

Leitung 0,0431, d. h. 2mal kleiner als bei Wasser
1542mal „ „ „ Kupfer
13mal grösser „ „ Luft

Specifische Wärme 0,7692
0,825 (Rosenthal)[1] — kalorimetrisch bestimmt.

Muskelkraft.

Es wurde berechnet pro cm^2:

	k	Beobachter
Wadenmuskeln	1,087	Ed. Weber[2])
„	4	Knorz[3]), Henke[4])
„	9—10	Koster[5])
Fussstrecker (Tibialis antic. etc.)	5,9	Knorz, Henke
Unterschenkelbeuger	7,78	S. Haughton[6])
Armbeuger	6,67	„
„ rechts	8,991	Knorz, Henke
„ links	7,38	„ „
„ im Mittel	8,178	„ „
„ rechts und links	7,4	Koster

Über mögliche Kontraktionsgrössen menschlicher Muskeln, sowie über Beispiele von Muskelmomenten und die Bestimmung der auf ein arthrodisches resp. Gewerb-Gelenk wirkenden Muskelkomponenten s. bei Fick, in Hermann's Handbuch der Physiologie I 1 p. 288, 305 und 309.

Umfang der Extremitätenmuskulatur bei Knaben vom 9.—14. Lebensjahr (Kotelmann)[7]).

(Mittelwerte in cm)

	Oberarm				Unterschenkel			
	Strecklage		Beugestellung		Strecklage		Beugestellung	
Alter (Jahre)	absolute	jährliche Zunahme		jährliche Zunahme	Muskulatur der Wade	jährliche Zunahme	Wade	jährliche Zunahme
9	16,89	—	18,43	—	24,65	—	26,38	—
10	17,41	0,52	18,87	0,44	25,42	0,77	27,26	0,88
11	17,93	0,52	19,61	0,74	26.23	0,81	28,00	0,74
12	18,53	0,60	20,34	0,73	27,08	0,85	29,14	1,14
13	18,94	0,41	20,82	0,48	27,65	0,57	29,62	0,48
14	20,08	1,14	22,24	1,42	29,30	1,65	31,45	1,83
19	25,04	—	28,32	—	34,60	—	36,94	—

Vergl. auch p. 5 und p. 12.

---

1) Monatsberichte der Berliner Akademie 1878 p. 306.
2) Wagner's Handwörterbuch der Physiologie III, 2. Abtheilung 1846 p. 86.
3) Ein Beitrag zur Bestimmung der absoluten Muskelkraft. Marburger Dissertation 1865.
4) Zeitschrift f. rationelle Medicin 3. Reihe XXIV 1865 p. 247, XXXIII 1868 p. 148.
5) Nederlandsch Archief voor Genees- en Natuurkunde III 1867 p. 31.
6) Proceedings of the Royal Society of London XVI 1867 p. 19. — Principles of animal mechanics 2. Edit. 1873 p. 63.
7) S. p. 8 Anmerkung 2.

Durchschnittliche jährliche Zunahme des Umfangs der Extremitäten
bei Mädchen von 3—14 Jahren (Wassiljew)[1]).

	Muskeln	
	ruhend	kontrahiert
Rechter Oberarm Linker „	0,70 cm	0,71 cm
Rechter Unterarm Linker „	0,54 „	0,58 „

Mittlere Lendenstärke (Quetelet)[2]).

Es ist das grösste mit beiden Händen vom Boden aufzuhebende Gewicht (k) gemeint.
Die Hubhöhe ist nicht angegeben.

Alter in Jahren	Männlich	Weiblich	Differenz	Verhältnis des weiblichen zum männlich. Geschlecht wie 1 :
5	21	—	—	—
6	24	—	—	—
7	29	—	—	—
8	35	25	10	1,4
9	41	28	13	1,4
10	45	31	14	1,4
11	48	35	13	1,4
12	52	39	13	1,4
13	63	43	20	1,5
14	71	47	24	1,5
15	80	51	29	1,6
16	95	57	38	1,7
17	110	63	47	1,7
18	118	67	51	1,8
19	125	71	54	1,8
20	132	74	58	1,8
21	138	76	62	1,8
22	143	78	65	1,8
23	147	80	67	1,9
25	153	82	70	1,9
27	154	83	71	1,9
30[3])	154	—	—	—
35	154	83	71	1,9
40	122	—	—	—
50	101	59	42	1,71
60	93	—	—	—

---

1) Citiert bei Reitz, Physiologie etc. des Kindesalters p. 56.
2) Anthropométrie 1870 p. 360. Die Zahlen stellen das Mittel aus 2 im Jahre 1835 und in der Zeit danach berechneten Versuchsreihen dar.
3) Die Zahlen von hier ab (mit Ausnahme der für das 35. Jahr) ergänzt aus Quetelet's Physique sociale II p. 111, wo die Lendenstärke mit Hilfe des Dynamometers ermittelt wurde.

Druckkraft der Hände (Quetelet)[1].
Gemessen mit Regnier'schem Dynamometer (k).

Alter in Jahren	Männlich						Weiblich						Differenz der Mittel
	I (1835)			II (nach 1835)			Mittel für beide Hände	I			II		Mittel für beide Hände
	beide Hände	rechts	links	beide Hände	rechts	links		beide Hände	rechts	links	beide Hände	rechts	links	
6	10,3	4,0	2,0	8,5			9,4							
7	14,0	7,0	4,0											
8	17,0	7,7	4,6	18,0	7,0	6,0	17,5	11,8	3,6	2,8				
9	20,0	8,5	5,0					15,5	4,7	4,0				
10	26,0	9,8	8,4	23,1	10,7	9,7	24,5	16,2	5,6	4,8	19,0	9,0	6,0	17,6	6,9
11	29,2	10,7	9,2					19,5	8,2	6,7				
12	33,6	13,9	11,7	28,9	13,2	12,0	31,3	23,0	10,1	7,0	22,0	9,4	7,9	22,5	8,8
13	39,8	16,6	15,0					26,7	11,0	8,1				
14	47,9	21,4	18,8	34,1	16,2	12,0	41,0	33,4	13,6	11,3	30,0	12,0	11,0	31,7	9,3
15	57,1	27,8	22,6					35,6	15,0	14,1				
16	63,9	32,3	26,8	49,1	24,4	22,0	56,5	37,7	17,3	16,6	36,0	16,3	13,6	36,9	19,6
17	71,0	36,2	31,9					40,9	20,7	18,2				
18	79,2	38,6	35,0	57,0	27,2	24,9	68,1	43.6	20,7	19,0	44,1	20,9	18,6	43,9	24,2
19	79,4	35,4	35,0	66,9	29,7	25,7	73,1	44,9	21,6	19,7	45,1	21,9	19,3	45,0	28,1
20	84,3	39,3	37,2	72,8	33,6	31,0	78,6	45,2	22,0	19,4	48,0	21,4	21,0	46,6	32,0
21 [1])	86.4	43,0	38,0					47,0	23.5	20,5				
23	87,5	43,6	39,0	78,7	37,6	36,3	83,1	48,5	24,0	21,0	52,4	24,9	22,6	50,5	32,6
25 [1])	88.7	44,1	40,0					50,0	24.5	21,6				
27,5	88.9	44,4	40,6	77,2	35.4	34.5	83,1	—	—	—	52,6	25,6	23,1	
30	89,0	44,7	41,3											
35	88,0	43,0	39,8	83,7	38,9	39,3	85,8							
40	87,0	41,2	38,3											
50	74,0	36,4	33,0					47,0	23,2	20,0				
60	56,0	30,5	26,0											

Druck- und Zugkraft von Knaben (Kotelmann)[2].
(Mittelwerte gemessen mit Collin'schem Dynamometer.)

Alter in Jahren	Druckkraft beider Hände	Zugkraft beider Arme	Druckkraft der Schenkel	Verhältnis der	
				Druckkraft : Zugkraft für die Arme	Druckkraft der Hände zu der der Schenkel
				wie 1000 :	
9	20,88	11,01	25,84	527	1237
10	21.39	13,00	26,29	607	1229
11	23,33	14,22	27,09	609	1161
12	25,51	16,13	27,51	632	1078
13	26,74	18,05	29,54	675	1104
14	31,10	19,73	34,36	634	1104

---

1) Anthropométrie p. 364; 21., 25., 30., 40.—60. Jahr ergänzt nach Physique sociale II p. 115. — Das Dynamometer, das eigentlich hinzugerechnet werden sollte, wog 1 k.
2) S. p. 8 Anm. 2.

Arbeitsleistung des Menschen.

Sekundenleistung	c. 7 k. m. ($1/_{10}$ Pferdekraft)
Die Leistung eines gesunden Arbeiters bei 10stündiger Arbeitszeit wird veranschlagt zu rund	300 000 k. m.
bei Einrechnung der Ruhezeit und 8stündiger Arbeit	201 600 k. m. Nutzeffekt p. Tag

Beispiele von Arbeitsleistungen (J. Weisbach)[1].

	Last (k)	Geschwindigkeit pro Sekunde (m)	Arbeit pro Sekunde (m. k resp. k. m.)[2]	Arbeitszeit (Stunden)	Tägliche Leistung
Ein Mensch, 70 k schwer, steigt ohne Last eine sanfte Auffahrt od. Treppe hinauf	70	0,15 (vertikale Erhebung)	10,5	8	302 400 m. k.[2]
4 Mann heben einen 56 k schwer. Rammklotz 34mal in der Minute 1,25 m hoch und machen nach je 260 Sekunden Arbeit ebenso lange Pause	16	—	—	5	178 500 m. k.
Ein Mensch, 70 k schwer, geht unbeladen auf horizontalem Weg	70	1,5	105	10	3 780 000 k. m.
Derselbe mit 40 k belastet (das Eigengewicht vernachlässigt)	40	0,75	30	7	756 000 k. m.

Vergleichende Angaben über Zugkräfte für den Menschen und einige Nutztiere (Gerstner)[3].

	Gewicht k	Mittlere Kraft k	Mittlere Geschwindigkeit m	Mittlere Arbeitszeit (Stunden)	Leistung p. Sekunde m. k.	Tägliche Leistung m. k.
Mensch	70	14	0,785	8	11	316 800
(dto.	70	10,16[4]	1[4]	8	10,16	292 608)
Esel	180	35	0,785	8	27,5	792 000
Ochs	300	56	0,785	8	44	1 267 200
Maulesel	250	47	1,10	8	52	1 497 600
Pferd	375	56	1,25	8	70	2 016 000

---

1) Lehrbuch der Ingenieur- und Maschinenmechanik 2. Theil 2. Abtheilung (Mechanik der Umtriebsmaschinen) bearbeitet von G. Herrmann 5. Auflage 1883—1887 p. 83.

2) m. k. (Meterkilogramm) für die eigentliche mechanische Arbeit (vertikale Hebung der Last), k. m. (Kilogrammmeter) für die Transportarbeit (horizontale Fortbewegung).

3) Weisbach-Herrmann, l. c. p. 87.

4) Es ist die Gerstner'sche Formel zu Grunde gelegt: $P = \left(2 - \frac{v}{c}\right) K$, wo K die mittlere Kraft, c die mittlere Geschwindigkeit, v die geforderte Geschwindigkeit bezeichnet.

Vergleich zweier Gangarten nach der Arbeitsleistung (Hildebrandt)[1]).

Bei einem 75 k schweren Mann, dessen Beinlänge (bis zum Hüftgelenk) bei 166 cm Körperlänge zu 88 angenommen wird, ist gerechnet:

	I Gewöhnlicher Geschäftsschritt ("Postbotenschritt") 80 cm Schrittlänge, Schrittzahl pro Sekunde 2. Arbeit in k. m.	II Langsamer Promenadenschritt 48 cm Schrittlänge, Schrittzahl pro Sekunde 1. Arbeit in k. m.
pro Schritt	7,215	⎫
„ Sekunde	14,43	⎬ 4,333
„ Stunde	51 948	15 588
„ Kilometer	9 018,75	9 027,1
„ Meile (= c. 7,5 km)	67 640,5	67 703,25
„ 5 Meilen	338 202,5	338 516,75

Den beim Ausschreiten auf einer horizontalen Strecke (s) gemachten Arbeitsaufwand setzt Weisbach[2]) gleich dem Arbeitsaufwand beim senkrechten Steigen auf die Höhe $^1/_{12} s$. — Bei 70 k Gewicht, 90 cm Schenkel- und 60 cm Schrittlänge ist die Anstrengung, um sich selbst auf horizontalem Wege fortzubewegen $=$ der, die nötig ist, um ein Gewicht von 5,83 k zu heben.

Weitere Beispiele, hauptsächlich nach Coulomb, s. bei Wundt, Die Lehre von der Muskelbewegung 1858 p. 214.

Arbeitsleistung des Menschen am Druckhebel bei sehr kurzer Arbeitszeit (Hartig)[3]).

Die an Spritzen arbeitende Mannschaft bestand aus Infanteristen, die Arbeitszeit war nur 2 Minuten mit sehr langen, zur vollständigen Erholung ausreichenden Zwischenpausen.

Mittlere Höhe der Griffstangen über dem Boden m	Länge der beiden Druckhebel m	Hubhöhe der Griffstangen ("Angriffsbewegung") m	Zahl der minutlichen Doppelhübe	Mittlere Sekundengeschwindigkeit der Griffstangen m	Sekundliche Arbeitsleistung eines Manns (Pferdekraft) e
1,048	1,250	0,985	48	1,576	0,329
0,963	1,020	0,914	52	1,584	0,265
1,220	1,310	0,920	49	1,503	0,301
0,915	1,155	0,910	53	1,608	0,315
1,034	1,212	0,818	52,5	1,431	0,369
0,828	1,244	0,832	61	1,692	0,312
1,156	1,875	1,236	62,5	2,575	0,241
0,983	1,185	0,889	55	1,625	0,230
0,979	1,105	0,913	49	1,491	0,410
1,173	1,940	1,225	50	2,041	0,372
1,253	1,790	1,155	55	2,117	0,310
1,178	1,490	1,055	56	1,969	0,272
0,900	1,085	0,900	56	1,680	0,291
0,890	1,020	0,840	65,5	1,834	0,211
1,118	1,270	0,975	50,5	1,641	0,264
1,233	1,635	1,265	43	1,813	0,226
0,975	1,092	0,950	60	1,900	0,401

Es ergibt sich hieraus als Mittelwert der Griffstangengeschwindigkeit 1,77 m, als Mittelwert der Arbeitsleistung eines Manns 0,301 e $=$ 22,58 m. k., d. h. das 4,1fache der Arbeit, welche Morin und Weisbach bei 8stündiger Arbeit für den am Druckbaum arbeitenden Menschen annehmen (5,50 m. k. p. Sekunde).

---

1) Berliner klinische Wochenschrift XIII 1876 p. 442. 2) l. p. 223 c. p. 89.
3) Nach dem „Civilingenieur" 1880 p. 380 in Dingler's polytechnischem Journal CCXXXVII (1880) p. 474.

Arbeitsleistung und Stoffverbrauch bei einer Bergbesteigung (Fick und Wislicenus)[1].

Es wurde das 1956 m hohe Faulhorn bestiegen, was 5½—6 Stunden dauerte. 17 Stunden vorher wurde die letzte eiweisshaltige Nahrung genommen, während der folgenden 31 Stunden, in welche die Bergbesteigung und die darauffolgenden 6 Stunden der „Nacharbeit" fielen, neben Getränken nur Stärkemehl, Speck und Zucker. Der zweite Nachtharn wurde nach einer reichlichen an die Nacharbeitszeit sich anschliessenden Fleischmahlzeit entleert.

		Menge (cm³)	Harnstoff (g)	Stickstoff des Harnstoffs	Gesamtstickstoff	Zersetzte Eiweisskörper[2]	Die diesen entsprechenden k.m.	k.m. während der Bergbesteigung (Gesamtarbeit)	Hiervon auf Herz- und Respirationsarbeit	Differenz zwischen den wirklich geleisteten und den dem Eiweissumsatz entsprechenden k.m.
F. 66 k schwer	Erster Nachtharn	790	12,4820	5,8249	6,9153	46,1020	106 250	319 274 [3] (äussere Arbeit 129 096)	61 074 [3]	213 024
	Arbeitsharn	396	7,0330	3,2681	3,3130	22,0867				
	Nacharbeitsharn	198	5,1718	2,4151	2,4293	16,1953				
	Zweiter Nachtharn	—	—	—	4,8167	32,1113				
W. 76 k schwer	Erster Nachtharn	916	11,7614	5,4887	6,6841	44,5607	105 825	368 574 [3] (äussere Arbeit 148 656)	71 262 [3]	262 749
	Arbeitsharn	261	6,6973	3,1254	3,1336	20,8907				
	Nacharbeitsharn	200	5,1020	2,3809	2,4165	16,1100				
	Zweiter Nachtharn	—	—	—	5,3462	35,6413				

1) Vierteljahrsschrift der Züricher naturforschenden Gesellschaft X 1865 p. 317.
2) Es sind 15 % Stickstoff für die Eiweisskörper angenommen.
3) Die Zahl durch Verdoppelung erhalten unter der Voraussetzung, dass nur die Hälfte der im Muskel entwickelten lebendigen Kräfte in mechanische Arbeit umgewandelt wird.

Weitwurf („Stossen") [1]).

Alter	Gewicht (k)	Stossweite (m) (Mittelwerte)	Fallraum des Gewichts (m)	Berechneter Nutzeffekt (k.m.)
10—12	4	3,82	1,11	13,1
12—14	5	4,12	1,21	16,5
14—16	6	4,74	1,31	25,7
16—18	7	5,70	1,41	40,3

Zeitliche Verhältnisse beim Gehen mit verschiedener Geschwindigkeit.

a) Mittelwerte nach W. und Ed. Weber [2]).

Schrittzahl	Zeit für 43,43 m Weg Sekunden	Schrittdauer	Schrittlänge cm	Geschwindigkeit pro Sekunde m
51	18,12	0,335	85,1	2,397
52	20,48	0,394	83,5	2,119
54	22,55	0,417	80,4	1,928
55	24,83	0,460	80,4	1,748
55	26,38	0,480	79,0	1,646
57	28,90	0,507	76,2	1,503
60	33,70	0,562	72,4	1,288
61	34,92	0,572	71,2	1,245
65	39,27	0,604	66,8	1,106
66	41,60	0,603	65,8	1,044
69	45,72	0,663	62,9	0,949
69	46,07	0,668	62,9	0,942
73	53,02	0,726	59,5	0,819
76	57,72	0,760	57,2	0,753
82	69,40	0,846	53,0	0,627
80	68,78	0,860	54,3	0,631
88	79,67	0,905	49,3	0,545
97	93,67	0,966	44,8	0,464
101	104,08	1,030	43,0	0,417
109	114,40	1,050	39,8	0,379

b) Marschgeschwindigkeiten in der deutschen und österreichischen Armee [3]).

	Schrittlänge (cm)	Schrittzahl p. Minute	Weg p. Stunde (km)
Deutschland:			
Naturgemässer Schritt	76,128	113	5,16
Vorschrift des Exercier-Reglements	80	112	5,37
Österreich:			
Gewöhnlicher Schritt	75,86	110	5,01

Durchschnittliche tägliche Marschleistung [3])   22,5 km
Maximale Marschleistung: für 1 Tag   50 „
„ 2 Tage   70 „

---

1) Nach Vierordt, Physiologie des Kindesalters p. 448. Die Gewichte wurden in Schulterhöhe gehalten. Dieselbe wurde berechnet aus Quetelet's Körperlängen abzüglich der Liharzik'schen Werte für die Kopfgrössen. (Vergl. p. 3.)
2) Mechanik der menschlichen Gehwerkzeuge 1836 p. 260.
3) Roth und Lex, Handbuch der Militär-Gesundheitspflege III 1877 p. 222.

c) Marschgeschwindigkeiten in der französischen und englischen Armee[1]).

	Schrittlänge (cm)	Schrittzahl pro Minute	Weg p. Stunde (km)
Pas ordinaire (gewöhnlicher Schritt)		76	3
„ de route (Reiseschritt)	66	90	3.56
„ accéléré (Geschwindschritt)		110	4.41
„ de charge (Eilschritt)	75	120	5.40
„ gymnastique (Turnschritt)	83	165	8,16
Slow time (langsamer Schritt)		75	3,57
Quick „ (schneller „)	75	110	4,95
Stopping out (Ausschreiten)	82	110	5,41
Double (Laufschritt)	90	150	8,10

d) Direkt im Einzelschritt gemessene Werte nach H. Vierordt[2]). (Sekunden.)

Gangart	Taxierte Länge des Schritts (cm)	Mittlere Dauer des Doppelschritts	Mittlere Dauer des einfachen Schritts	Dauer des Aufstehens eines Beins auf dem Boden	Dauer der Beinschwingung	Dauer des Abwickelns der Fusssohle vom Boden	Fussspitze später auf dem Boden gesetzt als die Ferse	Dauer des gleichzeitigen Stehens beider Beine auf dem Boden
Sehr langsam	47,0	2,562	1,275	1,748	0,810	0,611	0,102	0,475
Langsam	—	1,576	0.779	0,938	0,643	0,373	0,079	0,145
Gewöhnlich	61,4	1.205	0.606	0,672	0,524	0,315	0,044	0,080
Gewöhnlich		1,195	0.601	0,719	0,479	0,310	0,077	0,122
Sehr schnell	72,7	0,832	0.418	0,433	0,415	0.229	0,036	0,012
Sprunglauf	72,7	0,773	0,391	0,262	0.504	0,183	0,023	—0.129[3])
Gehen (2jähr. Mädchen)	22,9	1,054	0.527	0,683	0,385	0,185	0,083	0.149

Leistungen im Hochsprung[4]).

Alter (Jahre)	Mittlere Höhe (m)	Nutzeffekt (k.m.)
10—12	0,945	25,61
12—14	1,060	36,92
14—16	1,203	52,43
16—18	1,375	72,67

1) Bronsart v. Schellendorf, Der Dienst des Generalstabes II. Theil 1876. — Dictionnaire encyclopédique des sciences médicales IIme Série T. 8me 1874 p. 28 (Artikel Militaire).
2) Das Gehen des Menschen in gesunden u. kranken Zuständen 1881 Tabelle bei p. 196. Die Tabelle ist vereinfacht, die mit einem elektrischen Registrierapparate (s. Original) gewonnenen Werte sind bloss im Endmittel mitgeteilt; sie beziehen sich (ausgenommen das letzte zum Vergleich gegebene Beispiel) auf den Autor. Über die in Kürze nicht wiederzugebenden räumlichen Verhältnisse des Gehens s. l. c. p. 24 ff.
3) Bedeutet ein Schweben des Körpers in der Luft.
4) Vierordt, Physiologie des Kindesalters p. 447. — Die Versuchspersonen sind Tübinger Schüler. Bei Berechnung des Nutzeffekts sind Quetelet'sche Gewichtszahlen (s. p. 7) zu Grunde gelegt.

Kraft der Flimmerbewegung.

Rachenschleimhaut des Frosches:
Berechnete „absolute" Kraft pro 1 cm² = c. 336 g (Jeffreys Wymen)[1])
Minutenleistung pro 1 cm² bis zu 6,805 g.mm (Bowditch)[1]).

Stimmritze in ihrer Verschiedenheit nach den Lebensaltern und dem Geschlecht[2]) (cm).

	Männlich	Weiblich
9jähriges Mädchen	—	0,95 (Harless)[3])
14jähriger Knabe	1,025 (Harless)	—
Nach der Pubertätsentwicklung	1,82 (J. Müller)[4]) 1,75 (Harless)	1,26 (J. Müller) 1,345 (Harless)
Im höheren Alter	1,855	14,7

Sagittaler Durchmesser zwischen Ringknorpel und vorderem Ansatz der Stimmbänder	grössere Kehlköpfe kleinere „	3,2—3,7 (Fournié)[5]) 2,6—2,7

Stimmumfang (ganze Töne) in verschiedenen Lebensaltern[6]).

Jahre	Männlich (Bruststimme)	Jahre	Weiblich (Brust- und Fisteltöne)
(5	6	3³/₄	6)
		6	9
		7	10
8— 9	7,5	8—10	13
9—10	8,5		
10—11	9,2	11	14
11—12	9,0		
12—13	9,1	12—13	15
13—14[7])	9		

Erwachsener etwa 2 Oktaven (bei guter Singstimme).

Umfang der menschlichen Tonskala.

	Nach A. B. Marx[8])	Nach J. Müller[9])	Schwingungszahlen der Töne p. Sekunde (für die Müller'sche Aufstellung)
Bass	F—e'	E—f'	80— 341
Tenor	c —h'	c —c"	128— 512
Alt	g—d"	f —f"	170— 683
Sopran	c'—b"	c'—c'''	256—1024

c'—f" (256—841 Schwingungen) sind allen Stimmlagen gemeinsam.

---

1) Citiert aus American Naturalist von Bowditch (Boston medical and surgical Journal 1876 August 10. 2) s. a. p. 61.
3) Wagner's Handwörterbuch der Physiologie IV. Bd. 1853 p. 685.
4) Handbuch der Physiologie des Menschen II. Bd. 1840 p. 200.
5) Physiologie de la voix et de la parole 1866.
6) Vierordt, Physiologie des Kindesalters p. 452 und 453.
7) Den Knaben aller Altersklassen sind 5½ Töne (c' bis gis') gemeinsam, den Mädchen 6 Töne (e' bis c").
8) Die Lehre von der musikalischen Komposition 1. Theil.
9) s. Physiologie II. Bd. 1840 p. 212.

Allgemeine Nervenphysiologie.

Leitungsgeschwindigkeit im (menschlichen) Nervensystem.

a) Im sensibeln Nerven.

	m p. Sekunde
Helmholtz[1]) (1850)	c. 60
Hirsch[2]) (1861)	34
Schelske[3])	31—32
Kohlrausch[4])	94
de Jaager[5])	26
v. Wittich[6])	34—44
Richet[7])	c. 50

b) Im motorischen Nerven.

Helmholtz und Baxt[8]) (1867)	33,9
v. Wittich[6])	30,3
Placc und van West[9])	35,25—52 im allgemeinen
	12 —23,9 am Oberarm
	52 —62 ,, Vorderarm

c) Im Rückenmark.

Sensible Leitung	c. 8	(S. Exner)[10])
Motorische ,,	11—12	,,
	14—15	,,
dto.	8—14	(G. Burckhardt)[11])
Tasteindrücke	27—50	,,
Schmerzeindrücke	8—14	,,

Leitungswiderstand (galvanischer) des Nerven vom Frosch:
Längswiderstand $2^{1}/_{2}$ Mill. mal so gross als bei Quecksilber (L. Hermann)[12])
Querwiderstand $12^{1}/_{2}$,, ,, ,, ,, ,, ,, ,,

Das Leitungsvermögen des Froschnerven ist 14,8 mal (12,6—17,8 mal) so gross, als das des destillirten Wassers (E. Harless)[13]).

---

1) Königsberger naturwissenschaftliche Unterhaltungen II. Bd. 2. Heft 1851 p. 169.
2) Moleschott's Untersuchungen zur Naturlehre IX 1865 p. 183.
3) Archiv für Anatomie und Physiologie 1864 p. 151.
4) Jahresbericht des physikal. Vereins zu Frankfurt a./M. 1864—65 p. 60. — Zeitschrift für rationelle Medicin 3. Reihe XXVIII 1866 p 190, XXXI 1868 p. 410.
5) De physiologische tijd bij psychische processen, Utrechter Dissertation 1865. — Archiv für Anatomie und Physiologie 1868 p. 657.
6) Zeitschrift für rationelle Medicin 3. Reihe XXXI 1868 p. 87 und 106.
7) Citirt bei Beaunis, Physiologie p. 540.
8) Monatsberichte der Akademie der Wissenschaften zu Berlin Jahr 1867 p. 233.
9) Archiv f. d. gesammte Physiologie III 1870 p. 424.   10) ibid. VII 1873 p. 632.
11) Die physiologische Diagnostik der Nervenkrankheiten 1875.
12) Archiv für die gesammte Physiologie V 1871 p. 229.
13) Abhandlungen der mathemat.-physikal. Classe der K. bayerischen Akademie VIII 2. Abtheilung 1858 p. 345.

Elasticität und Kohäsion der Nerven des Menschen [1]).

Nerv	Geschlecht	Alter (Jahre)	Specif. Gewicht	Elasticitätskoefficient in k	Kohäsion in k pro 1 mm²	Beobachter
Ischiadicus	w.	21	1,030	10,053	0,900	Wertheim [2])
Tibialis posticus	m.	40	1,041	26,427	1,300	„
		60	1,028	13,517	0,800	„
		74	1,014	14,004	0,590	„
Hautnerv	w.	{ 41	—	—	0,807	Valentin [2])
					1,271	„

Reaktionszeiten [3]) („physiologische Zeit")

von Hand zu Hand (elektrische Reizung)

0,12776 Sekunden	Helmholtz	
0,12495	„	
0,1733	Hirsch	
0,1911	„	
0,1697	Kohlrausch	
0,153	v. Wittich	
0,166	„	
0,1276	Exner	
0,1283	„	
0,1087	v. Vintschgau u. Hönigschmied [4])	
0,1449	„	
0,1747	„	
0,1860	„	
0,117	v. Kries und Auerbach [5])	
0,146	„	„

(rundes Gesamtmittel 0,15 Sekunden)

		Beobachter
77jähr. Mann	0,9952 Sek.	Exner
rechte Hand : rechter Hand (elektr. Reizung	0,1390	„
Berührung der Hand:	0,236	v. Wittich
	0,1299—0,1790	v. Vintschgau und Hönigschmied

---

1) Tabelle nach Hermann, dessen Handbuch d. Physiologie II 1 p. 94. — s. a. p. 70.
2) S. die Anmerkungen auf p. 219.
3) Zusammenstellung nach Exner, Hermann's Handbuch der Physiologie II 2 p. 263. Die Beobachter s. Anmerkungen auf p. 229.
4) Archiv für die gesammte Physiologie XII 1876 p. 115. Schwache elektrische Reizung einer Fingerspitze. 4 Versuchspersonen. Mittelwerte.
5) Archiv für Anatomie und Physiologie, physiolog. Abtheilung 1877 p. 297.

Berührung des Vorderarms derselben Seite	0,1546 Sek.	Hankel[1]) (Signal mit der Hand)
Stirn : Hand (elektr. Reizung)	0,1374	Exner
	0,1301	v. Wittich
Gesicht : Hand (elektr. Reizung)	0,111	Hirsch
(Berührung)	0,107	Mendenhall[2])
Fuss : Hand (elektr. Reizung)	0,1749	Exner
„ „	0,208	Schelske
„ „	0,256	v. Wittich
Gehör : Hand (Schallempfindung)	0,179	„
„	0,1360	Exner
„	0,149	Hirsch
„	0,151	Hankel
„	0,180	Donders
„	0,128	Wundt
Knall des Induktionsfunkens	0,120	v. Kries
	0,122	Auerbach
Auge : Hand (direkte elektr. Reizung der Netzhaut)	0,1139	Exner
„	0,162	v. Wittich
(Sehen eines elektr. Funkens)	0,1506	Exner
„	0,186	v. Wittich
„	0,213	Mendenhall
„	0,2268	} Hankel
„	0,2447	
	0,1974	} Hirsch
	0,2038	
(Sehen einer weissen Karte)	0,292	Mendenhall
(„ e. Stücks hellen Himmels)	0,2057	Hankel
Auge : Unterkiefer (Sehen eines elektr. Funkens)	0,1377	Exner
Auge : Fuss	0,1840	„
Leistengegend : Hand (elektr. Reizung)	0,178	Schelske
Zunge : Hand (Berührung)	0,1211—0,1742	v. Vintschgau und Hönigschmied

Als physiologische Zeit rechnet Donders[3]):

für das Gefühl $1/7$ Sekunde
„ „ Gehör $1/6$ „
„ „ Gesicht $1/5$ „

---

1) Annalen der Physik und Chemie CXXXII 1867 p. 134. — Berichte über die Verhandlungen der K. sächs. Gesellschaft der Wissenschaften zu Leipzig XVIII 1866 p. 46.
2) American Journal of sciences and arts II 1871 p. 156.
3) Archiv für Anatomie und Physiologie 1868 p. 664.

Chemische Analyse des menschlichen Nervensystems.

Specif. Gewicht s. p. 29.

Wassergehalt des Nervensystems
(s. a. p. 187 und 188).

a) Gehirn.

Beobachter	graue Rinde	weisse Substanz	Gesamthirn
Bernhardt[1])	85,86 %	70,08 %	—
Bourgoin[2])	83	73,5	79
Forster[3])	85,4	70,1	79,2
id. (9tägiges Mädchen)	86,9	83,46	86,57
Rundes Mittel f. d. Erwachsenen	84³/₄ %	71¹/₄ %	79 %
Weisbach[4]) 20—94j. Männer	83,88 %	70,17 %	
20—91j. Weiber	83,35 „	69,95 „	

b) Rückenmark.

	Cervicalmark	Lendenmark	Medulla oblongata	Rückenmark
v. Bibra[5])	66,03	65,99	—	—
Bernhardt[1])	73,05	76,04	73,9	—
Bischoff	—	—	—	69,74

c) Nerven.

Bernhardt[1])	Grenzstrang des Sympathicus	64,3	%
v. Bibra[5])	periphere Nerven	40—70	„
Voit	N. ischiadicus	68,98	„
Birkner[6])	dto.	68,18—72,46 „ (30—40j. Hingerichtete)	

Analyse des menschlichen Gehirns.

Geoghegan[7]) fand die Asche frischen Gehirns nach Entfernung des Lecithins durch Äther und Ausziehen der unlöslichen Salze mit Salzsäure alkalisch und Carbonate enthaltend (s. a. p. 188 u. 189). Für 1000 g frisches Gehirn ergab sich:

	I	II	III	IV
SO_4K_2	0,411 ‰	0,184 ‰	0,246 ‰	0,218 ‰
KCl	2,524	0,904	2,776	2,038
K_2HPO_4	0,266	0,052	0,472	0,534
$Ca_3(PO_4)_2$	0,013	0,052	0,036	0,056
$MgHPO_4$	0,084	0,340	0,300	0,360
HNa_2PO_4	1,752	0,824	2,212	1,148
Na_2CO_3	1,148	0,392	0,440	0,748
übrige CO_2	0,082	—	—	0,004
übriges Na	—	0,034	0,064	—
$Fe(PO_4)_2$	0,010	0,096	0,048	0,016

Organische Bestandteile: Eiweiss etc. des Gehirns s. o. p. 190.

Ätherextrakt des Gehirns 14 % (v. Bibra)
„ „ Rückenmarks 25 % „

---

1) Virchow's Archiv 64. Bd. 1875 p. 297.
2) Recherches chimiques sur le cerveau 1866.
3) In Beiträge zur Biologie, Festgabe für Th. v. Bischoff 1882 p. 19.
4) Medicinische Jahrbücher (Zeitschrift der K. K. Gesellschaft der Ärzte zu Wien) XVI 1860 p. 46
5) Annalen der Chemie und Pharmacie Bd. XV 1855 p. 1.
6) Das Wasser der Nerven in physiologischer und pathologischer Beziehung 1858.
7) Zeitschrift für physiologische Chemie I 1877—78 p. 335.

Breed[1]) fand in 100 Teilen frischer, bei 100° getrockneter Substanz 21,51 Rückstand und 0,027 Asche. 100 Teile Asche enthielten:

pyrophosphors.	Kali	55,24
„	Natron	22,93
„	Eisen	1,23
„	Kalk	1,62
„	Magnesia	3,40
Chlornatrium		4,74
schwefelsaures Kali		0,64
freie Phosphorsäure		9,15
Kieselsäure		0,42

Zunahme der „richtigen Fälle" mit zunehmenden Reizgrössen resp. Reizunterschieden [3]).

% Zahl der richtigen Fälle	Reizgrösse (Vierordt)	Reizunterschied (Fechner)	
100	1000	(99 %)	1,644
95	851		1,163
90	776		0,906
85	680		0,733
80	634		0,595
75	599		0,477
70	559		0,371
65	524		0,272
60	495		0,179
55	467		0,089
50	439		
45	411		
40	385		
35	359		
30	332		
25	306		
20	277		

Tastsinn.

Dimensionen (mm) und Vorkommen der Terminalkörperchen [4]).

a) Vater'sche Körperchen [5]).

	lang	breit		
an Vola manus } „ Planta pedis }	1,8—2,7	1—1,4		
Stiel	3,4	0,09		
Innenkolben	0,9	0,45		
Terminalfaser	—	0,014	—	0,002 dick

---

1) Annalen der Chemie und Pharmacie LXXX 1851 p. 124.
2) Traité de chimie pathologique 1842 p. 593.
3) Vierordt, Grundriss der Physiologie des Menschen 5. Aufl. p. 316. 2 Zahlen sind korrigirt. — Fechner in: Abhandlungen der mathematisch-physischen Classe der K. sächsischen Gesellschaft der Wissenschaften XIII 1887.
4) Krause, Anatomie, Nachträge p. 165 ff.
5) Nach Henle und Kölliker, Über die Pacini'schen Körperchen an den Nerven des Menschen und der Säugethiere 1844.

Anzahl (Minimalzahlen)[1]

an der ganzen Hand oder dem ganzen Fuss	c. 600
„ den Gelenken und in der Tiefe der oberen Extremität	c. 530
„ „ „ „ „ „ „ „ unteren „	c. 317,

und zwar: Volarfläche des Daumens (im Unterhautbindegewebe) 65, Zeigefinger 95, an allen 5 Fingern 385, Phalangealgelenke der Finger, an jedem Gelenk 15—22, Metakarpalgelenke 16—31, Carpus 10, Handgelenk 4, Nervus interosseus antibrachii dorsalis 12, Ellbogengelenk (Beugeseite) 96, Schultergelenk 8 — Phalangealgelenke des Fusses 6—17, Metakarpalgelenke 5—18, Tarsus 9, Fussgelenk 11, Nervus ligamenti interossei cruris 5, Kniegelenk 19, Hüftgelenk 4.

b) Tastkörperchen.

	lang	breit
Vola manus }	0,11 —0,16	0,045—0,056
Planta pedis		
Dorsum manus	0,034	0,034
Mittelwerte	0,066—0,11	—

Nervenfasern innerhalb der Papille	0,005—0,0065 dick
Abstand des Körperchens vom Gipfel der Papille	0,0022

Es kommen auf 1 mm² Haut Tastkörperchen (Meissner)[2]

am 3. Glied des Zeigefingers	c. 21
„ 2. „ „ „	8
„ 1. „ „ „	3
„ Metacarpus des 5. Fingers	1—2
an der Plantarfläche des letzten Glieds der grossen Zehe	7
in der Mitte der Fusssohle	1—2

Am unteren Teil der Volarfläche des Vorderarms kommt auf 35 mm² Haut 1 Körperchen. — An den Zehen kommt 1 Tastkörperchen auf 3 Gefässpapillen (Meissner).

Ortsinn der Haut (E. H. Weber)[3].

	Erwachsener mm	12j. Knabe[4] mm
1. Zungenspitze	1,1	1,1
2. Volarseite des letzten Fingerglieds	2,3	1,7
3. Roter Teil der Lippen }	4,5	3,9
4. Volarseite des zweiten Fingerglieds		
5. Dorsalseite des dritten Glieds der Finger		
6. Nasenspitze }	6,8	4,5
7. Volarseite der Capitula ossium metacarpi		

---

1) Krause, Anatomie I p. 502.
2) Krause, Anatomie I p. 513.
3) Wagner's Handwörterbuch der Physiologie III 2. Abtheilung 1846 p. 539. — Entfernung der Zirkelspitzen, die noch eine Doppelempfindung geben, die Zahlen sind umgerechnet und abgerundet. — Nr. 9, 14, 33 sind ergänzt aus: Annotationes anatomicae et physiologicae (Programmata). Fasciculus I 1834.
4) Diese Tabelle bei Landois, Lehrbuch der Physiologie des Menschen. 2. Aufl. 1881 p. 929.

	Erwachsener mm	12jähr. Knabe mm
8. Mittellinie d. Zungenrückens 2,7 mm weit von der Spitze	9	6,8
9. Rand der Zunge		
10. Nicht roter Teil der Lippen		
11. Metacarpus des Daumens		
12. Plantarseite d. letzten Glieds d. grossen Zehe	11,3	6,8
13. Rückenseite des zweiten Glieds der Finger		9,0
14. Volarfläche der Hand		9,0
15. Backen		9,0
16. Äussere Fläche des Augenlids		9,0
17. Mitte des harten Gaumens	13,6	11,3
18. Haut auf dem vordern Teil des Jochbeins	15,8	11,3
19. Plantarseite des Mittelfussknochens der grossen Zehe	15,8	9,0
20. Rückenseite des ersten Glieds der Finger		
21. Rückenseite der Capitula ossium metacarpi	18	13,5
22. Innere Oberfläche der Lippen nahe am Zahnfleisch	20,3	13,5
23. Haut auf dem hintern Teil des Jochbeins	22,6	15,8
24. Hinterer Teil der Stirn		18,0
25. Hinterer Teil der Ferse		20,3
26. Behaarter unterer Teil des Hinterhaupts	27,1	22,6
27. Rücken der Hand	31,6	22,6
28. Hals unter der Kinnlade	33,9	22,6
29. Scheitel		22,6
30. Kniescheibe und Umgegend	36,1	31,6
31. Kreuzbein		33,8
32. Glutaeus		33,8
33. Acromion	40,6	—
34. Am oberen und unteren Teil des Unterarms		36,1
35. Am oberen und unteren Teil des Unterschenkels		36,1
36. Auf dem Rücken des Fusses in der Nähe der Zehen		36,1
37. Auf dem Brustbein	45,1	33,8
38. Rückgrat und Nacken unter dem Hinterhaupt	54,2	36,1
39. Rückgrat in der Gegend der 5 oberen Brustwirbel		—
40. Rückgrat in der Lenden- und unteren Brustgegend		—
41. Rückgrat an der Mitte des Halses	67,7	—
42. Rückgrat an der Mitte des Rückens		40,6
43. Mitte des Oberarms und Oberschenkels		31,6

Raumsinn der Haut[1]).

	kleinster	grösster
	Stumpfheitswert (mm)	
Oberarm	44,58	53,75
Vorderarm	22,54	41,21
Hand	7,78	20,41
Mittelfinger	2,47	7,50
dto. 3. Glied (Grenze des 1. u. 2. Viertels)	3,60	
dto. 2. Glied (Mitte)	5,31	
dto. 1. Glied (Grenze des 3. u. 4. Viertels)	6,15	
dto. 1. Glied (Grenze des 1. u. 2. Viertels)	7,04	
Oberschenkel (Hüfte bis Knie)	43,88	72,52
Unterschenkel (Knie bis Fussgelenk)	27,5	35,6
Fussrücken	19,44	c. 32
Grosse Zehe	10,33	17,25
Kinnspitze	10,69	
Weisser Teil der Unterlippe	9,0	
Roter „ „ „	4,58	
„ „ „ Oberlippe	5,19	
Nasenspitze	8,40	
Glabella	18,83	
Oberer Rand der Stirnhaut	19,42	
Mitte des Stirnbeins	25,23	
Pfeilnaht	26,93	
Scheitel	23,19	
Angulus occipitalis (des Scheitelbeins)	19,37	
Os occipitis	19,86	
Dornfortsatz des 7. Halswirbels	38,87	
Zungenspitze	1,91	
Mitte des Unterkieferrands	18,90	
Mundwinkel	17,68	
Wange	14,30	
Unteres Augenlid	11,19	
Oberes „	9,05	
Über den Augenbrauen	18,90	
Oberer Rand der Stirnhaut	26,95	
Scheitelbein (oben)	25,71	
dto. (hinten)	25,06	
Unterkieferwinkel	30,31	

---

1) S. Vierordt, Physiologie des Menschen p. 343 ff. Es ist der kleinste Abstand zweier zugleich berührter Hautstellen gemeint, welcher in allen Fällen eine Doppelempfindung ergiebt. Die Versuche sind von Kottenkamp und Ullrich, Zeitschrift für Biologie VI 1870 p. 37, Knöller, Paulus, ibid. VII 1871 p. 237, Riecker, ibid. IX 1873 p. 95, X 1874 p. 177, G. Hartmann, ibid. XI 1875 p. 79. Die letzten drei auch Tübinger Dissertationen.

	kleinster	grösster
	Stumpfheitswert (mm)	
Mitte des Unterkieferastes	27,32	
Kiefergelenk	28,96	
Schläfengegend	22,83	
dto. in der Höhe der Augenbrauen	25,59	
Scheitelbein (ungefähr die Mitte)	24,26	
Processus mastoideus	25,03	
	vordere Medianlinie	Seitenwand
Schamfuge	42,2	
Mitte zwischen Schamfuge und Nabel	41,6	49,5
Nabel	39,0	64,1
Mitte zwischen Nabel und Schwertfortsatz	42,0	58,4
Schwertfortsatz	52,039	64,35
Mitte des Brustbeins	38,0	47,1
Incisura semilunaris sterni	37,0	
Mitte zwischen Incisura thyreoidea sup. und Incisura semilunaris sterni	29,2	
Incisura thyreoidea superior	29,6	
Über dem Hüftpfannenrand		48,7
Unter dem Schlüsselbein		52,2
	hintere Medianlinie	
Über dem Steissbein	52,2	
5. Lumbalwirbel	50,2	
Unterhalb des 12. Brustwirbels	48,2	
6. Brustwirbel	52,8	
Unterhalb des 7. Halswirbels	38,8	
4.—5. Halswirbel	33,85	
2. Halswirbel	28,69	

Temperatursinn (Nothnagel)[1].

Es werden unterschieden an:

Vorderarm	Streck- und	
Oberarm	Beugeseite	0,2 °C
Handrücken		0,3
Wange		0,4—0,2
Schläfen		0,4—0,3
Brust, oben aussen		0,4
Oberbauch, seitlich		0,4
Hohlhand		
Fussrücken		0,5—0,4

---

[1] Deutsches Archiv für klinische Medicin II 1867 p. 284.

Oberbauch, Mitte	0,5° C
Oberschenkel, Streck- u. Beugeseite	0,5
Unterschenkel, Wade	0,6
Brustbein	0,6
Unterschenkel, Streckseite	0,7
Rücken, seitlich	0,9
dto. in der Mitte	1,2

Die grösste Unterscheidungsempfindlichkeit für Temperaturen fanden:

Nothnagel	bei	27—33° C
Fechner[1])	„	12—25°
Lindemann[2])	„	26—39°
Alsberg[3])	„	35—39°

Temperaturpunkte (Goldscheider)[4]).

Minimalwerte (mm) der Entfernungen, bei welchen eine Doppelempfindung erfolgt:

	Kältepunkte	Wärmepunkte
Stirn	0,8	4—5
Wange	0,8	3
Kinn	0,8	4
Brust	2	4—5
Bauch	1—2	4—6
Rücken	1,5—2	4—6
Oberarm (Beugefläche)	1,5	2—3
Oberarm (Streckfläche)	2	2—3
Vorderarm (Beugefläche)	2	2
Vorderarm (Streckfläche)	3	3
Hohlhand	0,8	2
Handrücken	2—3	3—4
Oberschenkel	2—3	3—4
Unterschenkel	2—3	3—4
Fuss	3	ohne Resultat

---

1) Elemente der Psychophysik 1. Theil 1860 p. 201.
2) De sensu caloris. Halis 1857. Dissertation.
3) Untersuchungen über den Raum- und Temperatursinn. Marburger Dissertation 1863.
4) Archiv f. Anatomie und Physiologie Jahrgang 1885. Supplementband zur physiologischen Abtheilung p. 72.

Drucksinn.

a) Empfundene minimalische Druckwerte (Aubert und Kammler)[1].
(mg)

Stirn, Schläfe, Ohrmuschel, Nase, Wangen	2
Augenlider, Lippen, Kinn	5
Behaarter Teil des Kopfes	15
Schlüsselbeingegend, Axillargegend, Bauch vorn, Oberarm vorn	5
Bauch seitlich, Darmbeinkamm, Nacken, Rücken, Schultern, Oberarm hinten, Steissbeingegend	5—15
Nates, Trochanteren, Oberschenkel	15
Vorderarm, Volarseite	(3—)5
Handteller	5—15
Daumenballen	35(—115)
Finger, Volarseite, 1. Phalangen	35—115
2. „	15—115
3. „	35—115
Vorderarm, Dorsalseite, oben und unten	2(—15)
Handrücken	2—5
Finger, Dorsalseite, 1. Phalangen	5—115
2. „	15—115
3. „	35—115
Ferse	(35—)115
Äusserer Fussrand	115
Plantarseite des Fusses, sämtliche Zehen	(115—)515
Fussgelenk	15—215
Fussrücken	10—115
Dorsalseite des Fusses, sämtliche Zehen	10—215
Nägel der Finger und Zehen	1000

---

[1] Moleschott's Untersuchungen zur Naturlehre V 1858 p. 149. — Die Tabellen sind vereinfacht in der Art, dass nach Massgabe der bei 4 Versuchspersonen am häufigsten vorkommenden (übrigens ziemlich schwankenden) Werte Durchschnittszahlen aufgestellt sind. — S. a. Kammler, Experimenta de variarum cutis regionum minima pondera sentiendi virtute. Dissertat. Vratislaviae 1858.

b) Unterscheidungsvermögen für Druck bei 1 g Grundbelastung
(F. A. R. Dohrn)[1]).

Um die Veränderung fühlbar zu machen, ist nötig

	Erwachsener			11j. Knabe
	Gewicht weggenommen (g)	Gewicht zugelegt (g)	Mittel aus den vorhergehenden (g)	Gewicht zugelegt (g)
Ringfinger	0,196	0,425	0,310	0,88
3. Phalanx der Finger	0,294	0,465	0,379	0,52
Vola „ „	0,358	0,526	0,442	0,99
Zeigefinger	0,260	0,625	0,442	0,66
Daumen	0,412	0,487	0,449	0,72
Finger im allgemeinen	0,378	0,549	0,463	0,86
2. Phalanx	0,355	0,631	0,493	0,631
Kleiner Finger	0,550	0,475	0,512	1,08
Fingerrücken	0,398	0,653	0,525	0,73
Volarfläche von Hand und Fingern zusammengenommen	0,449	0,650	0,549	1,18
1. Phalanx	0,480	0,682	0,581	1,06
Mittelfinger	0,483	0,736	0,609	0,91
Vola der Hand	0,541	0,774	0,657	1,38
Dorsalfläche von Hand und Fingern zusammengenommen	0,556	0,822	0,689	1,09
Hand im allgemeinen	0,636	0,883	0,759	1,42
Handrücken	0,714	0,992	0,853	1,46
Radialseite des Vorderarms	0,741	1,555	1,148	2,47
Ulnarseite „ „	0,766	1,688	1,227	2,72
Vorderarm im allgemeinen	0,857	1,904	1,380	2,60

c) Relatives Unterscheidungsvermögen für Druck (A. Eulenburg)[2]).

Stirn	
Lippen	
Zungenrücken	$1/30 (- 1/40)$
Wangen	
Schläfen	
Dorsalseite des letzten Fingerglieds	
„ „ Vorderarms	
Handrücken	
Dorsalseite des 1. und 2. Fingerglieds	
Volarseite der Finger	$1/10 - 1/20$
„ „ Hand	
„ des Vorderarms	
Oberarm	

---

1) Zeitschrift für rationelle Medicin 3. Reihe X 1861 p. 362. — Auch: De varia variarum cutis partium ponderum impositorum discrimina sentiendi facultate. Kieler Dissertation 1859 p. 7. — Die Werte sind nach der mittleren Empfindlichkeit des Erwachsenen geordnet.
2) Berliner klinische Wochenschrift VI 1869 p. 469.

Ober- und Unterschenkel, Streckseite nahezu = dem des Vorderarms
Fussrücken
Dorsalseite der Zehen
Plantarseite „ „   } mit allmählich abnehmender Empfindlichkeit
Fusssohle
Ober- und Unterschenkel, Beugeseite

Gehörsinn.

Dimensionen des Ohrs p. 72—74.

Chemische Zusammensetzung des Ohrenschmalzes (Petrequin)[1]).

	I	II
Wasser	10 %	11,5 %
Fette	26	30,5
Kaliseife, löslich in Alkohol	38	17
„ „ „ Wasser	14	24
Unlösliche organische Stoffe	12	17
Kalk und Natron	Spur	—

(Angeblicher) Einfluss der Ohrmuschel auf das Hören (Rinne)[2]).

(Ticken einer Uhr)

Hörweite	Muschel frei	Muschel mit Brotteig ausgefüllt
vorn	18,27 cm	6,1 cm
rechts	19,40	11,05
links	18,27	15,35
hinten	12,86	3,61

Eigenton des Ohrs

bei Perkussion des Processus mastoideus = h mit 244 Schwingungen (Helmholtz).

Hörvermögen.

Untere Grenze der Empfindung (Preyer)[3]):
ein Ton wurde gehört von P. schon bei 16 Schwingungen (Metallzungen)
von andern erst bei 19—23 Schwingungen.

---

1) Comptes rendus de l'Académie des sciences T. LXVIII 1869 p. 941. — Nr. I (Analyse von Chevalier) sind Individuen mittleren Alters, II Greise.
2) Zeitschrift für rationelle Medicin 3. Reihe XXIV 1865 p. 12. Die Zahlen sind umgerechnet.
3) Über die Grenzen der Tonwahrnehmung 1876 (Physiolog. Abhandlungen, 1. Reihe 1. Heft) p. 10 u. 11.

Obere Grenze für die Empfindung höchster Töne nach:

Chladni[1]), Biot[2]) bei 8 192 Schwingungen ⎫
Wollaston[3])   „   20 000—25 000   „   ⎬ (Pfeifen)
Savart[4])   „   25 000   „   (Zahnrad)
Despretz[5])   „   32 000   „   (Stimmgabeln)
Preyer[6])   „   40 000   „

im übrigen aber grosse Unterschiede.

Es wird noch gehört:

1 mg schweres Korkkügelchen, aus 1 mm Höhe auf eine Glastafel fallend (Schafhäutl)[7]).

Bei verschiedenen Individuen wurde — über die Einheit des Schalls s. p. 115 — gefunden (Vierordt)[8]):

an V. selbst   12,84 (8,78—18,07)
bei 2 Studenten 5,3
  „   „   „   5,0

von H. Vierordt[9]) anfänglich 7,9—3,4, später[10]) 0,78 (0,78 mg schweres Bleikügelchen aus 1 mm Höhe) und weniger.

Unterscheidungsempfindlichkeit für Schallstärken
(Renz und A. Wolf)[11]).

Relative Schallstärke	W.		R.
1000 : 919,5	56,5 %	richtiger Entscheidungen	55,3 %
1000 : 846	84,6		85,6
1000 : 778	81,1		97,2
1000 : 716	100		100

Nach Angaben der physikalischen Handbücher hört man:

eine starke Männerstimme	auf	200 m
„ Eskadron Kavallerie od. schweres Geschütz im Trab bis auf		800 m
einen Flintenschuss	auf	6000 m
„ Kanonenschuss	„	150 km
der Ausbruch eines Vulkans auf St. Vincent (kl. Antillen) wurde gehört	auf	480 km

---

1) Die Akustik 1802 p. 34.
2) Lehrbuch der Experimentalphysik. Deutsch von G. Th. Fechner 2. Aufl. 2. Bd. 1829 p. 21.
3) Philosophical Transactions for the year 1820 II p. 312.
4) Poggendorff's Annalen der Physik und Chemie XX 1830 p. 292.
5) ibid. LXV 1845 p. 440. — Comptes rendus de l'académie des sciences XX 1845 p. 1215.
6) l. p. 241 c. p. 23.
7) Abhandlungen der mathematisch-physikalischen Classe der bayrischen Akademie der Wissenschaften VII 1853 p. 501.
8) Die Schall- und Tonstärke und das Schallleitungsvermögen der Körper, herausgegeben von H. Vierordt 1885 p. 68 u. 74.
9) ibid. p. 73.
10) Die Messung der Intensität der Herztöne 1885 p. 9.
11) Archiv für physiologische Heilkunde Jahrgang 1856 p. 191. — Poggendorff's Annalen der Physik und Chemie XCVIII 1856 p. 602. — Die Versuche wurden mit einer in verschiedene Entfernung vom Ohr gehaltenen Taschenuhr angestellt.

Unterscheidungsempfindlichkeit für Tonhöhen (Preyer)[1]).

Schwingungszahlen	Absolute	Relative
	Unterscheidungsempfindlichkeit	
120	2,39	287
440	2,75	1212
500	3,33	1666
1000	2,00	2000

Gewöhnlich kann etwa $1/500$ gerechnet werden.

Gesichtssinn.

Chemische Zusammensetzung des Auges (Michel und Henry Wagner)[2]).

Frische Sclera (des Schweins):   65,51 % Wasser   0,867 % Asche

Hornhaut:

Epithel	72,11 %	Wasser		
eigentliches Hornhautgewebe	72,75 „	„	0,66 „	Asche
Membrana Descemeti	78,16 „	„		

Kammerwasser (Schwein):

Wasser	98,710 %
Aschesubstanzen	0,890 „
Eiweiss	0,107 „
übrige organische Substanzen	0,293 „

Linse (ohne Kapsel)[3]):

Wasser	60,0 %
lösliche Eiweisskörper	35,0 „
unlösliche „	2,5 „
Fett mit Spuren von Cholestearin	2,0 „
Asche höchstens	0,5 „

Glaskörper (Ochse):

Wasser	98,81 %
Asche	0,94 „
Eiweiss	0,09 „
übrige organische Substanzen	0,16 „

---

1) l. p. 241 c. p. 32.
2) Archiv für Ophthalmologie XXXII. Band Abtheilung II 1886 p. 155, woselbst auch ältere Analysen von Lohmeyer (1854), Schneyder (1855) etc.
3) Kühne, Lehrbuch der physiologischen Chemie 1868 p. 404.

Chemische Zusammensetzung der Thränen.

	Frerichs[1]		Lerch[2]	
	I	II		
Wasser	99,06 %	98,70 %	98,223 %	
Feste Bestandteile	0,94	1,30	1,777	
Albumin	0,08	0,10	0,504	
Epithelium	0,14	0,32		0,520
Chlornatrium (Hauptbestandteil)				
Phosphorsaures Alkali			Anorg. Salze 0,016	
Erdphosphate	0,72	0,88	Chlornatrium 1,257	
Schleim				
Fett				
Asche	0,42	0,54	Spuren von Fett	

Magaard[3]) fand bei der Veraschung 98,12 % Wasser, 1,4638 % organische, 0,416 % anorganische Bestandteile.

Grössenverhältnisse des Auges und seiner Teile s. p. 74—79.

Durchmesser der Pupille beim Nahesehen (Olbers)[4]).

Entfernung des Objekts (mm)	Durchmesser der Pupille (mm)
108	4,04
216	4,93
324	5,31
432	5,62
540	5,89
648	6,07
756	6,16

Pupillenverengung nach Lichteinfall
beginnt im Mittel   nach 0,49 Sekunden
erreicht ein Maximum   „   0,58   „

Pupillenweite

a) im Dunkeln (H. Cohn)[5])

18—22jähr. Emmetropen   8—9 mm Durchmesser
bei Individuen in den 40er Jahren   6   „   „

b) sonstige (relative) Pupillenweite (Heddaeus)[6])

	rel. Verhältnis
Maximalweite der Pupillen, beide Augen verdunkelt	7 (6,8)
Weite der Pupille des einen Auges, das andere verdunkelt	5 (5,1)
Weite der Pupillen, bei Erhellung beider Augen	4 (4,1)

Für je 1 Jahr (bei 9—16jährigen Schülern) nehmen die **absoluten** Werte um c. 0,05 mm zu.

---

1) Artikel Thränensekretion in Wagner's Handwörterbuch der Physiologie III. Bd 1. Abtheilung 1846 p. 618.
2) Mitgeteilt von Arlt im Archiv für Ophthalmologie I. Bd. Abtheilung II 1855 p. 137.
3) Virchow's Archiv f. pathol. Anatomie LXXXIX 1882 p. 270.
4) De mutationibus oculi internis. Göttinger Dissertation 1780.
5) Breslauer ärztl. Zeitschrift 1888 p. 73 — Cl. du Bois-Reymond fand 10 mm Durchmesser.
6) Die Pupillarreaction auf Licht, ihre Prüfung, Messung und klinische Bedeutung 1886 p. 29, 41, 44.

Brechungsindices der durchsichtigen Augenmedien des Menschen[1]).

Beobachter	Fraunhofer'sche Linie	Thränen	Destilliertes Wasser	Cornea	Humor aqueus	Vordere Linsenkapsel	Linse Rinde	Linse mittlere Schicht	Linse Kern	Linse total	Hintere Linsenkapsel	Glaskörper
Th. Young[2])									1,4026	1,4385		
Chossat[3])			1,3358	1,33	1.338	1,35	1,383	1,395	420	384		1,339
Brewster[4])	E		58		366			3767	3786	3990	3839		394
W. Krause[5])	D—E		42	1,3507	420		4053	4294	4541				485
Helmholtz[6])	E		54		365		4189				1,4467		382
S. Fleischer[7])	D—E		40		373								369
Hirschberg[8])			54		374								359
Woinow[9])	E	1,3371					1,3947	1,4235	1,4328	1,4387		
Aubert[10])			1,3310	1,377			1.3967	1,4067	1,4093				1,3348
Matthiessen[11])	D		1,3326	1,3771		1,3600	886	1,4059	1,4106		1,3576	1,3314
Valentin[11])			1,3394										

Mittelwert: für Hornhaut, Kammerwasser, Glaskörper 1.3376
„ Krystalllinse 1,4545

Krümmung der brechenden Flächen und ihre Entfernungen von einander[12]).

	Horizontaler Meridian	Vertikaler Meridian
Hornhaut:		
Krümmungsradius der (kugelig angenomm.) Hornhaut	7,611 mm	7,668 mm
„ im Scheitel der Hornhautellipse*	7,625 „	7,659 „
Halbe grosse Achse	10,908 „	10,297 „
„ kleine „		
Abweichung der Gesichtslinie von der grossen Achse der Hornhautellipse	6° 9′	—1° 9′
Hornhauthöhe (= Entfernung der Basis vom Scheitel)		2,684
Durchmesser der Basis*		11,957
Vordere Brennweite	22,506 mm	22,535 mm
Hintere „	30,190 „	30,144 „
Abstand des Linsenscheitels vom Hornhautscheitel		3,430
Abstand des Mittelpunkts der Pupille von der Hornhautachse		0,229
Krümmungsradius der vorderen Linsenfläche*		9,1 (rund 10)
„ „ hintern „ *		6,125 (bei verschieden gebauten Augen)
Dicke der Linse*		4

---

1) Die Tabelle in der Hauptsache nach Matthiessen, Archiv für die gesammte Physiologie XIX 1879 p. 493 unter Weglassung der kindlichen Augen.
2) Philosophical Transactions of the Royal Society of London for the year 1801 part I p. 23.
3) Bulletins des sciences par la Société philomathique de Paris 1818 (Juin) p. 95.
4) Edinburgh Philosophical Journal 1819 Vol. I p. 43.
5) Die Brechungsindices der durchsichtigen Medien des menschlichen Auges 1855.
6) Handbuch der physiologischen Optik 1867 p. 78.
7) Neue Bestimmungen der Brechungsexponenten der durchsichtigen, flüssigen Medien des Auges. Jenenser Dissertation 1872 p. 26.
8) Centralblatt für die medicinischen Wissenschaften XII 1874 p. 193.
9) Klinische Monatsblätter für Augenheilkunde XII 1874 p. 407.
10) Gräfe u. Sämisch, Handb. d. gesammten Augenheilkunde II. Bd. 1876 p. 409.
11) Archiv für die gesammte Physiologie XIX 1879 p. 84.
12) Nach den Zusammenstellungen von Aubert, Gräfe-Sämisch's Handbuch l. c. p. 419 ff. Die früher (p. 76 u. 77) erwähnten Werte sind mit * bezeichnet.

Das akkommodierte schematische Auge[1]).

	Akkommodiert für die Ferne	Akkommodiert für die Nähe
Angenommen:		
Brechungsindex der wässrigen Feuchtigkeit	$^{103}/_{77}$	$^{103}/_{77} = 1{,}3376$
„ „ Linsensubstanz	$^{16}/_{11}$	$^{16}/_{11} = 1{,}4545$
„ „ Glaskörpers	$^{103}/_{77}$	$^{103}/_{77} = 1{,}3376$
Krümmungshalbmesser der Hornhaut	8,0 mm	8,0 mm
„ „ vorderen Linsenfläche	10,0	6,0
„ „ hinteren „	6,0	5,5
Ort des vorderen Linsenscheitels	3,6	3,2
„ „ hinteren „	7,2	7,2
Berechnet:		
Ort des vorderen Brennpunkts	— 12,107 mm	— 11,241 mm
„ „ ersten Hauptpunkts	1,940	2,033
„ „ zweiten „	2,356	2,492
„ „ ersten Knotenpunkts	6,957	6,515
„ „ zweiten „	7,373	6,974
„ „ hinteren Brennpunkts	22,231	20,248

Unterscheidungsempfindlichkeit für Lichtstärke.

$^1/_{60} - ^1/_{80}$ als gewöhnliche Leistung; unter günstigen Umständen $^1/_{100}$ (Volkmann) — $^1/_{120}$, selbst $^1/_{150}$ an der Masson'schen Scheibe (Helmholtz).

Aubert[2]) findet bei verschiedenen Lichtintensitäten:

relative Lichtstärke	13 656	5625	1306	56	5
Unterscheidungsempfindlichkeit	$^1/_{39}$	$^1/_{30}$	$^1/_{27}$	$^1/_{11}$	

Sehschärfe.

Es wird ein Gegenstand noch gesehen:
bei einer minimalsten Grösse des Netzhautbildes von 0,0025 mm (Aubert)[3]).
Rundliche Körper sind sichtbar bei einem Sehwinkel von 20—30 Sekunden
Lineare „ „ „ „ „ 8 „
„ und dabei glänzende Gegenstände $^1/_5$ „
und selbst noch weniger.

Um 2 Objekte getrennt sehen zu können, muss der Gesichtswinkel mehr als 60 Sekunden betragen.

---

1) Nach Helmholtz bei Fick, Hermann's Handbuch der Physiologie III, 1 p. 91. — Weiteres über schematische Augen bei Matthiessen, Archiv für die gesammte Physiologie XIX 1879 p. 480 — bei Nagel in Gräfe u. Sämisch's Handbuch VI 1880 p. 465.
2) l. p. 245 c. p. 489 — auch dessen: Physiologie der Netzhaut 1865 p. 52 ff.
3) l. p. 245 c. p. 578.

Brillenbezeichnung nach metrischem und Zollmass[1]).

Nummer Brechkraft in Meterlinsen	Brennweite in pariser Zollen	Nächstliegende Nummer des preussischen Masses (Bezeichnung der deutschen Brillenkästen)
0,25	147,76	—
0,5	73,88	80
0,75	49,25	50
1	36,94	40
1,25	29,55	33
1,5	24,62	27
1,75	21,10	22
2	18,47	20
2,25	16,41	18
2,5	14,77	16
2,75	13,43	15
3	12,31	13
3,25	11,36	12
3,5	10,55	11
4	9,23	10
4,5	8,20	9
5	7,38	8
5,5	6,71	$7\frac{1}{2}$
6	6,15	$6\frac{1}{2}$
6.5	5,68	6
7	5,27	$5\frac{3}{4}$
7,5	4,92	$5\frac{1}{2}$
8	4,61	5
8,5	4,34	$4\frac{3}{4}$
9	4,10	$4\frac{1}{2}$
9,5	3,88	$4\frac{1}{4}$
10	3,69	4
10,5	3,51	$3\frac{3}{4}$
11	3,35	$3\frac{1}{2}$
12	3,07	$3\frac{1}{4}$
13	2,84	3
14	2,63	$2\frac{3}{4}$
15	2,46	—
16	2,30	$2\frac{1}{2}$
17	2,17	—
18	2,05	$2\frac{1}{4}$
19	1,94	—
20	1,84	2

Distanz beider Bulbi.

Die Entfernung beider Augenhöhlenachsen von einander an der Gesichtsapertur der Orbita beträgt im Mittel 62 mm.

	Entfernung beider Pupillen	verglichen mit	der Entfernung der äusseren Orbitalränder ("Orbitaldistanz")	Differenz (einseitig) (Emmert)[2]
Hypermetropen	58,64 mm		85,8 mm	13,5 mm
Emmetropen	59,6 „		86,6 „	13,5 „
Myopen	59,7 „		86,9 „	13,6 „

1) Nach Nagel, l. p. 246 c. p. 308. — Ein pariser Zoll ist 2,707 cm, ein preussischer 2,615 cm.
2) Auge und Schädel 1880 p. 19.

Mittlerer Augenabstand in verschiedenen Lebensaltern
(Holmgren)[1]).

(Männliche Individuen.)

Alter (Jahre)		mm	Alter (Jahre)	mm
7—14	(*Pflüger*)[2])	54—59	32	62,94
15—19		59—62	33	62,75
17		61,00	34	63,00
18		65,97	35	59,75
19		62,75	36	61,33
20		62,58	37	63,33
21		63,66	38	64,50
22		62,46	39	58,00
20—22	(*Pflüger*)[2])	61—63	40	64,50
23		63,64	44	60,00
24		61,63	45	63,25
25		63,07	46	64,00
26		62,86	47	65,00
27		62,04	49	59,50
28		60,76	50	64,00
29		64,95	51	64,00
30		61,66	54	62,80
31		61,83		

Mittel 26,38 Jahre   62,64 mm

Nach Beselin[3]) nimmt (bei 5—18j. Mädchen) die Pupillendistanz pro Jahr um durchschnittlich 0,5 mm zu.

Geschmackssinn.

Über die Geschmacksorgane der Zunge (Dimensionen) s. p. 56.

Reaktionszeit (Sekunden) einer Geschmacksempfindung
(v. Vintschgau und Hönigschmied)[4]).

	Einfache Wahrnehmung der Substanz (Zungenspitze)	Unterscheidung von				
		Wasser	Chlornatrium	Säure	Zucker	Chinin
Chlornatrium	0,1598	0,2766	—	0,3338	0,3378	0,4802
Säure	0,1676	0,3315	0,3749	—	0,4081	0,4096
Zucker	0,1639	0,3840	0,3688	0,4373	—	0,4224
Chinin	0,2196	0,4129	0,4388	0,5095	0,4210	—
(Berührung	0,1507)					

---

1) Archiv für Ophthalmologie XXV. Bd. Abtheilung 1 1879 p. 157 (und 154).
2) Klinische Monatsblätter für Augenheilkunde XIII 1875 p. 451.
3) Archiv für Augenheilkunde XIV 1885 p. 132.
4) Archiv für die gesammte Physiologie XIV 1877 p. 557.

Feinheit des Geschmackssinns.

a) Nach Valentin[1]).

	Gehalt	Gesamtmenge der geschmeckten Flüssigkeit cm³	Absoluter Gehalt der Lösung g	Intensität der (spezifischen) Empfindung
Zucker	$1/_{63}$	20	0,24	noch eben erkennbar
Kochsalz	$1/_{212}$	$1^{1}/_{2}$	(0,007)	deutlich
"	$1/_{426}$	12	(0,027)	äusserst schwach
Wasserfreie Schwefelsäure	$1/_{100000}$	—	—	eben noch wahrnehmbar
"	$1/_{1000000}$	—	—	nicht deutlich
Aloëextrakt	$1/_{323}$	$1/_{4}$	(0,0008)	sehr deutlich
"	$1/_{12500}$	10	(0,0008)	noch merkbar
"	$1/_{200000}$	—	—	schwach. Nachgeschmack
Schwefelsaures Chinin	$1/_{83000}$	—	—	deutlich
"	$1/_{1000000}$	—	—	höchstens Spur von bitterem Geschmack

Strychnin (die bitterste bekannte Substanz) schmeckt

stark bitter in wässriger Lösung	1 : 40 000
merkbar bitter	1 : 400 000
noch erkennbar	1 : 640 000

b) Nach Camerer[2]).

Es wurden jeweils 30 cm³ Flüssigkeit in den Mund genommen:

Chinin			Chlornatrium		
in der verschluckten Flüssigkeit enthaltene Menge (mg)	Verdünnung	%Zahl der richtigen Empfindungen	in der verschluckten Flüssigkeit enthaltene Menge (mg)	Verdünnung	%Zahl der richtigen Empfindungen
0,029	$1/_{103400}$	32	4,8	$1/_{6250}$	9
0,044	$1/_{68000}$	62	9,5	$1/_{3125}$	49
0,059	$1/_{51000}$	77	14,3	$1/_{2095}$	80
0,074	$1/_{40000}$	88	19,1	$1/_{1562}$	86
0,089	$1/_{34000}$	89	28,6	$1/_{1049}$	100

Die Empfindlichkeit für Chinin ist 211mal grösser als für Chlornatrium.

c) Nach Fr. Keppler[3]).

Konzentrationsunterschied der beiden mit einander zu vergleichenden Lösungen	%Zahl der richtigen Entscheidungen
2,5 %	53,4
5,0	61,2
7,5	73,2
10,0	80,8

---

1) Lehrbuch der Physiologie des Menschen 2. Aufl. II. Bd. 2. Abtheilg. 1848 p. 301.
2) Nach Vierordt, Grundriss der Physiologie des Menschen 5. Aufl. p. 486.
3) Archiv für die gesammte Physiologie 11 1869 p. 449. — Sämtliche untersuchte Geschmackskörper (Chlornatrium, Chinin. sulfur., wasserfreie Phosphorsäure, Glycerin) sind zusammengenommen.

d) Nach Camerer[1]) bei verschieden grosser schmeckender Fläche.

Schmecken einer Kochsalzlösung von $1/400$ Verdünnung, die in einer auf die Papillae fungiformes gestellten Kapillare enthalten war.

Papillen innerhalb des Röhrchens	Richtig	Unrichtig
1	32 %	38 % der Urteile
2	50	26
3	66	18
4	74	20

Geruchssinn.

Feinheit des Geruchssinns (Valentin und Clemens)[2]).

	Gehalt		Die zu einer deutlichen Empfindung nötige Menge[3]) (mg)	Intensität der Empfindung
	dem Volum nach	pro 1 cm (mg)		
Brom	$1/200000$	$1/30000$	$1/600$	deutlich
Phosphorwasserstoff	$1/55000$	—	$1/50$ weniger als	starke Empfindung schwach
Schwefelwasserstoff	$1/1700000$	$1/500000$	$1/5000$	
Ammoniak	$1/33000$	—		nicht mehr riechbar
Moschus	—	—	$1/200000$ eines alkohol. Extrakts[4])	Grenze der Merklichkeit
Rosenöl	—	$1/2000000$	$1/30000$ weniger als	deutliche Empfindung
Pfefferminzöl	—	$1/170000$	$1/1700$	schwache "
Rainfarnöl	—	$1/14000$	—	sehr stark "
Nelkenöl	—	$1/10000$	—	deutlich
Mercaptan[5]) (Äthylsulfhydrat)	c. $1/50$ Milliard.	$1/23$ Milliard.	$1/460000000$	schwach, aber noch deutlich
Chlorphenol[5])	c. $1/1$ Milliard.	$1/230000000$	$1/4600000$	sehr deutlich

---

1) Zeitschrift für Biologie VI 1870 p. 440.
2) Valentin, Lehrbuch der Physiologie II, 2 1848 p. 281.
3) Es ist dabei vorausgesetzt, dass 50 cm³ Luft durch die Nase gesogen werden müssen, bis eine Geruchsempfindung erfolgt.
4) Das Extrakt (? viel) hatte weniger als 1 mg Moschus aufgelöst.
5) E. Fischer und Penzoldt in Annalen der Chemie und Pharmacie 239. Bd. 1887 p. 131.

Physiologie der Zeugung.

Anatomische Verhältnisse der Samenfäden s. p. 64.

Chemische Zusammensetzung des menschlichen Smegma praeputii (Lehmann)[1].

Ätherextrakt (Fett)	52,8 %
Alkoholextrakt	7,4
Essigsaures Extrakt { Erdsalze	9,7
„eiweissart. Salze"	5,6
Wasserextrakt	6,1
Unlösliches	18,5

Chemische Zusammensetzung des menschlichen Sperma (Vauquelin)[2].

Spezif. Gewicht: 1036

Wasser	90,0	82 %	Stier (Mittelwerte nach Kölliker)[3]
Feste Stoffe	10,0		
„Spermatin" (e. Art Schleimstoff)	60,0		
Extraktivstoffe		Organ. Stoffe 15,3	"
Fett	—		
Salze { Natron 10 phosphors. Kalk 30 }	40,0	2,6	"

Zusammensetzung des reinen (trocknen) Samens vom Lachs (Piccard)[4].

Fett	4,53 %
Cholesterin	2,27
Lecithin	7,47
Eiweissstoffe	10,32
Nuclein	48,68
Protamin	26,76
Xanthinstoffe	7

Prostatasaft des Hunds (Eckhard)[5].

Spezif. Gewicht 1,012.

Fixa 2,4 %, worunter gegen 1 % Chlornatrium, 1 % Albumin.

---

1) Berichte über die Verhandlungen der K. sächs. Gesellschaft der Wissenschaften zu Leipzig II (Jahr 1848) 1849 p. 206.
2) Vauquelin, Annales de chimie IX 1791 p. 77.
3) Zeitschrift für wissenschaftliche Zoologie VII 1856 p. 255.
4) Berichte der deutschen chemischen Gesellschaft VII 1874 p. 1714.
5) Beiträge zur Anatomie und Physiologie III 1863 p. 155.

Prostatasteine des Menschen (Iversen)[1]).

Wasser	8 %	Natron	1,76 %
Organische Substanz	15,80 (worunter 2% Stickstoff)	Kali	0,50
Kalk	37,64	Phosphorsäure	33,70
Magnesia	2,38	In Säuren unlöslich	0,15

Geschwindigkeit der Spermatozoën.

1,2—2,7 mm pro Minute (Henle, Krämer, Hensen)
3,6 „ „ „ (Lott)[2])

in 3 Stunden können sie vom Orificium externum des Hymens zum Hals des Uterus gelangen (Sims).

Die günstigste Temperatur für die Beweglichkeit ist 35^0 (Engelmann)[3]).

Lebensdauer und Widerstandsfähigkeit der Spermatozoën.

Bewegung an den der Cervix uteri des Weibes entnommenen Spermatozoën wurde noch gefunden nach 5 (selbst $7^1/_2$) Tagen (B. Hausmann)[4]). Bei — 17^0 C wird das (menschliche) Spermatozoon kältestarr (Mantegazza)[5]), bei + 47^0 erlischt die Bewegung noch nicht (idem)[6]).

Menge des Samens.

Die durch eine Ejaculation entleerte Masse beträgt 0,75 — 6 cm^3 (Mantegazza)[7]).

Vorkommen von Samen bei Greisen (Duplay, Dieu)[8]).

Unter 165 Greisen wurde gefunden Sperma:

bei 70jährigen in 68,5 %
„ 80 „ „ 59,5
„ 90 „ „ 48,0
über 90 „ „ —

Anatomische Verhältnisse etc. der weiblichen Geschlechtsorgane s. o. p. 65—67.

---

1) Nordiskt Medicinskt Arkiv VI 1874 p. 20.
2) Zur Anatomie und Physiologie des Cervix uteri 1872.
3) Jenaische Zeitschrift für Medicin und Naturwissenschaft IV 1868 p. 321.
4) Über das Verhalten der Samenfäden in den Geschlechtsorganen des Weibes 1879.
5) Rendiconti del reale istituto lombardo di scienze e lettere II 1867 p. 183.
6) Gazzetta medica Lombarda 1866 Nr. 34.
7) l. c. (Gazzetta medica Lomb.)
8) Zusammengestellt von Dien, Journal de l'anatomie et de la physiologie IV 1867 p. 449. — Duplay, Archives générales de médecine 4. Série XXX 1852 p. 385.

Menstruation.

Zeit des Eintritts derselben.

In Deutschland: Berlin	Anfang des 15. Jahrs	(E. Krieger)[1]		
Bayern	16 Jahr	(Schlichting)[2]		
Österreich. Staat	15 „	7½ Monat	(Szukits)[3]	
Indier in Calcutta	11 „	11 „	(Tilt)[4]	
Neger in Jamaica	14 „	10 „	„	
Eskimo in Labrador	15 „	3 „	„	
Dänemark u. Norwegen	16 „		„	
Norwegen: Lappinnen	16,7 Jahr	(H. Vogt)[5]		
Kwäninnen	15,2 „	„		
Raitzische Mädchen	13—14 „	(Joachim)[6]		
Ungarn: Jüdinnen	14—15 „	„		
Magyarinnen	15—16 „	„		
Slovakinnen	16—17 „	„		
Siebenbürgen: Deutsche	}			
Ungarinnen	} 15 „	(Góth)		
Széklerinnen	}			
Rumänierinnen	}			
Armenierinnen	} 14 „	„		
Jüdinnen	}			

Für einige Städte Europas gibt Marc d'Espine[7] (als Mittelwerte) an:

Marseille 13,940 Jahre
dto. und Departement Bouches-du-Rhône 13 J. 4 Mon. 7 Tage (Queirel und Rouvier)[8]
Toulon 14,081 Jahre
Paris 14,965 „
Manchester 15,191 „
Göttingen 16,088 „
Moskau u. umliegende Provinzen: 14 J. 8 Mon. 15 Tage (Bensenger)[9]
St. Petersburg: 16 „ 1 „ 16 „ (Rodsewitsch)[10]

---

1) Die Menstruation. Eine gynäkolog. Studie 1869.
2) Archiv für Gynaekologie XVI 1880 p. 203.
3) Zeitschrift der K. K. Gesellschaft der Ärzte zu Wien XIII 1857 p. 509 — in Wien durchschnittlich 6 Monate früher, als auf dem Lande.
4) Edinburgh monthly Journal of medical science 1850 p. 289.
5) Norsk Magazin for Lägevidenskaben 2. Reihe XXI (1. Heft) 1867.
6) Zeitschrift für Natur- und Heilkunde in Ungarn IV 1853 p. 20 u. 28. — Pester medicinisch-chirurgische Presse 1879 Nr. 42—49.
7) Archives générales de médecine II. Série IX 1835 p. 315.
8) Annales de Gynécologie 1879 Décembre.
9) Referirt im Centralblatt für Gynaekologie IV 1880 p. 577 aus den Verhandlungen der physico-medicinischen Gesellschaft zu Moskau (russisch).
10) ibid. VI 1882 p. 229 aus „ärztl. Nachrichten" [russisch] 1881 Nr. 31—35.

Minorca 11 J. (Oleghorn)[1]
Smyrna 11 „
Persien 9—11 „ (Chardin)
Arabien 10 „ (Niebuhr)
Jamaica 12 „ (Long)
Italien und Spanien 12 „
Eboë (Guineaküste) 8—9 „ (Oldfield)

Die Menses treten ein:

nach Clay[2])   nach Tilt[3])

in ganz tropischen Ländern 8—11 J.   heisses Klima 13 J. 6 Tage
„ Abyssinien, Indien, der Türkei 9—11 „   mittleres „ 14 „ 4 „
„ Frankreich, Italien, Spanien 11—13 „   kaltes „ 15 „ 10 „
„ England 13—15 „
„ Island, Lappland, Grönland 17—20 „

nach Rouvier[4])

Beobachtungen in Syrien bei Beirut:

bei Drusinnen   12 Jahr 2 Monat 10$^{1}/_{2}$ Tag
„ kathol. Armenierinnen (s. o.) 13 „ 4 „ 20$^{1}/_{2}$ „
[Menopause mit 45 Jahren].

In Japan (Frauen von Tokio) 15—16 Jahre (Moriyasu)[5]).

Menstruation bei Blondinen und Brünetten, sowie bei verschiedener Konstitution.

Für 3000 Individuen der Marburger Entbindungsanstalt und mehr als 3000 des Dresdener Entbindungsinstituts wurde ermittelt:

	Westhoff[6])	Osterloh[7])	S. Marcuse[8])
Brünetten	17,229 Jahre	16,69 Jahre	16,54 Jahre
Blondinen	17,161 „	16,39 „	16,06 „
Rothaarige	16,878 „		
(nur 33 Individuen)			
kleine Individuen	17,422 „		
mittelgrosse „	17,398 „		
grosse „	17,385 „		

	Brünetten[6])	Blondinen[6])
grosse Individuen	17,50 Jahre	17,70 Jahre
mittelgrosse „	17,30 „	17,40 „
kleine „	17,02 „	17,14 „
	Westhoff	Osterloh
schwächliche Individuen	17,559 Jahre	16,53 Jahre
kräftige „	17,362 „	16,55 „

---

1) Diese und die folgenden citirt bei Litzmann, Artikel Schwangerschaft in Wagner's Handwörterbuch der Physiologie III. Bd. 1. Abtheilung 1846 p. 31.
2) The medical Times XI 1844/45 p. 179.   3) l. p. 253 c.
4) Annales de Gynécologie XXVII 1887 p. 178.
5) Iji-sinbun 1887, November — ref. in Centralbl. f. d. med. Wissenschaften XXVI 1888 p. 144.
6) Über die Zeit des Eintritts der Menstruation. Marburger Dissertation 1873.
7) Jahresbericht der Gesellschaft für Natur- und Heilkunde in Dresden. Sept. 1877 —August 1878 p. 40. — Deutsche Zeitschrift für praktische Medicin 1878 p. 512. — Unter den „Brünetten" keine Jüdinnen.
8) Über den Eintritt der Menstruation. Berliner Dissertation 1869.

Beziehung der mittleren Jahrestemperatur und der geographischen Breite zur Pubertät (Raciborski)[1].

Örtlichkeit	Nr.	Jahres-temperatur C°	Nr.	Eintritt der Menstruation			Nr.	Geographische Breite
				Jahr	Mon.	Tage		
Südliches Asien	1	25,6	1	12	10	27	1	18° 56′ — 22° 35′
Korfu	2	18	3	14	—	—	2	39° 38′
Toulon	3	16,75	4	14	0	5	4	43° 7′ 28″
Montpellier	4	15.30	5	14	1	26	6	43° 36′
Florenz	5	15.3	7	14	6	1	7	43° 47′
Marseille	6	14,75	2	13	7	24	5	43° 17′ 52″
Nimes	7	14.32	6	14	3	2	8	43° 50′
Madrid (u. Nordspanien)	8	14,02	12	15	0	13	3	40° 25′ (39—43)
Lyon	9	12.44	16	15	5	16	9	45° 45′ 45″
Sables d'Olonne (Vendée)	10	12.25	8	14	8	11	10	46° 29′ 48″
Rouen	11	11.57	9	14	9	3	14	49° 26′ 29″
London	12	11,04	10	14	9	18	15	51° 31′
Paris	13	10,50	11	14	11	9	13	48° 50′ 13″
Wien	14	10.1	18	15	8	15	11	48° 13′
Strassburg	15	9,80	14	15	3	11	12	48° 30′
Göttingen	16	9.1	20	16	0	10	16	51° 32′
Manchester	17	8,7	13	15	2	14	21	58° 29′
Kopenhagen	18	8,2	24	16	9	25	19	55° 41′
Warschau	19	7.5	19	15	9	0	17	52° 13′
Berlin	20	7.03	21	16	1	5	18	52° 30′
Stockholm	21	5,6	17	15	8	0	22	59° 21′
Christiania	22	5,6	22	16	1	15	23	59° 54′
Kasan	23	2,2	15	15	3	20	20	55° 48′
Lappland	24	0	23	16	7	27	24	68°

Menge des Menstrualbluts

beträgt 100—200 g.

    Nach älteren Angaben [2]:

England u. nördl. Deutschland	120 g	(Smellie u. Dobson)
	90—150 „	(de Haen)[3]
	150 „	(Pasta)
Holland bis zu	180 „	
Südl. Deutschland „ „	240 „	
Italien u. Spanien „ „	360 „	
Griechischer Archipel	90 „	

---

    1) Traité de la menstruation 1868 p. 200. An einigen Stellen ist die Tafel verbessert; sie bezieht sich auf 25 592 Beobachtungen.
    2) Citirt bei Litzmann, 1. p. 254 c. p. 34. — Die Unzen (à 30 g) umgerechnet.
    3) Bei van Swieten, Commentaria. Tomus IV p. 409. (Edit. Lugdun.)

Dauer und Häufigkeit der Menstruation.

Dauer der einzelnen Menstruation 4—6 Tage (auch wohl 7 Tage) 5,03 (Westhoff), 5 (Weber, St. Petersburg), 4 (Queirel und Rouvier (s. o.), 3,7 Tage (Vogt)[1])

Wiederkehr der Periode   26.—28. Tag

Aufhören der Menses 45.—50. Jahr, für Norwegen: 49. Jahr (Vogt)[1]

— Menstruationsepoche dauert 30—35 Jahre (s. a. p. 254).

Es wird angegeben im Mittel:
für Österreich 30 Jahre (Szukits)[2]
„ Norwegen 33 „ (Vogt)[1]
„ Faroër 37,7 „ (Berg)[3]

Analyse des Menstrualbluts.

Denis[4] (27j. Frau)		J. F. Simon[5]		J. Vogel[6]		
					Anfang	Ende
					der Menstruation	
Wasser	82,5 %	Wasser	78,5 %	Wasser	83,9 %	83,7 %
Blutkörperchen	6,44	Feste Bestandteile	21,5	Feste Stoffe	16,7	16,3
Eiweiss	4,83	Fett	2,58	Wasser des Serums	93,53	
Extraktartige Stoffe	0,11	Albumin	7,65	Feste Bestandteile desselben	6,47	
Hämoglobin			12,04			
Fett	0,39	Extraktartige Materien u.				
Salze	1,20			Feuerbeständige Teile desselben	0,64	
Schleim	4,53	Salze	0,86			

Dauer der Schwangerschaft.

Hippokrates[7]   280 Tage
Leuckart[8]   272,5 „
Loewenhardt[9]   272,2 „
Hasler[10]   272,24 „ nach dem Eintritt der letzten Menstruation
  280,5 „ „ der fruchtbaren Begattung
Schlichting[11]   270 „
M. Zöllner[12]   279,14 „ Erstgebärende
  281,99 „ Zweitgebärende

---

1) l. p. 253 cit. Durchschnitt aus 1448 (norwegischen) Fällen.
2) Zeitschrift der K. K. Gesellschaft der Ärzte zu Wien XIII 1857 p. 509.
3) Bibliothek for Laeger. 3. Reihe XX p. 307.
4) Denis (de Commercy), Recherches expérimentales sur le sang humain considéré à l'état sain 1830 p. 166.
5) Handbuch der angewandten medicinischen Chemie II. Theil 1842.
6) s. R. Wagner, Lehrbuch der speciellen Physiologie 3. Aufl. 1845 p. 230.
7) περὶ ὀκταμήνου. Edit. Kühn I p. 455.
8) Artikel Zeugung in Wagner's Handwörterbuch der Physiologie 1853 p. 885. — Die obige Zahl aus den dortigen Angaben berechnet bei Hensen, Hermann's Handbuch der Physiologie VI 2 1881 p. 73.
9) Archiv für Gynaekologie III 1872 p. 456. — Berechnet aus Angaben von Ahlfeld, Hecker, Voit.
10) Über die Dauer der Schwangerschaft. Züricher Dissertation 1876.
11) l. p. 253 cit. p. 227.
12) Zur Kenntniss und Berechnung der Schwangerschaftsdauer. Jena Dissert. 1896.

Nach Ahlfeld[1]), der 271 Tage rechnet, fallen:
in die 39. Woche 27,56 % der Geburten
„ „ 40.   „   26,19 „ „   „

Veränderungen des Uterus während der Schwangerschaft[2]).
(s. a. p. 67.)

	Länge cm	Breite cm	Tiefe cm
Ende des 3. Monats	12 —13,5	11	8
„ „ 4. „	15 —16	13,5	11
„ „ 5. „	16 —19	15	13,5
„ „ 6. „	21,5—24	17,5	16
„ „ 7. „	27 —30	20	17,5
„ „ 8. „	30 —32,5	21,5	19
„ „ 9. „	32,5—37,5	25,5	21,5—24,5

Temperatur des Uterus

0,3° höher als die Achselhöhle, 0,15° höher als die Vagina (Schröder)[3]).

Sonstige Veränderungen im Gesamtorganismus während der Schwangerschaft.

Zunahme des Körpergewichts in
den letzten 3 Monaten pro
Monat   1500—2500 g (Gassner)[4])

Zunahme des Milzgewichts (s.
p. 13) von 140 g auf   180 g   (Birch-Hirschfeld)[5])

Stand des Uterus und Bauchumfang in den einzelnen Schwangerschaftsmonaten[6]).

	Stand des Uterusgrunds (Entfernung vom oberen Rand der Schamfuge) (cm)	Grösster Bauchumfang (cm)
22.—26. Woche	24—24,5	90,8
28. „	26,7	—
30. „	28,4	—
32.(—33.) „	29,5—30	91,3
34. „	31	—
35. „	31,8	96,4
36. „	32	—
37. „	32,8	—
38. „	33,1	94,7
39.—40. „	33,7	94,7

---

1) Monatsschrift für Geburtskunde und Frauenkrankheiten XXXIV 1869 p. 304.
2) Nach Spiegelberg — Wiener l. c. p. 47 u. 48 aus Farre, Todd's Cyclopaedia of Anatomy and Physiology, Artikel „Uterus and its Appendages" p. 645 und Tanner, Signs and diseases of pregnancy 1860 p. 90.
3) Archiv für patholog. Anatomie XXXV 1866 p. 253.
4) Monatsschrift für Geburtskunde und Frauenkrankheiten XIX 1862 p. 1.
5) Berliner klinische Wochenschrift XV 1878 p. 324.
6) Spiegelberg-Wiener l. c. p. 111. — Genaueres Detail in Lehrbüchern der Geburtshilfe.

Fruchtwasser.

Menge: $1/2 - 3/4$ l (Fehling)[1], spezif. Gewicht 1004—1008.

Chemische Bestandteile.

	Wasser	Eiweiss	Eiweiss-derivate	Extraktivstoffe	Salze	Harnstoff $^0/_0$	Beobachter
5. Mon.	97,584	0,767	—	0,724	0,925	—	*Scherer*[2]
6. „	—	0,14	0,42	—	0,795	0,36	*Spiegelberg*[3]
10. „	99.15	0,082	—	0,06	0,706	—	*Scherer*[2]
10. „	—	—	—	—	—	0,016—0,034	*Prochownik*[4]
10. „	—	—	—	—	—	0,046	*Fehling*

Placenta (Spiegelberg)[5].

Gewicht im 10. Monat: 0,5 k (501,8 g).
      Längendurchmesser 13,5—18,9 cm
      Dickendurchmesser 1,5— 1,75 „

Wachstum

bis zur 28. Woche c. 100 g p. Monat
  7— 8. Monat c. 60 „ „ „
  8.— 9. „ c. 40 „ „ „
  9.—10. „ c. 6 „ „ „

Blutgehalt der Placenta.

Beobachter	Frühe Abnabelung	Gewöhnliche Zeit der Abnabelung	Späte Abnabelung
Zweifel[6]	—	192 g	92 g
Mayring[7]	184 g	111 „	88,8 „
Wiener[8]	20,4 $^0/_0$	—	17,2 $^0/_0$

Nabelschnur.

Länge 50—55 cm (Extreme 15, selbst 7
      „ 160, 183, 194 (Neugebauer[9], Schneider)
Druck in der Nabelvene (Schücking)[10]:
  Placenta in d. Scheide: 30,3 resp. 35 mm Quecksilber
    „ im Uterus: 40 „ 45 „ „
                  85 „ 100 „ „ während der Wehe.

---

1) Archiv für Gynaekologie XIV 1879 p. 224.
2) Verhandlungen der physikalisch-medicinischen Gesellschaft zu Würzburg II 1852 p. 2.
3) l. c. p. 72 Anmerkung.
4) Archiv für Gynaekologie XI 1877 p. 304 und 561.
5) l. c. p. 73.
6) Centralblatt für Gynaekologie II 1878 p. 1.
7) Über den Einfluss der Zeit des Abnabelns d. Neugeborenen auf den Blutgehalt der Placenta. Erlanger Dissertation 1879.
8) Archiv für Gynaekologie XIV 1879 p. 34.
9) Morphologie der menschlichen Nabelschnur 1858.
10) Berliner klinische Wochenschrift XIV 1877 p. 18.

Pulsfrequenz des Fötus

am Ende des Fötallebens (s. a. p. 106):

Mittelzahlen zwischen 144—133 p. Minute
144 (140—150) P. Dubois[1])
126,5 Jacquemier[2])
135 (130—140) H. F. Nägele[3])
136 (120—160) Churchill[4])
(120—180 Spiegelberg)[5])

Zeitliche Verhältnisse der Geburt.

Die Zahl der in der Tageszeit (9ʰ morgens — 9ʰ abends) beendeten Geburten verhält sich zu der der andern Tageshälfte (Nachtzeit) wie   1 : 1,19.

Dauer der Geburt

Beobachter		Erstgebärende	Mehrgebärende
Veit[6])		22,04 Stund.	15,15 Stund.
Ahlfeld[7])		20 ,, 48 Min.	13 ,, 42 Min.
	(über 32jährige)	27,6 ,,	
Spiegelberg[8])		17 ,,	10³/₄ ,,

und zwar ist die Eröffnungsperiode 7—8mal so lang, als die Austreibungsperiode, welche dauert:

	Erstgebärende	Mehrgebärende	
	1,72 Stunden	0,99 Stunden	(Veit)
für Knaben	1,81 ,,	kein	,,
,, Mädchen	1,62 ,,	Unterschied	,,

Dauer einer Wehe (im Durchschnitt) 106 Sekunden (Polaillon)[9]).

Druck im schwangeren Uterus.

Druck durch blossen Tonus und Elasticität der Wand	5—13 mm Quecksilber höher, als in der Bauchhöhle (Schatz)[10])	
Druck mit Hinzurechnung der Wassersäule (= 18,5 mm) bei aufrechter Stellung	20—40 ,, ,,	
Gesamtdruck, einschliesslich der Bauchpresse	80—250 ,, ,,	
Die zur Austreibung des Kopfes nötige Kraft	8—27 kg	
dto. bei leichten Geburten (berechnet aus der Resistenz der Eihäute)	2,134—4,876 ,, (Poppel)[11])	
dto.	3—13,5 ,, (J. M. Duncan)[12])	
Gesamtdruck auf ein Ei von 1400 cm² Oberfläche	88,244 ,, (Polaillon)[10]) = 178 g pro 1 g Uterussubstanz	
Wehendruck auf der Höhe der Wehe	154 ,, ,,	

Die Arbeit einer Wehe = c. 9 k.m.

---

1) Archives générales de médecine XXVII 1831 p. 448.   2) l. p. 106 cit.
3) Die geburtshülfliche Auscultation 1838 p. 35.
4) The Dublin quarterly Journal of medical science XIX 1855 p. 326.
5) l. c. p. 101.
6) Monatsschrift für Geburtskunde und Frauenkrankheiten VI 1855 p. 108.
7) ibid. XXXIV 1869 p. 305   8) l. c. p. 129.
9) Archives de Physiologie normale et pathologique II. Sér. 3. Bd. 1880 p. 1.
10) Archiv für Gynaekologie III 1872 p 58.
11) Monatsschrift für Geburtskunde und Frauenkrankheiten XXII 1863 p. 1.
12) Researches in obstetrics 1868 p. 229. — In den „Contributions to the mechanism of parturition" 1875 gibt D. 1,85—17,042 k an.

Häufigkeit der einzelnen Kindslagen.

	Schröder[1])	Spiegelberg[2])
Schädellagen	95 %	97.3 %
Gesichtslagen	0,6	0,3
Beckenendlagen	3,11	1,59
Querlagen	0,56	0,78

Menge der Lochien (Gassner)[3]).

Lochia cruenta 1.—3. Tag 1 kg
„ serosa 4.—5. „ 0,28 „
„ alba 6.—8. „ 0,205 „
Gesamtmenge: bei Stillenden 1.085 „
„ Nichtstillenden 1,88 „ und zwar:

Lochialsekret

	bei einer Stillenden (Körpergewicht 53 k)		bei einer Nichtstillenden (Körpergewicht 51 k)	
24 Stunden nach der Geburt	400		670	
48	195	= 745 g	220	= 1250 g
72	150	L. cruenta	360	
96	70	= 200 g	160	
120	130	L. serosa	200	= 360 „
144	60		110	
168	60	= 140 g	120	= 270 „
192	20	L. alba	40	

Analyse der Frauenmilch.

Spezifisches Gewicht: 1,032 (Grenzen bei guter Milch 1,028—1,034)
F. Simon[4])
1,0288 A. Mott[5])
Temperatur bei der Entleerung 38° C.

	Fr. Simon[6])	Becquerel[7]) u. Vernois	Joly[8]) und Filhol	Tidy[9]) (Mittel)	Biel[10]) (Mittel)	Gerber[11])	Doyère[12]) (Mittel)	Christeva[13])	Mendes de Leon[14])	Mittel
Wasser	88,36	88,91	87,46	86,27	87,6	89,05	87,38	87,24	87,8	87,79
Feste Stoffe	11,64	11,09	12,64	13,73	12,4	10,95	—	12,75	12,2	12,21
Kasein	3,43	3,92	0,98	2,95	2,21	1,79	0,34	1,90	2,5	2,16
Albumin							1,30			
Fett	2,53	2,67	4,75	5,37	3,81	3,30	3,80	4,32	3,9	3,83
Milchzucker	4,82	4,36	5,91	5,14	6,08	5,39	7,0	5,97	5,5	5,57
Salze	0,23	0,14	0,11	0,22 (worunter 0.09 löslich)	0,28	0,42	0,18	0,28	0,3	0,24

Analyse der Frauenmilch (Durchschnitt nach J. König s. p. 193).

1) Lehrbuch der Geburtshülfe 9. Aufl. 1886 p. 131.
2) l. c. p. 142 nach Zusammenstellungen von Schwörer, Hegar und eigenen.
3) Monatsschrift für Geburtskunde und Frauenkrankheiten XIX 1862 p. 51.
4) Handbuch der angewandten medicinischen Chemie II. Theil 1842 p. 283.
5) The american Chemist 1876 (April) p. 366. 6) l. c. p. 284. — Die Frauenmilch 1838.
7) Annales d'Hygiène publique XLIX 1853 p. 247 u. L 1853 p. 43. — Du lait chez la femme dans l'état de santé et dans l'état de maladie 1853.
8) Mémoires des concours et des savants étrangers publiés par l'académie royale de médecine de Belgique 1855. Tome troisième.
9) Clinical lectures and reports of the London hospital IV 1867—68 p. 77 — referirt in Zeitschrift für rationelle Medicin 3. Reihe XXXV 1869 p. 270.
10) Untersuchungen üb. den Kumys u. den Stoffwechsel während der Kumyskur 1874.
11) Chemisch-physikalische Analyse der verschiedenen Milcharten u. Kindermehle 1880.
12) Annales de l'institut agronomique 1852. 1ère livraison.
13) Vergleichende Untersuchungen über die gegenwärtigen Methoden der Untersuchung der Milch. Erlanger Dissertation 1871. 14) Zeitschrift für Biologie XVII 1881 p. 501.

Anorganische Salze der Frauenmilch (G. Bunge)[1]).

	Frauenmilch	Kuhmilch
Kali	0,0703 %	0,18 %
Natron	0,0257	0,11
Kalk	0,0343	0.16
Magnesia	0,0065	0,02
Eisenoxyd	0,0006 [0,000254][2])	0,0004 [0,000404][2])
Phosphorsäure	0,0468	0,2
Chlor	0,0445	0,17
	0,2287 %	0,8404 %

Gase der Kuhmilch (Pflüger)[3]).

	In 100 Vol. Milch			In 100 Vol. Gas		
	I	II	Mittel	I	II	Mittel
Kohlensäure	7,60	7,60	7,60	90,48	89,52	90,00
und zwar:						
auspumpbare	7,60	7,40				
durch Phosphorsäure						
ausgetriebene	0,00	0,20				
Sauerstoff	0,10	0,09	0,095	1,19	1,06	1,125
Stickstoff	0,70	0,80	0,75	8,33	9,42	8,875

Milchkügelchen:
Zahl pro 1 mm³ 1—2 000 000, im Mittel 1 026 000 (Bouchut)[4])
Grösse derselben (in menschl. Milch) 0,002—0,025 mm Durchmesser.

Analyse der Milchasche.

Auf 100 Teile Asche	Wildenstein[5])	Frauenmilch		Mittel	Kuhmilch	
		Bunge[1]) I	II		Bunge	R. Weber
Kali (K^2O)	31,59	32,14	35,15	32,96	22,14	23,77
Natron (Na^2O)	4,21	11,75	10,43	8,8	13,91	6,38
Kalk (CaO)	18,78	15,67	14,79	16,41	20,05	17,31
Magnesia (MgO)	0,87	2,99	2,87	2,24	2,63	1,90
Eisenoxyd (Fe^2O^3)	0,10	0,27	0,18	0,18	0,04	0,33
Phosphorsäure (P^2O^5)	19,11	21,42	21,30	20,61	24,75	29,13
Chlor	19,06	20,35	19,73	19,17	21,27	14,39
Schwefelsäure	2,64	—	—	—	—	1,15

Wechselnder Gehalt der Milch
a) an Fett (Mendes de Leon)[6]).

Milch entnommen aus:	voller Brust[6])	halb entleerter Brust	fast ganz entleerter Brust
I	1,02 %	2,39 %	3,14 %
II	1,71	2,77	4,51
III	1,94	3,07	4,58
IV	1,23	2,50	4,61
V	1,36	4,74	8,19
Mittel:	1,23	3,04	5,0

1) Der Kali-, Natron- und Chlorgehalt der Milch verglichen mit dem anderer Nahrungsmittel etc. Zeitschrift für Biologie X 1874 p. 295, auch Dorpater Dissert. 1874.
2) Neuere Analysen von Mendes de Leon, Archiv f. Hygiene VII 1887 p. 305.
3) Archiv für die gesammte Physiologie II 1869 p. 166.
4) Gazette des hôpitaux 1878 p. 65 und 73.
5) Journal für praktische Chemie LVIII 1853 p. 28. — Annalen der Physik und Chemie LXXXI 1850 p. 412.
6) l. p. 260 c. p. 512. — Der Inhalt einer vollen Brust beträgt nach Mendes de Leon 90—129 cm³ (ibid. p. 509).

b) an festen Bestandteilen.

Einzelanalysen (J. Reiset)[1]		Durchschnittswerte[2]	
vor — nach *Anlegen des Kinds*		(Mondes de Leon)	
I	10,58 %	12,93 %	Volle Brust	9,38 %
II	12,78	15,52	Halb entleerte „	11,04
III| 13,46	14,57	Fast ganz „ „	13,23

Wechselnder Gehalt der Milch während der Lactation (Pfeiffer)[3].

Zeit	Eiweiss	Fett	Milchzucker
1. u. 2. Tag	8,6 %	—	—
3.—7. „	3,4	—	—
1. Monat	2,28	2,7 %	4,8 %
2. „	1,84	3,0	5,5
7. „	1,52	3,2	5,7
12. „	1,75	4,0	6,0

Wechselnder Gehalt der Milch bei verschiedener Beköstigung.

	Wasser	Eiweiss	Fett	Zucker	Salze	
Sehr schlechte Kost	89,75 %	3,87 %	1.88 %	4,57 %	0,11 %	Vernois und A. Becquerel[4]
Ärmliche „	88,30	2,41	2,98	6,07	0,24	Decaisne[5]
Sehr gute „	87,65	3,71	4,35	4,16	0,13	V. und B.[4]
Reichliche „	85,79	2,65	4,46	6,71	0,39	Decaisne[5]
	Wasser	Feste Teile	Kasein	Butter	Zucker und Extraktivstoffe	
Sehr spärliche Diät	91,4	8.6	3,55	0,8	3,95	F. Simon[6]
1 Woche später nach sehr fleischreicher Nahrung	88,1	11,9	3,75	3,4	4,54	

Vergleich zwischen Frauen- und Tiermilch[7].

	Mensch	Kuh	Ziege	Esel	Stute
Wasser	87,79	87,4	87,3	89,6	91,59
Kasein	} 2,16	2,9	3,0	0,7	1,06
Albumin		0,5	0,5	1,6	0,88
Fett	3,83	3,7	3,9	1,6	1,22
Zucker	5,57	4,8	4,4	6,0	4,69
Asche	0,24	0,7	0,8	0,5	0,57

---

1) Annales de chimie et de physique III. Série XXV 1849 p. 89. — 27j. Amme (5. Kind).
2) Dieselben Personen und Analysen wie in der vorhergehenden Tabelle.
3) Jahrb. für Kinderheilkunde und physische Erziehung XX 1883 p. 369.
4) l. p. 260 c.
5) Gazette médicale de Paris XLII 1871 p. 317. — Comptes rendus de l'académie des sciences LXXIII 1871 p. 128.
6) l. p. 260 c. II p. 286.
7) Über Frauenmilch s. p. 260. Die Analysen der Tiermilch bei J. König.

Analyse des menschlichen Colostrums.

	Simon[1])	Moymot Tidy[3])	4 Wochen vor d. Entbindung I	II	Clemm 17 Tage vor d. Entbindung	Tage vor d. Entbindung 9	24 Std. nach d. Entbindung	Tage nach d. Entbindung ?	Mittel
Wasser	82,8	84,077	94,524	85,197	85,172	85,855	84,299	86,788	86.09
Feste Stoffe	17,2	15,923	5.476	14,803	14.828	14,145	15,701	13.212	13,91
Kasein	} 4,0	} 3.228	—	—	—	—	—	2,182	2.182
Albumin			2,881	6.903	7.477	8.073	—	—	6.33
Fett	5,0	5.781	0.707	4.130	3.024	2,347	—	4.863	3.69
Milchzucker	7,0	6.513	1.727	3,945	4.369	3.637	—	6.099	4.75
Salze	0,31 [2])	0,335	0,441	0.443	0.448	0,544	0,512	—	0.43

Spezifisches Gewicht 1,056, Colostrumkügelchen 0,013—0,04 mm Durchmesser.

Zusammensetzung des Sekrets der Brustdrüse von Neugeborenen (sog. Hexenmilch).

	Schlossberger und Hauff[4])	Gubler und Quévenne[5])	v. Genser[6])	Faye[7])	Mittel
Wasser	96,75 %	89,40	95,705	—	93.8
Feste Stoffe	3,7	10,6	4.295	—	6.2
Kasein	—	—	0.557	0,56	—
Albumin	—	—	0,490	0,49	—
Fett	0,82	—	1,456	1,46	—
Milchzucker	(Kasein und Extraktivstoffe 2,83)	—	0,956	0,96	—
Anorganische Salze	0,05	—	0.826	0,83	—

Sekret einer männlichen Brustdrüse (Schmetzer)[8]).

(21jähr. gesunder Soldat)

Fett	1,234
Alkoholextrakt	3,583
Wässriges Extrakt	1,500
Unauflösliche Substanzen	1,183

---

1) l. c. p. 283.
2) Hiervon 0,18 in Wasser unlöslich.
3) l. p. 260 c.
4) Annalen der Chemie und Pharmacie LXXXVII 1853 p. 324.
5) Gazette médicale de Paris 1856 p. 15.
6) Jahrbuch für Kinderheilkunde und physische Erziehung N. F. IX 1876 p. 160.
7) Nordiskt medicinskt Arkiv VIII 1876.
8) Medicin. Correspondenzblatt des württemberg. ärztlichen Vereins VI 1836 p. 253.

Schlaf.

Über Änderungen der Körpergrösse im Schlaf s. p. 45, Anmerkung 1.

Festigkeit des Schlafs.

a) Nach Kohlschütter[1]).

Die Einheit des Schalls wurde hergestellt durch einen aus einer Elevation von 90° auf eine Schieferplatte fallenden $52^1/_2$ cm langen Pendelhammer, der 12" vom Ohr entfernt war. Einheit der Entfernung der Leipziger Fuss = 31,8 cm. Die Schallintensität ist jeweils $= \dfrac{288 \cdot \sin \dfrac{21}{2} \rho}{e^2}$, wo ρ der Elevationswinkel, e die Entfernung des dem Pendel nähern Ohrs in Zollen.

Stunde nach dem Einschlafen	Zehntausendstel Schalleinheiten
0,5	620
1,0	780
1,5	220
2,0	110
2,5	36
3,0	25
3,5	16
4,0	12
4,5	c. 4

von hier ab ganz langsames Absinken bis zur 8. Stunde auf 0.

b) Nach Mönninghoff und Piesbergen[2]).

Schallquelle eine 16211 mg schwere Bleikugel, die senkrecht auf eine 5,5 mm dicke Eisenplatte fiel. Die Schallintensität entspricht der Formel $p \cdot h \, 0{,}50$ (s. a. p. 115), wo p das Gewicht, h die Fallhöhe. Einheit des Schalls ist das Milligrammmillimeter.

Zeit			Reiz, der das Erwachen definitiv herbeiführt	Summe der Reize
1 Stunde			2 781 mgmm	5 562 mgmm
"	15	Minuten	4 186	8 372
"	30	"	9 485	104 064
"	45	"	17 229	192 415
2 Stunden			14 277	300 774
"	15	"	10 456	145 542
"	30	"	—	—
"	45	"	—	—
3 "			9 485	104 064
"	15	"	—	—
"	30	"	8 766	85 093
"	45	"	8 372	76 707
4 "			7 977	68 322
"	15	"	7 582	59 936
"	30	"	7 188	51 550
"	45	"	—	—
5 "			7 596	59 555
"	15	"	—	—
"	30	"	7 977	68 322
"	45	"	—	—
6 "			7 718	62 887
"	15	"	7 460	56 887
"	30	"	—	—
"	45	"	—	—

1) Messungen der Festigkeit des Schlafes. Leipziger Dissertation 1862. — Zeitschrift für rationelle Medicin 3. Reihe XVII. Bd. 1863 p. 209. — Die Zahlen sind aus der (auf 8 Versuchsreihen basirten) beigegebenen Kurve abgeleitet.

2) Zeitschrift für Biologie XIX 1883 p. 114.

Ausgeglichene Sterblichkeitstafel für Männer nach den Erfahrungen der Gothaer Lebensversicherungsbank [1]).

Vollendetes Lebensjahr	Zahl der Lebenden	Zahl der im Laufe des nächsten Jahrs Sterbenden	Sterbenswahrscheinlichkeit	Mittlere Lebensdauer (Jahre)
25	10 000	53	0,00532	38,66
26	9 947	54	543	37,87
27	9 893	55	556	37,07
28	9 838	56	569	36,28
29	9 782	57	584	35,48
30	9 725	59	600	34,69
31	9 666	59	618	33,89
32	9 607	62	637	33,10
33	9 545	62	658	32,31
34	9 483	65	681	31,52
35	9 418	67	707	30,73
36	9 351	68	735	29,95
37	9 283	71	765	29,17
38	9 212	74	798	28,39
39	9 138	76	835	27,61
40	9 062	80	875	26,84
41	8 982	82	919	26,07
42	8 900	86	967	25,31
43	8 814	90	0,01020	24,55
44	8 724	94	1077	23,80
45	8 630	99	1141	23,05
46	8 531	103	1210	22,31
47	8 428	108	1285	21,58
48	8 320	114	1368	20,86
49	8 206	120	1458	20,14
50	8 086	126	1558	19,43
51	7 960	133	1666	18,73
52	7 828	140	1785	18,04
53	7 688	147	1915	17,36
54	7 541	155	2057	16,68
55	7 386	164	2213	16,02
56	7 222	172	2382	15,38
57	7 050	181	2568	14,74
58	6 869	190	2772	14,11
59	6 679	200	2994	13,50
60	6 479	210	3237	12,90
61	6 269	219	3502	12,32
62	6 050	230	3792	11,75
63	5 820	239	4109	11,19
64	5 581	249	4454	10,65
65	5 332	257	4832	10,12
66	5 075	266	5243	9,61
67	4 809	274	5692	9,11
68	4 535	280	6181	8,63
69	4 255	286	6714	8,17
70	3 969	290	7295	7,72
71	3 679	291	7927	7,29
72	3 388	292	8614	6,88
73	3 096	290	9361	6,48

1) Monatsblätter für die Vertrauensärzte der Lebensversicherungsbank f. D. zu Gotha I 1886 Nr. 2 p. 15. Die 19999 Sterbefälle umfassende Tabelle erstreckt sich auf die Jahre 1829—1877/78.

Vollendetes Lebensjahr	Zahl der Lebenden	Zahl der im Laufe des nächsten Jahrs Sterbenden	Sterbenswahrscheinlichkeit	Mittlere Lebensdauer (Jahre)
74	2 806	285	0,10173	6,09
75	2 521	279	11053	5,73
76	2 242	269	12008	5,38
77	1 973	257	13042	5,04
78	1 716	243	14161	4,72
79	1 473	227	15371	4,42
80	1 246	208	16676	4,13
81	1 038	187	18084	3,86
82	851	167	19598	3,60
83	684	145	21225	3,36
84	539	124	22969	3,13
85	415	103	24836	2,91
86	312	84	26829	2,71
87	228	66	28952	2,51
88	162	50	31207	2,34
89	112	38	33596	2,17
90	74	27	36118	2,01
91	47	18	38771	1,87
92	29	12	41551	1,74
93	17	7,6	44451	1,63
94	9,4	4,5	47465	1,48
95	4,9	2,5	50578	1,36
96	2,4	1,3	53778	1,26
97	1,1	0,6	57046	1,18
98	0,5	0,3	60361	1,15
99	0,2	0,1	63701	1,06
100	0,1	—	67037	0,93

III.

Physikalischer Teil.

Umwandlung der Fahrenheit'schen und Réaumur'schen Skala in die Celsius'sche.

Fahrenheit	Celsius	Réaumur	Fahrenheit	Celsius	Réaumur
+212°	+100°	80°	176°	80°	64°
211	99,44		175	79,44	
210	98,89		174	78,89	
209³/₄	98,75	79	173³/₄	78,75	63
209	98,33		173	78,33	
208	97,78		172	77,78	
207¹/₂	97,50	78	171¹/₂	77,50	62
207	97,22		171	77,22	
206	96,67		170	76,67	
205¹/₄	96,25	77	169¹/₄	76,25	61
205	96,11		169	76,11	
204	95,55		168	75,55	
203	95	76	167	75	60
202	94,44		166	74,44	
201	93,89		165	73,89	
200³/₄	93,75	75	164³/₄	73,75	59
200	93,33		164	73,33	
199	92,78		163	72,78	
198¹/₂	92,50	74	162¹/₂	72,50	58
198	92,22		162	72,22	
197	91,67		161	71,67	
196¹/₄	91,25	73	160¹/₄	71,25	57
196	91,11		160	71,11	
195	90,55		159	70,55	
194	90	72	158	70	56
193	89,44		157	69,44	
192	88,89		156	68,89	
191³/₄	88,75	71	155³/₄	68,75	55
191	88,33		155	68,33	
190	87,78		154	67,78	
189¹/₂	87,50	70	153¹/₂	67,5	54
189	87,22		153	67,22	
188	86,67		152	66,67	
—	86,25	69	151¹/₄	66,25	53
187	86,11		151	66,11	
186	85,55		150	65,55	
185	85	68	149	65	52
184	84,44		148	64,44	
183	83,89		147	63,89	
182³/₄	83,75	67	146³/₄	63,75	51
182	83,33		146	63,33	
181	82,78		145	62,78	
180¹/₂	82,50	66	144¹/₂	62,50	50
180	82,22		144	62,22	
179	81,67		143	61,67	
178¹/₄	81,25	65	142¹/₄	61,25	49
178	81,11		142	61,11	
177	80,55		141	60,55	

Fahrenheit	Celsius	Réaumur	Fahrenheit	Celsius	Réaumur
140°	60°	48°	92°	33.33°	
139	59,44		91	32,78	
138	58,89		90 $^1/_2$	32,50	26°
137 $^3/_4$	58,75	47	90	32,22	
137	58,33		89	31,67	
136	57,78		88 $^1/_4$	31,25	25
135 $^1/_2$	57,50	46	88	31,11	
135	57,22		87	30,55	
134	56,67		86	30	24
133 $^1/_4$	56,25	45	85	29,44	
133	56,11		84	28,89	
132	55.55		83 $^3/_4$	28,75	23
131	55	44	83	28,33	
130	54,44		82	27,78	
129	53,89		81 $^1/_2$	27,50	22
128 $^3/_4$	53,75	43	81	27,22	
128	53,33		80	26,67	
127	52,78		79 $^1/_4$	26,25	21
126 $^1/_2$	52,50	42	79	26,11	
126	52,22		78	25,55	
125	51,67		77	25	20
124 $^1/_4$	51,25	41	76	24,44	
124	51,11		75	23,89	
123	50.55		74 $^3/_4$	23,75	19
122	50	40	74	23,33	
121	49,44		73	22,78	
120	48,89		72 $^1/_2$	22,50	18
119 $^3/_4$	48,75	39	72	22,22	
119	48,33		71	21,67	
118	47,78		70 $^1/_4$	21,25	17
117 $^1/_2$	47,50	38	70	21,11	
117	47,22		69	20,55	
116	46,67		68	20	16
115 $^1/_4$	46,25	37	67	19,44	
115	46,11		66	18,89	
114	45,55		65 $^3/_4$	18,75	15
113	45	36	65	18,33	
112	44,44		64	17,78	
111	43,89		63 $^1/_2$	17,50	14
110 $^3/_4$	43,75	35	63	17,22	
110	43,33		62	16,67	
109	42,78		61 $^1/_4$	16,25	13
108 $^1/_2$	42,50	34	61	16,11	
108	42,22		60	15,55	
107	41,67		59	15	12
106 $^1/_4$	41,25	33	58	14,44	
106	41,11		57	13,89	
105	40,55		56 $^3/_4$	13,75	11
104	40	32	56	13,33	
103	39,44		55	12,78	
102	38,89		54 $^1/_2$	12,50	10
101 $^3/_4$	38,75	31	54	12,22	
101	38,33		53	11,67	
100	37,78		52 $^1/_4$	11,25	9
99 $^1/_2$	37,50	30	52	11,11	
99	37,22		51	10,55	
98	36,67		50	10	8
97 $^1/_4$	36,25	29	49	9,44	
97	36,11		48	8,89	
96	35,55		47 $^3/_4$	8,75	7
95	35	28	47	8,33	
94	34,44		46	7,78	
93	33,89		45 $^1/_2$	7,50	6
92 $^3/_4$	33,75	27	45	7,22	

Fahrenheit	Celsius	Réaumur	Fahrenheit	Celsius	Réaumur
44°	6,67°		+ 1°	—17,22°	
43¹/₄	6,25	5°	+ ¹/₂	17,50	—14°
43	6,11		0	17,78	
42	5,55		— 1	18,33	
41	5	4	1³/₄	18,75	15
40	4,44		2	18,89	
39	3,89		3	19,44	
38³/₄	3,75	3	— 4	—20	—16
38	3,33		5	20,55	
37	2,78		6	21,11	
36¹/₂	2,50	2	6¹/₄	21,25	17
36	2,22		7	21,67	
35	1,67		8	22,22	
34¹/₄	1,25	1	8¹/₂	22,50	18
34	1,11		9	22,78	
33	0,55		10	23,33	
32	0	0	10³/₄	23,75	19
31	— 0,55		11	23,89	
30	1,11		12	24,44	
29³/₄	1,25	— 1	— 13	—25	—20
29	1,67		14	25,55	
28	2,22		15	26,11	
27¹/₂	2,50	2	15¹/₄	26,25	21
27	2,78		16	26,67	
26	3,33		17	27,22	
25¹/₄	3,75	3	17¹/₂	27,50	22
25	3,89		18	27,78	
24	4,44		19	28,33	
23	— 5	— 4	19³/₄	28,75	23
22	5,55		20	28,89	
21	6,11		21	29,44	
20³/₄	6,25	5	— 22	—30	—24
20	6,67		23	30,55	
19	7,22		24	31,11	
18¹/₂	7,50	6	24¹/₄	31,25	25
18	7,78		25	31,67	
17	8,33		26	32,22	
16¹/₄	8,75	7	26¹/₂	32,50	26
16	8,89		27	32,78	
15	9,44		28	33,33	
14	—10	— 8	28³/₄	33,75	27
13	10,55		29	33,89	
12	11,11		30	34,44	
11³/₄	11,25	9	— 31	—35	—28
11	11,67		32	35,55	
10	12,22		33	36,11	
9¹/₂	12,50	10	33¹/₄	36,25	29
9	12,78		34	36,67	
8	13,33		35	37,22	
7¹/₄	13,75	11	35¹/₂	37,50	30
7	13,89		36	37,78	
6	14,44		37	38,33	
5	—15	—12	37³/₄	38,75	31
4	15,55		38	38,89	
3	16,11		39	39,44	
2³/₄	16,25	13	— 40	—40	—32
2	16,67				

Zusammensetzung der atmosphärischen Luft [1]).

Sauerstoff	20,96	Volumprocente
Stickstoff	79,0	,,
Kohlensäure	0,03—0,04	,, ; genauer wird die Kohlensäure angegeben: 0,0385 auf freiem Feld 0,0318 im Innern der Städte
Ammoniak	1 mg pro 1 m^3	
Ozon	c. 1 Teil auf 700 000 Teile Luft.	

Gewicht der atmosphärischen Luft.

1 l Luft bei 760 mm Quecksilberdruck und 0° C:

	g	
unter 0° geogr. Breite, in der Meeresfläche	1,28932	
,, 45° ,, ,, ,, ,, ,,	1,29274	— trocken bei 0,04 °/$_0$ Kohlensäure 1,293052 g (Broch)
,, 90° ,, ,, ,, ,, ,,	1,29617	
in Florenz	1,29257	
,, Wien	1,29306	
,, Paris	1,29319	
,, London	1,29346	
,, Berlin	1,29361	— trocken bei 0,04 °/$_0$ Kohlensäure 1,293909 g
,, St. Petersburg	1,29443	

Der auf dem Menschen lastende Luftdruck.

Unter der Annahme von rund 1^3/$_4$ m^2 Körperoberfläche für den Erwachsenen (s. p. 24) ergibt sich in runden Zahlen:

Höhe über Meeresfläche (m)	Quecksilberdruck mm	Druck auf den Körper k
0*	760*	18 000
100	750	17 760
200	741	17 550
500	714	16 910
1000	670	15 860
2000	591	13 950
3000	522	12 260
4000	460	10 890
5000	406	9 600
6000	358	8 470
7000	316	7 580
8000	279	6 600
9000	246	5 820
10000	217	5 130
11000 [2])	191	4 520

*) Wenn H = Höhe eines Ortes über dem Meeresspiegel, [B = Barometerstand in der Meeresfläche (760)], b = (gesuchter) mittlerer Barometerstand, so ist

$$H = 18\,363 \, log \, \frac{760}{b}$$

---

1) Grossenteils nach Renk, Die Luft 1886 p. 7 ff. (Ziemssen's Handb. der Hygiene I. Theil 2. Abtheilung 2. Heft) — daselbst auch die Litteraturnachweise.

2) Von Glaisher (1862) im Luftballon angeblich erreichte Höhe = c. ^{1}/$_7$ der Höhe der ganzen Atmosphäre, welche auf 75—90 km geschätzt wird.

Änderung der Lufttemperatur.

a) Mit Erhebung über die Erde
für je 100 m Erniedrigung der Temperatur um 0,5—0,6° C; in den Alpen wird auf je 166 m 1° Erniedrigung gerechnet (d. h. auf 100 m 0,6°).

b) Mit zunehmender Tiefe unter der Erde
wird auf je c. 30 m eine Temperaturerhöhung von 1° C angenommen. Hann[1]) rechnet 1° für je 33,7 m. In der Tiefe von c. 30 m ist die Wärme konstant.

Höchster möglicher Feuchtigkeitsgehalt der Luft[2]).

Temperatur ° C	Wasser pro 1 m³ g	Temperatur ° C	Wasser pro 1 m³ g
—20	1,064	+ 5	6,791
—15	1,571	10	9,372
—10	2,300	15	12,763
— 5	3,360	20	17,164
0	4,874	25	22,867
		+30	30,139

v. Vivenot bezeichnet ein Klima
mit 0—55 %/₀ relativer Feuchtigkeit als übermässig trocken
„ 56—70 „   „   „   „ mässig „
„ 71—85 „   „   „   „ mässig feucht
„ 86—100„   „   „   „ übermässig feucht.

Bei passender Kleidung ist bei einer Temperatur der Luftschicht zwischen Kleidern und Haut von 31° C die relative Feuchtigkeit derselben in der Regel 30 %/₀ (Casimir Wurster)[3]).

Spezifisches Gewicht einiger Körper.
(Wasser bei 4° = 1.)

a) Starre Körper (die Körperorgane s. p. 26—29).

Blei	11,35
Butter	0,94
Eis (bei 0°)	0,91 —0,93
Glas: Crownglas	2,447—2,657
Fensterglas	2,6
Flintglas	3,2 — 3,8
Jenenser Silicatgläser	2,24—6,33
Krystallglas	2,89
Gutta-Percha	0,966

---

[1]) Zeitschrift der österreichischen Gesellschaft für Meteorologie XIII 1878 p. 21.
[2]) Nach Flügge, Lehrbuch der hygienischen Untersuchungsmethoden 1881 p 570.
[3]) Zeitschrift für Hygiene III 3. Heft 1887 p. 466 — s. a. o. p. 183.

Holz (dürres Derbholz):

	Eiche	0,74
	Weissbuche	0,72
	Ahorn und Esche	0,66
	Birke	0,77
	Erle, Linde	0,69
	Pappel	0,64
	Tanne	0,72
Kautschuk		0,925
Kochsalz		2,2
Messing		8,4 — 8,7
Porzellan		2,4 — 2,5
Silber (gegossen)		10,10—10,47
Thon		1,80— 2,63
Wachs		0,96
Zink (gegossen)		6,86
Zinn		7,18— 7,30
Zucker		1,6

b) Flüssigkeiten[1]).
(Wasser bei 4^0 C = 1.)

Äther	0,736
Aldehyd	0,790
Alkohol (absoluter)	0,792
Bier	1,023—1,034
Kochsalzlauge (gesättigt)	1,208
Leinöl	0,94
Olivenöl	0,915
Quecksilber bei 0^0	13,59593
Rüböl	0,913
Salpetersäure, gemeine	1,22
Salzsäure, concentr.	1,208
Schwefelsäure, „	1,841
Terpentinöl	0,869
Weine: geistige	0,99 —1,00
süsse	1,02 —1,04
Bordeaux	0,994
Burgunder	0,991

c) Gase.
(Atmosphärische Luft bei 760 mm Druck und 0^0 = 1.)

Ammoniak	0,596
Chlor	2,470
Kohlenoxyd	0,967
Kohlensäure	1,5290
Sauerstoff	1,10563 — 1 l im Meeresniveau unter 45^0 Br. 1.428836 g (Jolly)
Schwefelwasserstoff	1,191
Stickoxydul	1,520
Stickstoff	0,97137
Sumpfgas	0,559
Wasserstoff	0,06926 — 1 l „ „ „ „ „ 0,08952289 g.

---

[1]) Die Pharmacopoea Germau. Edit. II p. 323 gibt eine Tabelle von verschiedenen flüssigen Arzneistoffen bei wechselnder Temperatur.

Dichte und Volumen des Wassers bei verschiedenen Temperaturen[1]).

Temperatur	Dichte bei $0° = 1$	Volum bei $0° = 1$	Dichte bei $4° = 1$	Volum bei $4° = 1$	Temperatur	Dichte bei $0° = 1$	Volum bei $0° = 1$	Dichte bei $4° = 1$	Volum bei $4° = 1$
—10	0,998 274	1,001 729	0,998 145	1,001 858	+20	0,998 388	1,001 615	0,998 259	1,001 744
— 9	556	449	427	575	21	176	828	047	957
— 8	814	191	685	317	22	0,997 956	1,002 048	0,997 828	1,002 177
— 7	0,999 040	1,000 963	911	089	23	730	276	601	405
— 6	247	756	0,999 118	1,000 883	24	495	511	367	641
— 5	428	573	298	702	25	249	759	120	888
— 4	584	416	455	545	26	0,996 994	1,003 014	0,996 866	1,003 144
— 3	719	281	590	410	27	732	278	603	408
— 2	832	168	703	297	28	460	553	331	682
— 1	0,999 926	1,000 074	0,999 797	1,000 203	29	0,996 179	1,003 835	0,996 051	1,003 965
0	1,000 000	1,000 000	0,999 871	1,000 129	30	0,99 589	1,00 412	0,99 577	1,00 425
+ 1	057	0,999 943	928	072	31	560	442	547	455
2	098	902	969	031	32	530	473	517	486
3	120	880	991	009	33	498	505	485	518
4	129	871	1,000 000	1,000 000	34	465	538	452	551
5	119	881	0,999 990	010	35	431	572	418	586
6	099	901	970	030	36	396	608	383	621
7	062	938	933	067	37	360	645	347	657
8	015	985	886	114	38	323	682	310	694
9	0,999 953	1,000 047	0,999 824	1,000 176	39	0,99 286	1,00 719	0,99 273	1,00 732
10	0,999 876	1,000 124	0,999 747	1,000 253	40	0,99 248	1,00 757	0,99 235	1,00 770
11	784	216	655	345	41	210	796	197	809
12	678	322	549	451	42	171	836	158	849
13	559	441	430	570	43	131	876	118	889
14	429	572	299	701	44	091	917	078	929
15	289	712	160	841	45	050	958	037	971
16	131	870	002	999	46	009	1,01 001	0,98 996	1,01 014
17	0,998 970	1,001 031	0,998 841	1,001 160	47	0,98 967	044	954	057
18	782	219	654	348	48	923	088	910	101
19	0,998 588	1,001 413	0,998 460	1,001 542	49	0,98 878	1,01 134	0,98 865	1,01 148

Schmelzpunkt einiger Körper.

Baumöl	+ 2,2° C
Blei	332
Butter	32
Eis	0
Kohlensäure	— 57
Meerwasser	— 2,5
Quecksilber	— 39,5
Schwefel	+111
Terpentinöl	— 10
Wachs	+ 61 bis 68.

1) Abgeleitet von Rossetti, Poggendorff's Annalen der Physik und Chemie, Ergänzungsband V 1871 p. 268 nach Beobachtungen von Kopp, Despretz, Hagen, Matthiessen, Rossetti.

Siedepunkte
bei 760 mm Druck.

Äther	34,9	Quecksilber	350
Alkohol	78,4	Terpentinöl	156
Kohlensäure	— 78	Wasser	100
Meerwasser	104		

Ausdehnung durch die Wärme für 1° C.

	Lineare	Kubische
Blei	0,00002035	0,000089
Eisen	1182—1258	37
Glas	0700—0897	23
Holz (Tanne)	0352	
Kupfer	1700—1717	51
Messing	1855—1893	
Platin	0884	
Silber	1909—2083	
Zink	2942	0,0000 89
Zinn	2283	69

Quecksilber 0,0001812 (Matthiessen)
für t^0 $0,00017902\, t + 0,0000000252\, t^2$

Luft 0,003665

Mechanisches Äquivalent der Wärme.

424 m.k.[1]) (Joule, Hirn Holtzmann)
(424, 36 ± 0,17) . 10^5 g. cm. sec. (Dieterici)[2]).

Spezifische Wärme.
(Wasser = 1.)

Blei	0,0314
Eisen	0,1138
Glas	0,1937
Kupfer	0,0951
Messing	0,0939
Platin	0,0324
Quecksilber	0,0319
Silber	0,0570
Zink	0,0955
Zinn	0,0562
Menschlicher Körper	(s. p. 185)

1) Der Wert entspricht einer Kilokalorie.
2) = der der mittleren Grammkalorie aequivalente Arbeit. Wiedemann's Annalen 33 p. 417.

Geschwindigkeit des Schalls

bei 0^0 rund 333 m (332,8)

für je $\pm 1^0$ C $\pm$ 0,6 m, also bei $+$ 10 rund 339 m

,, ,, $-$ 10 327 ,,

Relative Lichtstärke etc. des Sonnenspektrums.

Ort des Spektrums	Schwingungszahl	Wellenlänge der Luft	Lichtstärke nach Fraunhofer[1]	Lichtstärke nach Vierordt[2]
bei B rot	450 Billionen	0,000 6878 mm	0,032	0,022
,, C orange	472 ,,	0,000 6564 ,,	0,094	0,128
,, D rötlichgelb	526 ,,	0,000 5888 ,,	0,64	0,78
zwischen D u. E gelb	—	—	1,00	1,00
bei E grün	589 ,,	0,000 5260 ,,	0,48	0,37
,, F blaugrün	640 ,,	0,000 4834 ,,	0,17	0,128
,, G blau	722 ,,	0,000 4291 ,,	0,031	0,008
,, H' violett	790 ,,	0,000 3928 ,,	0,0056	0,0007

Die elektrischen Masse.

1 Siemens-Einheit ($S.E.$) = Widerstand einer Quecksilbersäule von 1 m Länge, 1 mm² Querschnitt bei der Temperatur des schmelzenden Eises = 0,953 Ohm[3])

1 legales Ohm (Ω) = rund 1,06 $S.E.$[3]) = (Quecksilbersäule von 1,060 m Länge, 1 mm² Querschnitt)

1 Daniell (D) = elektromotorische Kraft eines Daniell-Elements = 1,124 Volt

1 Volt nahezu = 0,9 (eines guten) Daniell = 10,54 Jacobi'schen Einheiten (s. u.) = 0,1146 cm³ Wasserstoff bei 0° und 760 mm Druck aus Wasser freimachend

1 Ampère (A)[4]) = Strom, den 1 Volt in 1 Ohm hervorbringt, $\left(\dfrac{\text{Volt}}{\text{Ohm}}\right)$

= 1,1183 mg Silber pro Sekunde niederschlagend

= 0,09373 mg Wasser zersetzend

= 10,440 cm³ Knallgas pro Minute liefernd

1 Milli-Ampère = $\dfrac{1 \text{ Volt}}{1000 \text{ Ohm}}$

735 Volt-Ampère sind (theoretisch) = 1 Pferdekraft (s. p. 113 u. 223).

Die frühere Jacobi'sche Einheit der elektromotorischen Kraft war diejenige Elektricitätsmenge, welche in der Minute 1 cm³ Wasser zersetzt. Sonst ist 1 Jacobi-Einheit = 0,0936 Volt.

---

1) Denkschriften der K. bayrischen Academie der Wissenschaften zu München für die Jahre 1814 und 1815, Classe der Mathematik und Naturwissenschaften p. 19.

2) Die Anwendung des Spectralapparates zur Messung und Vergleichung der Stärke des farbigen Lichtes 1871 p. 51.

3) Nach neueren Bestimmungen von Himstedt ist ein Ohm = dem Widerstand einer Quecksilbersäule von 1 mm² Querschnitt und 1,0598 m Länge, d. h. 1 $S.E.$ = 0,94356 Ω (Berichte der naturforschenden Gesellschaft zu Freiburg i. B. 1886.

4) So ziemlich = 1 *Weber* der englischen Physiker; genauer ist der zuweilen noch gebräuchliche *Milliweber* = $\dfrac{1 \text{ Daniell}}{1000 \text{ Ohm}}$

Spezifischer Widerstand für den elektrischen Strom.

Quecksilber	1
Silber	0,017
Kupfer	0,018
Zink	0,057
Platin	0,092
Eisen	0,099
Gaskohle	43
Schwefelsäure (spezif. Gewicht 1,84)	47 000
Käufliche Salpetersäure	18 000
Zinkvitriollösung	288 000
Kupfervitriollösung	306 000
Reines Wasser	120 000 000
Menschlicher Körper	(s. u. p. 293)

Anhang.

Praktisch-medicinische Analekten.

Höhenangabe der bekannteren klimatischen Kurorte[1]).

a) Voralpenklima.

	m ü. M.
Axenstein, Vierwaldstätter See	750
Beckenried „ „	437
Berchtesgaden, Bayern	580
Brienz, Berner Oberland	604
Bürgenstock, Vierwaldstätter See	870
Flühli im Entlebuch, Kt. Luzern	393
Gersau, Vierwaldstätter See	460
Gmunden a. Traunsee, Oberösterreich	422
Heiden, Kt. Appenzell A. Rh.	806
Heiligenberg, Baden	720
Interlaken, Berner Oberland	570
Konstanz	410
(Wildbad) Kreuth	828
Oberstdorf, bayr. Algäu	812
Reichenhall, Bayern	440
Samaden, Kt. Graubünden	740
Schliersee, Bayern	800
Sonnenberg auf Seelisberg, Urnersee	845
Sonthofen im Algäu	738
Tegernsee	732
Thun, Berner Oberland	565
Thusis, Kt. Graubünden	750
Weissbad, Kt. Appenzell	819

b) Hochgebirge.

Les Avants bei Montreux (380)	1000
St. Beatenberg, Berner Oberland	1150
Churwalden, Kt. Graubünden	1270
Davos Dörfli „ „	1556
„ Platz „ „	1560

---

[1] Die das „einfache Bergklima" umfassenden binnenländischen Höhen und Thäler (Erhebung etwa 400—900 m über Meer) sind nicht aufgenommen; es seien nur genannt: Falkenstein i. Taunus 400 m, Görbersdorf in Schlesien 540 m.

	m ü. M.
Eibsee, Oberbayern	978
Engelberg, Kt. Unterwalden	1019
Felsenegg ob Zug	907
Gais, Kt. Appenzell A. Rh.	934
Höchenschwand, bad. Schwarzwald	1012
Klosters i. Prättigau	1212
Kursaal Maloja, Oberengadin	1811
Mürren (über dem Lauterbrunnerthal)	1650
Pontresina, Engadin	1803
Rigi Klösterli	1317
Rigi Scheidegg	1648
Seewis, Kt. Graubünden	950
Stoos am Vierwaldstätter See	1293
(Kurhaus) Tarasp	1185
Waldhaus-Vulpera	1270
Wiesen, Kt. Graubünden	1454

Inkubationszeit für die wichtigeren Infektionskrankheiten.

Masern	(9—)10 Tage
	bis z. Ausbruch des Exanthems (13—)14 [1])
(durch Nasensekret) inokulierte Masern	13 Tage [2]) bis z. Ausbruch des Exanthems
Scharlach	7 Tage [3]) (4—8)
Röteln	2—3 Wochen
Blattern	rund 10—14 Tage
	13—14 „ (v. Bärensprung, Ziemssen, Gerhardt)
	9 Tage 8 Stunden (Eichhorst) [4])
bei Einimpfung	7 Tage
Vaccine	(2—)3 Tage (erste lokale Veränderungen)
Varicellen	13—17 „ (Thomas) [5])
	13—15 „ (Liebermeister) [6])
bei Impfung	8 „ (Steiner) [7])

---

1) Panum, Virchow's Archiv für pathologische Anatomie I 1847 p. 492. — Alb. Pfeilsticker, Beiträge zur Pathologie der Masern. Tübinger Dissertation 1863 p. 65 gibt 13—15 Tage an bis zur Eruption.
2) F. Mayr in Virchow's Handbuch der speciellen Pathologie und Therapie III. Bd. (Acute Exantheme und Hautkrankheiten) 1860 p. 106.
3) Nach Murchison, Berlin. klin. Wochenschr. XV 1878 p. 454 nicht über 6 Tage.
4) Deutsche medicinische Wochenschrift XII 1886 p. 37.
5) Ziemssen's Handbuch der speciellen Pathologie und Therapie II. Bd 2. Theil 1874 p. 15 — Zeit von der Eruption des einen bis zu der des andern Kranken.
6) Vorlesungen über specielle Pathologie und Therapie I. Bd. 1885 p. 187.
7) Wiener medicinische Wochenschrift XXV 1875 p. 305.

Exanthematischer Typhus	7—14 Tage
	9 „ (*O. Wyss*)[1])
	8— 9 „ und mehr (*Griesinger*)[2])
Abdominaltyphus	(2—)3 Wochen (*Liebermeister*)
Pest	2—7 Tage
Diphtherie	2—3 „
Febris recurrens	6—9 „
bei Impfung	5—8 „
Meningitis cerebro-spinalis epidemica	4(—5) „ (*S. Richter*)[3])
Malaria	c. 14 „ (6—20)
Cholera asiatica	2—4 „ (auch weniger)
	36—45 Stunden (*Banti*)[4]) (auch bloss 24—30)
Dysenterie	3—8 Tage
Gelbfieber	2—3 „
Mumps (Parotitis epidemica)	7—14 „ (4—25)[5])
	20—22, seltener 14—18 (*Rilliet* u. *Lombard*)
Pneumonie	wahrscheinlich 4 Tage (2—7) (*Caspar*)[6])
	höchstens 2 „ (*N. Flindt*)[7])
Influenza	angeblich 5—11 Tage (*Kormann*)[8])
Syphilis	3—4 Wochen (bis zum Auftreten örtlicher Erscheinungen); am häufigsten 15—25, seltener 20—30 Tage
„Zweite Incubation"	6—7 Wochen
Die gesamte Zeit bis zur Allgemeinerkrankung	9—11 Wochen
Milzbrand	4— 7 Tage (Auftreten des Karbunkels)
Rotz	3— 5 „
Erysipel b. Impfung bis zum initialen Schüttelfrost	15, längstens 61 Stunden
Hundswut	20—59 „ (*Ph. Bauer*)[9])

---

[1] Gerhardt's Handbuch der Kinderkrankheiten II. Bd. 1877 p. 405.
[2] Infektionskrankheiten in Virchow's Handbuch der speciellen Pathologie u. Therapie II. Bd. 2. Abtheilung 2. Auflage 1864 p. 124.
[3] Breslauer ärztliche Zeitschrift IX 1887 p. 161.
[4] Lo Sperimentale 1887 Luglio.
[5] Fr. Roth, Münchener medicinische Wochenschrift 1886 Nr. 20.
[6] Berliner klinische Wochenschrift XXIV 1887 p 553.
[7] Den almindelige croupøse Pneumonis Stilling blandt Infektionssygdommene 1882.
[8] Gerhardt's Handbuch der Kinderkrankheiten, Nachtrag I 1883 p. 18.
[9] Münchener medicin. Wochenschrift 1886 p. 687. — 49,6 % der Fälle kommen auf den genannten Zeitraum, davon 28,4 % auf den 20.—39., 21,2 % auf den 40.—59. Tag, ferner 15⅜ % auf den 60.—79., 8¼ % 1.—19. Tag u. s. f. allmählich abnehmend.

Maximaldosen-Tabelle der Pharmacopoea Germanica, Helvetica, Austriaca.

(Gramm.)

	Ph. Germanica edit. altera		Ph. Helvetica				Ph. Austriaca	
			f. Erwachsene		für Kinder bis z. 2 Jahren			
	dosis simpl.	pro die	dosis simpl.	pro die	dosis simpl.	pro die	dosis simpl.	pro die
Acetum Digitalis	2,0	10,0						
Acidum arsenicosum	0,005	0,02	0,005	0,01			0,006	0,012
„ carbolicum cryst.	0,1	0,5	0,05	0,5				
„ hydrochloricum			1,0	4,0	0,5	2,0		
„ hydrocyanicum			0,05	0,2			0,05 (gutt. II)	0,2
„ nitricum			1,0	4,0				
„ sulfuricum dilutum			2,0	8,0	0,5	2,0		
Aconitinum (I) [1])	0,004	0,03	0,001	0,005			0,007	0,04
Amylum nitrosum (ad inhalationem)			0,25 (gutt. V)	0,75 (gtt. XV)				
Apomorphinum hydrochlor.	0,01	0,05	0,02	0,06	0,005	0,015		
			ad usum internum					
			0,005	0,015	0,002	0,006		
			ad injectionem subcutaneam					
Aqua amygdalarum (amarar.)	2,0	8,0	2,0	10	0,5	1,5	1,5	5,0
„ Laurocerasi (I)	2,0	7,0	2,0	10	0,5	1,5	1,5	5,0
Argentum nitricum	0,03	0,2	0,05	0,25	0,005	0,05	0,03	0,2
Atropinum sulfuricum	0,001	0,003	0,001	0,005			0,002	0,006
Auro-natrium chloratum	0,05	0,2						
Baryum chloratum (I)	0,12	1,5	0,2	1,0				
Cantharides	0,05	0,15	0,05	0,25			0,07	0,2
Chloralum hydratum	3,0	6,0	2,0	8,0	0,5	1,5		
Codeinum	0,05	0,2	0,05	0,25				
Coffeinum	0,2	0,6						
Colchicinum			0,002	0,01				
Coniinum (I)	0,001	0,003	0,001	0,004				
Crotonchloralum hydratum			1,5	6,0				
Cuprum sulfuricum (I)	0,1	0,4	0,05	0,5				
id. pro emetico	1,0	—	0,5	1,0	0,1	0,5		
Cuprum sulfur. ammoniat. (I)	0,1	0,4	0,05	0,5				
Curare, ad inject. subcut.			0,002	0,006				
Digitalinum			0,002	0,01			0,002	0,01
Extractum Aconiti	0,02	0,1	0,2	0,6			0,03	0,12
„ Belladonnae	0,05	0,2	0,05	0,15	0,002	0,02	0,05 —0,1	0,2 —0,4
„ Cannabis indicae			0,1	0,4	0,2	0,8		
„ Colocynthidis			0,05	0,2	0,05	0,25	0,1	0,4
„ Conii (I)			0,18	0,6	0,1	0,4	0,18	0,6
„ Digitalis			0,2	1,0	0,1	0,5	0,01	0,05
„ Fabae Calabar. (I)			0,02	0,06	0,02	0,06		
„ Hyoscyami			0,2	1,0	0,2	0,8	0,05	0,2	0,15	0,8
„ Lactucae (I)			0,6	2,5			0,1	0,5

1) Die mit (I) bezeichneten Arzneistoffe sind solche, welche in der ersten, nicht aber in der zweiten Ausgabe der Ph. Germanica verzeichnet sind. — Aus der Ph. Helvetica sind einige wenige, sehr selten ordinierte Medikamente ausgelassen worden.

	Ph. Germanica edit. altera		Ph. Helvetica				Ph. Austriaca	
			f. Erwachsene		für Kinder bis z. 2 Jahren			
	dosis simpl.	pro die	dosis simpl.	pro die	dosis simpl.	pro die	dosis simpl.	pro die
Extractum Opii	0,15	0,5	0,05	0,5	0,003	0,015	0,1	0,4
„ Pulsatillae (I)	0,2	1,0						
„ Sabinae (I)	0,2	1,0						
„ Scillae	0,2	1,0	0,2	0,8	0,05	0,20		
„ Secalis cornuti (Ergotina) ad inject. subcut.			0,2	0,8	0,05	0,2		
„ Stramonii			0,1	0,4				
„ Strychni (spirit.)	0,05	0,15	0,05	0,2	0,005	0,02	0,04	0,2
Folia Belladonnae	0,2	0,6	0,1	0,5			0,15	0,6
„ Digitalis	0,2	1,0	0,1	0,5			0,2	0,6
„ Stramonii	0,2	1,0	0,2	0,8				
„ Toxicodendri (I)	0,4	1,2						
Fructus Colocynthidis (praeparati)	0,3	1,0						
„ Sabadillae (I)	0,25	1,0						
Gutti	0,3	1,0						
Herba Aconiti			0,1	0,5				
„ Conii	0,3	2,0	0,1	0,5				
„ Hyoscyami	0,3	1,5	0,2	1,0				
„ Sabinae cf. Summit. S.								
Hydrargyrum bichloratum	0,03	0,1	0,02	0,05			0,01	0,04
„ bijodat. (rubr.)	0,03	0,1	0,02	0,05			0,01	0,04
„ chlorat. mite			0,2	1,0				
dto. (ad usum laxativ.)			0,5	2,0	0,1	0,5		
„ cyanatum	0,03	0,1	0,01	0,04				
„ jodatum (flav.)	0,05	0,2	0,05	0,2			0,06	0,4
„ nitricum oxydulatum (I)	0,015	0,06	0,01	0,05				
„ oxydat. (rubr.)	0,03	0,1	0,02	0,05				
„ „ via humida paratum	0,03	0,1						
„ oxydulat. nigr.			0,1	0,5				
Jodoformium	0,1	1,0						
Jodum	0,05	0,2	0,05	0,25			0,03	0,12
Kalium bromatum			4,0	10,0	0,5	2,0		
„ cyanatum			0,02	0,05				
„ jodatum			2,0	8,0	0,5	2,0		
„ nitricum			4,0	15,0	0,5	2,0		
Kreosotum	0,2	0,5	0,05	0,2			0,04	0,16
Lactucarium	0,3	1,0	0,5	1,5	0,1	0,5		
Liquor Ferri sesqui chlorati			1,0	4,0	0,2	1,0		
„ Hydrargyri nitrici oxydulati (I)	0,1	0,5						
„ Kali arsenicosi	0,5	2,0	0,5 (gutt. X)	1,5 (g. XXX)	0,1 (gutt. II)	0,5 (gutt. X)	0,5	1,2
„ Natri arsenici			0,5 (gutt. X)	1,5 (g. XXX)				
Morphinum aceticum (I)	0,03	0,12	0,02	0,06	0,001	0,005	0,03	0,12
„ hydrochloricum	0,03	0,1	0,02	0,06	0,001	0,005	0,03	0,12
„ sulfuricum	0,03	0,1	0,02	0,06	0,001	0,005		
„ „ ad inject. subcutan.			0,01	0,05				
Oleum Sinapis aethereum			0,01	0,05				
„ Crotonis	0,05	0,1	0,05 (gutta I)	0,2 (gutt. IV)			0,06	0,3
Opium	0,15	0,5	0,10	0,5	0,005	0,02	0,15	0,5

— 286 —

	Ph. Germanica edit. altera		Ph. Helvetica				Ph. Austriaca	
			f. Erwachsene		für Kinder bis z. 2 Jahren			
	dosis simpl.	pro die	dosis simpl.	pro die	dosis simpl.	pro die	dosis simpl.	pro die
Phosphorus	0,001	0,005	0,005	0,05			0,001	0,005
Physostigminum salicylicum	0,001	0,003						
Pilocarpinum hydrochloric.	0,03	0,06						
Plumbum aceticum	0,1	0,5	0,1	0,5			0,07	0,5
Pulvis Doveri			1,0	4,0	0,05	0,2		
Radix Belladonnae (I)	0,1	0,4	0,1	0,5			0,07	0,3
„ Hellebori viridis (I)	0,3	1,2						
„ Jalapae			1,0	5,0	0,5	2,0		
„ Ipecacuanhae								
ad infusum			0,5	2,0	0,2	0,8		
dto. ad usum emetic.			1,0	4,0	0,5	1,0		
Resina Jalapae			0,5	1,5	0,1	0,5		
Rhizoma Veratri (I)	0,3	1,2	0,2	0,8				
Santoninum	0,1	0,3	0,1	0,5	0,025	0,15		
Secale cornutum	1,0	5,0	1,0	5,0				
dto. ad infusum			2,0	10,0	0,5	1,5		
Semen Strychni (Nux vomica)	0,1	0,2	0,1	0,5			0,12	0,5
Stibium sulfuratum aurantiac.					0,05	0,25		
Strychninum nitricum	0,01	0,02	0,005	0,02			0,007	0,02
„ sulfuricum			0,005	0,02				
„ „ ad inject. subcut.			0,001	0,005				
Summitates Sabinae	1,0	2,0	1,0	4,0				
Tartarus stibiatus	0,2	0,5	0,05	0,2	0,01	0,05	0,3	1,0
dto. ad usum emetic.			0,2	0,8	0,05	0,15		
Tinctura Aconiti	0,5	2,0	1,0	5,0			0,5	1,6
„ Belladonnae (I)	1,0	4,0	0,5	2,5			1,0	4,0
„ Cannabis indicae			2,0	15,0				
„ Cantharidum	0,5	1,5	0,5	2,0			0,5	1,0
„ Colchici	2,0	6,0	1,0	5,0				
„ Colocynthidis	1,0	3,0	1,0	5,0				
„ Conii			1,0	5,0				
„ Digitalis	1,5	5,0	1,0	5,0	0,5	1,5	1,0	4,0
„ Jodi	0,2	1,0	0,25	1,0			0,3	1,0
„ Lobeliae (inflatae)	1,0	5,0	1,0	5,0				
„ Opii benzoica			10,0	40,0				
„ „ crocata	1,5	5,0	1,0	5,0	{ 0,1 (gtt. II)	0,5 (gutt. X)	0,5	2,0
„ „ simplex	1,5	5,0	1,0	5,0			0,5	2,0
„ Stramonii (I)	1,0	3,0	1,0	5,0				
„ Strychni	1,0	2,0	1,0	5,0	0,5	2,0	0,5	1,5
„ Toxicodendri (I)	1,0	3,0						
Tubera Aconiti	0,1	0,5						
Veratrinum	0,005	0,02	0,005	0,02			0,01	0,03
Vinum Colchici	2,0	6,0	2,0	6,0			1,0	3,0
„ stibiatum					4,0	10,0		
Zincum chloratum			0,02	0,1				
„ cyanatum			0,01	0,05			0,005	0,012
„ lacticum (I)	0,06	0,3			0,03	0,15		
„ oxydat. (flores Zinci)			0,2	1,0	0,05	0,2		
„ sulfuricum (I)	0,06	0,3	0,10	0,5			0,05	0,3
„ „ pro emetico	1,0	—	1,0	—				
„ valerianicum (I)	0,06	0,3	0,2	1,0				

Das alte deutsche Medicinalgewicht.

Medicinalpfund, Libra, ℔ = 24 Loth = 12 Unzen = 96 Drachmen = 288 Scrupel = 5760 Gran
Unze, Uncia, ℥ = 8 Drachmen = 24 Scrupel = 480 Gran
Drachme, Drachma, ʒ = 3 Scrupel = 60 Gran
Scrupel, Scrupulus, ℈ = 20 Gran.

Im besonderen war:

das preussische Medicinalpfund, auch eingeführt in Hannover,
  Sachsen, Sachsen-Weimar, Braunschweig = 350,78348 g
„ bairische Medicinalpfund = 360,000 „
„ schweizerische, russische, das alte Nürnberger
  Medicinalpfund = 357,954 „
„ württembergische Medicinalpfund = 357,6337 „
„ badische „ = 357,780 „
„ österreichische „ = 420,0088 „

Umwandlung des deutschen Medicinalgewichts in Grammgewicht.

			g					g
Gran	$1/60$	=	0,001		Drachme	4	=	15
„	$1/30$	=	0,002		„	5	=	$18^3/_4$
„	$1/20$	=	0,003		„	6	=	$22^1/_2$
„	$1/12$	=	0,005		„	7	=	$26^1/_4$
„	$1/10$	=	0,006		Unze	1	=	30
„	$1/8$	=	0,01		„	$1^1/_2$		45
„	$1/6$	=	0,012		„	2	=	60
„	$1/4$	=	0,015		„	$2^1/_2$	=	75
„	$1/3$	=	0,02		„	3	=	90
„	$1/2$	=	0,03		„	$3^1/_2$	=	105
„	$2/3$	=	0,04		„	4	=	120
„	1	=	0,06		„	$4^1/_2$	=	135
„	2	=	0,12		„	5	=	150
„	3	=	0,18		„	$5^1/_2$	=	165
„	5	=	0,3		„	6	=	180
„	8	=	0,5		„	$6^1/_2$	=	195
„	10	=	0,62		„	7	=	210
„	12	=	0,75		„	$7^1/_2$	=	225
„	15	=	0,94		„	8	=	240
„	16	=	1,0		„	$8^1/_2$	=	255
Scrupel	1	=	$1^1/_4$		„	9	=	270
„	$1^1/_2$	=	2		„	$9^1/_2$	=	285
„	2	=	$2^1/_2$		„	10	=	300
„	3	=	$3^3/_4$	(s. u.)	„	11	=	330
„	4	=	5		„	12	=	360
„	5	=	$6^1/_4$		„	13	=	390
Drachme	1	=	$3^3/_4$	(s. o.)	„	14	=	420
„	$1^1/_2$	=	$5^5/_8$		„	15	=	450
„	2	=	$7^1/_2$		„	16	=	480
„	3	=	$11^1/_4$		„	$16^2/_3$	=	500	= 1 Zollpfund

Das jetzige englische und nordamerikanische Medicinalgewicht.

1 Pound = 373,244 g.

Im übrigen das Verhältnis von Pound, ounce, drachm, scruple wie oben.

Das jetzige englische Medicinalmass.

A gallon, Congius = 8 pints = nahezu 5 l Flüssigkeit (die gewöhnl. Gallone bloss 4,5 l)
„ pint, Octarius = 20 fluidounces
„ fluidounce = 8 fluiddrachms
„ fluiddrachm = 3 fluidscruples
„ fluidscruple = 20 fluidgrains = 20 minims
„ minim = 1 drop = 0,06 g.
1 fluidounce = dem Volum 1 Gewichtsunze (= 31 g) destillierten Wassers.
1 fluidscruple = „ „ 1 Scrupels (= 1,3 „) „ „

Dosenbestimmung nach den Lebensaltern (Hufeland)[1]).

Dosen berechnet auf das durchschnittl. Körpergewicht [2])														
	100	91,1	101,2	107		120,8	125,5	129,9	134,2		141	145,2	151,1	151	153,8	151,9
Dosen:	40	35	30	29	28	27	26	25	24	23	22	21	20	18	16	13
Jahre:	25	20	15	14	13	12	11	10	9	8	7	6	5	4	3	2
Monate:	11	10	9	8	7	6	5	4	3	2	1	1/2				
Dosen:	9		8		7		6		5	4	2	1				
Berechnet auf das Körpergewicht	142,4		135,1		130,6	129,6	128,2			128,8	117,6	09,4	87,9			

Im allgemeinen soll man geben (Hufeland l. c.):

am Ende des 1. Jahrs $1/4$
„   „   „   5.   „ $1/2$
„   „   „   15.   „ $3/4$
„   „   „   25.   „   1

Berechnete relative Menge der Arzneigaben verglichen mit dem Körpergewicht (Falck)[3]).

Alter	J. Juncker[4])		Th. Young[5])	K. Chr. Anton[6])	
25 Jahre	1	100	1	100	1	100
22,5 „		90,2	—			88,4
20 „		82,1	für Kinder unter 12 Jahren ist die Dosis $= \frac{n}{n+12}$	—	$7/8$	83,8
18 „		77,4		—		82,2
17 „	$2/3$	76		—	$3/4$	81,8
16 „		78,6		—		84,1
15 „		83,5		—		88,7
14 „		87,7		—	$5/8$	92,2
12 „		98	$1/2$	89,5		97
11 „		101,2		92,3	1	96,5
10 „		104	$5/11$	94,4	2	93,3
9 „	$1/2$	103,8	$3/7$	96		89,5
8,5 „		103		95,6	$3/8$	86,6
8 „		102,1	$3/5$	95,7		85
7 „		100		94,4		80

---

1) Lehrbuch der allgemeinen Heilkunde. (Aus dem System der praktischen Heilkunde [erster Teil] besonders abgedruckt) 1818 p. 113.
2) F. A. Falck, Archiv für die gesammte Physiologie XXXIV 1884 p. 526.
3) l. c. Den Berechnungen wurden Tabellen der nachstehenden Autoren zu Grunde gelegt. Dieselben erscheinen rationeller, als die viel benützte Hufeland'sche.
4) Conspectus formularum medicarum exhibens tabulas XVI etc. 1728 p. 4 (auch citiert bei H. D. Gaubius, De methodo concinnandi formulas medicamentorum libellus. Edit. quarta. Francofurti et Moguntiae 1750 p. 25).
5) An introduction to the medical literature 1813.
6) Taschenbuch d. bewährtesten Heilformeln f. innere Krankheiten 4. Aufl. 1857 p. 1.

Alter	Juncker		Young		Anton	
6 Jahre		97	$1/3$	91,7		74,9
5,5 „	$1/3$	96		90,2	$1/4$	72,1
5 „		92,1		88,8		67,9
4 „	$1/4$	83,9	$1/4$	83,9		58,7
3 „	$1/6$	64,2	$1/6$	76,9	$1/8$	48,1
2 „	$1/8$	58,4	$1/7$	66,8		45,8
1,5 „		55,3	$1/9$	58,5		44,2
1 „	$1/12$	51,2	$1/18$	47,5	$1/12$	42,6
11 Monate		48,7				42,9
9 „		41,9			$1/16$	41,9
7 „		36,6				42,5
6 „		33,3				43
5 „		30	6–12 Monate		$1/20$	44,4
4,5 „		27,7				44,6
3 „		21,7	1–3		$1/24$	46,4
2 „		—				49,4
1 „		—	2–4 Wochen		$1/30$	48,6
3/4 „		—				47,8
1/2 „		—	Beide erste Wochen		$1/60$	37,9
1/4 „		—				27

Letale Dosen einiger differenter Stoffe (g) [1]).

Schwefelsäure: kleinste Dosis c. 4 (1 Drachme) (Christison)[2])
für ein 1jähriges Kind 20 Tropfen (Taylor)[3])

Salpetersäure: 4—120 (Tartra)[4])
13jähriger Knabe 7—8 (Taylor)[3])

Salzsäure: 63jährige Frau 15 (Taylor)[5])
1 Kind 4 (G. Johnson)[6])

Oxalsäure: sehr ungleich[7]); 3—4 schon tötlich, andererseits wieder nicht 15—40

Karbolsäure: 30—50[8]) (?) bei innerer Vergiftung — weniger als 1 g bei Einfuhr in eine Körperhöhle, jedenfalls genügen 8[9]).

Salpetersaurer Baryt: 3—15[10])

---

1) Die Tafel ist unvollständig schon aus dem Grunde, weil bei verschiedenen Stoffen, zumal auch einigen Alkaloiden, die letale Dosis wegen allzugrosser individueller Schwankungen nicht zu bestimmen ist. Die Angaben sind Maschka's Handbuch der gerichtlichen Medicin II. Bd. 1882, sowie Kobert's Compendium der praktischen Toxikologie 1887 (nach A. Werber's Lehrbuch umgearbeitet) entnommen. — Ersteres Werk ist in den Anmerkungen mit M., das Kobert'sche Buch mit K. bezeichnet.
2) Abhandlung über die Gifte. Aus dem Englischen 1831.
3) Die Gifte in gerichtlich-medicinischer Beziehung. Aus dem Englischen von R. Seydeler 2. Bd. 1863.
4) Traité de l'empoisement par l'acide nitrique. Thèse inaug. Paris An 10 (1802) — M. p. 101.
5) The Lancet 1859 July p. 59. — M. p. 105.
6) British medical Journal March 4. 1871 p. 221 — M. p. 105.
7) M. p. 120.
8) M. p. 130.
9) K. p. 68.
10) M. p. 173.

Phosphor: in fein zerteiltem Zustand schon 0,06—0,1 [1])
für Kinder 0,006

Auf 1 Phosphorzündhölzchen kommen 0,005 gelber Phosphor, so dass für die letale Dosis 10 Stück genügen [2]).

Tartarus stibiatus: 0,06 bis mehrere g (Lewin) [3])
Arsenik (acid. arsenic.): 0,1—0,2 [4])
Argentum nitricum: c. 30 [5])
Chlorzink: 5 [6])
Cuprum sulfuricum: 10 [7])
   ,, aceticum (krystallisir-
      ter Grünspan): 1,0(—3,0) [8])
Sublimat: 0,25—0,5 [9]); 0,8 [10])
Rotes Quecksilberoxyd: 1,5 [10])
Wasserfreie Blausäure: 0,05—0,06 [11]); 0,065 [12])
Käufl. Bittermandelöl: 17 Tropfen [12])
Cyankalium: 0,15 [11])
Schwefelsaures Kali: c. 36 [13])
(Freies) Jod c. 4 [14])
(Frisches) Kantharidenpulver: 1,5 [15])
   Tinct. Cantharidum 30 [15])
   Emplastrum Cantharidum 15 [15])
   Kantharidin (über) 0,01 [15])
Krotonöl: 20 Tropfen und mehr [16])
Koloquinten (Pulver) 4 [17])
Mirbanöl (Nitrobenzol): 20 Tropfen [18]); einige g [19])
Opium: kleinste Dosis 4,0 Tinct. Opii = 0,4 Opium [20])
      2,0 (bei Normalopium von 10 % Morphingehalt) [20])
      bei Kind unter 4 Wochen 0,001 } schon beobachtet [21])
      ,, 5jährigen 0,01—0,03
Morphium: 0,2 [20]); 0,4 [21]) (durchschnittl. Dosis bei Einverleibung p. os
      für nicht daran Gewöhnte)
Atropin: 0,1 von einer Vesicatorwunde aus [22])
Semen Stramonii: 15 Stück Samen (bei einem Kind) [23])
Kockelskörner (Pikrotoxin): 2,4 beobachtet [24])

---

1) M. p. 185. 2) K. p. 88. — Weitere Angaben M. p. 185. 3) K. p. 55.
4) M. p. 237. 5) K. p. 60. 6) K. p. 62. 7) K. p. 62. 8) M. p. 288.
9) M. p. 296. 10) K. p. 296. 11) M. p. 309. 12) K. p. 111. 13) M. p. 151.
14) K. p. 79. 15) K. p. 70. 16) K. p. 74. 17) K. p. 75. 18) K. p. 100.
19) M. p. 330. 20) M. p. 406. 21) K. p. 118. 22) K. p. 133; Angaben sehr wechselnd, M. p. 653. 23) K. p. 135. 24) K. p. 140.

Aconitin: 0,003—0,004 [1])
Colchicin: c. 0,05 [2])
Salpetersaures Strychnin: 0,03 (Erwachsener) [3])
0,004 (Kind) [3])
(Reines) Coniin: c. 0,13—0,20 [4])
Nikotin [5]): Aufguss von 2 g trockenen Tabaksblättern (Copland)
„ „ 0,8 „ präparirten „ (Pereira)
„ „ 1,2 „ Schnupftabak (Taylor)

Berechnung des Zuckergehalts diabetischen Harns durch Bestimmung des spezifischen Gewichts.

a) Nach Bouchardat's [6]) Formel.

Die 2 letzten Ziffern des spezifischen Gewichts werden mit 2, das Produkt mit der 24stündigen Harnmenge (l) multiplicirt und sodann 30—40 (bei reichlicher Harnmenge 50—60) subtrahirt. Das Resultat gibt die Zuckermenge in g.

Beispiel: Spezifisches Gewicht 1,025
Harnmenge 4 l.
$25 \times 2 = 50$
$50 \times 4 = 200$
$200 - 30 = 170$ g Zucker
$40 = 160$ „ „

b) Durch Gärung (Roberts).

Ist s und s' das (auf 1000 bezogene) spezifische Gewicht des Harns vor und nach der Gärung desselben mit Hefe, so ist der Zuckergehalt desselben in $^0/_0$:

$Z = (s-s')\ 0,219$ (Manasseïn) [7])
$= (s-s')\ 0,230$ (Worm-Müller und J. Fr. Schröter) [8])

Beispiel: Vor der Gärung 1032
Nach „ „ 1002 $(1032-1002)\ 0,219 = 6,57\ ^0/_0$

---

1) K. p. 143.
2) K. p. 145.
3) K. p. 147.
4) K. p. 152.
5) M. p. 453.
6) A. Bouchardat, De la glycosurie ou diabète sucré 1875.
7) Deutsches Archiv für klinische Medicin X 1872 p. 73. Über die ursprünglich von Wm. Roberts geübte Methode s. Edinburgh Medical Journal Vol. VII 1861—62 p. 326.
8) Archiv für die gesammte Physiologie XL 1887 p. 305.

Das spezifische Gewicht und der Eiweissgehalt von Exsudaten und Transsudaten (A. Reuss).

Es ist bei reinen Exsudaten:

	Spezif. Gewicht[1]	% Eiweissgehalt[2]
	höher als	
Pleuritis	1018	⎫
Peritonitis	1018	⎬ 4
Hautentzündung	1018	⎭

bei reinen Transsudaten:

	Spezif. Gewicht[1]	% Eiweissgehalt[2]	
	niedriger als		
Hydrothorax	1015	2,5	[2,25]
Ascites	1012	1,5(—2,0)	[1,11]
Anasarca	1010	1,0(—1,5)	[0,58]
Hydrocephalus	1008,5	0,5(—1,0)	[0,144]
Hydropericardium		—	[1,83]

Verhältnis von spezifischem Gewicht und Eiweissgehalt in serösen Flüssigkeiten.

Der % Eiweissgehalt (E) lässt sich berechnen aus dem spezifischen Gewicht (S):

a) Nach Reuss[3]).

$$E = {}^3/_8 (S - 1000) - 2,8.$$

b) Nach Runeberg[4]).

Für nicht entzündliche Transsudate: ${}^3/_8 (S-1000) - 2,73$
„ entzündliche „ ${}^3/_8 (S-1000) - 2,88$.

c) Nach K. Schmidt[5]).

Wenn S das spezifische Gewicht, O der Prozentgehalt an organischen Bestandteilen, so ist:

$$S = \frac{383\,141,8}{380,6 - O}$$

e) Nach K. Ranke[6]).

Sind e = Eiweissprozente, o = organische Fixa in $\%$, f = Gesamtfixaprozente, S = spezifisches Gewicht (in Aräometergraden), so ist:

$$e = 0,52 (S-1000) - 5,406$$
$$o = 0,37 (S-1000) - 2,074$$
$$f = 0,399(S-1000) - 1,745$$
$$S = \frac{o + 2,074}{0,3} + 1000$$

Der Gesamtaschegehalt seröser und eitriger Exsudate aus Pleura- und Peritonaealraum beträgt ziemlich konstant 0,83 $\%$ (berechnet von Runeberg[7]) nach Méhu[8]), Reuss, Ranke).

---

1) Deutsches Archiv für klinische Medicin XXVIII 1881 p. 322.
2) l. c. XXIV 1879 p. 583.   3) l. c. XXVIII p. 320.
4) ebend. XXXV 1884 p. 293.   5) l. p. 95 cit.
6) Gerhard und F. Müller, Mittheilungen aus der medicinischen Klinik zu Würzburg II. Bd. 1886 p. 216.   7) l. c. p. 273.
8) Archives générales de médecine 1877 Vol. II p. 519—521.

Elektrischer Leitungswiderstand des menschlichen Körpers.

Er ist für den gesamten menschlichen Körper nach Poore auf das Doppelte des ganzen transatlantischen Kabels berechnet worden.

Der Widerstand beträgt nach:

J. Rosenthal[1]) bei unpolarisirbaren Elektroden von 2,8 cm Durchmesser   8000—21000 *S.E.*
    Der grösste Wert bei Durchleitung von Handrücken zu Handfläche.

A. Eulenburg[2]) bei zollgrossen trocknen Elektroden   20000 *S.E.* und mehr
    von Handteller zu Handrücken   28000 „   „   „
    Handteller { trockene Elektroden   19960 „
    zu Handteller { feuchte   „   10110—11000 „
    beide Supraclaviculargruben   12040 „

Nach E. lässt sich der Widerstand des Gesamtkörpers (bei feuchten, mittelgrossen Metallelektroden) auf 10000—14000 *S.E.* veranschlagen.

Möbius[3]) Handfläche zu Handfläche   3600 *S.E.*
Runge[4]) (dto., bei Elektroden v. 2—3 cm Durchmesser) 2000—5000 „
M. Rosenthal[5]) an der unteren Extremität (Ober- und Unterschenkel) je nach den eingeschalteten Muskelmassen und Gelenken   6500—9800 „

Derselbe fand an sich selbst:

Querstrom durch die Schläfen   3650 *S.E.*
    durch Warzenfortsatz und Stirn derselben Seite   3690 „
    durch beide Warzenfortsätze   3600 „
    vom 1.—7. Halswirbel   3700 „
    „ 7. Hals- bis letzten Brustwirbel   2180 „
    „ obersten Hals- bis letzten Steisswirbel   4700 „
    „ 6. Brustwirbel (als Querstrom) durch die Brust zur anderen Seite   5570 „
    von der Schulter zum Handrücken   5800 „
    „ „ „ „ äusseren Oberarmrand   5500 „
    vom Ellbogen zum Handrücken   5000 „
    durch Schultergelenk   2890 „
    „ Ellbogengelenk   3690 „
    „ Handgelenk   5600 „
    „ oberes Daumengelenk   5510 „

---

1) Rosenthal und Bernhardt, Elektricitätslehre für Mediziner und Elektrotherapie (3. Auflage) 1884 p. 190.
2) Die hydroelektrischen Bäder 1883 p. 11.
3) Centralblatt für Nervenheilkunde, Psychiatrie und gerichtliche Psychopathologie VI 1883 p. 27.
4) Deutsches Archiv für klinische Medicin VII 1870 p. 604.
5) Die Elektrotherapie 2. Auflage 1873 p. 97.

Der lebende Muskel leitet 3 Millionen mal schlechter als Quecksilber und ungefähr 115 Millionen mal schlechter als Kupfer (J. Ranke)[1]).
Die Haut (10 cm langes, 4 breites, c. 1 dickes, dem Oberarm einer Leiche entnommenes Stück) gab zwischen zwei trocknen Metallplatten 4450 $S.E.$ Widerstand, zwischen zwei feuchten 3960 $S.E.$ Widerstand, der bei längerer Einwirkung des Stroms und dadurch bedingter Maceration bis auf 282 $S.E.$ sank. Bei trockenem Metallpinsel wurden 3960 $S.E.$ gefunden (A. Eulenburg)[2]).

Nach Entfernung der Haut leitet der menschliche Körper 10—20mal besser, als destillirtes kaltes Wasser (Ed. Weber)[3]).

Die kompakte Substanz grosser Röhrenknochen leitet 16—20 mal schlechter als der Muskel, 10mal schlechter als Nerv, Sehne und Haut (C. Eckhard)[4]).

Nach Ziemssen[5]) ist der Leitungswiderstand:

vom Augapfel	2651,2	$S.E.$
von einem ebenso grossen Stück Gehirn	1693,3	„
dto. Muskelsubstanz	6192	„
„ Leber	11592	„

Über Leitungsvermögen von Muskel und Nerv s. p. 219 und 229.

Festigkeit der menschlichen Knochen (Messerer)[6]).

Schädel: Bruchbelastung bei Längsdruck   650 k
                 „   „ Querdruck   520 „
Spongiosa der Wirbelkörper: Druckfestigkeit 22—92 k pro cm^2
Bruch der Schambeine bei Druck auf die Symphyse von 250 k.

Es erfolgt Zerknickungsbruch im Mittel bei:

	Männer	Weiber
Clavicula	192 k	126 k
Humerus	—	600 „
Radius	334 „	220 „
Ulna	—	132 „
Femurschaft	756 k	
Femurhals	815 „	506 „
Fibula	61 „	49 „
Patella (Druck von vorn nach hinten)	600 „	420 „

---

1) Der Tetanus 1865 p. 46.
2) l. p. 293 c. p. 10.
3) Quaestiones physiologicae de phaenomenis galvano-magneticis in corpore humano observatis 1836.
4) Beiträge zur Anatomie und Physiologie 1. Heft 1855 p. 70 und 73.
5) Die Elektricität in der Medicin 5. Aufl. 1887.
6) Über Elasticität und Festigkeit der menschlichen Knochen 1880 p. 89 ff.

Biegungsbruch bei Belastung der Mitte und seitlicher Unterstützung:

	Männer	Weiber
Clavicula	100 k	62 k
Humerus	276 „	174 „
Radius	122 „	68 „
Ulna	125 „	83 „
Femur	400 „	263 „
Tibia: Druck auf die innere Fläche	275 „	190 „

Durch Torsion mittelst eines Torsionshebels von 16 cm Länge wurde gebrochen:

Clavicula bei	8 k	Femur bei	89 k
Humerus „	40 „	Tibia „	48 „
Radius „	12 „	Fibula „	6 „
Ulna „	8 „		

Elasticitätsmodul für Biegung der Knochen	150 000 — 180 000 k pro cm²
„ „ Torsion [1])	46 660 u. 53 420 „ „ „
Biegungsfestigkeit für Knochen des mittleren Lebensalters (Mann)	1 800 — 1 980 „ „ „

Massstab für englische Schlundsonden.

Nr.	mm	Nr.	mm
1	5	7	$9^1/_2$
2	6	8	10
3	$6^1/_2$	9	11
4	7	10	$11^1/_2$
5	8	11	12
6	9	12	13

Massstab für französische elastische Bougies und Katheter, sowie für Darmsaiten-Bougies.

Nr.	mm	Nr.	mm	Nr.	mm	Nr.	mm
1	$1^1/_6$	9	3	17	$5^2/_3$	24	8
2	$1^2/_6$	10	$3^1/_3$	18	6	25	$8^1/_3$
3	$1^3/_6$	11	$3^2/_3$	19	$6^1/_3$	26	$8^2/_3$
4	$1^4/_6$	12	4	20	$6^2/_3$	27	9
5	$1^5/_6$	13	$4^1/_3$	21	7	28	$9^1/_3$
6	2	14	$4^2/_3$	22	$7^1/_3$	29	$9^2/_3$
7	$2^1/_3$	15	5	23	$7^2/_3$	30	10
8	$2^2/_3$	16	$5^1/_3$				

---

1) Theoretische Verdrehung um 360°.

Massstab für englische elastische Bougies und Katheter, für Wachs-, Zinn- und Laminariabougies.

Nr.	mm	Nr.	mm
1	$1^1/_2$	9	$5^1/_2$
2	2	10	6
3	$3^1/_2$	11	$6^1/_2$
4	3	12	7
5	$3^1/_2$	13	$7^1/_2$
6	4	14	8
7	$4^1/_2$	15	$8^1/_2$
8	5	16	9

Druckfehler und Berichtigungen.

Seite 8 Zeile 3 v. u. lies: Anmerkung 2 statt 1.
„ 9 „ 4 v. o. „ k „ g.
„ 9 „ 9 u. 10 v. o. vertausche die Ausdrücke „kräftiger" und „schwächlicher".
„ 35 „ 11 v. o. lies: wo H statt wo L.
„ 90 „ 6 v. u. „ 74,4 „ 74,7.
„ 118 „ 17 v. u. „ rechts : links „ links : rechts
„ 156 „ 13 v. u. „ p. 63 „ 63.
„ 256 „ 1 v. u. „ 1885 „ 1886.

Register.

Im Register bedeutet eine eingeklammerte Zahl eine Notiz von untergeordneter Wichtigkeit gegenüber der nicht eingeklammerten, *A*, dass die betr. Notiz in den Anmerkungen zu suchen ist, *K* das kindliche Alter, *L* Angaben über die verschiedenen Lebensalter.

Einzelne Teile von Organen findet man, wenn sie nicht besonders aufgeführt sind, bei den letzteren, z. B. Alveolen b. Lungen, Cervix bei Gebärmutter, Labyrinth bei Ohr u. s. w.

Abdomen, Umfang i. d. Schwangerschaft 257
Alt 228
Ammoniak des Urins 174
Amniosflüssigkeit 258
Analyse der Körperorgane 187—190, 232, 233, 243
Aorta 19, 82, 83
Arachnoidealflüssigkeit 41
Arbeitsleistung des Menschen 223—227
Arm s. Extremitäten
Arterien grosse, Umfänge 19, 82
„ grössere, Durchmesser 83—86
„ Wanddicke einzelner 83—86
Arterienpuls s. Puls
Aschengehalt der Organe 188, 189, 232, 233, 243
Atemluft, Druck derselben 127
„ Temperatur 120, 123
„ Zusammensetzung 123—127
Atmosphärische Luft s. Luft
Atmung, Atemgrösse 119, 120
„ Druck der Luft 127
„ Frequenz 117—119
Augapfel 75
Auge, Abstand derselben 247, 248
„ Analyse 188, 189, 243
„ brechende Medien u. Flächen 245
„ Dimensionen 75—78
„ kindliches 78
„ schematisches 246
Augenbrauen 74
Augenhöhle 74
Augenlid 75
Augenmuskeln 79
Ausatmungsluft, Temperatur 120, 123
Ausdehnung durch die Wärme 276
Ausnützung der Nahrungsmittel 210, 215
Auster 192
Aequivalent mechanisches d. Wärme 276

Bass 228
Bauchfell 68
Bauchspeichel 134, 135
Bauchumfang in d. Schwangerschaft 257
Bauchwand, Dicke 68
Becken, Gewicht 49
Beckenmasse 53—55
Beerenfrüchte 198
Bergbesteigung 215
Bier 199
Bindegewebe, Analyse 188
Blandin'sche Drüse 56
Blase s. Harnblase
Blinddarm 59
Blut, Analyse 97, 98 (187, 188)
Blutbewegung, Geschwindigkeit 114
Blutdruck 111, 112
„ in der Nabelvene 258
Blut, Gase 115, 116
„ Gehalt d. Organe daran 96
„ Gerinnung 98, 99
Blutkörperchen, Analyse 97, 189
„ farblose 103, 104
„ rote 99, 100
„ quantitatives Verhältnis beider 103
Blutleiter des Gehirns 87
Blutmenge d. Körpers 95
„ „ Organe 96
„ „ in den Kapillaren 114
Blut menstruelles 255, 256
„ spezif. Gewicht 95
„ Verteilung desselben 96
Bougies, Massstäbe 295, 296
Branntwein 200
Brillenbezeichnung 247
Bronchien 62
Brot 196
Brotkrume 196 (*A*)

Brustbreite 51
Brustdrüse männliche 68
„ weibliche 67
„ „ Milchmenge in derselben 261 (*A*)
Brustkasten s. Thorax
Brustkorb, respirator. Bewegungen 122, 123
Brustmasse 50, 53
Brustumfang 50, 52
Bulbus oculi 75
Butter 193

Calcium des Harns 175, 176
Capillaren 112—114
Cerebrospinalflüssigkeit 41
Chlornatrium des Harns 169—170
Chokolade 201
Chylus 154, 155
Chymus 145, 146
Cilien 71, 75
Climacterium (254) 256
Coecum 59
Colon s. Dickdarm
Colostrum 263
Complementärluft 120
Cutis 68
„ Gewicht 14

Darm, Analyse 187, 188
„ Blutgehalt 96
„ Dimensionen 58, 59
„ „ (*L*) 22
„ Gase 140, 141
„ Gewicht 14
„ Kapacität (*L*) 22
„ Oberfläche 58, 59
Darmgase 140, 141
Darmsaft 140
Defaecation 141, 143
Dentition 56
Diastole des Herzens 105
Dickdarm, Dimensionen 58—60
„ Gewicht 14
„ Kapacität 22 (59)
Dosen, letale von Giften 289
„ medikamentöse (*L*) 288
Drucksinn 239—241
Ductus arteriosus Botalli 87
„ venosus Arantii 60
Duodenum 59
Dura mater, Volum 42
Dünndarm, Dimensionen 58, 59
„ Gewicht 14
„ Kapacität 12 (59)

Ei (menschliches) 65
„ (Vogelei) Ausnützung im Darm 210
„ „ Zusammensetzung 192
Eierstock, Dimensionen 65, 66
„ Gewicht 14, 65
Eigenwärme 176—181
Eisen (tägl. Einnahme) 207
Eisengehalt des Bluts 98 (*A*), 101
Eiweissgehalt des Körpers 189, 190
Elasticität der Gefässe 113
„ der Lungen 127

Elastisches Gewebe, Analyse 188, 189
Elektrische Masse 277
Embryo, Dimensionen u. Gewicht 90
Epidermis 69
Ernährung, künstliche 217
Essig 201
Exkremente 141—144
„ (*K*) 142—144
Exsudate, chem. u. phys. Verhalten 292
Extremitäten, Gewicht 12, 13
„ Länge 4, 12, 13
„ sonstige Masse 5, 220, 221

Faeces 141—144
„ rel. Menge (*K*) 216
Fett, Ausnützung im Darm 210
„ menschliches, Schmelzpunkt und Zusammensetzung 190
Fettgehalt d. Körpers 14, 190 (*A*)
„ der Organe 190
Fettgewebe, Analyse 187, 188
Feuchtigkeit der Luft 273
„ des bekleideten Körpers 273
Fibrocartilagines intervertebrales 45
Fischfleisch 192
Fleisch, Ausnützung im Darm 210
„ (Zusammensetzung) 191, 192
Fleischbrühe, Aschenbestandteile 191
Flimmerbewegung, Kraft derselben 228
Flüssigkeiten, spezif. Gewicht 274
Follikel, Graaf'scher 65
Fontanelle grosse 55
Fötus, Dimensionen u. Gewicht 90
„ Pulsfrequenz 259
Frauenmilch (193) 260—262
Fruchtwasser 258
Fuss, Dimensionen 4—6, 12
„ Gewicht 12

Galle 135—140
„ des Säuglings 139
Gallenblase 60
Gallenfarbstoffe 140, 142
Ganglion cervicale 82
„ Gasseri 80
„ geniculi 81
„ jugulare 81
„ maxillare 82
„ oticum 82
Gase, spezif. Gewicht 274
Gaswechsel, respiratorischer 123—127
Gaumen 56
Gebärmutter, Dimensionen und Gewicht 66, 67, 257
„ Druck in derselben 259
„ Temperatur in ders. 181, 257
Geburt 259
Gefässe s. Arterien und Venen
Gehen, Arbeit bei demselben 223, 224
„ Geschwindigkeit 226
Gehen, zeitliche Verhältnisse des Einzelschritts 227
Gehirn, Analyse (187), 188, 189, 232, 233
Gehirnflüssigkeit 41
Gehirnfurchen 44
Gehirn, Gewicht 13, 38—41

Gehirn, Gewicht (K) 16 (17)
,, ,, (L) 40
,, ,, spezifisches 29
Gehirn, graue u. weisse Substanz 43
Gehirnhäute, Gewicht 41
,, Volum 42
Gehirnlappen 44, 45
Gehirn, Oberfläche 43
,, Sinus, Dimensionen 87
,, ,, Volum 42
,, Teile einzelne, Dimensionen und Gewicht 42
,, Wassergehalt (187), 188, 232
,, Windungen 44
,, Zusammensetzung 232, 233
Gehörorgan 72—74
Gehörsinn 241—243
Gemüse 196
Genitalien s. Geschlechtsorgane
Geruchsorgan 79, 80
Geruchssinn 250
Geschlechtsorgane, Dimensionen männliche 64, 65
,, ,, weibl. 65—67
,, Gewicht männl. 14
,, ,, weibl. 14
Geschmackssinn 248—250
Gesichtssinn 243—248
Getränke 199—201
Getreidesamen 195. 203
Gewebe, elastisches 188, 189
,, leimgebendes, Gehalt der Organe daran 190
Gewicht s. Körpergewicht u. einzelne Organe
,, der Organe, relatives zum Gesamtkörper 17
,, spezifisches des Gesamtkörpers 26
,, ,, der Organe u. Gewebe, 26—29
,, ,, des Wassers 275
,, ,, verschiedener physikal. Körper 273—274
Gewürze 197
Gifte, letale Dosen 289—291
Glaskörper, Analyse 187, 188, 243
,, Dimensionen 77, 78
,, [Gewicht 6,7—8,3 g]
Glottis (61) 228
Glykogengehalt der Leber 147
Grosshirn, Gewicht 42, 43

Haare, Aschengehalt 189, 190
,, Dimensionen etc. 70, 71
,, Eisengehalt 189 (Anmerkung 12)
,, Gewicht der Kopfhaare 70
,, spezifisches Gewicht 27
,, Wachstum 71
Hals, Masse 4, 5, 12
Hämoglobin 101, 102, 116
Hand, Gewicht 13
,, Masse 4—6, 12, 13
Harn, Asche 164
,, Blase s. u.
,, Bestandteile 163—176
,, Entleerung 157
,, ,, (K) 160

Harn, Gase 164
,, Menge 158, 159, 163
,, ,, (K) 161, 162
,, ,, relative (K) 216
,, spezifisches Gewicht 158—160
,, Temperatur 157
Harnbestandteile 163—176
Harnblase, Dimensionen 64
,, Druck in ders. 157
,, Gewicht 14
,, Kapazität 64
,, ,, (K) 160
Harnröhre männliche 65
,, weibliche 67
Harnsäure im Harn 168
Harnsekretion (Unterschied der Geschlechter) 158, 159, 163
Harnstoff im Blut 98
,, ,, Harn 165—167
Haut, Analyse 187, 188
,, Blutgehalt 96
,, Dicke 68
,, Gewicht 14
Hauttalg 152
Herz, Analyse 187, 188
,, Arbeit 113
,, Dimensionen einzelner Abteilungen 19, 20
,, Gewicht 13
,, ,, (K) 16
,, ,, der einzelnen Abteilungen 18, 19
,, Klappen 19, 20
,, Töne, Intensität 115
,, Vene 87
,, Volum 21, 22
Hexenmilch 263
Hippursäure (des Harns) 174
Hirn s. Gehirn
Hochsprung 227
Hode, Dimensionen 64
,, Gewicht 14
,, ,, (K) 16 (17)
Hornhaut, Analyse 189, 243
,, Dimensionen 76
Honig 198
Hörvermögen 241, 242
Hunger (Stoffwechsel) 207
Hungern, Gewicht beim 218
Hülsenfrüchte 195, 203

Indices des Schädels 34—36
Inkubationszeit 282

Kalkzufuhr (Säugling) 216
Kauen 144
Kaffee 201
Kalium des Harns 174, 175
Kapillaren 112—114
Kartoffel 196, 203
Kastanie 198, 203
Katheter, Massstäbe 295, 296
Kauen 144
Kaviar 192
Käse, Analyse 193
,, Ausnützung im Darm 210

Kehlkopf, Dimensionen 61
„ Gewicht 14
Kindslagen, Häufigkeit 260
Kindsschädel, Masse 12, 37, 55
Klappen des Herzens 19, 20
Kleider, Gewicht 8
„ Feuchtigkeit unter denselben 273
„ Temperatur „ „ 183, 273
Kleinhirn, Dimensionen u. Gewicht 42, 43
Klimakterium (254) 256
Knochen, Analyse 189
„ Anzahl im Körper 46
„ Blutgehalt 96
„ Dimensionen 49, 53, 54
„ Festigkeit 294, 295
„ Gewicht 49
Knochenkerne fötale 91
Knorpel, Analyse 188, 189
Kohlehydrate in der Nahrung 205, 208, 200
Kopf, Gewicht 13
„ Masse 4, 12, 13, 37
„ (K) 12, 37, 55
„ Wachstum 12, 37
Kot 141—144
Körpergewicht 6—10
„ im 1. Lebensjahr 9, 10
Körperlänge 1—3
„ (K) 2, 3
Körperoberfläche 24, 25
„ Berechnung aus dem Gewicht 25
Kreislauf, Zeit e. solchen 113
Kuhmilch, Ernährung damit (K) (215) 217
Kumys 193
Kurorte, Höhe derselben 281, 282

Larynx s. Kehlkopf
Lebensalter, verschiedene Dosirung 288
Lebensdauer, durchschnittliche 265
Leber, Analyse 147, 187—189
„ Blutgehalt 96
„ Dimensionen 60
„ Gewicht 13
„ „ (K) 16
„ „ (L) 16
„ Volum 22
„ „ (L) 23
Lebervenenblut, Analyse 148
Leguminosen 195, 203
Leimgebendes Gewebe, Gehalt der Organe daran 190
Letale Dosen 289—291
Leitungswiderstand des menschl. Körpers 293, 294
„ „ Muskels 219
„ „ Nerven 229
Lichtstärke, Unterscheidungsempfindlichkeit für dieselbe 246
Ligamentum ductus venosi 60
Linse des Auges, Analyse 189
„ Dimensionen und Gewicht 77
„ (Frucht) 195, 203
Liqueur 200
Liquor amnii 258
„ cerebro-spinalis 41
Lochien 260

Luft atmosphärische, Feuchtigkeit 273
„ „ Gewicht 273
„ „ Temperatur 273
„ „ Zusammensetzung 123, 272
Luftdruck 272
Luftröhre 62
Lungen, Alveolen 62
„ Analyse 187, 188
„ Areal derselben 62
„ Blutgehalt 96
„ Dimensionen 21
„ Gewicht 13, 21
„ „ (K) 16, (17)
„ Spannung der Gase in denselben 127
„ Volum 21
„ „ (L) 22, 23
Lymphdrüsen, Anzahl 88
„ Gewicht 14
Lymphe 153—155
Lymphgefässe u. Drüsen, Zahl derselben 88

Magen, Bewegungen 145
„ Dimensionen 57, 58
„ „ (K) 58
„ Gase 132
„ Gewicht 14
„ Kapacität (L) 22
Magensaft 132
Magenverdauung, Dauer derselben 133, 145
Magnesium des Harns 175, 176
Mahlzeit (Mittagsmahlzeit) 209
Mahlzeiten Häufigkeit beim Säugling 211
Mamma s. Brustdrüse
Mandel 56
„ (Frucht) 198
Mark verlängertes s. Medulla oblongata
Marschgeschwindigkeit 226, 227
Masse elektrische 277
Massstäbe für Bougies etc. 295, 296
Mastdarm 59, 60
Maximaldosen 284—286
Medicinalgewicht 287
Medicinalmass 288
Medulla spinalis s. Rückenmark
„ oblongata, Dimensionen und Gewicht 42
„ „ Wassergehalt 232
Mehl 196
Menopause (254) 256
Menstrualblut 255, 256
Menstruation 253—256
Miesmuschel 192
Milch, Analyse 193
„ Ausnützung im Darm 210, 215
„ Frauenmilch (193), 260—262
„ Tiermilch (193), 262
Milchmenge, vom Säugling aufgenommen 212, 213
„ in einer Brustdrüse 261 (A)
Milz, Analyse 156
„ Blutgehalt 96
„ Dimensionen 61
„ Gewicht 13 (257)
„ „ (K) 16

Milz, Volum 61
„ „ (L) 22
Mundhöhle 56
Muskelfaser, Dimensionen 48
Muskeln, Analyse 187—189, 218
„ Anzahl im Körper 47
Muskeln des Auges 79
„ Elasticität 219
„ Gewicht 44
„ Kohäsion 219
„ Kraft derselben 220—222
„ Leitung in denselben 219
„ Reizung derselben 219
„ specifisches Gewicht 26, 219
„ Wärmeleitung 220
„ Zusammensetzung 218

Nabelarterie, Hämoglobingehalt ders. 102
Nabelschnur 258
Nahrungsmenge 205—209
„ (K) 214, 215
Nahrungsmittel, nach dem aufsteigenden Gehalt an:
   Aschenbestandteilen 195
   Fett 194
   Stickstoffsubstanz 194, 201
   Wasser 193
Nahrungsmittel, tierische 191—195
„ vegetabilische 195—198
Nase 79
Natrium des Harns 174, 175
Nägel 71, 72
Nährgeldwert der Nahrungsmittel 204
Nährwert (einiger Nahrungsmittel) 209
Nebenhode, Dimensionen 64
„ Gewicht 14
Nebennieren, Dimensionen 64
„ Gewicht 14
„ „ (K) 16
Nerven, Analyse 187
„ Anzahl 79
„ Dimensionen 80—82
„ Elasticität 230
„ Gewicht 187
„ Kohäsion 230
„ Leitungsgeschwindigkeit 229
„ Leitungswiderstand 229
„ spezif. Gewicht 29, 230
„ Wassergehalt 187, 232
Neugeborener, Atemfrequenz 117—119
„ Blutdruck 111
„ Blutkörperchen 100
„ Blutmenge 195
„ Darmgase 141
„ Dimensionen von Organen 55, 57—59, 63, 66
„ Exkremente 142, 143
„ Galle 139
„ Gewicht des Körpers 6, 7
„ „ der Organe 16, 23
„ Harnblase 160
„ Harn 161, 166, 168
„ Mahlzeiten, Häufigkeit 219
„ Nahrung 212
„ Pulsfrequenz 106, 107

Neugeborener, Temperatur 178—180
„ Volum des Herzens 21, 22
„ „ anderer Organe 22, 23
„ Wassergehalt 187
Nieren, Analyse 157, 187—189
„ Blutgehalt 96
„ Dimensionen 63
„ Gewicht 13
„ „ (K) 16
„ „ (L) 23
„ Volumen 63
„ „ (L) 22
Nüsse 198

Oberfläche des Gehirns 43
„ des Körpers 24, 25
Obst 198, 204
Oesophagus, Dimensionen 57
„ Gewicht 14
Ohr 72—74
Ohrenschmalz 241
Opticus 77
Ortssinn der Haut 234, 235
Ostien des Herzens 20
Ovarium s. Eierstock
Oxalsäure des Harns 174

Pankreas, Analyse 188, 189
„ Dimensionen und Volum 61
„ Gewicht 14
Pankreatischer Saft 134, 135
Panniculus adiposus, Dicke 68
„ „ Zusammensetzung 190
Papille der Brustdrüse 68
„ „ Niere 63
„ „ Zunge 56
„ des Opticus 77
Parotis 56
Parovarium 66
Peritonaeum 68
Perspiration 148—151
Pferdekraft 113 (A), 223, 277
Pfortader 88
Pfortaderblut, Analyse 148
Pharmakopöen [274 (A)] 284—286
Pharynx 57
Phosphorsäure d. Harns 172, 173
„ d. Körpers 191
Pilze (essbare) 197
Placenta 258
Plexus coeliacus 82
Pökelfleisch 191
Proportionen des Körpers 5
Prostata, Gewicht 14
„ Dimensionen u. Volum 65
„ Saft 251
„ Steine 252
Puls, Fortpflanzungsgeschwindigkeit 110
Pulsfrequenz 105—110
„ (K) 106
„ (L) 105
„ des Fötus 259
„ in Beziehung auf Körperlänge 107, 108
Pupille, Weite 244

Quecksilber, Ausdehnung 276
„　　Schmelzpunkt 275
„　　spezifisches Gewicht 274
Quotient respiratorischer b. Schlaf 124

Raumsinn der Haut 236, 237
Reaktionszeiten 230, 231
Rectum 59, 60
Reizgrösse, verschiedene und Zahl der richtigen Fälle 233
Residualluft 120
Retina 78
Rippen, Gewicht 50
Rumpf, Länge 4, 11, 13
„　　Gewicht 12—13
„　　sonstige Masse 4, 5
Rübe 196
Rübenzucker, Wassergehalt 222
Rückenmark, Blutgehalt 96
„　　Dimensionen 46
„　　Gewicht 14, 46
„　　Leitungsgeschwindigkeit 229
„　　Wassergehalt (187), 188, 232

Saugen 145
Schallgeschwindigkeit 277
Schallstärke, Unterscheidungsempfindlichkeit für dieselbe 242
Schädelindices 34—36
Schädel (knöcherner) 30—34
„　　Rauminhalt 38
Schädelwinkel 36
Schematisches Auge 246
Schilddrüse, Analyse 157
Schlaf, Atemfrequenz 119 (118)
„　　Pulsfrequenz 109 (118)
„　　Festigkeit desselben 264
„　　respirat. Quotient i. demselben 124
Schlingen 145
Schlundkopf 57
Schlundsonde, Massstäbe 295
Schmelzpunkt d. menschlichen Fetts 190
„　　verschiedener Substanzen 275
Schwangerschaft, Dauer 256, 257
„　　Veränderungen im Körper 257
Schwämme, essbare 197
Schwefelsäure d. Harns 170, 171
Schweiss 152
Schweissdrüsen 69
Schwerpunkt des Körpers 29
Sehorgan 74—79
Sehschärfe 246
Semmel 196 (A)
Siedepunkt des Wassers 276
„　　verschiedener Substanzen 276
Sinus ethmoidalis 79
„　　frontalis 79
„　　maxillaris 79
„　　sphenoidalis 79
„　　venosi durae matris 87
Skelett, Analyse 187, 188
„　　(frisch), Gewicht 14
Smegma 251
Sopran 228
Specifisches Gewicht s. Spezif. Gewicht

Speichel u. Speichelwirkung 128—132
Speicheldrüsen, Dimensionen 56
„　　Gewicht 14
Speiseröhre, Dimensionen 57
„　　Gewicht 14
Spektrum, Lichtstärke 277
Sperma 251, 252
Spermatozoën 64, 252
Spezifisches Gewicht des Körpers 26
„　　„　　der Organe u. Gewebe 26—29
„　　„　　der flüssigen Bestandteile d. Körpers s. bei diesen
„　　„　　des Wassers 275
„　　„　　verschiedener physikal. Substanzen 273, 274
Sprunglauf 227
Sterblichkeitstafel 265
Stickstoffzufuhr 205—208, 210
„　　(K) 215
Stimmbänder 61
Stimmritze 61, 228
Stimmumfang 228
Stirnhöhle 79
Sympathicus 82
Systole, Dauer 105, 110

Tabak 201
Tagesration 209
„　　für den Soldaten 208
Talgdrüsen 71
Tastkörperchen 234
Tastsinn 233—241
Temperatur der äusseren Bedeckungen 181—183
„　　im Gefässsystem 181
„　　des Körpers 176—181
„　　unter der Kleidung 183, 273
Temperatursinn 237, 238
Tenor 228
Terminalkörperchen 233, 234
Thee 201
Thermometerskalen 269—271
Thorax, Dimensionen 49, 50
„　　Bewegungen respiratorische 122, 123
„　　Umfang 50, 52
Thränen, Analyse 244
Thränendrüsen 75
Thymus, Analyse 156, 188
„　　„　　(b. Kalb) 192
„　　Dimensionen u. Volumen 63
„　　Gewicht 14
„　　(K) 16
Tiermilch (193), 262
Tonhöhe, Unterscheidungsempfindlichkeit für dieselbe 243
Tonsille 56
Tonskala menschliche 228
Trachea 62
Transsudate, chem. u. physik. Verhalten 292
Traubenzucker s. a. Zucker
„　　Bestimmung im Harn 291
„　　Nährwert 209
„　　Verbrennungswärme 186

Trigeminus 80
Trinkwässer 199
Trommelfell 72
Typus blonder und brünetter 71
Unterkieferdrüse 56
Unterscheidungsempfindlichkeit
    für Druck 240
    „ Geschmack 249, 250
    „ Lichtstärke 246
    „ Tonhöhe 243
    „ Schallstärke 242
    „ Temperatur 237, 238
Ureter, Bewegungen desselben 157
Urin s. Harn
Uterus, Dimensionen u. Gewicht 66, 67, 257
    „ Druck in demselben 259
    „ Temperatur 181, 257

Valvula mitralis und tricuspidalis 19, 20
Vater'sche Körperchen 233
Venae pulmonales 88
Venen, Durchmesser 87, 88
Verbluten 103
Verbrennungswärme organischer Stoffe 185, 186
Verdaulichkeit der Speisen 146
Verdauungskanal 58—60
Verdauung, Zeit derselben 133, 145
Vergleich zw. männlichem und weiblichem
    Geschlecht 92
    „ zw. rechter und linker Körperhälfte 89
Verhungern, Gewicht b. demselben 218
Vernix caseosa 152
Vitalkapacität der Lunge 120—122
Vogelfleisch 192
Volumen des Körpers 24

Wachstum, Breiten- 12
    „ Längen- 2—12

Wachstum einzelner Körperabteilungen 11, 12
Wachstumsgrösse relative 17, 216
Wassergehalt: (gebratenen und gesottenen)
    Fleisches 191
    „ Fötus 90
    „ Gesamtkörper 187
    „ Nahrungsmittel 191—193, 195—204
    „ Organe 187, 188. 232, 243
Wärmeproduktion 184—187
Wärme, spezifische von Körperteilen 185
    „ „ verschiedener Stoffe 276
Wehen 259
Wein, Analyse 200
    „ spezif. Gewicht 274
Weitwurf 226
Widerstand, elektrischer, menschlicher Körper 293, 294
    „ „ verschiedener Substanzen 278
Wirbelkanal 45
Wirbelsäule 45

Zahndurchbruch und -wechsel 56
Zähne, Analyse 188, 189
    „ Gewicht 56
Zucker 198
Zuckergehalt des Bluts 147
    „ „ Harns 291
    „ der Leber 147
Zufuhren 205—209
    „ Säugling 214, 215
Zunge 56
Zusammensetzung der Organe 187—190, 232, 233, 243
Zwillinge, Körpergewicht 7
    „ Körperlänge 2

www.ingramcontent.com/pod-product-compliance
Lightning Source LLC
Chambersburg PA
CBHW031905220426
43663CB00006B/771